DIE GESCHICHTE DER

FRANZÖSISCHEN KAMPFJETS

Heiko Thiesler

Motor buch Verlag

Bildnachweis:
Titelbild: Dassault Aviation / A. Pecchi
Rücktitel Foto: Espace Patrimoine Safran,
Farbgrafik: Stéphane Lhernault,
Risszeichnung: Manfred Meyer

Sämtliche Dreiseitenrisse im Buch: Manfred Meyer

Einbandgestaltung: schreiberVIS, Seeheim

ISBN: 978-3-613-04699-3

Dieses Buch wurde nach den geltenden Vorschriften der General Product Safety Regulation (GPSR) entwickelt. Bei Fragen oder Problemen wenden Sie sich bitte an den Verlag unter folgender E-Mail-Adresse:
gpsr@paul-pietsch-verlage.de

Sie finden uns im Internet unter:
www.motorbuch-verlag.de

1. Auflage 2025

Layout, Satz und Prepress: schreiberVIS, Seeheim

Druck und Bindung: DZS Grafik d.o.o., 1210 Ljubljana
Printed in Slovenia

Inhaltsverzeichnis

Vorwort und Dank

Wer hat nicht schon mal als Flugzeugtypenbezeichnung *Mirage* oder *Rafale* gehört? Unter diesen Namen sind seit Jahren schnittige, zugleich äußerst leistungsfähige Kampfflugzeuge bekannt, die nicht nur mit ihrem äußeren Erscheinungsbild, sondern gerade mit ihren Parametern und einer vielfältigen Einsatzfähigkeit beeindrucken. Geschätzt von ihren Piloten, rangieren diese Flugzeuge stets mit an der Weltspitze des Kampfflugzeugbaus und haben auch dadurch eine weite Verbreitung gefunden. Schon die Vorgänger brauchten sich nicht hinter den internationalen Entwicklungen zu verstecken und galten mit ihren Eigenschaften und Waffensystemen als schlagkräftig. Wenn auch frühe französische Eigenentwicklungen nicht die Popularität manch anderer strahlgetriebener Zeitgenossen wie Meteor, MiG-15 oder F-86 erreichten, so sind diese Typen aber nicht minder interessant und kaum weniger bedeutend für die landeseigene Militärfliegerei gewesen. Es handelte sich um fähige und praktische Kampfjets, die abgesehen von Frankreich weiteren Ländern und ihren Streitkräften als luftgestützte Speerspitze dienten und mit denen sie den Übergang vom Propeller- zum Strahlantrieb oder auch in den Überschall- und Mach 2-Bereich meisterten. Neben einzigartigen Versuchsflugzeugen hatte die Luftfahrtindustrie Frankreichs eine ganze Reihe an Flugzeugen geschaffen, die beinah die ganze Bandbreite der militärischen Einsatzfelder abdecken, zuzüglich den dazu passenden Sensorsystemen, Aufklärungsanlagen, Radargeräten, Lenkraketen sowie weiteren Waffen bis hin zu welchen mit nuklearen Sprengköpfen. Für deren Entwicklung und Bau sind natürlich nicht nur gut ausgebildete und motivierte Spezialisten nötig, sondern auch oder gerade die dafür benötigten Finanzen. Genau aus diesem Grund musste so manches ehrgeizige Programm beendet werden, andere erfuhren zumindest mit einem Partner in internationaler Gemeinschaftsarbeit ihre Realisierung. Frankreich legte stets großen Wert auf eine gewisse Unabhängigkeit und versuchte das auch immer wieder im Flugzeugbau zu bewerkstelligen. Heraus kam eine bemerkenswerte Produktpalette an strahlgetriebenen Kampfflugzeugen, die in diesem Buch in der Reihenfolge ihres Erstflugs etwas genauer vorgestellt werden sollen. Zugleich soll eine Lücke geschlossen werden, die seit Jahren und dabei völlig unberechtigt im Bereich der Publikationen zum Thema *Französische Kampfjets* klafft.

Unterstützung und damit überhaupt erst die Chance zur Realisierung dieses Buches erfuhren Verlag und Autor durch erstklassige Informationen und Fotos von Dassault Aviation und Luc Berger, Safran und Dominique Prot, Diana Bachmann, Eric Bannwarth, Sven Dobers, Alexander Golz, Sabine Hentrich, Jean-Jaques Beugnet, Hella Kipf, Eric Krikke, Chris Lofting, Scott Rathbone, Andy und Matthias Rückebeil, Rob Schleiffert, Jens Schuller, Claudius Stuhlenmiller und Air Ventures Reisen, Johan Visschedijk sowie durch qualitativ hochwertige Dreiseitenrisse von Manfred Meyer und sorgfältig angefertigte Profilansichten von Srecko Bradic sowie Stéphane Lhernault. Merci!

Für die einheimischen Streitkräfte entwickelte sich Dassault Aviation ab den 1950er Jahren zum Hauptlieferanten und zugleich zum international beachteten Aushängeschild französischer Kampfflugzeugtechnik. Diese Aufnahme dokumentiert sehr gut die Entwicklung von immer leistungsstärkeren Kampfjets, die bei Dassault entwickelt, in Serie gebaut und erfolgreich in Dienst gestellt wurden. Der Ouragan ganz hinten am oberen Bildrand folgt die Mystere IV A, dann die Super Mystere B2, gefolgt von einer Etendard IV M für die französische Marine, danach eine Mirage III E, ein Aufklärer Mirage III R und ganz vorn ein Überschall-Langstreckenbomber Mirage IV A. Das Foto entstand im Erprobungszentrum CEV in Brétigny. (Foto: GIFAS / AMD – J. Havard)

Einleitung

Die Luftfahrt war für Frankreich schon immer bedeutend und wichtige Entwicklungen wurden von französischen Pionieren, Ingenieuren und Tüftlern mitgeprägt. Erinnert sei hier an die Montgolfiere, an frühe Forschungen im Hubschrauberbau, der Einstieg in den Bau von Luftschiffen oder Motorflugzeugen. Gerade bei zuletzt genannter Gattung bewiesen die Franzosen eine gute Voraussicht, ein gutes Gespür für nützliche Anwendungsbereiche und investierten von Beginn an erhebliche Finanzen in Konzeption und Bau neuer Muster. Louis Bleriot überflog im Juli 1909 als erster den Ärmelkanal mit einem Motorflugzeug, Landsmann (eigentlich der in Frankreich lebende Engländer) Henri Farman schaffte es im Folgemonat mit seinem Doppeldecker über drei Stunden in der Luft zu bleiben. Weitere Erst- und Weltbestleistungen französischer Flieger sollten folgen und führten gerade in den ersten Jahren des Motorflugs die Listen der Geschwindigkeits-, Höhen- und Reichweitenrekorde an. So konnten französische Flieger mit Flugzeugen aus einheimischer Fabrikation von August 1909 bis September 1922 bspw. sämtliche Geschwindigkeitsrekorde für sich verbuchen. Luftschiffe und Flugzeuge wurden inzwischen von der französischen Armee umfangreichen Testreihen unterzogen, für Propagandazwecke, aber vor allem zur luftgestützten Aufklärung, Nachrichtenübermittlung und Koordinierung weiterer Einsätze und letztlich auch für Kampfaufträge als recht brauchbar angesehen. Die Erkenntnisse mündeten in weiteren Bestellungen und gegenüber anderen Nationen bereits in einer Bevorzugung von Flugzeugen gegenüber Luftschiffen. Im Jahr 1910 verfügte Frankreich über gut drei Dutzend Flugzeuge und damit über mehr als jedes andere Land auf der Welt. In den folgenden zwei Jahren wuchs diese Flotte gewaltig an und umfasste mehrere hundert Flugzeuge. Zeitgleich wurden bis Ende 1912 insgesamt 966 Flugzeugführerscheine an französische Piloten ausgehändigt, das waren rund fünf Mal mehr als in den Vereinigten Staaten und weit mehr als das doppelte der jeweils in Deutschland und Großbritannien ausgegebenen. Zwischen 1910 und 1915 verzehnfachten sich in Frankreich die Ausgaben im militärischen Flugzeugbau, hier trainierten zudem einige der ersten ausländischen Piloten und spätere Flugzeugbauer oder nutzten dazu im eigenen Land französische Maschinen bzw. deren Nachbauten. Die Namen der ersten erfolgreichen Flugzeugkonstrukteure Frankreichs wie Bleriot, Breguet, Farman, Morane-Saulnier, Nieuport oder Voisin sind auch nach über 100 weiteren Jahren Zeitgeschichte noch immer gut bekannt.

Während des Ersten Weltkriegs konnte Frankreich mit einer überlegenen Anzahl von Flugzeugen und ambitionierten Piloten, aber auch mit neu ausgearbeiteten Einsatztaktiken und einer durchdachten Streitkräftestruktur punkten. Zahlenmäßig weiter auf hohem Niveau, litt allerdings zum Ende der 1920er Jahre die Qualität und Modernität der französischen Typen. Hier und bis zum Vorabend des Zweiten Weltkriegs wurde Frankreich beim Bau moderner Kampfflugzeuge von anderen Nationen, hauptsächlich Deutschland, Großbritannien, Japan und den USA überrundet. Mehrere Umgliederungen, ständige Rangeleien um Zuständigkeiten der Land- und Luftstreitkräfte, eingeleitete und wieder aufgelöste Reformen sowie die innen- und außenpolitische Lage trugen auch nicht gerade zu einer Verbesserung dieses Zustandes bei. Schließlich sollte 1936 ein Gesetz zur Verstaatlichung der Rüstungsindustrie helfen, nachdem neben einzeln produzierenden Privatbetrieben weitere Flugzeughersteller in sechs staatlich kontrollierten Gruppen zusammengefasst wurden. So kam es ab der zweiten Hälfte der 1930er Jahre, gerade im Angesicht der deutschen Luftrüstung, zu einer Forcierung des militärischen Flugzeugbaus in Frankreich und einige neue, zeitgemäße Konstruktionen flogen erstmalig oder fanden den Weg in den Serienbau. Doch beim Überfall Deutschlands auf Frankreich waren mehr als zwei Drittel der verfügbaren Kampfflugzeuge veraltet. Zum anderen wurde der Großteil der einsatzbereiten französischen Flugzeuge zurückgehalten oder nur zögerlich eingesetzt, auch erwiesen sich Frühwarnung und Kommunikation sowie die Koordination mit anderen Einheiten als mangelhaft. Moder-

Die Gruppen der Flugzeughersteller nach dem Verstaatlichungsgesetz von 1936

- Société Nationale De Constructions Aéronautiques de L'Ouest (SNCAO) mit Standorten in Issy-les-Moulineaux, Nantes, St. Nazaire
- Société Nationale De Construktions Aéronautiques de Sud-Ouest (SNCASO) mit Standorten in Bordeaux, Chateauroux, Courbevie, Rochefort, Suresnes
- Société Nationale De Constructions Aéronautiques du Nord (SNCAN) mit Standorten in Caudebec-en-Caux, Havre, Les Mureaux, Meaulte, Sartrouville
- Société Nationale De Constructions Aéronautiques du Centre (SNCAC) mit Standorten in Billancourt, Bourges, Fourchambault
- Société Nationale De Constructions Aéronautiques de Sud-Est (SNCASE) mit Standorten in Argenteuil, Berre, Cannes, Clichy, Marseille, Vitrolles
- Société Nationale De Constructions Aéronautiques du Midi (SNCAM) mit Standort Toulouse

nere Einsatzmuster wie die Jagdflugzeuge Dewoitine D 520 oder Morane-Saulnier MS 406 waren in der Minderheit, erzielten allerdings die meisten Abschüsse. Neuere Bomber wie bspw. die Breguet 691 und 693 oder die aus den USA importierten Martin Maryland erlitten hohe Verluste und fielen später vielfach in die Hände des Kriegsgegners. Mit dem Waffenstillstand im Juni 1940 waren Frankreich und seine Luftwaffe praktisch zweigeteilt. Der Norden war von Deutschen besetzt, im Süden regierte das in Vichy eingesetzte Regime und kollaborierte mit den Deutschen. Ein weiteres Stück im Südwesten hatten italienische Truppen eingenommen. Die Flugzeuge der französischen Luftwaffe wurden zum Teil, auch von den Besatzern, weiterverwendet. Nach der Landung der Alliierten in der Normandie wurde der Rest Frankreichs ebenfalls von den Deutschen und Italienern annektiert, was sich auch auf die vormals einheimische Luftfahrtindustrie negativ auswirkte.

Bereits Ende 1940 erfolgte eine Reorganisation der französischen Flugzeugproduzenten, bei der SNCAO von SNCASO sowie SNCAM von SNCASE übernommen bzw. liquidiert wurden. Daneben gab es mit Amiot, Breguet, Caudron, Latecoere, Levasseur sowie Morane-Saulnier noch eigenständige Betriebe. Im Juli 1941 folgte ein Abkommen zwischen Deutschland und der unter Marschall Philippe Pétain amtierenden Vichy-Regierung zur Herstellung deutscher Flugzeuge in den besetzten Gebieten. Dies betraf u.a. Arado Ar 196, Dornier Do 24 und Do 26, Fieseler Fi 156, Focke-Wulf Fw 189 und Fw 190, Heinkel He 111, Junkers Ju 52, Ju 87 und Ju 88, Messerschmitt Me 108 und Siebel Si 204 oder zumindest Komponenten dieser Flugzeuge, die von SNCASO sowie Privatunternehmen wie Amiot, Breguet und Morane-Saulnier gefertigt wurden. Zugleich waren in begrenzter Form auch Entwicklung und Erprobung neuer Typen erlaubt. Die Verträge und Limitierungen versprachen aber insgesamt kaum Fortschritte für die französische Luftfahrtindustrie, viele talentierte Ingenieure waren inhaftiert oder hatten das Land verlassen und Tausende Fachkräfte waren von den Deutschen deportiert worden. Mit dem Krieg und auch den späteren alliierten Bombenangriffen gab es außerdem große Schäden in der französischen Luftfahrtindustrie und der dazugehörigen Infrastruktur. Nicht zuletzt existierte zu diesem Zeitpunkt bereits ein Mangel an Rohstoffen und Finanzen. Mit den zunehmenden Erfolgen der Alliierten setzte die provisorische Regierung Frankreichs bereits im Spätsommer 1944 auf eine weitere Verstaatlichung der französischen Flugzeughersteller. Zugleich sollten einige deutsche Typen fürs Erste weiter produziert werden, zuzüglich neuer einheimischer Muster wie Segel-, Transport- und Verbindungsflugzeuge oder auch Flugboote.

Lucien Servanty gehört zu den bekanntesten französischen Luftfahrtingenieuren, arbeitete unter der deutschen Besatzung weiter im Flugzeugbau und war im Geheimen am ersten französischen Jet, der SO 6000 Triton beteiligt. Jahre später übernahm er die technische Leitung Frankreichs im Concorde-Programm.

Neustart nach dem Zweiten Weltkrieg

Nach dem Zweiten Weltkrieg hatte Frankreichs Luftfahrtindustrie vor allem damit zu tun, den technologischen Vorsprung anderer Nationen aufzuholen und sich neu zu konsolidieren. Das betraf zahlreiche Gebiete, auf denen über Jahre nahezu Stillstand herrschte oder nicht selbstständig geforscht und gearbeitet werden konnte. Aerodynamische Konzepte, Geräteausrüstung, Waffen und vor allem der Bereich des Strahlantriebs gehörten dazu. In vielen Dingen musste man sich auf ausländische Entwicklungen stützen. Neben Beutegut aus vormals deutschen Beständen sowie in Frankreich produzierten deutschen Flugzeugen importierte das Land zunächst zahlreiche Flugzeugtypen hauptsächlich aus Großbritannien und den USA und rüstete damit seine neue Luftwaffe aus. Weiterer Technologietransfer erfolgte schon bald mit Lizenzvereinbarungen und neben dem Nachbau auch durch die Weiterentwicklung vorhandener Flugzeuge, Triebwerke und Waffen. So basierte die ursprüngliche und später in modifizierter Form sehr erfolgreiche DEFA-Kanone als Flugzeugbewaffnung auf der deutschen Mauser MK 213. Für die erfolgreiche Entwicklung französischer Strahltriebwerke dienten deutsche und britische Aggregate etwa BMW 003 und 018 sowie die Rolls-Royce Nene und Tay als Ausgangsbasis, nicht zuletzt wurden zahlreiche aerodynamische und materialtechnische Grundlagen aus dem Ausland analysiert, getestet und auch weiterentwickelt. Der Anteil an deutschem Beutegut war dabei nicht unbeträchtlich. So beschlagnahmten die Franzosen zwischen 1945 und 1947 neben 80 Tonnen an Dokumenten insgesamt 330 Flugzeuge und 6000 Motoren inklusive 120 Strahltriebwerke, außerdem rund 4000 Werkzeugmaschinen, Zehntausende Hochpräzisionskugellager, Ersatzteile und Produktionsmaterialien sowie den nicht fertig gestellten Ötztaler Windkanal, was letztendlich half, fünf Jahre intensiver und kostspieliger Forschung einzusparen. Die Zeit war von gewaltigen Anstrengungen geprägt, um Versäumtes nachzuholen, Zerstörungen zu beseitigen, fähige Entwicklungsteams aufzustellen und mit den bereitgestellten Finanzen wieder zunehmend eigene, dem neuesten Stand entsprechende Flugzeuge zu konstruieren. Nach einem 18,4 Milliarden Franc umfassenden Budget im Jahr 1946, sollten die finanziellen Zuwendungen für die französische Luftfahrtindustrie im nachfolgenden Jahr auf 26,3 Milliarden Franc ansteigen, um 1948 wiederum einen nicht mal halb so großen Wert zu erreichen. Zur gleichen Zeit wirkten sich einige Nachkriegsbeschlüsse wie die Umschichtung in Luftfahrtbetrieben zum Bau von Landwirtschaftsmaschinen, Karosserien oder Kühlgeräten kontraproduktiv aus, gingen mit einem temporären Stellenabbau einher und zeigten spätestens 1948/49 das Scheitern dieser Politik sowie die Notwendigkeit einer Neuorientierung auf.

Nach den verdeckten Forschungen während des Zweiten Weltkrieges konnte das erste französische Strahltriebwerk im Herbst 1946 fertiggestellt werden, wobei es sich um das SRA-1 der Firma Rateau handelte.

Ähnlich der Flugzeugindustrie hatte während des Zweiten Weltkrieges auch die Entwicklung von Triebwerken stagniert oder in begrenztem Umfang ihre Fortführung gefunden. Vor allem Gnome-Rhone und Hispano-Suiza konnten sich eine gewisse Selbstständigkeit bewahren, produzierten massenhaft Motoren für deutsche Flugzeuge und arbeiteten an Neuentwicklungen. Was den Bau von

Zu Anfang erhielt die Triton für das Strahltriebwerk einen Lufteinlass im Rumpfbug, der innerhalb der Kabine zwischen den beiden Pilotensitzen verlief.

Der Lufteinlass des ersten Triton-Prototyps ist hier deutlich an der Unterseite des Rumpfbugs zu erkennen.

Strahltriebwerken betrifft, so begannen in Frankreich bereits 1939 bei der Firma Rateau in La Courneuve, nahe Paris, erste Projektierungsarbeiten im Einklang mit Patentanmeldungen durch Rene Anxionnaz. Die eigentliche Konzeptphase fand während der deutschen Besatzung unter schwierigen Bedingungen im Geheimen statt, was die Anfertigung von Konstruktionsskizzen und Modellen sowie den Schmuggel von Arbeitsmaterialien einbezog. Der auf mehreren Vorversuchen basierende Prototyp des Strahltriebwerks A-65 bzw. auch SRA-1 genannt, konnte dann erst im Herbst 1946 hergestellt und getestet werden. Die auffällige Konstruktion bestand aus neun um das Kompressorgehäuse angeordnete Brennkammern und führte dadurch zu einem großen Durchmesser. Dazu gab es einen 16-stufigen Axialverdichter sowie ein Gebläse zum Start des Triebwerks. Geplant war das Aggregat zunächst für ein strahlgetriebenes Versuchsflugzeug von Sud-Ouest (SNCASO), dessen Konstruktion wiederum im Geheimen während der Okkupation ab 1943 unter der Leitung von Lucien Servanty begonnen wurde. Da noch nichts über das einzubauende Triebwerk bekannt war, wählte man von vornherein eine relativ voluminöse Flugzeugzelle. Der zigarrenförmige Rumpf erhielt eine mit Einstiegstüren versehene und gut verglaste Kabine, die zwei Personen nebeneinander Platz bot. Im unteren Bugbereich gab es einen Lufteinlass zur Versorgung des Strahltriebwerks. Erst später kamen noch zwei kleine Lufteinlässe an den Rumpfseiten hinzu. Trag- und Leitwerksflächen fielen recht konventionell aus und entsprachen denen zeitgenössischer Jagdflugzeuge. Das Fahrwerk wurde in Bugradanordnung entworfen, war einziehbar und an jeder der drei Baugruppen jeweils einfach bereift. Das SO 6000 Triton genannte Flugzeug wurde in Ganzmetallbauweise gefertigt, musste

Der dritte Prototyp erhielt seitliche Lufteinlässe sowie eine vorgezogene Cockpitverglasung, flog aber nur zweimal im Jahr 1950. Er ist bis heute Exponat im Luft- und Raumfahrtmuseum Le Bourget, Paris.

allerdings wegen Verzögerungen mit dem SRA-1-Triebwerk auf seinen Erstflug warten. Das Triebwerk war problembehaftet und erreichte nicht die erwartete Schubkraft. Fürs Erste griffen die Franzosen auf ein deutsches Jumo 004B mit knapp 9 kN zurück, dessen Schub aber ebenfalls von Anfang an als zu gering angesehen wurde. Das bestätigte sich mit den ersten Testflügen, die am 11. November 1946 mit Daniel Rastel und Armand Raimbeau am Steuer begannen. Kurz darauf wurden optimistisch 54 Triton bestellt, zum Schluss aber nur sechs Exemplare gebaut. Nach dem Erstflug standen zunächst Reparaturen wegen Deformationen und Strukturverformungen an, der zweite Flug fand nach einigen Nachbesserungen am 26. April 1947 statt. Dieser und noch eine Handvoll weiterer Testflüge wurden ebenfalls mit dem Junkers-Triebwerk absolviert, obwohl das SRA-1 im Februar eine Leistung von 16 kN nachgewiesen hatte. Letztendlich wurde das Triebwerk im Folgejahr aufgegeben. Weitere Entwicklungen von Strahltriebwerken wie das für 39 kN ausgelegte SRA-101 zeitigten wiederum kein Erfolg und bewegten Rateau zum Ausstieg aus diesem Sektor.

Für die Triton wählte man zur weiteren Flugerprobung nun das englische Rolls-Royce Nene 101 mit knapp

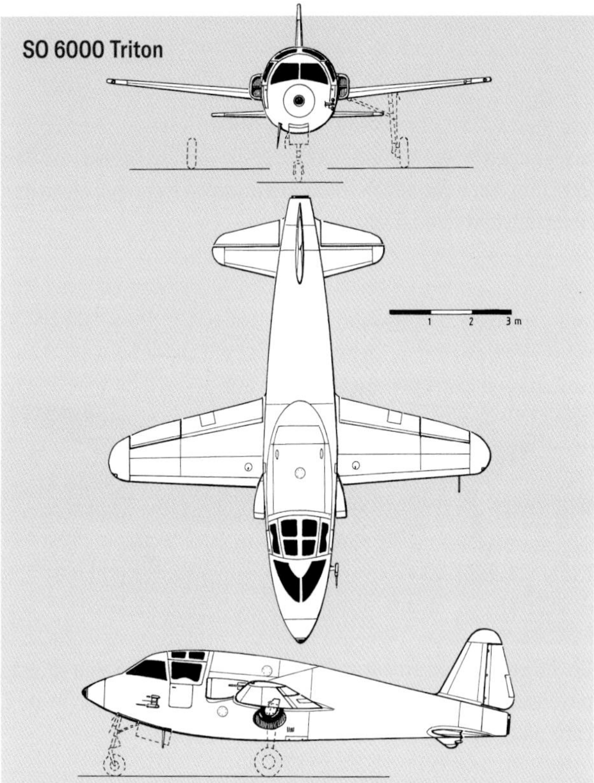

Technische Daten SO 6000 Triton	
Besatzung	2
Triebwerk ein Rolls-Royce Nene 101	22,26 kN
Spannweite	9,16 m
Länge	10,48 m
Höhe	3,12 m
Flügelfläche	15,10 m^2
Leermasse	3200 kg
Startmasse	4560 kg
Höchstgeschwindigkeit	915 km/h
Marschgeschwindigkeit	855 km/h
Steiggeschwindigkeit	50 m/s
Startgeschwindigkeit	210 km/h
Startstrecke	450 m
Dienstgipfelhöhe	11.800 m

Hispano-Suiza in Bois-Colombes baute ab 1946 die ersten Nene-Strahltriebwerke in Lizenz. Trotz einiger Mängelanzeigen stellte es einen deutlichen Fortschritt gegenüber anderen Aggregaten sowie die Grundausstattung der ersten französischen Jets dar.

22 kN Schub aus. Durch die Bauweise der Triton passte auch dieses problemlos in den Rumpf. Schon bald kamen die seitlichen Lufteinlässe hinzu, während man auf den im Rumpfbug verzichtete. Die zweite Triton diente statischen Versuchsreihen am Boden, die Flugerprobung wurde von den nächsten drei von März 1948 bis zum November 1950 fortgeführt. Dabei absolvierte der dritte nur jeweils einen Flug im April und im Mai 1950, dafür standen beim vierten Prototyp zum Schluss 189 Flüge auf dem Konto. Der fünfte legte nach seinem achten Flug im Juli 1949 eine Bruchlandung hin und war irreparabel beschädigt. Ein sechstes, ebenfalls für die Flugerprobung vorgesehenes Exemplar verblieb am Boden und wurde ausschließlich statischen Testreihen unterzogen.

Mit dem Nene konnten mehr als akzeptable Leistungen erzielt werden, dagegen gab es Stabilitätsprobleme und häufig Vibrationen. Die Triton war konzeptionell schnell veraltet und gelangte nicht wie ursprünglich vorgesehen als Schulflugzeug zum Einsatz, erfüllte allerdings ihre Forschungszwecke als erstes französisches Flugzeug mit Strahlantrieb. Zugleich hatte man mit dem britischen Nene die richtige Wahl getroffen und man konnte damit Entwicklungs- und Erprobungsprozesse beschleunigen. Die Aufholjagd hatte begonnen.

Geht es um strahlgetriebene Flugzeuge, mussten sich Frankreich und seine Luftstreitkräfte zunächst einmal im Ausland umschauen, um eine gewisse Modernität mit zeitgemäßen Typen zu erreichen.

Importe und Lizenzen

Die ersten Einsatzmuster mit Strahlantrieb, die von der französischen Luftwaffe sowie den Marinefliegern in Dienst gestellt wurden, waren ausschließlich britischen und US-amerikanischen Ursprungs.

Erste Anfragen wurden von Großbritannien positiv beantwortet und so machte die de Havilland **Vampire** den Anfang, als im Dezember 1948 die ersten F.1-Maschinen im Umschulungszentrum Mont-de-Marsan eintrafen. Die Vampire war nach der Meteor das zweite britische Kampfflugzeug mit Strahlantrieb, dass in den Serienbau überführt wurde. Mehrere Tausend Exemplare wurden hergestellt und fanden trotz ihrer unkonventionellen Bauweise mit gut 30 Nutzerländern eine große Verbreitung. Auffällig waren vor allem der Gondelrumpf und die doppelten Leitwerksträger, während ein Goblin-Triebwerk von de Havilland in unterschiedlichen Baureihen den Antrieb leistete.

Insgesamt 30 gebrauchte Vampire gelangten nach Mont-de-Marsan, um französische Piloten mit dem Strahlantrieb vertraut zu machen und weiterführend auf diesen Kampfflugzeugen zu trainieren. Zuzüglich erfolgte eine Lieferung von 94 Jagdbombern Vampire FB.5, die zuvor ebenfalls im Dienst der britischen Royal Air Force standen. Nochmals 67 Exemplare wurden als Vampire FB.51 aus vorgefertigten Bauteilen bei SNCASE montiert und die erste dieser Maschinen erhob sich am 27. Januar 1950 zu ihrem Erstflug. Noch im Dezember desselben Jahres flog eine vollständig in Frankreich hergestellte Vampire zum ersten Mal. Hierzu hatte es eine Lizenzvereinbarung zwischen de Havilland und SNCASE gegeben, die den Bau von insgesamt 120 Flugzeugen beinhaltete. Diese Flugzeuge wiesen gegenüber dem Original verschiedene Modifikationen auf. So erhielten sie im Cockpit eine Klimaanlage sowie den bei den britischen Vampire schmerzlich vermissten Schleudersitz, des Weiteren eine erhöhte Kraftstoffkapazität sowie größere Lufteinlässe in den Flügelwurzeln. Zudem verfügten die Flugzeuge über ein stärkeres Nene 104 als Triebwerk, dass von Hispano Suiza in Lizenz produziert wurde. Die Änderungen führten zu gut 180 kg mehr Masse, doch fanden die Jets gleichermaßen ihre Anerkennung bei den französischen Piloten. Nach französischer Sichtweise verdienten diese Lizenzmaschinen auch einen eigenen Namen und wurden schließlich **Mistral** genannt. Die Mistral ersetzte in vier Staffeln die zuvor betriebenen P-47D Thunderbolt, zwei weitere Verbände besaßen Trainingscharakter. Die französischen Vampire waren Bestandteil von mindestens 15 Einsatzstaffeln. Etliche Vampire und Mistral flogen zu Forschungszwecken und einige davon wurden zu funkgesteuerten Drohnen umgebaut. Mehrmals gab es Verlegungen der Flugzeuge nach Nordafrika, um in Algerien und Tunesien Rebellen mit unterschiedlichsten Waffen zu bekämpfen. Die berühmte Testpilotin Jaqueline Auriol stellte jeweils mit einer Vampire sowie einer Mistral einen Geschwindigkeitsweltrekord für Frauen im Mai 1951 sowie im Dezember 1952 auf. Die wachsende Zuführung von eigenentwickelten Kampfjets wie der Ouragan verdrängten Vampire und Mistral ab der zweiten Hälfte der 1950er Jahre aus der vordersten Reihe und die französische Luftwaffe musterte diese Flugzeuge 1959 bzw. 1961 endgültig aus.

Der erste Kampfjet für die Marineflieger der Aeronavale stammte wiederum aus britischer Produktion, wobei es

Die de Havilland Vampire aus Großbritannien war der erste strahlgetriebene Kampfjet in französischen Diensten und wurde auch von SNCASE in Lizenz gebaut. (Foto: NARA)

Die berühmte Pilotin Jaqueline Auriol entsteigt einer Mirage III C. Sie erwarb Pilotenscheine verschiedener Klassen, testete Flugzeuge und stellte während ihrer Laufbahn mehrere Geschwindigkeitsweltrekorde für Frauen auf den Typen Vampire, Mistral, Mystere IV und Mirage III auf. Sie wurde zur ersten Europäerin, die Überschallgeschwindigkeit erreichte. (Foto: DR via Jean-Jaques Beugnet)

sich mit der **Sea Venom** auch wieder um ein Produkt von de Havilland handelte. Die Venom und Sea Venom waren praktisch Weiterentwicklungen der Vampire und ähnelten sich in ihrer Grundkonzeption einschließlich Triebwerk im Gondelrumpf plus zwei Leitwerksausleger und Dreipunkt-Einziehfahrwerk. Als Triebwerk verwendete man ein de Havilland Ghost, später wurde dieses für die französischen Exemplare von Fiat hergestellt. Die Basis des Lizenzabkommens bildete die allwettertaugliche Version FAW.20 als Jagdflugzeug. Aus vorgefertigten Komponenten baute SNCASE vier Prototypen und leitete die Flugerprobung im Oktober 1952 ein. Im März 1954 flog auch die erste Serienmaschine, wobei mit **Aquilon** ein weiterer Eigenname zum Tragen kam. Gut ein Jahr später begann der Dienst bei der Aeronavale, Erstempfänger war die Staffel 11 F in Hyeres. Erste Serienversion war die Aquilon 201, die allerdings nur von Landbasen aus eingesetzt werden konnte. Mit der Baureihe 202 hingegen stellte Frankreichs Marine den ersten bordgestützten Allwetterjäger mit Strahlantrieb in Dienst, mehrmals erfolgten die Qualifizierungen der französischen Piloten auf britischen Trägerschiffen wie der *HMS Ark Royal* und ab 1960 auch Übungen auf dem neuen französischen Flugzeugträger *Clemenceau*. Wie beim landbasierten Vorgänger gab es ein zweisitziges Cockpit mit nebeneinander liegenden Sitzen, diesmal von Beginn an mit einer Katapulttierfunktion für Notfälle. Das im Rumpfbug untergebrachte Radar wurde aus den USA importiert und war dem Allwettereinsatz sowie der Lenkung von Luftkampfraketen dienlich. Als eine weitere Jägerversion folgte die Aquilon 203 mit modernerem Radar, nun allerdings einsitzig. Während von dieser Baureihe mit 40 die meisten Exemplare entstanden, gab es vom zweisitzigen Trainer Aquilon 204 nur einige Umbaumaschinen früherer Flugzeuge der Serie 201. Die Aquilon 204 gelangten wieder landgestützt zum Einsatz. Insgesamt produzierte SNCASE knapp 100 Aquilon, die bis in die erste Hälfte der 1960er Jahre ihren Dienst in zwei operationellen Staffeln sowie einem Trainingsverband versahen. Einen letzten Flug absolvierte eine Aquilon am 30. Juni 1966.

Die weithin bekannte und ebenso erfolgreiche Gloster **Meteor** wurde ebenfalls von der französischen Luftwaffe geflogen. Die britische Royal Air Force verkaufte einige Nachtjäger der Baureihe NF.11 an Frankreich, zusätzlich erfolgte die Lieferung neugebauter Maschinen durch den Hersteller (und Unterauftragnehmer) Armstrong Whitworth. Ergänzt wurden diese durch Schulflugzeuge vom Typ Meteor T.7, alles in allem etwa 50 Exemplare. Die Lieferungen begannen 1953, wobei die NF.11-Jäger an das Geschwader EC 30 in Tours gingen und dort drei Einsatzstaffeln ausrüsteten. Damit war es der erste französische Einsatzverband, der im regulären Dienst Nachtjäger mit Strahlantrieb verwendete. Einige der Flugzeuge kamen über Algerien zum Einsatz, andere wurden später vielfach zu Erprobungszwecken etwa für Versuche mit Radar- und anderen Elektronikkomponenten oder für das Testen von Waffeneinsatzverfahren genutzt. Dazu zählten auch mindestens je zwei ab 1956 im Testzentrum CEV geflogene Meteor NF.13 und

Die Aquilon als Lizenzausgabe der de Havilland Sea Venom. Hier Maschinen der Baureihe 204 in Hyeres, August 1961. (Foto: Eric Bannwarth Collection)

NF.14. Wie alle anderen Meteor verfügten die in Frankreich eingesetzten Maschinen über zwei Strahltriebwerke am Tragwerk und über gute Flugeigenschaften. Als nicht so günstig erwiesen sich hingegen sowohl bei den NF.11-Jägern als auch den T.7-Trainern die stark verstrebte Cockpitverglasung, gerade was die Sicht der Piloten bei bestimmten Manövern und bei der Landung angeht.

Aus Großbritannien importierte Frankreich schließlich noch sechs mittlere Bomber vom Typ English Electric **Canberra**. Diese entsprachen der Baureihe B.6 und trafen ab August 1954 ein. Sie wurden allerdings nicht als Bombenflugzeuge verwendet, sondern der Testeinrichtung CEV in Bretigny sowie der Testpilotenschule in Istres übergeben. Die Canberras dienten u.a. Versuchen mit Radargeräten und Triebwerken und die letzten zwei erfüllten noch bis 1979 diese Rolle.

Große Stückzahlen an zeitgemäßen Kampfflugzeugen lieferten auch die USA und zu großen Teilen über das sogenannte Mutual Defence Assistance Programme (MDAP). Mit dem sich anbahnenden Ost-West-Konflikt, praktisch dem Anfang des Kalten Krieges, und mit der 1949 erfolgten Gründung der NATO wurden vor allem Mitgliedsländer und den USA nahestehende Nationen massiv mit Waffen und Dienstleistungen unterstützt. Diese erreichten bis 1967 einen Umfang von insgesamt etwa 35 Milliarden US$. Die großzügigen, von 1950 bis 1954 ausgehandelten Hilfen für Frankreich standen nicht nur mit der Wiederbewaffnung des Landes, sondern auch mit den französischen Kolonialkriegen insbesondere in Südostasien in Zusammenhang. So lieferten die Vereinigten Staaten verschiedene Kampfflugzeuge an Frankreich und finanzierten teilweise den Kauf neuer Einsatzmuster, die später auch aus französischer Fertigung stammten.

Für die Ausbildung zahlreicher neuer Piloten, die später strahlgetriebene Typen beherrschen sollten, benötigte man entsprechende Schulflugzeuge. So erhielt die französische Luftwaffe mit der Lockheed **T-33 T-Bird** auch den meistgebauten Strahltrainer überhaupt. Nicht weniger als 224 T-33 lieferten Lockheed aus den USA sowie der kanadische Lizenznehmer Canadair im Laufe der Jahre an Frankreich, einige Überschussmaschinen kamen zudem aus Norwegen. Die ersten der mit Tandemkabine versehenen Schulflugzeuge erreichten im Oktober 1951 den in Marokko liegenden Stützpunkt Meknès, später folgten Einrichtungen in Bordeaux, Reims und Tours. In zuletzt genannter Location traten die meisten französischen T-33 ihren Dienst an. Die Flugzeuge profitierten in den frühen 1960er Jahren von mehreren Upgrades bei der Navigations- und Funkausrüstung, den Schleudersitzen und über 80 Exemplare erhielten ein Nene-Triebwerk zum Antrieb. Erst mit der Ablösung durch den Alpha Jet verschwanden die T-33 bis 1981 aus dem regulären Dienst, bis März 1983 auch die in einem Geschwader zusammengefassten Aufklärer **RT-33A**.

Versionen der britischen Meteor fanden ebenfalls Einzug ins Inventar der Armee de l'Air, diese NF.14 diente im Erprobungszentrum CEV in Brétigny. (Foto: Alain Picolett)

Trainer und Aufklärer T-33 und RT-33 gehörten zur Grundausstattung der französischen Luftwaffe mit strahlgetriebenen Typen. Im Bild eine RT-33A in Strasbourg. (Foto: Eric Bannwarth)

Ebenfalls 1951 trafen die ersten, für die französische Luftwaffe bestimmten Jagdbomber Republic **F-84 E Thunderjet** ein und wurden im Frühjahr in das Geschwader EC 3 mit Standort Reims eingegliedert. Die Lieferung von ins-

Wie in anderen NATO-Luftwaffen gelangten Republic F-84G über militärische Hilfsprogramme ins Arsenal der französischen Luftwaffe. (Foto. Eric Banwarth Collection)

Luftbildaufklärer Republic RF-84 F der französischen Luftwaffe, Groupe de Reconnaissance 33. (Foto: Eric Bannwarth Collection)

gesamt rund 140 Flugzeugen schloss auch die Variante **F-84G** mit ein, die letztlich vor allem als Aufklärer mit entsprechender Kameraausrüstung fungierte. Mit insgesamt 328 Exemplaren fielen die Stückzahlen des mit Pfeilflügeln ausgestatteten Nachfolgers **F-84 F Thunderstreak** noch wesentlich höher aus. Die ersten F-84 F übernahm wieder das Geschwader EC 3 in Reims und ersetzte damit ab November 1955 die F-84 E als Jagdbomber. Leistungen und Waffenzuladung konnten erhöht werden, die Ausrüstung des Kampfjets gestaltete sich moderner. Der Verband EC 4 war anfangs in Bremgarten, Deutschland stationiert und verlegte im Sommer 1961 zurück nach Luxeuil in Frankreich. Bereits 1956 während des Suez-Krieges und später über Algerien absolvierten französische F-84 F zahlreiche Kampfeinsätze, was auch auf den Aufklärer **RF-84 F Thunderflash** zutraf. Von diesen Flugzeugen übernahm die französische Luftwaffe 88 Exemplare, die ab November 1955 ihren Dienst im Aufklärungsgeschwader ECR 33 versahen. Ein Teil davon verlegte 1957 temporär nach Lahr in der Bundesrepublik Deutschland und wurde der 4th Allied Tactical Air Force (ATAF) der NATO unterstellt. Die Aufklärer RF-84 F unterschieden sich von den Jagdbombern durch seitliche Lufteinlässe in den Tragwerkswurzeln, während der Rumpfbug statt des vorherigen Lufteinlasses die Kameraausrüstung aufnahm. Die konnte recht umfangreich ausfallen und leistete gute Arbeit, zusätzlich konnte der Pilot mit einem Diktiergerät seine Beobachtungen dokumentieren. Für F-84 F und RF-84 F endete der Dienst innerhalb der französischen Luftwaffe im Januar 1967.

Eine weitere Anschaffung für die französische Luftwaffe stellte das aus dem Koreakrieg bestens bekannte Jagdflugzeug North American **F-86 Sabre** dar, hier allerdings in der moderneren und mit Radar ausgerüsteten allwettertauglichen Version F-86K. Das Radar war in der markanten Bugnase über dem Lufteinlass platziert, die Bewaffnung bestand aus 20-mm-Kanonen sowie gelenkten Luftkampfraketen vom Typ Sidewinder. Insgesamt 60 F-86K, die aus italienischer Lizenzproduktion stammten, fanden ab 1956 den Weg in das Geschwader ECTT 13. Schon im September desselben Jahres wurde eine Staffel im deutschen Lahr stationiert, im Folgejahr wurde Colmar neuer Heimatstandort. Die als Abfangjäger eingesetzten Maschinen standen bis August 1962 im Dienst, als der Ersatz durch die Mirage III vollzogen war.

Auch die überschallschnelle North American **F-100 Super Sabre**, der erste in Dienst gestellte Überschalljäger überhaupt, fand den Weg in die Luftstreitkräfte Frankreichs. Hier sollten die F-100 hauptsächlich in der Offensivrolle als Atomwaffen tragende Jagdbomber zum Einsatz gelangen und auf diesem Gebiet die Schlagkraft des NATO-Militärbündnisses erhöhen. Als Bewaffnung waren hierbei amerikanische Mk 28-Bomben vorgesehen. Zwei F-100 pro Staffel sollten dabei 24 h am Tag in Bereitschaft stehen und bei Alarm innerhalb von 15 min zum Einsatz gelangen, innerhalb von zwölf Stunden sollten dies 70 % der Flugzeuge können. Das für die F-100 vorgesehene Personal wurde von Februar bis April 1958 in den USA geschult, die ersten Flugzeuge trafen im Mai ein, formten in Luxeuil das 11. Jagdgeschwader und lösten dort die zuvor geflogenen F-84 F ab. Frankreich beschaffte bis in die 1960er Jahre 88 einsitzige F-100D sowie elf zweisitzige F-100F. Sie rüsteten zwei Geschwader damit aus und nutzten Flugzeuge des Typs während der Kampfhandlungen in Algerien. Mehrmals erfolgten Stationierungen im Ausland, so auch in der Bundesrepublik Deutschland, in Bremgarten und in Lahr. In französischen Diensten fand die Ausmusterung der F-100 bis zum Jahresende 1978 statt.

Die Aeronavale hatte sich mit der Vought **F-8 Crusader** ebenfalls einen überschallschnellen Kampfjet zugelegt, der aus den USA importiert wurde. Für das starke Strahltriebwerk von Pratt & Whitney mit einem markanten Lufteinlass unterhalb des Rumpfbugs ausgestattet, bot die Crusa-

Allwetterjäger F-86 K Sabre von ECTT 33 aus Colmar 1961. (Foto: Eric Bannwarth Collection)

Die Crusader war ein beeindruckendes Flugzeug und stand bis 1999 im Dienst der französischen Marine. Hier eine modernisierte F-8P im Oktober 1993. (Foto: Rob Schleiffert)

Zu EC 3/11 gehörte diese F-100 D Super Sabre, im September 1968 in Colmar fotografiert. (Foto: Eric Bannwarth Collection)

der ausgezeichnete Leistungen als Jagdflugzeug und sollte dementsprechend die französischen Trägerverbände schützen und angreifende Flugzeuge abfangen. Da die französischen Flugzeugträger kleiner als die amerikanischen Schiffe gebaut sind, waren verschiedene Modifizierungen erforderlich. So erhielten die für Frankreich gebauten F-8 E(FN) als Neuerungen größere Leitwerke, wirksamere Klappen und verbesserte Vorflügel, ein Grenzschichtbeeinflussungssystem sowie eine verdoppelte Flügelwölbung. Somit konnte bspw. die Landegeschwindigkeit reduziert werden. Hinzu kam die Möglichkeit, französische Lenkraketen zu verwenden und später gab es außerdem Strukturverstärkungen als lebensverlängernde Maßnahmen. Frankreich hatte 42 Crusader bestellt, ein erstes Exemplar flog im Februar 1964. Im Oktober begannen die Lieferungen, die im Februar 1965 abgeschlossen waren und fortan die beiden Staffeln 12F und 14F ausrüsteten. Sie operierten von den Trägerschiffen *Clemenceau* und *Foch* und waren bis zur Außerdienststellung bei verschiedenen Auslandsmissionen beteiligt. In den 1990er Jahren führte die Aeronavale eine Modernisierung hauptsächlich im Avionikbereich an 17 Maschinen unter der Bezeichnung F-8P durch, ferner erhielten die Schleudersitze eine Null-Null-Fähigkeit. Bei den französischen Marinefliegern hatte der Dienst der Crusader 1999 geendet, zugleich wurde 12 F als letzte Einsatzstaffel des Typs im Dezember deaktiviert.

Zweifellos hatten die Importe, vor allem auch unter Einbeziehung der militärischen MDAP-Hilfsprogramme, die Modernisierung der französischen Fliegerkräfte beschleunigt und schnellstmöglich einen Anschluss an die Ausrüstung anderer, gut aufgestellter Luftstreitkräfte ermöglicht. Flugzeuge wie T-33, F-84 und F-86 gehörten zum sogenannten Standard Package, mit dem viele NATO-Luftflotten, so auch die Bundesrepublik Deutschland, ausgerüstet wurden. In Frankreich wichen die meisten importierten Kampfjets schon ab den späten 1950er Jahren französischen Eigenentwicklungen, Ausnahmen bildeten allerdings die Trainings- und Aufklärungsflugzeuge T-33 / RT-33 sowie die überschallschnellen Typen F-100 und F-8.

Die Ausrüstung der französischen Streitkräfte mit strahlgetriebenen Kampfflugzeugen war relativ zügig erfolgt, im Jahr 1960 versahen folgende Typen ihren Dienst in regulären Einsatzverbänden der Luftwaffe:

F-84 F Thunderstreak – drei Geschwader mit insgesamt sieben Staffeln in St. Dizier (EC 1), Bremgarten (EC 4) sowie Metz (EC 9)
RF-84 F Thunderflash – ein Geschwader mit insgesamt drei Staffeln in Strasbourg und Lahr (ER 33)
Mystere IVA – ein Geschwader mit insgesamt drei Staffeln in Dijon (EC 2)
F-100 D Super Sabre – zwei Geschwader mit insgesamt vier Staffeln in Reims (EC 3) und Luxeuil (EC 11)
Super Mystere B2 – drei Geschwader mit insgesamt sechs Staffeln in Orange (EC 5), Creil (EC 10) und Cambrai (EC 12)
Mistral – drei Geschwader mit insgesamt fünf Staffeln in Telergma, Algerien (EC 6), Sidi-Ahmed, Tunesien, später Telergma, Algerien (EC 7) und Rabat-Sale, Marokko, später Oran-La Senia, Algerien (EC 8)
Vautour II N – zwei Geschwader mit insgesamt drei Staffeln in Telergma, Algerien (EC 6) und Tours (ECTT 30)
Vautour II B – ein Geschwader mit zwei Staffeln in Bordeaux (EB 92)
F-86 K Sabre – ein Geschwader mit zwei Staffeln in Colmar (EC 13)

Ansonsten fand auch der Strahltrainer Fouga Magister zunehmende Verbreitung in den Trainingsverbänden. Propellergetriebene Flugzeuge nutzte die französische Luftwaffe zu diesem Zeitpunkt hauptsächlich noch zur Grundausbildung (T-28 Fennec, T-6 Harvard), für Transportflüge (C-47 Dakota, N 2501 Noratlas), für Verbindungs- und Unterstützungseinsätze (MD 312 Flamant, MH 1521 Broussard), aber auch noch in einem Bombergeschwader sowie einem weiteren, selbstständigen Verband in Algerien (B-26 Invader, AD-4 Skyraider).

Veränderungen bei Industrie und Luftstreitkräften

In der Zwischenzeit begann eine Reorganisation der französischen Luftwaffe, die zum Jahresende 1958 beschlossen wurde und die direkte Verbindung von Verteidigungsministerium und den Stäben der Teilstreitkräfte beinhaltete. Die Zuständigkeit der Luftwaffe wurde in vier Regionen mit Befehlsstellen in Bordeaux, Dijon, Aix-en-Provence und Paris aufgeteilt. Der Aufbau einer nationalen Nuklearwaffenkomponente gehörte ebenfalls dazu, in Folge zündete Frankreich im Februar 1960 seine erste Atombombe. Im gleichen Jahr begann der Aufbau der Force de Frappe bzw. Force de Dissuasion Nucléaire Francaise als nukleare Abschreckungsstreitmacht und mit einem strategischen Luftwaffenkommando CFAS. Diese neue Luftwaffenkomponente sollte natürlich über entsprechende Trägermittel verfügen und nutzte dafür zunächst die F-100 Super Sabre sowie die zweistrahlige Vautour II B, später den Langstreckenbomber Mirage IV. Zusätzlich wurden für die strategischen Einsätze zwölf Tankflugzeuge Boeing C-135 F gekauft und ab 1964 in Dienst gestellt. Mit eigenen Atomwaffen wollte Frankreich nicht nur ein Abschreckungspotenzial in Richtung Sowjetunion und Warschauer Pakt aufzeigen, sondern auch eine gewisse Unabhängigkeit bis hin zum Großmachtstatus demonstrieren. Zum anderen ging es um eine Abgrenzung zu den USA und deren Dominanz in der NATO. Das führte Jahre später, im Juli 1966, sogar zum Austritt Frankreichs aus der militärischen Kommandostruktur des Militärbündnisses und wurde in dieser Form bis zum Jahr 2009 beibehalten. Die französischen Atomstreitkräfte hingegen stehen der NATO bis heute nicht zur Verfügung. Währenddessen wurde Anfang der 1960er Jahre das Luftverteidigungskommando CAFDA mit drei Jagdgeschwadern aufgestellt und die taktischen Fliegerkräfte erhielten zwei Luftkommandos, ein Teil (1. CATAC) wurde nachfolgend der NATO unterstellt.

Die Aeronavale besaß nach dem Zweiten Weltkrieg zunächst vier fliegende Verbände mit propellergetriebenen Mustern, 1948 ergänzt um eine weitere Jägerstaffel. Im Juni 1953 begann auch hier eine Neustrukturierung, die eine modifizierte Kennzeichnung der Verbände einschloss. Schon bald gelangten mit der Aquilon sowie dem Trainer Zephyr als Ableitung der Magister die ersten strahlgetriebenen Muster ins Inventar. 1961 und 1963 folgte schließlich die Indienststellung der lokal hergestellten Flugzeugträger *Clemenceau* und *Foch*. Sie lösten die vier, bis 1953 beschafften Flugzeugträger ab, die ursprünglich in britischen und US-amerikanischen Diensten standen oder für diese vorgesehen waren. Bei den Schiffen handelte es sich um die *Dixmude* und *Arromanches* (vormals *HMS Biter* und *HMS Colossus* der Royal Navy) sowie *Lafayette* und *Bois Belleau* (vormals *USS Langley / CVL-27* und *USS Belleau Wood / CVL-24* der US Navy). Die französischen Flugzeugträger kamen samt ihren Flugzeugen im Kolonialkrieg in Südostasien sowie während der Suez-Krise zum Einsatz, die *Arromanches* diente noch bis Anfang der 1970er Jahre zu Übungszwecken.

Um die ambitionierten Neuorganisationen zu realisieren, rangierten zunehmend Eigenentwicklungen ganz oben auf der Beschaffungswunschliste der französischen Luftstreitkräfte. Im Bereich der Kampfflugzeuge hatten sich seit den 1950er Jahren vorwiegend strahlgetriebene Typen durchgesetzt und sich dabei mehrere nationale Hersteller behauptet. Das waren:

- SNCASE in Paris (Produktion von Mistral, Aquilon)
- SNCASO ebenfalls in Paris (Produktion der Vautour II)
- Fouga in Aire-Sur-Adour (Produktion von Magister, Zephyr) und vor allem
- Dassault in Saint-Cloud bei Paris sowie weiteren Standorten (Produktion von Ouragan, Mystere, Mirage usw.).

Außerdem gab es mehrere Unternehmen wie z.B. Breguet oder Leduc, die zumindest mit strahlgetriebenen Flugzeugen experimentierten.

Dassault Aviation entstand 1947 unter der Leitung von Marcel Bloch, der schon 1929 das Unternehmen als Société des Avions Marcel Bloch gründete und in den darauffolgenden Jahren zahlreiche zivil, vorwiegend aber militärisch genutzte Flugzeuge mit dem Kürzel *MB* herausbrachte. Im Oktober 1940 kam er unter der Vichy-Regierung ins Gefängnis und wurde im April 1945 aus dem KZ Buchenwald befreit. Während des Krieges arbeiteten die Herstellerwerke von Bloch unter der Regie des deutschen Unternehmens Junkers. Als Zeichen des Neuanfangs und in Anlehnung an das Pseudonym seines Bruders nannte sich Bloch ab 1949 nur noch Marcel Dassault. Bis Mitte der 1950er Jahre hatte das Unternehmen Avions Marcel Dassault (AMD) rund 3000 Angestellte plus 25.000 weitere Beschäftigte in anderen französischen Betrieben, die für Dassault als Subunternehmer Komponenten herstellten. Inzwischen wurden Flugzeuge wieder nach eigenen Konzeptideen konstruiert und erlangten wie die Ouragan und Mystere als erste französische Eigenentwicklungen mit Strahlantrieb Serienreife. Gleichzeitig erfolgte eine Ausweitung der Geschäftsbereiche, um bspw. auf dem Sektor der Flugzeugavionik tätig zu werden. Bis Anfang der 1960er Jahre wuchs die Belegschaft bereits auf knapp 6000 Angestellte und ca. 30.000 weiteren Arbeitnehmern in anderen, als Zulieferer tätigen Unternehmen an. Inzwischen war mit der Mirage III Dassaults Bestseller in Dienst gestellt worden, 1962 begann die Ausrüstung der französischen Marineflieger mit der trägergestützten Etendard IV M und 1964 die Serienlieferungen des mit Atomwaffen bestückten Langstreckenbombers Mirage IV. Der Hersteller konnte in den 1960er Jahren aber noch mit weiteren Konstruktionen Aufsehen erregen und testete Flugzeuge mit Hubtriebwerken für Kurzstart- und Landeeigenschaften oder auch mit Schwenkflügeln. 1967 erwarb der Konzern 66 % der Breguet Aviation, was nach der kompletten Fusion 1971 zur (temporären) Namensgebung Avions Marcel Dassault-Breguet Aviation führte. Zur Jahrtausendwende belief sich der Beschäftigtenanteil auf mehr als 9000 Mitarbeiter, zugleich stand Dassault bei der Herstellung von Militärflugzeugen weltweit an sechster Stelle. Das Unternehmen war zum wichtigsten Produzenten französischer Kampfflugzeuge mit Strahlantrieb und in diesem Bereich zum Aushängeschild der landeseigenen Luftfahrtindustrie geworden, und ist es heute noch.

Sud Aviation war im März 1957 als Zusammenschluss von SNCASE und SNCASO entstanden, produzierte als staatliches Unternehmen das Mehrzweckkampfflugzeug Vautour II sowie neben dem ersten französischen Passagierjet Caravelle auch vermehrt und erfolgreich Hubschrauber. Anfang der 1960er Jahre gab es hier rund 22.000 Angestellte. Schließlich erfolgte im März 1970 die Fusion mit Nord Aviation (SNCAN) zur Société Nationale d'Industrie Aérospatiale (SNIAS) oder einfach nur Aérospatiale genannt. Das Hauptquartier blieb in Paris. Schwerpunkte stellten neben dem Überschallverkehrsflugzeug Concorde vor allem Hubschrauber und Lenkwaffen dar, aber auch die Rechte an dem berühmten Trainingsflugzeug Magister sowie weitere Produktionsanlagen gehörten nach der Übernahme von Potez Air Fouga im Jahr 1967 dazu. In den 1990er Jahren erfuhr das Unternehmen mehrere Umstrukturierungen, die Hubschraubersparte etwa ging im Eurocopter-Konzern auf. Weitere Bereiche wurden in der Folgezeit ebenfalls mit anderen Herstellern zusammengebracht und 2001 entstand mit der deutschen DASA sowie der spanischen CASA das weithin bekannte Konsortium EADS.

Aufsehenerregende Versuchsmaschinen

Die französischen Flugzeugbauer waren hochambitioniert, die im Zweiten Weltkrieg verlorene Zeit und damit wichtige Forschungsarbeiten aufzuholen und brachten vor allem während der 1950er- und 1960er Jahre aufsehenerregende Flugzeugtypen hervor. Bei Gestaltung und Aerodynamik schien es keine Grenzen zu geben, man wollte offenbar alle Möglichkeiten, die hohen Leistungen und guten Flugeigenschaften dienlich sein könnten, aufspüren und austesten. Dazu befanden sich in Spitzenzeiten ein Dutzend verschiedene Versuchsflugzeuge mit Strahlantrieb in der Erprobung. Einige der Konstruktionen muteten recht bizarr an und brachten schon im frühen Versuchsstadium keine befriedigenden Ergebnisse. Andere erzielten zumindest Achtungserfolge oder sogar Rekordleistungen, taugten aber letztlich nicht für einen regulären Einsatz. Dafür waren nicht nur die konstruktiven Lösungen verantwortlich, oft waren die Ursachen in einem hohen Logistikaufwand oder künftig absehbaren hohen Herstellungs- sowie Betriebskosten und ähnlichem zu finden.

Konstrukteur René Leduc in der Mitte, links Frankreichs 16. Präsident Vincent Auriol und rechts Luftfahrtminister André Maroselli bei einem Empfang im Élysée-Palast. (Foto: Espace Patrimoine Safran)

Eine SE 161 Languedoc trägt auf ihrem Rücken eine Leduc 010. In der Luft ausgeklinkt, konnte das Ramjet-Flugzeug den Staustrahlantrieb nutzen und weiter beschleunigen. (Foto: Espace Patrimoine Safran)

Die Leduc 022 stellte die finale, in die Praxis umgesetzte Baureihe der Leduc-Staustrahlflugzeuge dar. Im Dezember 1957 wurde Überschallgeschwindigkeit erreicht, im Folgejahr das Programm nach 141 Flügen, 60 davon antrieblos, beendet. (Foto: Espace Patrimoine Safran)

Zu den außergewöhnlichsten Konstruktionen zählten mehrere Versuchsflugzeuge von René Leduc. Dieser hatte sich über Jahre mit dem Staustrahlantrieb (auch Ramjet) beschäftigt, von ihm zunächst als thermodynamisches Strahlrohr bezeichnet. Ein ursprüngliches Muster hatte bereits in den 1930er Jahren Gestalt angenommen und wurde von Breguet gebaut, allerdings wegen des Zweiten Weltkriegs und der deutschen Besatzung mit großer Unterbrechung. So erfolgte die Fertigstellung des **Leduc 010** genannten Flugzeugs erst 1946. Inzwischen war zur Realisierung zudem die Leduc-Gesellschaft mit Sitz in Argenteuil ins Leben gerufen worden. Wegen ihres Designs aus Rumpfröhren, die den Lufteinlass bildeten sowie Pilot, Instrumente und Triebwerk aufnahmen, wurden die Leduc 010 wie auch Nachfolgekonstruktionen mitunter als „Fliegende Ofenrohre" bezeichnet. Da der Staustrahlantrieb keine eigenen, unabhängigen Starts vom Boden aus erlaubte, wurde dafür ein Trägerflugzeug benötigt und hauptsächlich in Form mehrerer SE 161 Languedoc zur Verfügung gestellt. Die brachten das Versuchsflugzeug im Huckepackverfahren zunächst auf eine brauchbare Höhe. Ausgeklinkt sollte danach im Gleitflug die benötigte Geschwindigkeit zum Anlassen des Staustrahlantriebs erreicht werden. Die ersten Flüge fanden im Verbund mit dem Trägerflugzeug ab 19. November 1946 statt, am 21. Oktober 1947 wurde erstmals eine Leduc 010 abgetrennt und Testpilot Jean Gonord setzte antriebslos den (Gleit)Flug fort. Am 21. November 1949 beschleunigte das Trägerflugzeug auf 320 km/h, um erstmals das Zünden des Staustrahltriebwerks zu ermöglichen. Dann folgte der zwölfminütige Alleinflug der Leduc 010 mit Staustrahltriebwerk und mit gedrosselter Schubkraft wurden dabei 680 km/h erreicht. Eine zweite Leduc 010 ergänzte ab dem 14. März 1950 die Testflüge, allerdings havarierte das Flugzeug im November des nachfolgenden Jahres. Ein ähnliches Schicksal ereilte dem ersten Versuchsmuster im Juli 1952. Ein drittes Exemplar hatte bereits Ende Januar 1951 die Werkhallen in Argenteuil verlassen und wurde einige Tage später zur Flugerprobung nach Istres transportiert. Diese Maschine wies einige aerodynamische Verfeinerungen auf und besaß als maßgebliche Neuheit an den Flügelenden jeweils ein zusätzliches Strahltriebwerk vom Typ Turboméca Marbore I mit je 2,7 kN Schub. Damit waren keine autonomen Starts möglich, aber es sollten bei Bedarf durch Zuschaltung die Langsamflug- sowie Landeeigenschaften verbessert werden. So wurde mit **Leduc 016** auch eine neue Bezeichnung vergeben, allerdings Jahre später wieder in Leduc 010-3 geändert. Nach den im Februar 1951 aufgenommenen Gleitflügen folgte der erste mit eingeschalteten Strahltriebwerken von einem Trägerflugzeug aus am 15. Januar 1952. Dieser endete mit einem Landeunfall, doch konnte das Flugzeug nachfolgend repariert und ab April weiter erprobt werden. Die Testflüge mit dieser Maschine wurden bis Januar 1954 fortgesetzt, wobei während der letzten sieben die Triebwerke an den Flächenenden gegen zusätzliche Tanks ausgetauscht worden waren. So kam die Leduc 016 auf insgesamt 83 Einsätze, bei 25 davon wurde sie vom Trägerflugzeug gelöst und setzte dann selbstständig den Flug fort. Damit ergänzte man die zusammen auf 166 bezifferten Einsätze der beiden Leduc 010, zu denen 51 selbstständige Flüge nach der Trennung vom Trägerflugzeug zählten.

Zwischenzeitlich waren 1953 sowie 1954 zwei weitere Exemplare als **Leduc 021** entstanden und absolvierten danach insgesamt 384 Einsätze mit 248 Abwürfen vom jeweiligen Trägerflugzeug. Sie sollten ursprünglich Überschallgeschwindigkeit in großen Höhen von bis zu 20.000 m erreichen, was letztendlich nicht gelang. Wie die Vorgängermodelle verfügte die Leduc 021 über ein Staustrahltriebwerk, diesmal leicht modifiziert. Nun gab es sieben statt zuvor fünf zylindrische Röhren. Ihr Durchmesser vergrößerte sich in Richtung Heck und belief sich an der größten Stelle auf stattliche 2,44 m. Um die Turbine waren Brennerinjek-

Diese Aufnahme zeigt gut die zahllosen Brenner der Staustrahlröhren einer Leduc 022. Ausgestellt ist das Flugzeug im Luft- und Raumfahrtmuseum Le Bourget, Paris. (Foto: Heiko Thiesler)

Einer Pipette nicht unähnlich, beginnt der Rumpf der Leduc 022, um dann mit einer gewaltigen Staustrahlröhre sowie einem Atar-Triebwerk im Innern seine Fortsetzung zu finden. (Foto: Johan Visschedijk Collection)

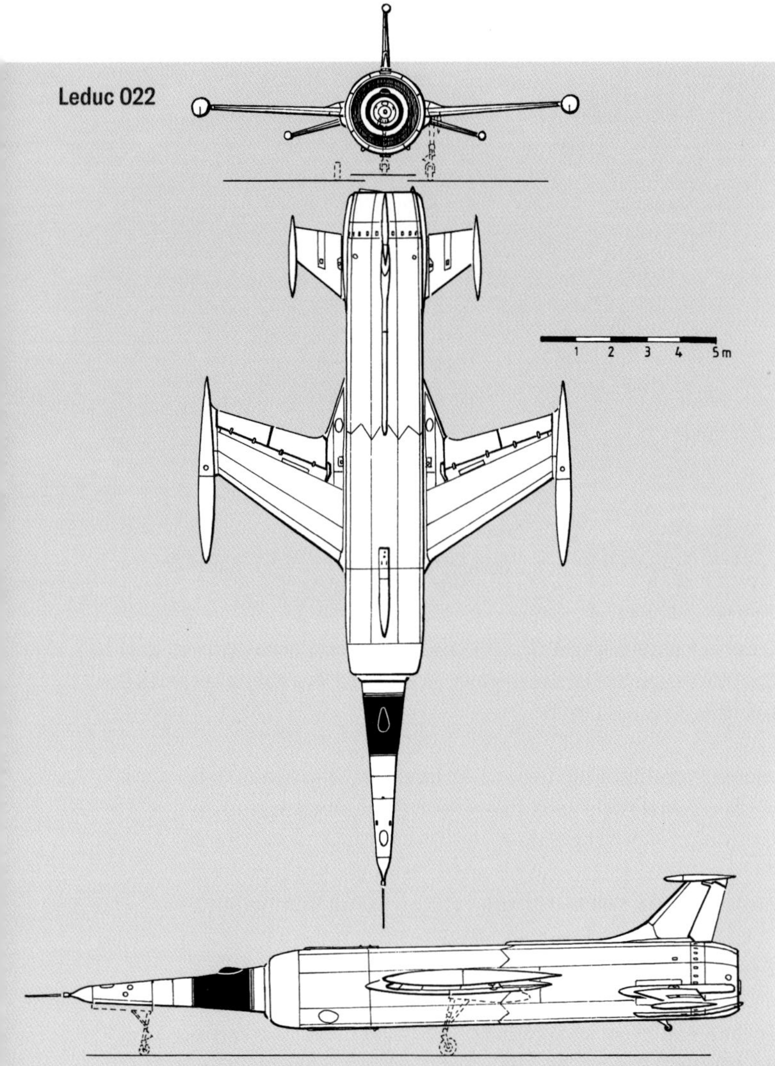

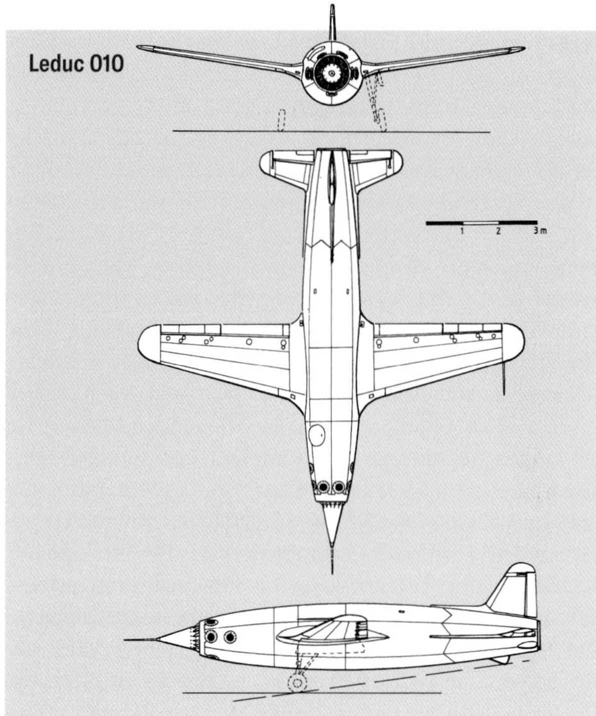

toren mit einer unabhängigen Stromversorgung angeordnet, damit es nicht zu Aussetzern bzw. Flammabrissen kam. Die Tragflächen besaßen an der Vorderkante mit 14 Grad eine leichte Pfeilung und nahmen 1135 l Kraftstoff auf, das Fahrwerk war einziehbar gestaltet. Wenn auch nicht überragend, bot die druckbelüftete Kabine eine bessere Sicht als bei den Vorgängern. Sie war in einem röhrenförmigen Gitter eingelassen, dass von einer hydraulisch verschiebbaren Plexiglashülle umgeben war und somit den Ein- und Ausstieg

Technische Daten	Leduc 010	Leduc 016	Leduc 021	Leduc 022
Besatzung	1	1	1	1
Triebwerk	ein Leduc Tyere 5 mit 15,7 kN	ein Leduc Tyere 7 mit 94,1 kN und zwei Turboméca Marbore I mit je 2,7 kN	ein Leduc Tyere 7 mit 94,1 kN	ein Leduc Tyere 6 mit 156,9 kN und ein SNECMA Atar 101 D3 mit 27,4 kN
Spannweite (m)	10,52	10,49	11,59	9,96
Länge (m)	10,25	10,25	12,50	18,21
Höhe (m)	3,39	3,39	4,05	4,86
Flügelfläche (m²)	16,00	16,00	22,00	21,10
Leermasse (kg)	1700		3300	6380
Startmasse (kg)	2900	3250	6000	8975
Höchstgeschwindigkeit (km/h)	900	960	1020	1200
Dienstgipfelhöhe (m)	11.000	12.300	20.000	8800

des Piloten ermöglichte. In diesem wie auch in anderen Bereichen gab es beim Nachfolgemodell **Leduc 022** nochmals einige Upgrades. Die verlängerte Kabine erinnerte nunmehr an eine Pipette, die Tragflächen besaßen eine erhöhte Vorderkantenpfeilung von 30 Grad, das Fahrwerk hatte jetzt Bugradanordnung und der Antrieb war überarbeitet. Dabei wurde im Staustrahltriebwerk für anvisierte eigene Starts noch ein Atar 101-Strahltriebwerk installiert. Insgesamt war die Leduc 022 etwas größer und schwerer geraten. Sie wurde im Juni 1956 fertiggestellt und unternahm am 26. Dezember ihren Erstflug.

Im Juni 1957 wurden erstmals beide Antriebe eingeschaltet, die Leistungen blieben aber hinter den Erwartungen zurück. Schließlich gab es am 23. Dezember 1957 und damit zwei Tage nach dem letzten Flug einen Triebwerksbrand am Boden und ließ keine weiteren Flüge folgen. In letzter Konsequenz wurde das Programm von staatlicher Seite nicht weiter finanziert und im Februar 1958 offiziell beendet, der Bau einer zweiten Leduc 022 war bereits im Oktober des Vorjahres abgebrochen worden. Die Aufsehen erregenden Konstruktionen der Leduc-Flugzeuge vermochten nicht über verschiedene Defizite hinwegzutäuschen. Die zum Schluss angedachten Fähigkeiten von Mach 1,8 und mehr erfüllten sich nicht und waren wohl aufgrund der konzeptionellen Auslegung kaum erreichbar. Doch erst ab diesem Geschwindigkeitsbereich arbeitet ein Staustrahltriebwerk effizient. Andererseits nimmt die Effizienz mit solch einem Antrieb in Höhen von über 10.000 m deutlich ab, zudem war keine Schubregulierung mit diesem möglich. Um ein Bremsen oder auch andere Manöver einzuleiten, taugte die Methode des Abschaltens und Wiederentzündens des Triebwerks nicht. Weitere Leduc-Projekte blieben Reißbrettstudien und führten nicht zur Realisierung geplanter Abfangjagd- und Bombenflugzeuge.

SNCASO begann Ende der 1940er Jahre mit der Konzeption eines **Trident** genannten Flugzeugs, das zur Entwicklung eines überschallschnellen Abfangjägers dienen sollte. Auch hier gab es auffällige Konstruktionsmerkmale einschließlich dem aus Strahl- sowie Raketentriebwerk bestehenden Mischantrieb oder dem nahezu völlig rechteckigem Tragwerk mit extrem dünnem Profil. Das mit starker negativer V-Stellung versehene Höhenleitwerk sollte bei hohen Geschwindigkeiten die Quersteuerung übernehmen und der stromliniengünstig gestaltete Rumpf in sogenannter Sandwich-Bauweise hergestellt werden. In Notfällen sollte die gesamte Bugsektion samt Kabine vom Rest des Flug-

Mit Strahl- und Raketentriebwerken sollte die Trident I hohe Leistungen als künftiger Abfangjäger erzielen, letztlich erwies sich die Mirage III von Dassault als fortschrittlicher. (Foto: Eric Bannwarth Collection)

Beeindruckend an der Trident war neben dem Antrieb auch das nahezu rechteckige Tragwerk. (Foto: Espace Patrimoine Safran)

zeugs getrennt werden und separat am Fallschirm zu Boden gehen. Der Rumpf nahm nach dem Start das dreiteilige, in Bugradanordnung ausgeführte Fahrwerk auf, dass durch eine geringe Bodenfreiheit und Spurbreite gekennzeichnet war.

Ab März 1951 liefen am Boden die ersten Versuchsreihen mit dem Raketenantrieb und zusätzlich testete der zweite Prototyp der ebenfalls von SNCASO stammenden Espadon später diese Antriebsform im Flug. Das erste Versuchsmuster der **SO 9000 Trident I** unternahm mit Testpilot Jaques Guignard am Steuer am 2. März 1953 den Erstflug, noch ohne Raketenantrieb. Der zweite Prototyp hob zum ersten Mal am 1. September desselben Jahres ab, kam aber nicht aus dem Bodeneffekt heraus, kollidierte nachfolgend mit einem Strommasten, stürzte ab und verletzte dabei Testpilot Guignard schwer. So fanden die Versuchsreihen ab Januar 1954 ihre Fortführung mit den an den Flügelenden montierten Marbore-Strahltriebwerken und im Laufe des Jahres auch unter Zuschaltung des mit drei Brennkammern ausgestatteten SEPR-Raketentriebwerks im Heck. Bis dahin war die Flugerprobung recht strapaziös verlaufen. Die Strahltriebwerke hatten sich als zu schwach erwiesen und wurden noch 1954 durch von Dassault gefertigte Lizenzausgaben des britischen Viper ersetzt. Die Längssteuerung war schwer zu kontrollieren, insbesondere bei der Landung und reagierte andererseits bei hohen Geschwindigkeiten sehr empfindlich. Bei Seitenwind war die geringe Spurbreite des Fahrwerks ungünstig für Start und Landung, als Startbahnlänge waren mindestens 1700 m erforderlich. Beim Start waren bei 240 km/h schon allein 500 m nötig, um das Flugzeug aus dem Bodeneffekt zu leiten, das Fahrwerk einzuziehen und in den Steigflug zu gehen. Außerdem war die Kabine des Piloten recht eng und die Sicht aus dem Cockpit schlecht. Nach der Umrüstung auf das Viper und die Nutzung des Raketentriebwerks verbesserten sich die Leistungen. In dieser Form wurde die Flugerprobung im März 1955 wieder aufgenommen, ab April auch mit Raketenantrieb. Letzterer arbeitete allerdings unzuverlässig, sodass bis Juli 1956 insgesamt nur fünf zufriedenstellende Flüge damit absolviert werden konnten. Das führte nach mehr als 100 Testflügen zum Abbruch der Erprobung mit diesem Flugzeug, auch zugunsten der modifizierten **SO 9050 Trident II**. Die verfügte über einen etwas kürzeren Rumpf sowie eine geringere Spannweite, des Weiteren über ein modifiziertes Raketentriebwerk mit zwei Brennkammern sowie ein verlängertes Fahrwerk mit größerer Bodenfreiheit. Die Trident II hatte die Flugerprobung am 19. Juli 1955 begonnen. Die Eigenschaften des Flugzeugs wurden im Frühjahr 1956 zunächst schlechter als die der Trident I bewertet, obwohl sie eigentlich den Bau von zehn als Vorserienmaschinen deklarierten Trident II begünstigen sollten. Die wiederum waren zum Ausloten der taktischen Einsatzmöglichkeiten sowie der Funktionalität der Ausrüstung als Jagdflugzeug gedacht, doch wurden letztlich insgesamt nur drei Exemplare als Prototypen und drei weitere als Vorserienflugzeuge gebaut. Bislang war die Flugsteuerung kraftaufwendig und bei niedrigen Geschwindigkeiten traten Schwingungen auf, zu allem Überfluss wurde der zweite Prototyp durch Fehlfunktionen in der Kraftstoffanlage beim zweiten Flug zer-

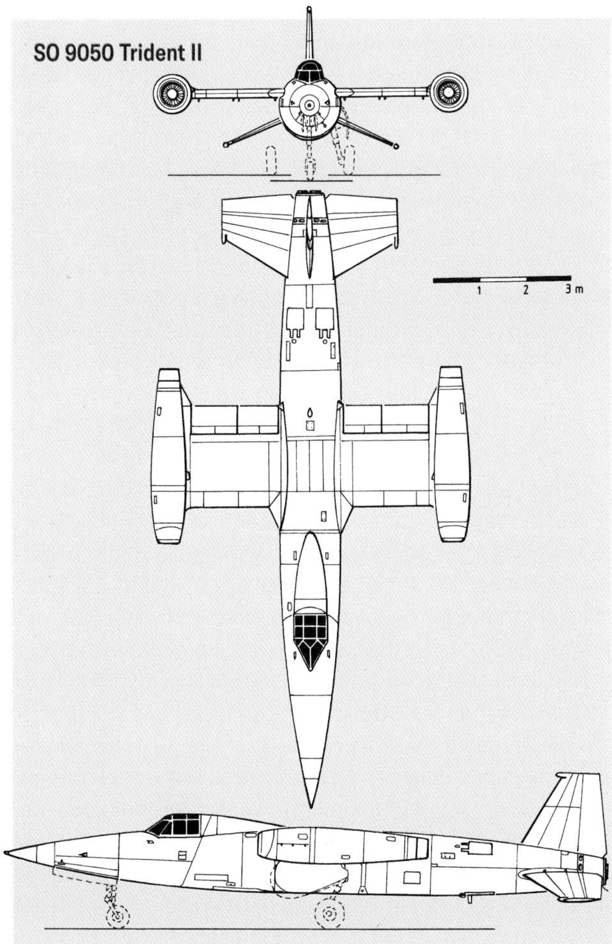

Die Trident II besaß stärkere Gabizo-Strahltriebwerke an den Flügelenden, dieses Exemplar trägt zudem eine Luft-Luft-Lenkrakete Matra R 511 unter dem Rumpf. (Foto: Nico Braas Collection)

stört. Wirkliche Verbesserungen ergaben sich erst ab 1958, als die vierte und fünfte Versuchsmaschine mit Gabizo-Strahltriebwerken ausgerüstet wurden und fortan gerade im Überschallbereich mit überlegenen aerodynamischen Eigenschaften punkten konnten. Die fünfte Trident II startete im Januar 1958 zu einem Testflug und erreichte nach Zuschalten des Raketenantriebs Mach 1,8 in einer Höhe von 21.945 m. Im April stellte die sechste Maschine zwei Steigzeitrekorde sowie mit 24.217 m einen Höhenweltrekord auf.

Technische Daten	SO 9000 Trident I	SO 9050 Trident II
Besatzung	1	1
Triebwerk	zwei Turboméca Marbore II mit je 3,9 kN, später zwei Dassault Viper mit je 7,3 kN sowie ein SEPR 481 mit 44,1 kN	zwei Dassault Viper mit je 7,3 kN, später zwei Turboméca Gabizo mit je 10,8 kN sowie ein SEPR 631 mit 29,4 kN
Spannweite (m)	7,57	6,98
Länge (m)	14,37	12,70
Höhe (m)	2,84	3,08
Flügelfläche (m^2)	16,58	14,50
Leermasse (kg)	2435	2528
Startmasse (kg)	5055	5500
Höchstgeschwindigkeit (km/h)	1620	2070
Dienstgipfelhöhe (m)	15.000	24.000

Die Baroudeur, hier der erste Prototyp, wies einige fortschrittliche Ideen auf, das Fahrwerk war letztlich unpraktisch. (Foto: Johan Visschedijk Collection)

Inzwischen befand sich jedoch Dassault mit seiner Mirage III auf der Überholspur und das Erprobungsprogramm fand auch aus finanziellen Gründen im Mai 1958 offiziell sein Ende, der letzte Flug fand im Oktober statt. Somit kam es auch nicht mehr zur Erprobung der mit stärkeren Gabizo-Triebwerken geplanten **Trident III**.

Die Eigenschaften der Trident waren für ein serienreifes Kampfflugzeug nicht geeignet und höchstens als Erprobungsparameter akzeptabel. Ein beinah zeitglich entworfenes Muster, diesmal von SNCASE, verblieb ebenfalls im Versuchsstadium, krankte allerdings an einer anderen Konzeptidee.

Landung der Baroudeur mit Kufen und Bremsschirm. (Foto: via Jean-Jaques Beugnet)

Die **SE 5000 Baroudeur** sollte als taktisches Jagdflugzeug für den schallnahen Bereich, aber auch leichter Jagdbomber Verwendung finden und dank eines Atar 101-Triebwerks von SNECMA die entsprechenden Leistungen erbringen. Zugleich dachte man in einem möglichen Konfliktfall sowie der damit verbundenen Zerstörung der Start- und Landebahnen an den Einsatz von weniger befestigten Pisten sprich Grasbahnen und konstruierte hierfür ein spezielles „Fahrwerk“. Das bestand praktisch aus einem Startwagen mit einem Zwillingsrad vorn sowie zwei einzelnen Rädern mit großen Niederdruckreifen weiter hinten. Nach geplanten 700 m blieb dieser Startwagen am Boden, während das Flugzeug abhob und nach erfüllter Mission auf drei ausfahrbaren Kufen landen sollte. Die sollten ebenso Einsätzen von schnee- oder eisbedeckten Pisten dienlich sein. Obwohl später sogar der Einsatz des Flugzeugs mit den besagten Kufen auf sandigem Boden demonstriert wurde, erwies sich diese Lösung als zu aufwendig. Am Startwagen konnten optional zwei bis sechs Hilfstreibsätze mit jeweils 7,4 kN Schub montiert werden und die Startstrecke verkürzen, er selbst konnte für Überführungsflüge am Flugzeug verbleiben und den logistischen Aufwand verringern. Für einen neuen Einsatz musste das Flugzeug aber wieder auf den Wagen gehoben werden und überzeugte letztendlich nicht. Ansonsten demonstrierte die Baroudeur durchaus fortschrittliche Konstruktionselemente wie um 35 Grad (anderen Quellen zufolge 38 Grad) gepfeilte Tragflächen und um 42 Grad gepfeilte Höhenleitwerke oder auch die seitlichen Lufteinlässe für das Strahltriebwerk, die den Bug für die Installation der beiden 30-mm-Bordkanonen oder alternativ eines Radars freiließen. Die Tragflächen verfügten für einen hohen Auftrieb über Vorflügel und geschlitzte Klappen, im druckbelüfteten Cockpit gab es für den Piloten einen Schleudersitz von Sud-Ouest.

Die Konstruktion der Baroudeur ging ab 1951 ins Detail, am 1. August 1953 leitete Testpilot Pierre Maulandi die Flugerprobung des Musters ein. Üblicherweise benötigte das Flugzeug gut 600 m auf befestigten und über 1100 m auf unbefestigten Pisten, um bei einer Geschwindigkeit von etwa 240 km/h abzuheben. Der Startwagen rollte dann noch gut 450 m weiter. Während der Testflüge stellten sich Instabilitäten um die Längsachse sowie eigenständige Querschwingungen heraus, sodass ständig gegengesteuert werden musste. Die Betätigung der Ruder wiederum erforderte große Kraftanstrengungen. Die Landestrecke konnte unter günstigen Bedingungen 600 m, auf Gras gut 1000 m betragen.

Vor der Baroudeur tauschen sich die Testpiloten Pierre Maulandi, links, sowie Pierre Nadot, rechts, aus. Beachtenswert die Schutzgitter vor dem Lufteinlass des Flugzeugs. (Foto: via Jean-Jaques Beugnet)

Neben einem zweiten, ab Mai 1954 geflogenen Prototyp der SE 5000 ergänzten drei **SE 5003** genannte Vorserienmaschinen die Versuchsreihen. Bei diesen wurden die Atar 101C-Triebwerke durch schubstärkere der D-Baureihe ersetzt, die je nach Version 27,9 bis 36,3 kN Schub abgaben. Im Juli 1954 überschritt Maulandi mit dem zweiten Prototyp im Sinkflug erstmals Mach 1. Trotz dessen zeigten sich ins-

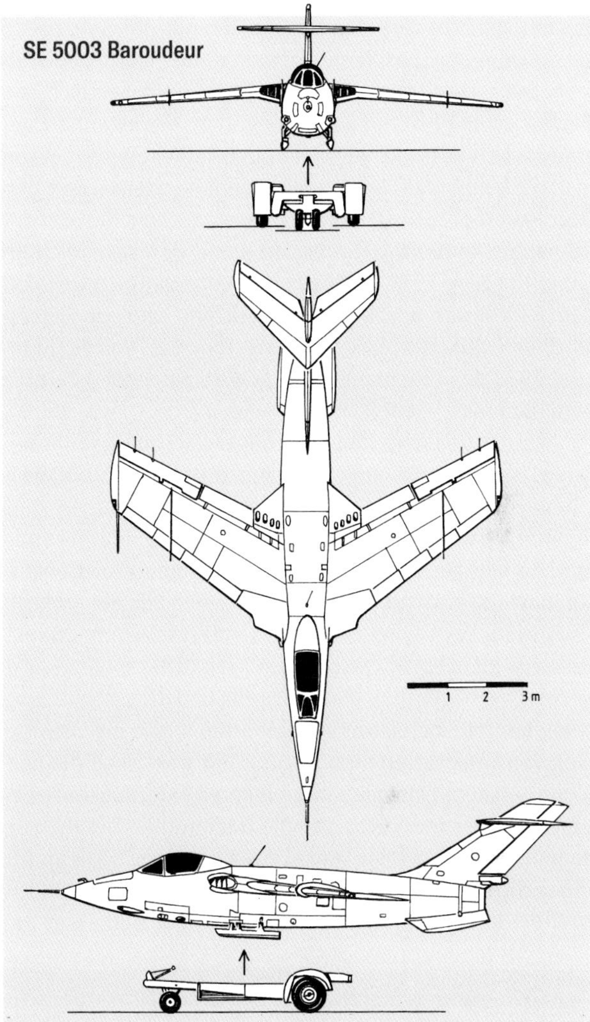

Technische Daten	Typ SE 5003 Baroudeur
Besatzung	1
Triebwerk	ein SNECMA Atar 101D-3 mit 29,4 kN
Spannweite	10,00 m
Länge	13,66 m
Höhe mit Startwagen	3,60 m,
ansonsten	3,04 m
Flügelfläche	25,30 m^2
Leermasse	3315 kg
Startmasse	6130 kg
Höchstgeschwindigkeit	1140 km/h
Dienstgipfelhöhe	15.000 m
Bewaffnung	vorgesehen waren zwei 30-mm-MK DEFA, 500 kg Bomben, ungelenkte Raketen

gesamt keine besseren Eigenschaften mit der Baroudeur, die Schwingungsprobleme hatte man nie in Griff bekommen, Start- und Landeverfahren blieben unpraktisch, die Manövrierfähigkeit am Boden begrenzt. Unvorteilhaft gestaltete sich auch die geringe Bodenfreiheit, gerade wenn man die beiden Aufhängepunkte mit Zusatztanks, Bomben oder Raketenabschussbehältern bestücken wollte. Bei der Teilnahme an der NATO-Ausschreibung zu einem leichten Kampfflugzeug 1957 war die Baroudeur eigentlich weit von den geforderten Spezifikationen entfernt und von Anfang an chancenlos. Zum Sieger des Wettbewerbs wurde im Januar 1958 die italienische G-91 gekürt, zur selben Zeit die Baroudeur aufgegeben.

Arsenal de l'Aeronautique, allgemein als Arsenal bekannt, war seit 1936 ein staatliches Unternehmen in Villacoublay, das vorrangig durch einige Jagdflugzeugentwürfe und Flugzeugmotoren bekannt wurde. Zum Jahresende 1952 kam es zur Schließung und nachfolgend zur Neuaufstellung als Privatfirma unter dem Namen Société Francaise d'Etudes et de Constructions de Materiels Aeronautiques Spéciaux (SFECMAS). Zwischenzeitlich gab es den Standortwechsel nach Chattilon-sous-Bagneux und die Erschließung neuer Luftfahrtbereiche. Dazu gehörten fortan die Entwicklung von Lenkwaffen und Zieldrohnen, aber auch die Forschung an aerodynamisch interessanten Flugzeugkonstruktionen. Insbesondere ist hier die **Gerfaut** hervorzuheben, deren Ursprung sich bis in die Zeiten des Herstellers als Arsenal zurückverfolgen lässt. Am Anfang standen Studien zu Pfeil- und Deltaflügeln, dann folgte der Bau eines Segelflugzeugs als Arsenal 1301. An diesem konnten sowohl Pfeil- als auch Deltaflügel angebaut und erprobt werden, deren Ergebnisse wiederum als Vorstudien für ein Jagdflugzeugprojekt mit Deltatragwerk und gedacht für den Überschallbereich, dienten. Die begonnenen Entwurfsarbeiten wurden von SFECMAS fortgeführt und zum Versuchsflugzeug 1402 weiterentwickelt. Entgegen den ursprünglichen Projektideen wurde auf ein Staustrahltriebwerk verzichtet und stattdessen eine Atar-Strahlturbine als Antrieb verwendet. Diese verfügte im Rumpfbug über einen zentralen Lufteinlass. Im Rumpf wurde der gesamte Kraftstoffvorrat untergebracht, ebenso die Ausrüstung und nicht zuletzt der Pilot mit seinem Schleudersitz. Da dieser samt Cockpit direkt über dem Lufteinlass und nachfolgendem Triebwerksschacht platziert wurde, ergab sich ein markanter „Buckel". Der fiel zum Heck hin wieder ab und endete an der gepfeilten Seitenflosse. Das Deltatragwerk besaß eine Vorderkantenpfeilung von beachtlichen 58,2 Grad, separate, wiederum deltaförmige Höhenflossen befanden sich im oberen Abschnitt des Seitenleitwerks. In der Wurzel fand ein Bremsschirm und darüber in einer weiteren Verkleidung aus Sicherheitsgründen ein Trudelfallschirm Platz. Das dreiteilige Fahrwerk besaß Bugradanordnung, war an allen drei Baugruppen je einfach bereift und vollständig einziehbar.

Technologisch vielversprechend, übernahm Testpilot André Turcat am 15. Januar 1954 den Erstflug des Versuchsmusters **N 1402A**. Somit wurde das Flugzeug zum ersten, aus Frankreich stammenden flugtauglichen Deltaflügler mit Strahlantrieb und überschritt am 3. August 1954 im Horizontalflug die Schallgrenze. Noch zum Ende des Jahres ging der Hersteller im Unternehmen SNCAN (1958 umbenannt in Nord Aviation) auf und das Programm wurde fortgeführt. Verschiedene Modifikationen führten zur **N 1402B**, die als Umbaumaschine am 17. Dezember 1954 zum Erstflug startete. Es kam zur Verwendung eines schubstärkeren Triebwerks Atar 101D mit 29,3 kN Schub, die Spannweite des Deltatragwerks wurde von 6,68 m auf 7,50 m erhöht, es wurden Stabilisierungsflossen unter dem Heck sowie Wirbelabweiser am Rumpf angebaut und die Quer- sowie Höhenruder erhielten eine Servosteuerung. Eine Bewertung vom September 1955 bescheinigte im allgemeinen gute Flugeigenschaften, jedoch traten im schallnahen Bereich Schwingungen in der Gier- und Nickebene auf. Natürlich verursachte die Konstruktion des Rumpfes einen hohen Luftwiderstand und erzeugte bei hohen Geschwindigkeiten Verdichtungsstöße. Die Maximalgeschwindigkeit wurde deshalb auf Mach 1,2 limitiert, als minimal steuerbare Ge-

Atar

Das Atar entwickelte sich zu einer bedeutsamen Triebwerksbaureihe mit unterschiedlichen Typen in verschiedenen Größen und Leistungsklassen. Atar steht eigentlich für **At**elier **A**éronautique de **R**ickenbach, einer temporär betriebenen Forschungseinrichtung bei Dornier in Lindau-Rickenbach am Bodensee. Eine etwa 100-köpfige Forschergruppe unter Leitung von Hermann Oestrich arbeitete am Strahlantrieb, zog im Februar 1946 ins französische Decize um und widmete sich auf Basis des BMW 003 der Entwicklung einer eigenen Strahlturbine. Ergebnis war die Atar 101, die 1948 auf dem Prüfstand lief und später wie weitere, danach entwickelte Aggregate verschiedene französische Jets ausrüstete. Oestrich selbst wurde 1948 französischer Staatsbürger und zwei Jahre später Technischer Direktor bei SNECMA, dem Hersteller der Atar-Turbine. SNECMA entstand im Mai 1945 durch die Verstaatlichung des Motorenbauers Gnome et Rhone und heißt seit 2016 Safran.

Als Vorstufe der Gerfaut untersuchte die Arsenal ARS 1301 einen stark gepfeilten Deltaflügel, allerdings antriebslos im Gleit- oder Schleppflug. (Foto: via Jean-Jaques Beugnet)

schwindigkeit ergab sich dagegen ein Wert von 240 km/h. Die Steuerung galt als ineffizient.

Leistungsfähiger sollte schließlich die neu gebaute **N 1405** werden, manchmal auch als **Gerfaut II** bezeichnet. Das verdankte sie einem stärkeren Triebwerk, das nun mit einem Nachbrenner ausgestattet war. Die wesentliche Konfiguration des Flugzeugs blieb erhalten, Spannweite und die relative Profildicke des Tragwerks wurden leicht abgeändert sowie die Kraftstoffkapazität erhöht. Der Erstflug der N 1405 erfolgte am 17. April 1956 und schon bald offenbarten sich höhere Leistungen und ausgezeichnete Flugeigenschaften. Das bewiesen im Februar des Folgejahres gleich fünf Steigzeitrekorde zwischen 3000 und 15.000 m Höhe, die mit diesem Typ aufgestellt wurden. Im Juni desselben Jahres erfolgte die Präsentation auf der Paris Air Show in Le Bourget, außerdem wurden Erprobungsflüge mit unter dem Rumpf befestigten Lenkraketen durchgeführt und eine Geschwindigkeit von Mach 1,4 erzielt. Doch zum serienmäßigen Überschalljäger reichte es nicht, auch nicht als Ausgangsbasis für einen. Im Überschallmodus war der Kraftstoffvorrat von 1370 l schnell verbraucht und der Aktionsradius zu klein, um als Jagdflugzeug eingesetzt zu werden. Schließlich wurde das Programm der Gerfaut beendet, ab 1958 folgten noch Flüge als Testträger von Radargeräten. Einen letzten Flug absolvierte der Deltaflügler am 7. August 1959.

In der Zwischenzeit beeindruckte Nord Aviation mit einer weiteren Versuchskonstruktion, deren Ursprünge ebenfalls in der Zeit des Herstellers als Arsenal und seinen Forschungen zu Deltaflügeln zu finden sind. Sie boten die

Die Konstruktion der Gerfaut war in vielerlei Hinsicht aufsehenerregend. Zu sehen ist hier die Weiterentwicklung N 1402B Gerfaut II, die ab 1954 flog. (Foto: SNECMA)

Ausgangsbasis für ein einzigartiges Flugzeug, dass mit einem um 60 Grad gepfeilten, recht schmalen Deltaflügel mit einer Profildicke von 4,8 % versehen wurde. Das dünne Tragwerk konnte somit weder Kraftstofftanks noch das Fahrwerk aufnehmen. Es wurde durch Canards am Vorderrumpf ergänzt und damit zugleich die Stabilität in der Nickebene erhöht. Besonders ins Auge fiel aber die Triebwerksanlage samt dem überdimensional erscheinenden, in Richtung Heck kontinuierlich anwachsenden Triebwerksschacht. Das lag an der geplanten Verwendung eines Staustrahltriebwerks als Antrieb. Genau genommen handelte

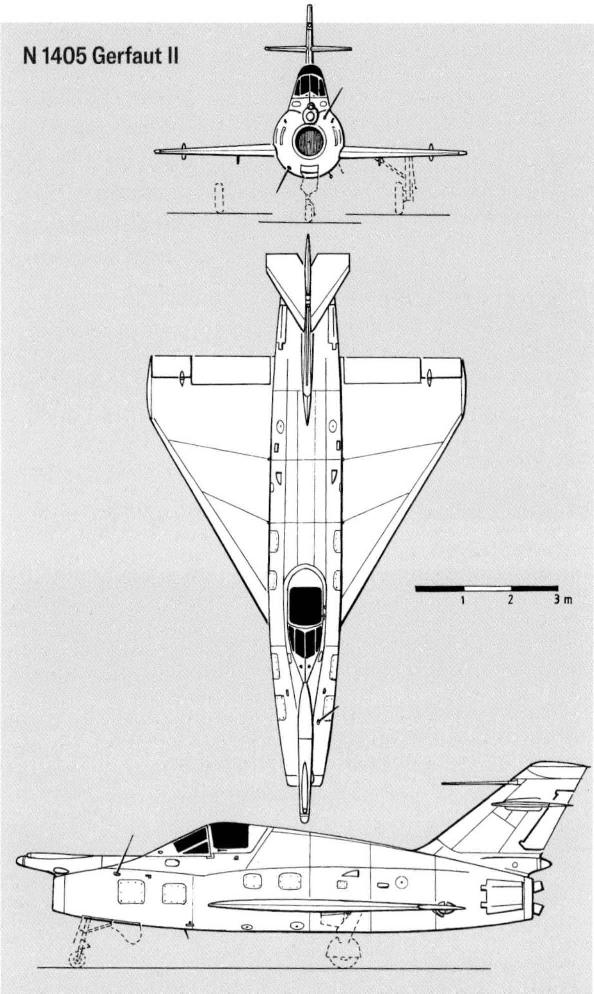

Technische Daten	N 1402 Gerfaut	N 1405 Gerfaut II
Besatzung	1	1
Triebwerk	ein SNECMA Atar 101C mit 27,5 kN	ein SNECMA Atar 101G mit 43,14 kN mit Nachbrenner
Spannweite (m)	6,68	7,50
Länge (m)	9,90	11,39
Höhe (m)	4,20	4,10
Flügelfläche (m²)	19,00	26,20
Leermasse (kg)	2869	k.A.
Startmasse max. (kg)	4750	5380
Höchstgeschwindigkeit (km/h)	1100	1593
Dienstgipfelhöhe (m)	15.400	16.000

es sich jedoch um einen Mischantrieb, wobei in die knapp 1,40 m durchmessende Staustrahlröhre ein konventionelles Strahltriebwerk eingerüstet wurde. Das sollte vor allem Start und Landung übernehmen, da das Staustrahltriebwerk bei geringen Geschwindigkeiten kaum Schub abgab. Als Kombination sollten hohe Leistungen ermöglicht und dem Wunsch des französischen Luftfahrtministeriums nach einem schnellen Abfangjäger entsprochen werden.

Die Bestellung über zwei Testmaschinen erfolgte 1953, ab dem Folgejahr wurden die Versuche mit einer gemischten Antriebskombination im Windkanal gestartet. Das ers-

Unten links: Frontalansicht der Gerfaut, zentraler Lufteinlass im Bug. (Foto: SNECMA)

Unten: Frontalansicht der Griffon I, deutlich erkennbar ist der noch kleine Lufteinlass zu Beginn der Erprobung. (Foto: SNECMA)

te Erprobungsflugzeug **Nord 1500-01** erhielt allerdings nur eine mit Nachbrenner 37,2 kN leistende Atar 101F-Strahlturbine zum Antrieb und nahm mit André Turcat am Steuer am 20. September 1955 die Flugerprobung auf. Bald darauf wurde der Zusatznamen **Griffon I** vergeben, obwohl ursprünglich Guépard ausgewählt wurde. In den nächsten Monaten wurden kontinuierlich Testpunkte abgearbeitet und eine Maximalgeschwindigkeit von Mach 1,3 in 8500 m Höhe erreicht. Die Mindestgeschwindigkeit betrug dagegen 225 km/h, beim Start waren 277 km/h erforderlich. Das Flugzeug konnte dabei mit einer Startbahnlänge von 750 m auskommen und auch der Einsatz von unvorbereiteten Pisten sollte möglich sein. Bei einem dieser Tests gab es allerdings im Juni 1956 einen Fahrwerksbruch mit dem Bugrad und löste dadurch eine Verzögerung der Flugerprobung aus. Zum Schluss waren es 156 Erprobungsflüge bis zum April 1957, bei denen die Flugeigenschaften im Allgemeinen als gut und aerodynamisch ausgeglichen bewertet wurden. Kleine Instabilitäten traten hauptsächlich im schallnahen Bereich bei Mach 0,95 auf. Bei manchen Baugruppen wie bspw. den Luftbremsen waren Nacharbeiten erforderlich, die über Servosteuerung betätigten Ruder hingegen arbeiteten recht effektiv.

Eine zweite Maschine als **N 1500-02 Griffon II** sollte dank des vorgesehenen Mischantriebs höhere Leistungen erzielen und erhielt dazu einen vergrößerten Lufteinlass. Dessen Umfang wurde gegenüber der Griffon I von 0,36 auf 0,59 m^2 erhöht. Ferner gab es Änderungen sowie den Wegfall von Stabilisierungsflossen am Heck sowie ein nunmehr

Inzwischen hat die Griffon II einen größeren Lufteinlass erhalten, der höhere Leistungen ermöglicht. (Foto: Johan Visschedijk Collection)

verkleidetes Cockpit. Um das Atar-Strahltriebwerk und die Schubdüse befanden sich die ringförmig angeordneten Brenner des Staustrahlantriebs mit annähernd 150 Düsen. In dieser Konfiguration übernahm Michel Chalard am 23. Januar 1957 den Erstflug der Griffon II. Beim 16. Flug im April wurde erstmals das Staustrahltriebwerk zugeschaltet, doch übertrafen die Leistungen auch bei weiteren Flügen zunächst nicht die der ersten Versuchsmaschine. So kam es zur nochmaligen Vergrößerung des Lufteinlasses auf 0,68 m^2 und in dieser Form zum Erstflug am 29. August 1957. Schon bald offenbarten sich höhere Geschwindigkeiten. Bis März 1958 waren mit der Griffon II insgesamt 80 Flüge absolviert worden, weitere folgten innerhalb der Testeinrichtung CEV. Hier erprobte man ab Juni auch die Mitnahme eines abwerfbaren Zusatztanks, doch war der Abwurf des Tanks in der Umgebung des bei Istres liegenden Testzentrums untersagt. Die Mitführung zusätzlichen Kraftstoffs stand mit dem enormen, annähernd verdreifachten Verbrauch durch die Nutzung des Staustrahltriebwerks in Zusammenhang. Der hohe Kerosinverbrauch führte zum Abschalten des Staustrahltriebwerks, wenn intern nur noch 460 l vorhanden waren. Ansonsten ergaben sich mit diesem Antrieb hervorragende Flugeigenschaften, Rollen und enge Kurven konnten ohne Geschwindigkeitsverlust absolviert werden. Die Zuschaltung des Staustrahltriebwerks erwies sich als sehr empfindlich und konnte innerhalb von weni-

Griffon II im Flug. Beachtenswert die gewaltige Schubdüse des Staustrahltriebwerks. (Foto: Aérospatiale Matra via Safran)

gen Sekunden von einer sauberen Zündung zu heftigen Stößen übergehen, bis sich die Verbrennung stabilisierte und der Mischantrieb des Flugzeugs ausgezeichnete Leistungen ablieferte. Die Steuerung war effizient, nur im Sinkflug bei Geschwindigkeiten zwischen 1100 und 950 km/h kam es zu Vibrationen. Bei diesen Geschwindigkeiten war zudem das Lastvielfache auf 1g begrenzt, im Überschallmodus konnte es auf das Vierfache ansteigen. Die Testpiloten verblüfften während der Flugerprobung mit zunehmenden Geschwindigkeiten. Im April 1958 wurde Schallgeschwindigkeit und bis Jahresende Mach 1,85 erreicht. Im Folgejahr wurde im Februar mit 1640 km/h auf einer 100-km-Strecke ein neuer Weltrekord aufgestellt und im Oktober folgte mit 2330 km/h eine weitere Weltbestleistung. Auch die Steigfähigkeit konnte sich mit 142 m/s sehen lassen. Die Leistungen hatten auch Luftfahrtingenieure in Übersee und die

Technische Daten	N 1500-02 Griffon II
Besatzung	1
Triebwerk	ein SNECMA Atar 101E mit 34,3 kN mit Nachbrenner und ein Nord SR mit 67,8 kN
Spannweite	8,12 m
Länge	14,54 m
Höhe	4,70 m
Flügelfläche	32,0 m²
Tragflächenbelastung	210 kg/m²
Leermasse	4850 kg
Startmasse max.	6750 kg
Höchstgeschwindigkeit	2330 km/h
Dienstgipfelhöhe	18.300 m

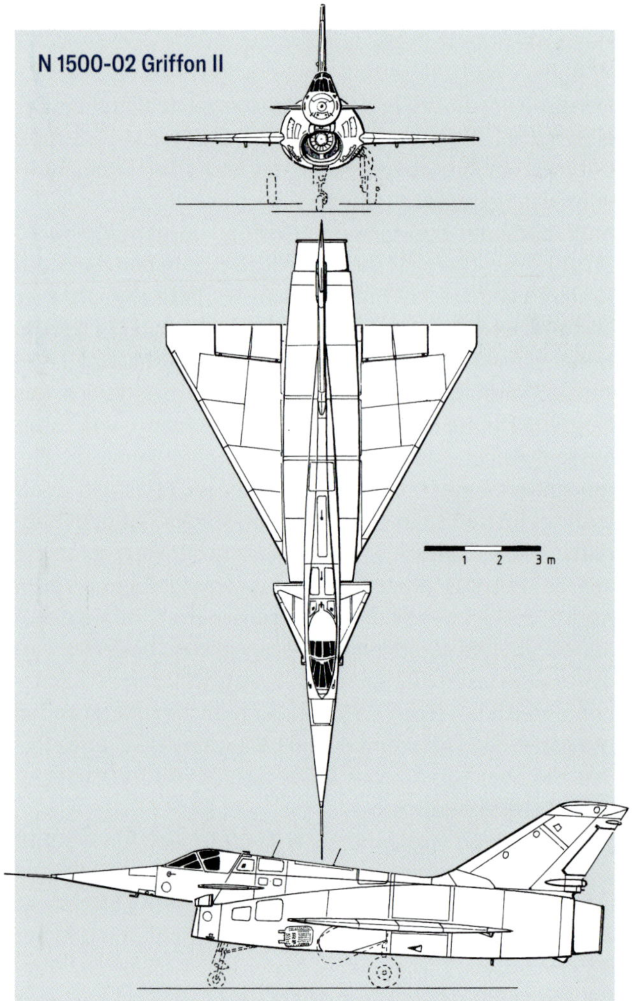

US Air Force beeindruckt, sodass begrenzt finanzielle Unterstützung aus den Vereinigten Staaten floss und mehrere Flüge mit amerikanischen Militärpiloten absolviert wurden. Im Angesicht des Algerienkrieges, den Frankreich seinerzeit führte, war die Griffon II das einzige Versuchsprogramm das Aufschub und nach einer mehrmonatigen Unterbrechung die Möglichkeit für weitere Testflüge erhielt. Einige Probleme, etwa in materialtechnischer Hinsicht sowie die zerstörerische Reibungshitze, der hohe Kerosinverbrauch, die fehlende Regelbarkeit des Staustrahlantriebs, aber auch die zunehmende Effizienz konventioneller Strahltriebwerke und die erfolgreiche Erprobung der Mirage III führten schlussendlich zum Ende der Erprobung im Juni 1961. Bis dahin hatte die einzigartige Griffon II 337 Testflüge durchgeführt.

Zu den außergewöhnlichsten, jemals gebauten und in die Luft gebrachten Fluggeräte zählt zweifelsfrei die **C 450 Coleoptere**. Sie war als Vorstufe eines Abfangjägers gedacht, der über einen Mischantrieb mit Staustrahl- sowie gewöhnlichem Strahltriebwerk und darüber hinaus über Senkrechtstart- und Landeeigenschaften verfügen sollte. Ursprünglich vom Triebwerkshersteller SNECMA entworfen und von Nord Aviation gebaut, bündelten beide Unternehmen praktisch gleich mehrere Technologieneuheiten in ihrem Forschungsprojekt. Neben den oben genannten Konstruktionsmerkmalen kam noch ein Ringflügel als markantes Merkmal hinzu. SNECMA hatte das Ringflügelkonzept bereits 1952 vom Bureau Technique Zborowski erworben und nachfolgend in verschiedenen Modellen erprobt. Bei der Coleoptere übernahm SNECMA vor allem die Konstruktion von Fahrwerk und Steuerung, während Nord sich weiterführend mit dem Rumpf und letztlich auch dem Tragflügel beschäftigte. Für Vorversuche baute wiederum SNECMA ein Testvehikel unter der Bezeichnung C 400 Atar Volant, das hauptsächlich aus einem Atar-Strahltriebwerk, Kraftstofftank, der Steuerung sowie dem Landegestell bestand. Unbemannte Testflüge wurden nachfolgend zwischen 1955 bis 1957 gefesselt sowie im freien Flug durchgeführt, noch 1957 folgte ab Mai auch ein bemanntes Modell als C 400 P-2 in die Flugerprobung. Mit Landegestell kam das Erprobungsgerät auf eine Gesamthöhe von 8,34 m, der Rumpfdurchmesser betrug 1,50 m. Beim Start wog die P-2 maximal 2600 kg

CEV

Das Flugtestzentrum CEV – Centre d'Essais en Vol – wurde 1944 ins Leben gerufen, zunächst mit dem vormaligen Luftwaffenstützpunkt Brétigny-sur-Orge als Basis. 1949 entstand dort mit 3000 m Länge und 100 m Breite die seinerzeit größte Start- und Landebahn Europas, außerdem wurden weitere Standorte erschlossen. Von diesen sind vor allem Casaux, Istres und Melun-Villaroche für die Erprobung und Abnahme von militärischen und zivilen Luftfahrzeugen bekannt. Seit 2009 heißt die Einrichtung offiziell DGA Essais en Vol und untersteht damit dem Beschaffungsamt für Rüstung. Weiterhin finden hier Tests mit Fluggeräten, Triebwerken, Ausrüstung und Bewaffnung und das Erstellen von dazugehörigen Gutachten statt. Angegliedert ist zudem die seit 1962 in Istres befindliche Testpilotenschule EPNER.

Das Testgerät Atar Volant wird für weitere Versuche vorbereitet. Ganz oben auf der Spitze ist der Schleudersitz für den Piloten montiert, auf dem Auguste Morel am 14. Mai 1957 den ersten freien Flug mit der C 400 P-2 absolvierte. (Foto: Espace Patrimoine Safran)

In dieser Ansicht erhält man einen interessanten Blick auf den Ringflügel der Coleoptere. In der Mitte befindet sich der eigentliche Rumpf samt Triebwerk. (Foto: Espace Patrimoine Safran)

Die Coleoptere konnte mit einem Fahrzeug samt Spezialhänger transportiert werden, der ein Aufrichten in die Startposition erlaubte. (Foto: Espace Patrimoine Safran)

und wurde von einer Atar 101DV-Turbine mit 28,4 kN Schub angetrieben. Der auf einem Schleudersitz untergebrachte Testpilot Auguste Morel absolvierte damit zahlreiche Flüge und bescheinigte der C 400 eine leichte Steuerung, aber auch Risiken, die bei starkem Neigungswinkel sowie hohen Sinkgeschwindigkeiten auftreten konnten. Eine dritte C 400 wurde ausschließlich am Boden und dabei auch auf Schienen erprobt und stellte die Vorstufe der Coleoptere dar.

Das revolutionäre Design der Coleoptere zeichnete sich durch einen Ringflügel aus, der über vier Streben an der Rumpfvorderkante befestigt war. Außerdem besaß er insgesamt vier kleine deltaförmige Stabilisierungsflächen, während ausfahrbare Canards am Rumpfbug den Übergang

Die Coleoptere stellt zweifellos ein revolutionäres Design dar, hatte aber aufgrund der vielen Konzeptneuheiten von Beginn an mit Problemen zu kämpfen. (Foto: Espace Patrimoine Safran)

in den Horizontalflug unterstützen sollten. Für den Pilot wurde ein beweglicher Schleudersitz installiert, der sich entsprechend der jeweiligen Ausrichtung des Flugzeugs neigte und damit auch bei vertikalen Manövern wie Start und Landung eine nahezu aufrechte Position einnahm. Seitlich davon befanden sich abgeschrägte Lufteinlässe, die eine bestmögliche Luftzufuhr im Marschflug oder auch während der Transition, dem Übergang vom Vertikal- in den Horizontalflug und wieder zurück, gewährleisten sollten. Im Strahlrohr des Triebwerks gab es zudem Leitschaufeln für die Schubumlenkung im Nick- und Gierbereich. Auf ein Staustrahltriebwerk wurde verzichtet und ein einzelnes Atar-Strahltriebwerk übernahm wiederum den Antrieb. Bei Ausfall des Triebwerks gab es keine Möglichkeit zur Notlandung, sowohl Start als auch Landung erfolgten praktisch auf den starr am Heck angebrachten vier Radbaugruppen des Flugzeugs.

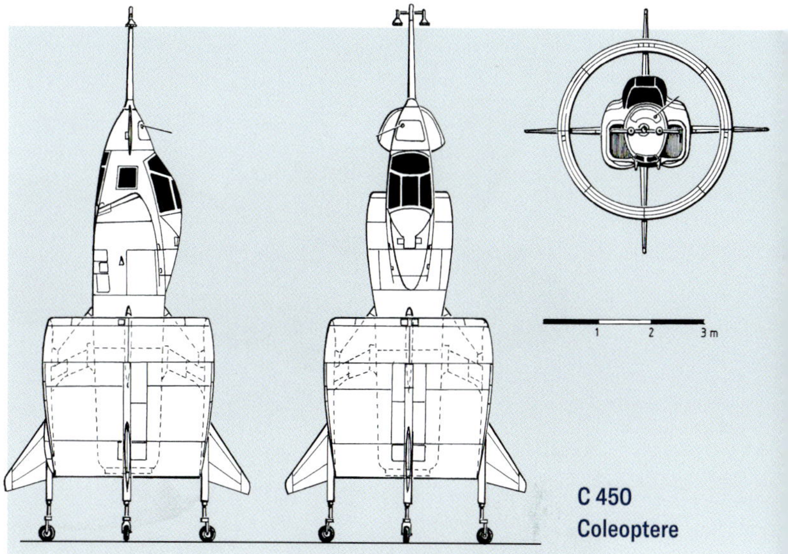

C 450 Coleoptere

Technische Daten	Typ C 450 Coleoptere
Besatzung	1
Triebwerk	eine SNECMA Atar 101ESV mit 36,3 kN
Spannweite (Durchmesser Ringflügel)	3,20 m
Spannweite über Stabilisierungsflächen	4,51 m
Länge	8,02 m
Flügelfläche	16,0 m²
Startmasse	3000 kg

Mit dem neunten Flug und seinem katastrophalen Ende kam es 1959 zum Abbruch des Coleoptere-Programms. Hier eine Aufnahme während der Erprobung in Melun-Villaroche. (Foto: Espace Patrimoine Safran)

Die Balzac V 001 entstand durch Umbau des ersten Mirage III-Prototyps und ist hier während der Erprobung mit den Hubtriebwerken zu sehen. (Foto: Dassault Aviation)

Anfang 1958 traf die Coleoptere auf dem Testgelände in Melun-Villaroche ein, im nächsten Jahr fand am 17. April der erste, 14 Minuten dauernde Start im gefesselten Zustand statt. Am 5. Mai folgte der erste freie Schwebeflug mit 3 min 38 s Dauer. Schon bei den ersten Testflügen wurde festgestellt, dass die C 450 dazu tendierte, sich während des vertikalen Schwebeflugs um die eigene Achse zu drehen, die Steuerung während der kritischen Landephase recht ungenau war und die Geschwindigkeitsanzeigen unrealistische Werte offenbarten. Beim sechsten Flug wurde zumindest die Einleitung einer Transition erprobt, das wichtige Manöver mit dem Übergang in den horizontalen Bereich sollte schließlich beim neunten Einsatz realisiert werden. Doch dieser am 25. Juli 1959 begonnene Flug endete in einem Absturz. Hierbei neigte sich die Coleoptere bis zu einem Winkel von 50 Grad zur Seite und erreichte trotz Vollschub eine zu hohe Sinkrate. Testpilot Morel katapultierte in 150 m Höhe und überlebte schwer verletzt, das Flugzeug wurde zerstört. Immerhin konnte man die Aufzeichnungsgeräte bergen, doch der Programmabbruch dieser ambitionierten Konstruktion war wie auch die Absage zum Bau eines zweiten, überschallschnellen Versuchsmusters beschlossene Sache. Die Coleoptere erwies sich als schwer steuerbar, es zeigten sich verschiedene Unzulänglichkeiten bei reduziertem Luftwiderstand oder mit einer Grenzschichtablösung an den äußeren Kanten bis hin zu Flatterproblemen mit dem Ringflügel. Während der Testflüge wurde eine Flughöhe von knapp 900 m erreicht, obwohl mindestens 3000 m vorgesehen waren. Ebenso konnten angedachte Geschwindigkeiten von 800 km/h und Steigleistungen von 130 m/s während der kurzen Erprobung nicht realisiert werden.

Ende der 1950er/Anfang der 1960er Jahre waren Strahltriebwerke zu ausgereiften Antriebsaggregaten geworden, die inzwischen über eine ansehnliche Schubkraft verfügten und die Leistungen der Flugzeuge kontinuierlich ansteigen ließen. Doch mit der Schubkraft und den Leistungen stiegen zugleich Start- und Landegeschwindigkeiten sowie die benötigten Pistenlängen bei Start und Landung. Hier sollten nicht nur Starthilfsraketen, Landeklappen und Bremsschirme eine Verkürzung mitgestalten, sondern am besten völlig neue Konzepte Abhilfe schaffen. Eines davon war die Fähigkeit zu vertikalen Start- und Landemanövern, auch um sich gewisse taktische Vorteile im Gefechtseinsatz zu verschaffen. Dazu gehörte bspw. das Operieren von land-

und seegestützten Plattformen oder aus versteckten Stellungen heraus und der Einsatz in unmittelbarer Frontnähe mit der Möglichkeit, nach einem Kampfeinsatz schnell aufgetankt und aufmunitioniert zu werden und zügig zum erneuten Einsatz zu gelangen.

Eine der seinerzeit viel erprobten Varianten stellte die Installation zusätzlicher Hubtriebwerke neben dem eigentlichen Antrieb dar. Auch Frankreich probierte sich in dieser Bauweise, wobei sich diesmal vor allem Dassault hervortat. Es sollten Erfahrungen mit Senkrechtstart- und Landeeigenschaften (VTOL) gesammelt und diese möglicherweise für den Bau eines künftigen Einsatztyps genutzt werden. Dafür wählte man die seit 1961 an die französische Luftwaffe gelieferte Mirage III als Basis aus und verwendete für den Bau eines Versuchsmusters die Zelle des ersten Prototyps, der Mirage III-001. Typische Merkmale wie der an der Vorderkante um 60 Grad gepfeilte Deltaflügel, das Seitenleitwerk, Bug- und Cockpitbereich blieben im Wesentlichen erhalten, doch mussten wichtige Umbauten am Rumpf zur Unterbringung der Hubtriebwerke vorgenommen werden. Insgesamt acht Hubtriebwerke des britischen Typs Rolls-Royce RB.108 mit je 9,8 kN Schub wurden hintereinander, jeweils vier zu zwei Paaren, in den Mittelrumpf eingebaut. Die beanspruchten viel Platz, sodass statt der geplanten Atar-Turbine als Marschtriebwerk ebenfalls ein britisches Aggregat, nämlich die viel kleinere, zugleich nur halb so starke Bristol Orpheus mit 22 kN Schub Verwendung fand. SNECMA lieferte dafür das Steuersystem, das auf den Erfahrungen mit der Coleoptere basierte. Es arbeitete mit bis zu 11 % der vom Antrieb abgezapften Luft und leitete diese in ein aus Doppelkanälen bestehendes System in Bug, Heck und den Tragwerksspitzen sowie in einzeln vorhandene Kanäle am hinteren Rumpfabschnitt. An deren Ende befindliche Düsen übernahmen Nick-, Gier- und Rollsteuerung. Mit der Verringerung des Durchflusses in einem und der Erhöhung des Durchflusses im zweiten der doppelt vorhandenen Kanäle konnte zudem ein asymmetrischer Schub erzeugt werden. Zusätzliche kastenförmige Baugruppen unter dem Rumpf dienten der Schubablenkung bei Kurzstartversuchen (STO). Während das Haupttriebwerk über seitliche Lufteinlässe versorgt wurde, öffneten sich für die Luftzufuhr der Hubtriebwerke insgesamt vier Klappen auf der Rumpfoberseite. Liefen sämtlich vorhandenen Hubtriebwerke waren mit der intern untergebrachten Kraftstoffmenge bis zu zwölfminütige Schwebeflüge möglich. Mit den Hubtriebwerken wurde auch die Sinkrate des Flugzeugs gesteuert, sie benötigten aber einen kräftigen Schubzuwachs,

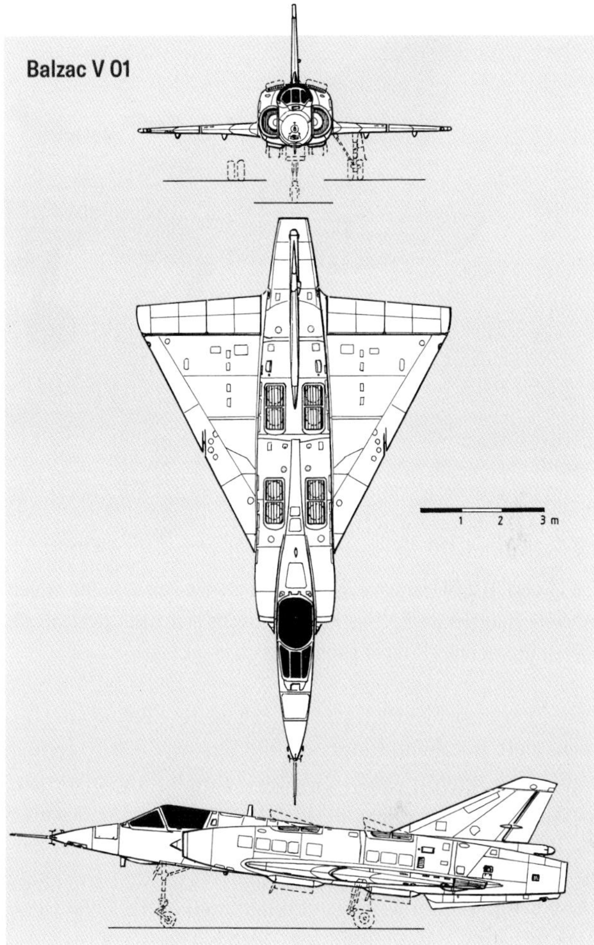

sobald die Geschwindigkeit unter 185 km/h sank. Das Fahrwerk verfügte an den doppelt bereiften Hauptbaugruppen über auffällig flexible Federbeine, die beim Aufsetzen zu einer sehr geringen Bodenfreiheit führen konnten. Die zusammen 15 Monate andauernden Umbauarbeiten übernahm Sud Aviation und führten zum nunmehr **Balzac V** genannten Experimentalflugzeug. René Bigand übernahm am 12. Oktober 1962 den ersten gefesselten Flug und schon am 18. des Monats den ersten freien Schwebeflug. Nach Abschluss der Schwebeversuche folgte der erste konventionelle Start mit der Balzac V am 1. März 1963, am 18. März schließlich die erste Transition mit anschließend konventioneller Landung auf der Rollbahn und noch zum Monatsende das volle Programm mit Senkrechtstart, Transition, Horizontalflug und senkrechter Landung. Später fand man heraus, dass der Ausfall von ein bis zwei der acht Hubtriebwerke die Manövrierfähigkeit kaum einschränkte und der

Die Mirage III V 01 war um einiges länger als die Balzac V und erhielt stärkere Hubtriebwerke. Das Konzept erwies sich nach zweieinhalb Jahren Erprobung als nicht serientauglich. (Foto: Dassault Aviation)

Flug fortgesetzt werden konnte. Die weitere Erprobung lieferte viele nützliche Daten, bis die Balzac V am 10. Januar 1964 nach einem Strömungsabriss durch Kontrollverlust über dem Erprobungsgelände in Melun-Villaroche abstürzte. Testpilot Jaques Pinier erlitt dabei tödliche Verletzungen, doch das Flugzeug konnte repariert werden. Die Flüge wurden im Februar wieder aufgenommen und sollten zu einem besseren Handling führen. Doch ein zweiter Crash, der wahrscheinlich auf Hydraulikprobleme zurückzuführen war, zerstörte am 8. September 1965 die Balzac V. Der in einem Austauschprogramm als Testpilot eingesetzte USAF-Major P. Neale konnte mit dem Schleudersitz aussteigen, starb aber beim Aufprall auf den Boden.

Als das Programm mit der Balzac V nach insgesamt 179 Flügen sein unschönes Ende fand, erprobte man im Auftrag der französischen Luftwaffe bereits ein weiterentwickeltes Muster als **Mirage III V**.

Mit der Mirage III V wollte man dem NATO Basic Military Requirement-3-Wettbewerb (NBMR-3) gerecht werden, bei dem sich mehrere Unternehmen aus verschiedenen Ländern des Militärbündnisses beteiligten und Entwürfe für einen überschallschnellen Senkrechtstarter mit Angriffs- und Aufklärungsfähigkeiten ablieferten. Die Mirage III V selbst basierte wiederum auf der Mirage III sowie dem Versuchsflugzeug Balzac V, geriet aber durch einen längeren Rumpf größer und schwerer. Der größere Rumpf machte sich durch den Einbau der stärkeren und zugleich voluminöseren Hubtriebwerke RB.162-31 erforderlich.

Zwei Prototypen waren im August 1961 bestellt worden, neben Dassault fungierte Sud Aviation wieder als Partnerunternehmen. Den Hauptantrieb sollte ein TF104-Turbofan mit 61,3 kN Nachbrennerschub übernehmen, das SNECMA aus dem Pratt & Whitney TF30 (im zivilen Bereich JTF10 genannt) ableitete. Parallel dazu arbeitete der Triebwerkshersteller an dem für den Senkrechtstarter gedachten TF106 mit 84,8 kN Nachbrennerschub, dass wie auch das TF104 zunächst an einer Mirage III T genannten Testmaschine erprobt wurde. Mit dem TF104 als Antrieb absolvierte Jean Coureau den Erstflug der Mirage III V am 4. Juni 1964 mit einem konventionellen Start. Im nächsten Jahr fand am 10. Februar 1965 der erste gefesselte und zwei Tage später der erste ungefesselte Schwebeflug mit dem Flugzeug statt. Ab Juli wurden die Versuchsflüge beim CEV in Istres fortgeführt inklusive vollständigen Transitionen und Flügen bis in den Überschallbereich.

Die zweite Mirage III V war mit 19,2 m statt zuvor 17,5 m nochmals länger als der erste Prototyp, geriet aber etwas leichter, auch durch die Verwendung neuer Materialien einschließlich Kunststoffkomponenten. Es gab weitere Modifikationen und vor allem ein stärkeres TF306-Triebwerk von SNECMA. Der erste Schwebeflug mit der „02" konnte am 22. Juni 1966 durchgeführt werden, wenige Tage später der erste konventionell ausgeführte Flug und ab September erfolgte die weitere Erprobung von Istres aus. Hier wurden auch weitere Überschallflüge realisiert und Testpilot Jean-Marie Saget erreichte am 12. September 1966 stattliche Mach 2,04. Damit wurde die Mirage III V zum schnellsten Senkrechtstarter und zum einzigen, der die zweifache Schallgeschwindigkeit überschritt. Allerdings muss hinzugefügt werden, dass Überschallflüge nur bei konventionellen Starts möglich waren und beim VTOL-Einsatz zu viel Kraftstoff und Zeit benötigt wurden, um in den überschallschnellen Flug übergehen zu können. Gerade senkrechte Starts und Landungen sowie Schwebeflüge erwiesen sich als kompliziert und waren schwerer zu beherrschen als bei der Balzac V. Hinzu kam die Tendenz zum seitlichen Rollen, das Wiederansaugen von heißen Triebwerksabgasen mit nachfolgendem Schubverlust im VTOL-Betrieb oder auch das hohe Gewicht des Flugzeugs. Schließlich war der Absturz der Mirage III V-02 am 28.11.1966, bei dem sich der Pilot retten konnte, ein zusätzlicher Negativaspekt. Weiterhin führten hohe Kosten zur Streichung des Baus von zwei weiteren Versuchsmaschinen und zur Absage einer Serienproduktion. Man hatte errechnet, dass eine maßgeblich modifizierte Serienausführung etwa mit dem sechsfachen Stückpreis einer im Dienst befindlichen Mirage III zu Buche schlagen würde und somit eine zumindest diskutierte Produktionsziffer von 120 Exemplaren keinesfalls zu rechtfertigen wäre. Die Platzierung der Hubtriebwerke in der Rumpfmitte erlaubte kaum eine Unterbringung von Kraftstoff und Avionikkomponenten in diesem Bereich und unter dem Rumpf konnten auch keine Waffen, Sensorbehälter oder Zusatztanks mitgeführt werden. Zuladung und Reichweite fielen damit gering aus und die französische Luftwaffe verlor bald das Interesse an dem Flugzeug, obwohl es neben einem britischen Entwurf im NBMR-3-Wettbewerb als Sieger hervorging. Beide Mirage III V hatten zusammen 64 Testflüge absolviert.

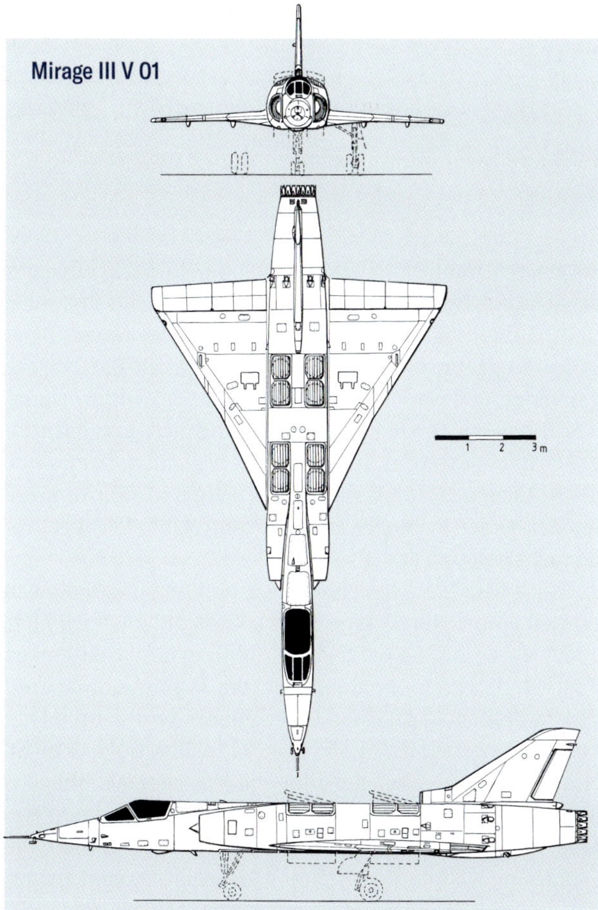

Die innovative Stärke von Dassault Aviation zeigte sich gerade in den 1960er Jahren mit Vielfältigkeit, als man versuchte, Flugzeuge mit hoher Leistungsfähigkeit und zugleich mit den inzwischen militärtechnisch wichtigen Anforderungen nach kurzen Start- und Landestrecken zu bauen. Nachdem die Verwendung von zusätzlichen Hubtriebwerken nicht den gewünschten Erfolg brachte, richtete sich der Fokus auf die Ausstattung mit Schwenkflügeln.

Anfang der 1950er Jahre hatte man das Schwenkflügelprinzip erstmals an zwei US-amerikanischen Typen im Flug erprobt, es folgte eine gewisse Pause und mit der General Dynamics F-111 das erste einsatzfähige Flugzeug in dieser Kategorie. Die war erstmals Ende 1964 in der Luft und benötigte noch weitere Jahre bis zum regulären Dienstantritt. In der Zwischenzeit wandten sich auch die Sowjets dem Thema zu und es existierten zahlreiche westeuropäische Schwenkflügelprojekte, vor allem in Großbritannien. Die Briten waren es auch, die gemeinsam mit Frankreich

Typ	Balzac V	Mirage III V-02
Besatzung	1	1
Triebwerk	ein Bristol Orpheus Bor.3 mit 21,6 kN und acht Rolls-Royce RB.108A mit je 9,6 kN	ein SNECMA TF306 mit 91,2 kN mit Nachbrenner und acht Rolls-Royce RB.162-1 mit je 19,6 kN
Spannweite (m)	7,32	8,80
Länge (m)	13,10	19,20
Höhe (m)	4,60	5,55
Flügelfläche (m²)	27,20	27,20
Leermasse (kg)	5360	6750
Startmasse max. (kg)	7000	13.440
Höchstgeschwindigkeit (km/h)	1104	2150

Der Schwenkflügler Mirage G erhält gerade ein TF306-Triebwerk, das zusammen von SNECMA und Pratt & Whitney entwickelt wurde. (Foto: Espace Patrimoine Safran)

das Programm AFVG (Anglo French Variable Geometry) auf den Weg brachten und sogar ein 1:1-Mock-up bauten. Doch wichen die Anforderungen der beiden hauptsächlich beteiligten Unternehmen BAC und Dassault zunehmend voneinander ab, sodass sich Frankreich im Juni 1967 aus dem AFVG-Programm zurückzog. Tatsächlich war Dassault schon ein ganzes Stück weiter und präsentierte beinah zeitgleich auf der Paris Air Show ein eigenes Schwenkflügelflugzeug unter der Bezeichnung **Mirage G** im static display. Noch im selben Jahr pilotierte Jean Coureau den Prototyp am 18. November zu seinem offiziellen Erstflug.

Die als Forschungsflugzeug gedachte Mirage G wurde im Oktober 1965 in Auftrag gegeben, ab dem Folgejahr begann die Teilefertigung. Das schwenkbare Schulterdeckertragwerk war mit vier möglichen Festeinstellungen von 20 bis 70 Grad verstellbar, erhielt zudem ausfahrbare Vorflügel, Spoiler sowie Fowlerklappen an der Hinterkante und erzielte damit einen hohen Auftriebswert. Die Schwenklager befanden sich in der effizienten Position außerhalb des Rumpfes und konnten somit die Verlagerung des Druckpunktes beim Schwenken vermindern. Zur Verringerung der beim Schwenkvorgang auftretenden Reibung erhielten die Schwenklager zusätzliche Teflon- und Glasfasergewebe. Überhaupt integrierte Dassault verschiedene Neuerungen in das Flugzeug, einige davon wurden gar als Patente angemeldet. In Zusammenarbeit mit Pratt & Whitney wurde das Triebwerk TF306 bei SNECMA konzipiert und nachfolgend zum Antrieb des Schwenkflüglers genutzt. Der Rumpf, die seitlichen Lufteinlässe, Seitenflosse und Fahrwerk waren der Mirage III ähnlich, das Flugzeug selbst fiel aber größer als diese aus.

Nach dem Erstflug schritt die Erprobung ungewöhnlich schnell voran. Nur wenige Tage später, am 24. November 1967, wurde mit 55 Grad Flügelpfeilung die Schallgrenze überwunden und schon am nächsten Tag mit um 70 Grad geschwenkten Tragflächen und zugleich dem siebten Flug bemerkenswerte Mach 1,5 in knapp 11.000 m Höhe erreicht. Noch am 8. Dezember desselben Jahres kam die Mirage G auf mehr als zweifache Schallgeschwindigkeit und fünf Monate später konnte der 50. Testflug verbucht werden. Die Erprobung während des Jahres 1968 zeigte hohe Leistungen, gute Flugeigenschaften in niedrigen Höhen und nicht zuletzt die erhofften Start- und Landeparameter mit höchstens 450 bzw. 350 m Rollstrecke auf. Außerdem hatten vier französische Piloten den Schwenkflügler gesteuert und ließen weitere Flugzeugführer aus dem Ausland, hauptsächlich aus den USA, folgen. Auch die waren von den Eigenschaften der Mirage G angetan, die mit der modifizierten TF306E eine nochmals stärkere Turbine mit 101,3 kN Nachbrennerschub für weitere Testflüge erhielt. Doch fiel die Finanzierung für der Mirage III G inzwischen spärlicher aus, auch weil die französische Luftwaffe ihr Interesse auf eine zweistrahlige Variante mit Schwenkflügeln lenkte. Vorerst wurden die Flüge aber fortgesetzt, bis ein Fehler in der Bordelektrik während des 316. Fluges am 13. Januar 1971 zum Absturz des Versuchsmusters führte, den der Testpilot Jean Coureau glücklicherweise überlebte.

Schon im September 1968, praktisch im Angesicht der frühen Erfolge mit der Mirage G, orderte die französische Luftwaffe eine zweistrahlige Ausführung mit Schwenkflügeln. Zunächst **Mirage G4** genannt, war sie anfangs als Atombomben tragendes Kampfflugzeug, später vor allem als Abfangjäger gedacht. Dementsprechend sollte auch das Equipment mit Radar, Dopplergerät und Waffenrechner ausfallen. Äußerlich lehnte sich der Entwurf an den Vorgänger an, fiel aber wiederum größer und schwerer aus und nicht zuletzt besorgten diesmal zwei SNECMA-Strahltriebwerke den Antrieb. Geplant war, die verwendeten Atar 9K-50 später durch stärkere, gerade in der Entwicklung befindliche M53 vom gleichen Hersteller zu ersetzen, was allerdings nicht in die Praxis umgesetzt wurde. Die Schwenkflügel konnten diesmal stufenlos von 23 bis 70 Grad verstellt werden, verfügten über Vorflügel und hinten über doppelt geschlitzte Fowlerklappen. Die Flügelwurzeln waren starr und nahmen wieder die Schwenklager auf. Während das Seitenleitwerk einen Vorkiel erhielt, gab es unter dem Heck nun statt einer zwei zusätzliche Stabilisierungsflossen.

Mit dem Bau der beiden Flugzeuge änderte sich die Bezeichnung in **Mirage G8-01** für eine zweisitzige und in **Mirage G8-02** für eine einsitzige Maschine. Jean-Marie Saget, Chef-Testpilot bei Dassault, nahm am 8. Mai 1971 die Flugerprobung mit der G8-01 auf und auch diesmal beeindruckten von Anbeginn die Leistungen des Schwenkflüglers insbesondere die hohen Geschwindigkeiten. So waren es:

am 08. Mai 1971 (Erstflug) Mach 0,73
am 11. Mai 1971 (zweiter Flug) Mach 1,25
am 12. Mai 1971 (dritter Flug) Mach 1,6
am 13. Mai 1971 (vierter Flug) Mach 2,03.

Der Pfeilwinkel der Tragflächen betrug dabei beim zweiten Flug 55 und bei den anderen beiden nachfolgenden jeweils 70 Grad. Die Beschleunigung des Flugzeugs war enorm und höher als bei der einstrahligen Mirage G, die Steigleistung betrug bis zu 233 m/s. Im Laufe der Tests sorgten weitere Werte wie eine Startstrecke von 500 m oder auch die geringe Landegeschwindigkeit von 220 km/h für Begeisterung. Zum Jahresende gab es Modifikationen inklusive Strukturverstärkungen an der Zelle und die Erprobung fand ab März 1972 ihre Fortsetzung. Ab 13. Juli war auch die G8-02 in der Luft und ergänzte die in Istres durchgeführten Versuchsreihen. Diese Maschine erhielt für die geplante Aufnahme eines Cyrano IV-Radars einen gestreckten Rumpfbug und erhöhte damit die Gesamtlänge des Flugzeugs von 18,84 auf knapp 20 m, des Weiteren von Anfang an einen längeren Vorkiel an der Seitenflosse sowie abgeänderte Lufteinlässe für noch höhere Leistungen. Tatsächlich fielen die Geschwindigkeiten noch etwas höher aus. Am 15. März 1973 konnten Mach 2,12 erzielt und am Folgetag für eine Dau-

Hier verdeutlichen die Mirage G8-01 mit einem maximalen Pfeilwinkel von 70 Grad sowie die Mirage G8-02 mit nur geringer Pfeilung die Verstellmöglichkeiten des Schwenkflügeltragwerks. (Foto: Dassault Aviation)

Mirage G8 01

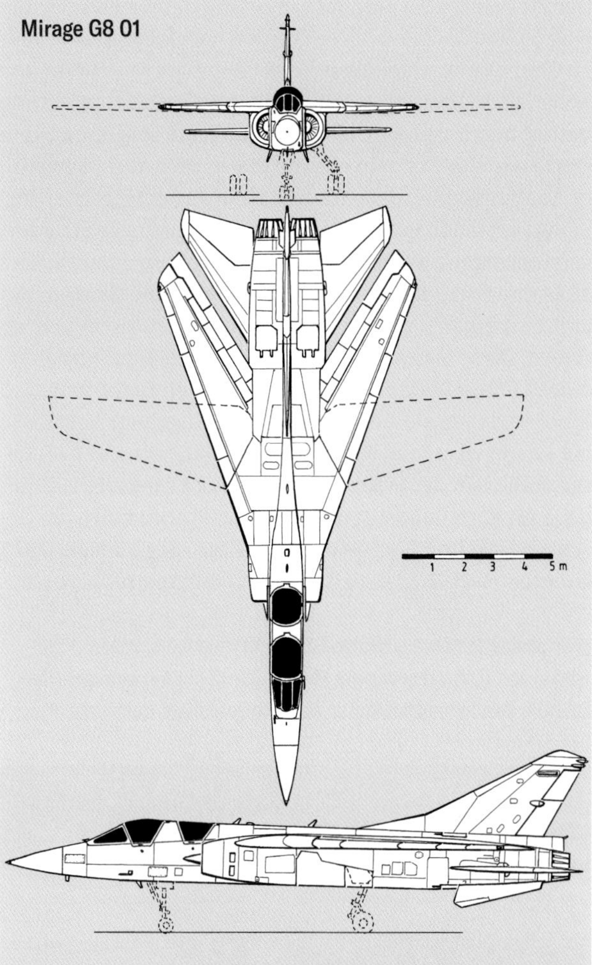

Technische Daten	Mirage G	Mirage G8-02
Besatzung	1	1–2
Triebwerk	ein Pratt & Whitney/ SNECMA TF306 mit 91,2 kN mit Nachbrenner	zwei SNECMA Atar 9K-50 mit je 70,6 kN mit Nachbrenner
Spannweite (m)	7,30 - 13,90	8,92 - 15,25
Länge (m)	16,80	19,78
Höhe (m)	5,35	5,80
Flügelfläche (m²)	29,90	36,97
Leermasse (kg)	9985	13.000
Startmasse max. (kg)	17.020	24.580
Höchstgeschwindigkeit (km/h)	2230	2495
Dienstgipfelhöhe (m)	17.000	18.600
Reichweite (km)	1200	1000

er von 14 Minuten Mach 2 gehalten werden. Genau ein Jahr nach dem Erstflug der zweiten Versuchsmaschine wurde in 12.800 m Flughöhe mit Mach 2,34 (knapp 2500 km/h) die überhaupt höchste Geschwindigkeit während des gesamten Programms und zugleich die bis dahin höchste eines westeuropäischen Flugzeugs verbucht. Doch die hohen Geschwindigkeiten generierten eine hohe Reibungshitze, sodass es bald zu Limitierungen, auch für den Triebwerksbetrieb, kam. Der Austausch mancher Baugruppen durch hochfeste Materialien wie Titan wurde überlegt aber wegen zu hohen Kosten nicht realisiert.

Im Jahr 1974 führte die zweite Mirage G8 an zwei externen Flügelstationen versuchsweise Außenlasten wie Zusatztanks und Lenkwaffen mit und während des 112. Testfluges wurde die Betankung in der Luft mit einer C-135F der französischen Luftwaffe erprobt. Auch in materialtechnischer Hinsicht folgten weitere Tests in verschiedenen Geschwindigkeitsbereichen sowie weitere Belastungsversuche mit den Schwenklagern. Flugtechnisch registrierte man wiederholt Schwingungen im transsonischen Bereich, während das stabilste Flugverhalten bei einem Pfeilwinkel der Tragflächen von 55 Grad ausgemacht werden konnte. Interessanterweise absolvierte die G8-02 ihre letzten Flüge ausschließlich mit einer Flügelpfeilung von 55 Grad, was Vorversuchen zu einem weiteren, letztlich nicht realisierten Kampfflugzeug mit der Bezeichnung G8A Super Mirage und einem starren Tragwerk mit genau diesem Pfeilwinkel dienlich sein sollte.

Es gab noch andere Nachteile. Die Flächenbelastung des Mirage G8-Tragwerks, insbesondere auch der starren Flügelansätze, war hoch und führte zu einigen Beschädigungen. Weniger gut fielen zudem die Manövriereigenschaften und das dabei mögliche Lastvielfache im Überschallbereich aus, beim Landeanflug konnte es zu leichtem Flattern kommen. Der Schwenkmechanismus verursachte zusätzliches Gewicht, die Einsatzmöglichkeiten würden doch einseitiger als ursprünglich gedacht ausfallen. Schlussendlich waren aber hauptsächlich die hohen Kosten des Flugzeugs für das Programmende und der Verbleib im Versuchsstadium verantwortlich. Beide G8 kamen zusammen auf 347 Flüge, der letzte (mit der 02) fand am 22. November 1974 statt. Zweifellos wurden mit den beiden Flugzeugen weitere wertvolle Erfahrungen im Bereich der variablen Tragflügelgeometrie gesammelt und, obwohl Frankreich keine neuen Typen mit Schwenkflügeln mehr entwarf, waren diese auch bei anderen konventionell ausgerichteten Konstruktionen vielfach von Nutzen.

Weitere Beispiele französischer Versuchsjets

Die Auswahl von französischen Versuchsflugzeugen widerspiegelt nur einen Teil ins beinah Unmögliche der 50er und 60er Jahre. Frankreich hatte in diesem Zeitraum bewiesen, dass seine Ingenieure und Flugzeugbauer radikale Ideen umsetzen, zum Fliegen bringen und wenn die Leistungsparameter mit den Anforderungen übereinstimmten, in den regulären Dienst überführen konnten. Bis zum Ende der 1960er Jahre war die Luft- und Raumfahrtindustrie Frankreichs enorm gewachsen und nahm inzwischen den vierten Platz unter den in diesem Sektor produzierenden Nationen ein. Auf annähernd 2.000.000 m^2 existierten Hunderte Unternehmen mit beinah 100.000 Beschäftigten, die an Zehntausenden moderner Werkzeugmaschinen im Luft- und Raumfahrtsektor des Landes tätig und für die Fertigung unterschiedlichster Komponenten zuständig waren. Hierzu zählten Zellen und Triebwerke, Avionik und Bewaffnung, Hydraulikanlagen, Kraft- und Schmierstoffe, Prüfmittel, Simulatoren, Pilotenausrüstung und vieles mehr. Seitdem bewegten sich französische Kampfjets solide auf der internationalen Bühne der Militärluftfahrt, sie rangierten in Ausstattung und Leistungsvermögen mit an der Weltspitze und gehörten im internationalen Maßstab vielfach zu den bevorzugten Kandidaten und wunschgemäßen Anschaffungen zahlreicher Luftstreitkräfte. Vor der Corona-Krise befand sich die französische Luftfahrtindustrie im steten Wachstum, glänzte mit einer großen Anzahl an abzuarbeitenden Aufträgen, investierte zukunftsorientiert in neue Technologien und musste sich allenfalls Gedanken um den Nachwuchs an gut ausgebildeten Beschäftigten machen. Auch Kundenservice und Ersatzteilversorgung gelten bis heute als verlässlich. Mit der Corona-Krise stellte der Staat milliardenschwere Finanzhilfen bereit, denn, so meinte der seinerzeit amtierende Wirtschaftsminister Bruno Le Maire: „...gilt die französische Luftfahrtindustrie als einer der größten industriellen Erfolge unserer Nation im 20. Jahrhundert". Im Bereich Militärluftfahrt gehört Dassault Aviation noch immer zu den wichtigsten Global Playern im Flugzeugbau, Safran (vormals SNECMA) zu einem der bedeutendsten Triebwerksproduzenten weltweit. Gleichfalls besitzen in Frankreich konzipierte und serienmäßig hergestellte Avionikkomponenten, luftgestützte Radare und Warnanlagen oder auch Lenkwaffen für den Luft-Luft- und Luft-Boden-Bereich eine hohe Qualität.

Beinah wäre die **SNCASO Espadon** der erste Serienjäger Frankreichs mit Strahlantrieb geworden. Er entstand unter Leitung von Lucien Servanty und flog erstmals am 12. November 1948 mit Daniel Rastel am Steuer. Ein schlechtes Handling, uneffektive Lufteinlässe sowie Instabilitäten bei hohen Geschwindigkeiten veranlassten die französische Luftwaffe im Juli 1951 zum Umdenken und beließen es beim Versuchsmuster. Vier Prototypen entstanden als SO 6020, 6021 sowie 6025 und wurden mit unterschiedlichen Antrieben getestet, im Dezember 1953 sogar die Schallgrenze überschritten. Die zweite SO 6020 wurde zur SO 6026 umgebaut, erhielt Flügelspitzentanks und einen Raketenantrieb, um das Trident-Programm zu unterstützen. Das Bild zeigt die SO 6025, die als eigentlich dritte SO 6020 zum Antrieb neben einem Nene zusätzlich ein SEPR 251 mit 14,7 kN Schub unter dem Rumpf nutzte. (Foto: Nico Braas Collection)

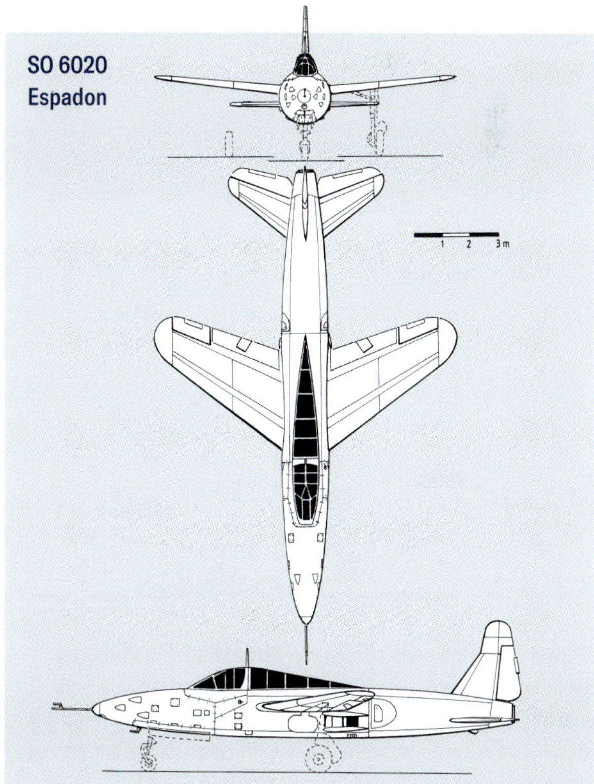

Mit der **Nord 2200** wollte SNCAN den Forderungen der französischen Marine nach einem bordgestützten Abfangjäger entsprechen. Die Tragflügel waren an der Vorderkante um 24 Grad gepfeilt, den Antrieb besorgte eine Nene-Strahlturbine. Ein Prototyp wurde bestellt und am 16. Dezember 1949 erstmals geflogen. Bei einem Unfall im Juni 1950 durch Feuer beschädigt, erfolgte ab Mai 1951 nach Reparatur und verschiedenen Modifikationen die weitere Flugerprobung, die bis 1954 andauerte, aber keinen Serienauftrag generierte. (Foto: DR via Jean-Jaques Beugnet)

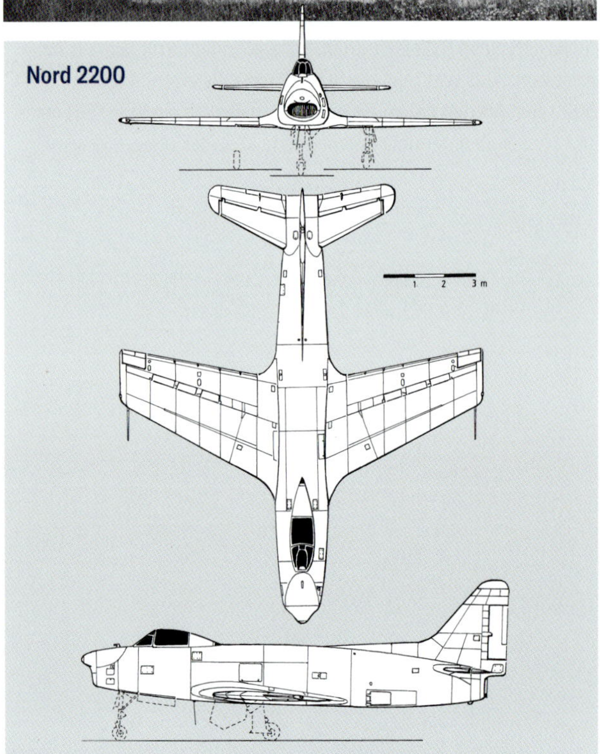

Zwei Prototypen entstanden von **SNCASE SE 212 Durandal**. Sie fielen durch ein um 60 Grad gepfeiltes Deltatragwerk und eine ähnlich geformte Seitenflosse sowie einen Mischantrieb mit Strahl- sowie Raketentriebwerk auf. Unter dem Rumpfbug gab es ferner eine markante Stabilisierungsflosse, die fast bis zur Rumpf-

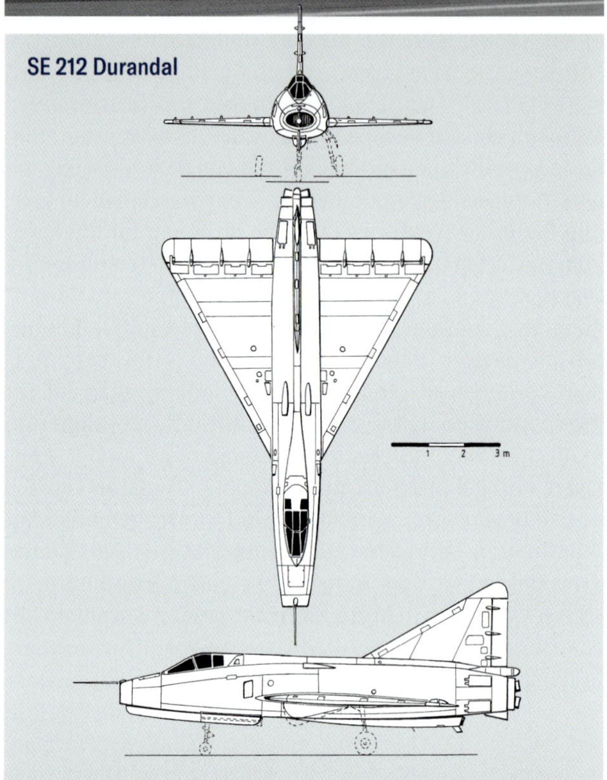

spitze reichte. Über einen zentralen Lufteinlass wurde das Atar 101F-Nachbrennertriebwerk versorgt, unter dem der Raketenmotor SEPR 65 installiert war. Pierre Maulandi unternahm am 20. April 1956 den Erstflug mit der ersten Durandal, die zweite folgte im März 1957 in die Flugerprobung. Mit dem Mischantrieb konnten 1667 km/h sowie eine beachtliche Steigleistung erreicht werden, doch fand das Konzept keine serientaugliche Umsetzung und wurde im Mai 1957 beendet. (Foto: DR via Srecko Bradic)

Das Forschungsunternehmen ONERA schuf 1953 die **Deltaviex**, ein Flugzeug mit extremer Flügelpfeilung von 70 Grad an der Vorderkante und einem Turboméca Marboré II mit 3,91 kN Schub als Antrieb. Es sollte vorwiegend Eigenschaften eines stark gepfeilten Flügels bei niedrigen Geschwindigkeiten und neue Systeme der Flugkontrolle wie angeblasene Klappen untersuchen. Auch

wenn die Konfiguration nach mehr aussieht, so reichte die geringe Schubkraft des Triebwerks nur für maximal 400 km/h. Das relativ kleine Flugzeug mit 7,10 m Länge und 3,40 m Spannweite wog beim Start höchstens 920 kg, wurde von SNCASO gebaut, im Windkanal getestet und schließlich am 30. April 1954 von Robert Fouquet eingeflogen. Im Verborgenen folgte eine ganze Reihe von Testflügen, bis die Existenz des Flugzeugs im November 1956 enthüllt wurde. Die Erprobung offenbarte eine gewisse Instabilität bei Rollen, die von der automatischen Steuerung abgefangen werden konnte. Die Kabine bot nicht viel Sicht und wurde umkonstruiert, was die beiden Aufnahmen verdeutlichen. (Fotos: Dan Shumaker Collection)

■ Der Luftfahrtingenieur Nicolas Roland Payen baute mit der **Pa 49 Katy** eines der kleinsten strahlgetriebenen Flugzeuge überhaupt, es war zugleich der erste französische Deltaflügler. Es handelte sich um ein schwanzloses Design, dessen Tragflügel an der Vorderkante eine Pefeilung von 55 und hinten von 27 Grad aufwiesen und das Cockpit in der Wurzel der um 78 Grad gepfeilten Seitenflosse untergebracht war. Rumpf-, Trag- und Leitwerk verschmolzen miteinander, ein kleines Strahltriebwerk Turboméca Palas mit 1,47 kN Schubkraft wurde über Einlässe in den Flügelwurzeln versorgt und konnte maximal 500 km/h Geschwindigkeit ermöglichen. Der Erstflug fand am 17. Januar 1954 statt, etwa 300 weitere schlossen sich hauptsächlich im CEV an und demonstrierten gute Eigenschaften. Die Länge des Flugzeugs betrug 5,10 m, die Spannweite 5,16 m und das Startgewicht bis zu 647 kg. (Foto: Nica Braas Collection)

Deltaviex

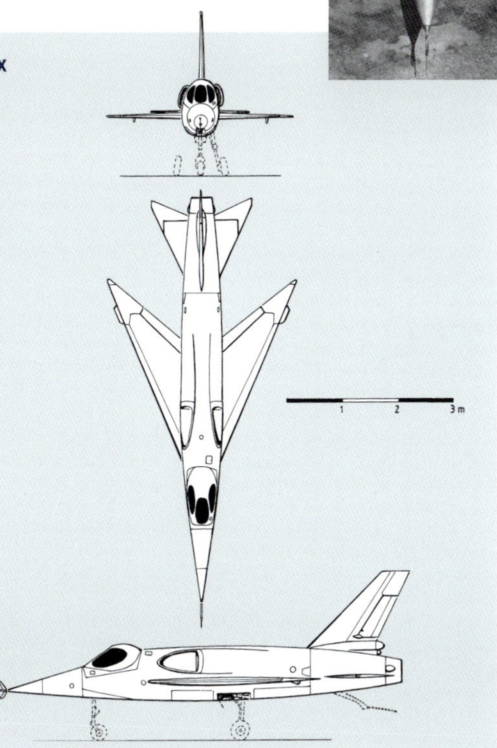

Pa 49 Katy

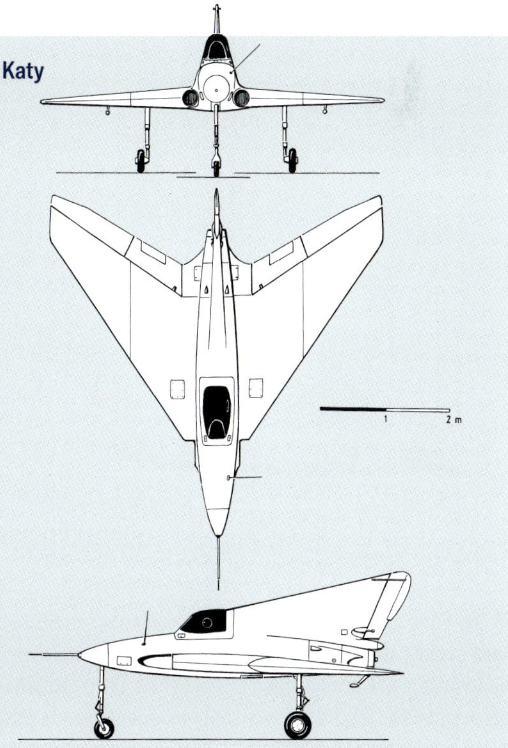

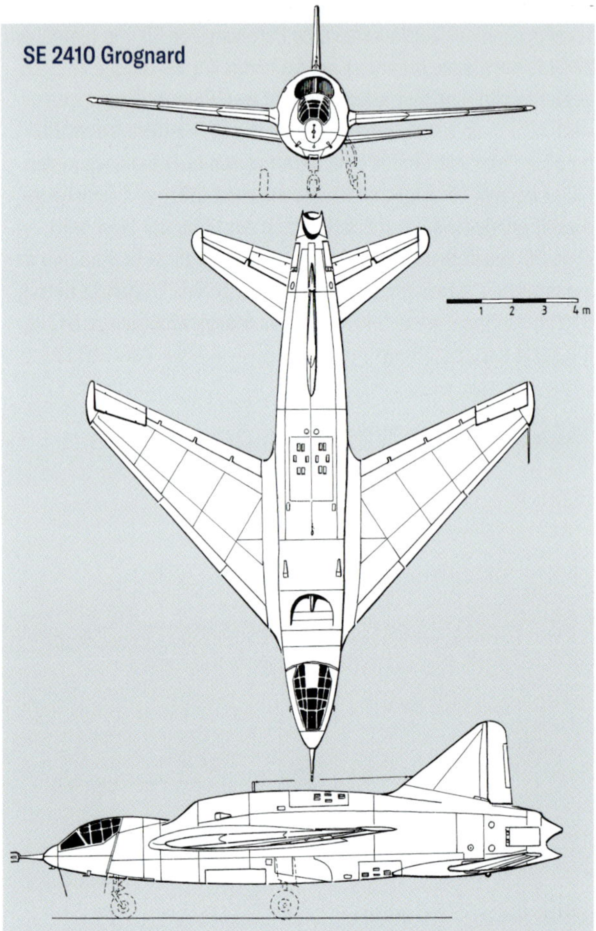

Der Entwicklungsbeginn der außergewöhnlichen **SE 2410 Grognard** beläuft sich auf 1945 und vereinte zum Schluss verschiedene Neuerungen im französischen Flugzeugbau. Dazu zählten ein um 47 Grad gepfeilter Tragflügel, zwei übereinander liegende Strahltriebwerke mit einem auf dem Rumpfrücken positionierten Lufteinlass, später auch Spoiler und Grenzschichtzäune. Der Prototyp machte am 30. April 1950 den Erstflug und erreichte später mit den beiden Nene-Triebwerken über 1000 km/h. Eine zweite Versuchsmaschine als SE 2415 Grognard II nahm in modifizierter Form am 14. Februar 1951 die Flugerprobung auf. Nun betrug die Flügelpfeilung nur noch 35 Grad, der Rumpfbug war länger und die Kabine zweisitzig ausgelegt. Die Flugerprobung war von einigen Problemen, etwa Vibrationen, gekennzeichnet. Trotz zahlreicher Waffentests kam es nicht zur ursprünglich anvisierten Fertigung als Jagdbomber, später als Allwetterjäger und auch die geplanten Weiterentwicklungen wurden nicht verwirklicht. (Foto: DR via Jean-Jaques Beugnet)

Die **Nord 1601** sollte vor allem aerodynamische Eigenschaften des Pfeilflügels sowie dazugehörigen Klappen, Auftriebshilfen, Vorflügeln im hohen Unterschallbereich untersuchen. Ein Exemplar wurde hergestellt und flog erstmals am 24. Januar 1950 mit Claude Chautemps als Testpilot. Die vorgesehenen Rateau-Triebwerke gelangten nicht zum Einbau, stattdessen fanden zwei Rolls-Royce

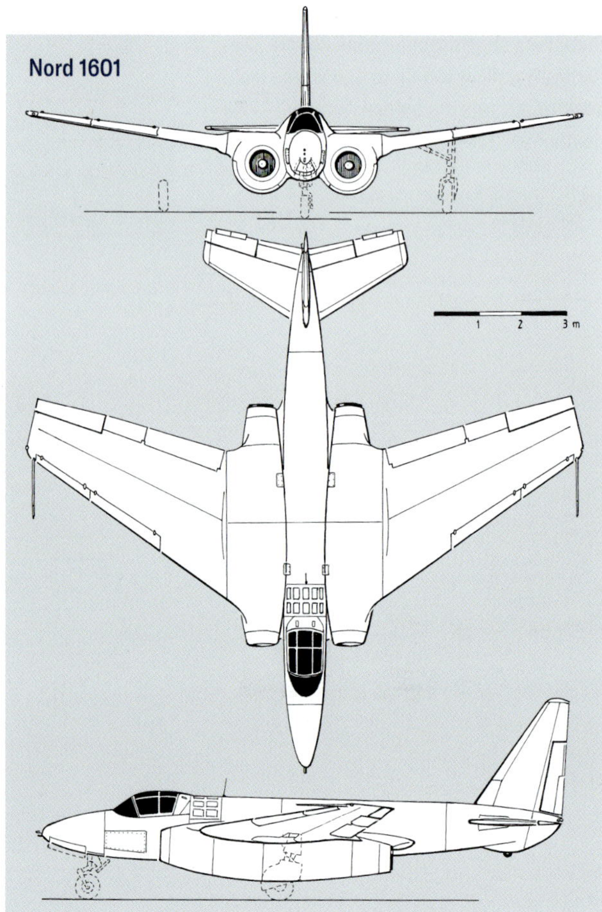

Derwent mit je 15,7 kN in auffälligen, in den Flügelwurzeln platzierten Triebwerksschächten Verwendung und verhalfen zu maximal 1000 km/h in Bodennähe. Das durchaus fortschrittliche Design erfuhr keine Fortentwicklung zum Kampfjet. (Foto: DR)

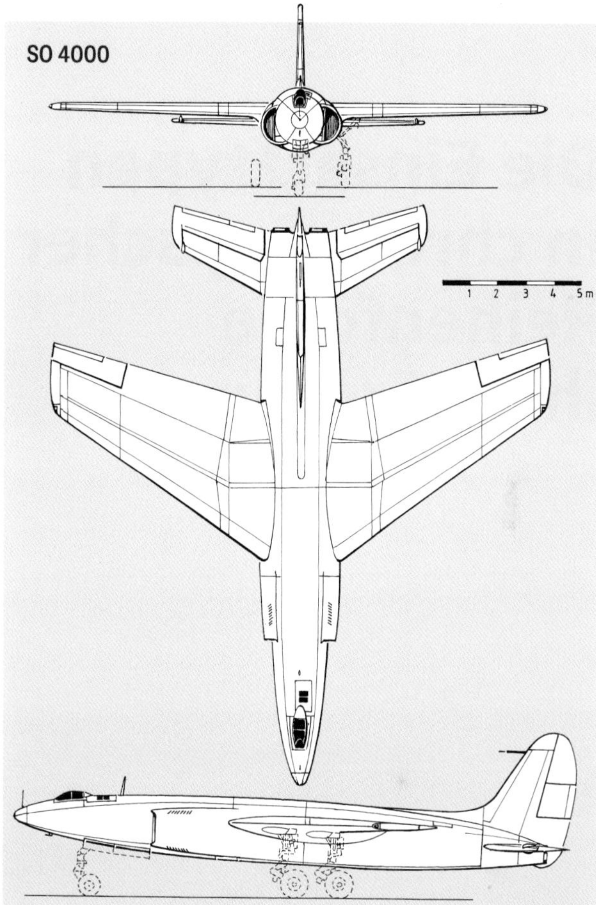

■ In gewisser Weise erinnert die Seitenansicht der **SO 4000** an die Sauropoden des Mesozoikums und war eigentlich als Bomber vorgesehen. Am 15. März 1951 vollführte sie den ersten und zugleich einzigen Testflug, denn der Entwurf galt inzwischen als überholt und mit zwei Nene-Triebwerken als untermotorisiert. Das gut 20 m lange Flugzeug sollte bei einem maximalen Abfluggewicht von 25.360 kg eine Waffenlast von bis zu 5000 kg einbeziehen, doch wurde das Programm noch zum Jahresende abgebrochen. (Foto: DR)

Die Einsatztypen in chronologischer Reihenfolge ihres Erstflugs

Das Dassault-Herstellerwerk in Bordeaux-Mérignac im Jahr 2022. (Foto: Dassault Aviation / A. Pecchi)

Dassault MD 450 Ouragan

Mit der Ouragan stellte Frankreich sein erstes strahlgetriebenes Kampfflugzeug in Dienst, das im eigenen Land konstruiert und in Serie gebaut wurde. Die abgebildete MD 450B gehörte zur Staffel EC 3/4, ein Verband, der ab 1954 vorwiegend im deutschen Bremgarten Maschinen des Typs einsetzte. (Foto: Dassault Aviation Collection R. Varnet)

Historie

Die Ingenieure und Flugzeugbauer in Frankreich waren voller Enthusiasmus, als es nach Beendigung des Zweiten Weltkriegs wieder nach eigenen Vorstellungen weiterging, eigene Entwürfe Gestalt annahmen, die einheimische Luftfahrtindustrie gefördert und umfangreiche Mittel (auch aus dem Ausland) für Forschung und zur Herstellung von Flugzeugen zur Verfügung gestellt wurden. Entwicklungsteams wurden mit alten und neuen Mitarbeitern zusammengestellt oder fanden in Eigeninitiative zueinander und konnten schon bald eine Vielzahl an unterschiedlichen Konzeptideen verwirklichen. Auch das Luftfahrtministerium bevorzugte eigenständige Entwicklungen von neuen Flugzeugen. Ohne Zweifel war es für die französischen Flugzeugkonstrukteure wie zum Teil auch anderenorts eine „goldene Zeit", die Realisierung von unterschiedlichen Projekten erreichte nie wieder den Umfang wie zum Ende der 1940- bis in die 1950er Jahre. Eine Zahl aus dem Jahr 1949 verdeutlicht es wohl am besten und ist heute einfach undenkbar: insgesamt 32 Prototypen französischer Flugzeuge aller möglicher Kategorien wurden in jenem Jahr als Neuheiten präsentiert! Eines der neuen Flugzeuge, das 1949

Hier sind alle drei Prototypen der Ouragan zu sehen. (Foto: Espace Patrimoine Safran)

erstmals flog, war die MD 450 Ouragan aus dem Hause Dassault. Es sollte das erste serienreife Flugzeug Frankreichs mit Strahlantrieb werden und stellte trotz einer gewissen Schlichtheit einen bedeutenden Schritt für die Luftfahrtindustrie des Landes dar.

Die (relative) Schlichtheit war gewollt, um Risiken bei Bau und Erprobung zu minimieren und einen eventuell anstehenden Produktionsanlauf zu beschleunigen. Doch bis dahin musste Marcel Dassault einige Überzeugungsarbeit leisten. Das französische Luftfahrtministerium gab seinerzeit staatlichen Unternehmen den Vorrang und zeigte sich Dassault gegenüber recht reserviert. Für den Flugzeugbauer muteten viele Entwürfe der staatlichen Betriebe zu exotisch und zu schwer an, sodass sich die Verwendung des seinerzeit besten, zur Verfügung stehenden Strahltriebwerks, des Rolls-Royce Nene, als nicht ausreichend herausstellen würde. Diese Meinung vertrat er auch vor dem Leiter der Beschaffungsstelle der Luftwaffe Georges Grimal, mit dem er sich Anfang 1947 zu einem Gespräch unter vier Augen traf. Dassault sagte (Zitat): „Nennen Sie mir die einfachste militärische Ausrüstung, die benötigt wird, und ich werde Ihnen dieses Flugzeug in einem Jahr bauen." Weiterhin betonte Dassault, dass dies nur der Anfang für noch ausgefeiltere Konstruktionen sei, wenn erst die technischen Möglichkeiten sowie die Erfahrungen weiter vorangeschritten sind. Grimal gab die Eckdaten zu Leistungsspektrum, Bewaffnung, Funkausrüstung und ähnlichem für das geforderte Flugzeug an Dassault weiter und dieser versprach in einem Jahr auf eigene Kosten einen entsprechenden Prototyp abzuliefern. Ein kleines Team in Saint-Cloud machte sich schon bald an die Arbeit.

Der Entwurf stützte sich auf ein Nene-Strahltriebwerk mit zentralem Lufteinlass im Bug, ein nur geringfügig gepfeiltes Tiefdeckertrag- sowie normal gebautes Leitwerk, eine aus vier Kanonen bestehende Bewaffnung sowie einen Geschwindigkeitsbereich unter Mach 0,9. Nicht zuletzt betrat Dassault trotz einiger Vorversuche jede Menge Neuland, musste selbst kleinere mechanische und elektromechanische Geräte entwickeln und herstellen und wählte schon deshalb ein herkömmliches Design. Das war auch als Gegenstück zur SO 6020 Espadon entstanden, die offiziell als erster strahlgetriebener Serienjäger Frankreichs in Dienst gehen sollte. Doch es kam anders. Es gab Stabilitätsprobleme mit der Espadon, außerdem enttäuschten die Leistungen sowie das Handling, sodass die französische Luftwaffe 1951 dem geplanten Serienbau eine Absage erteilte. Dassaults Privatinitiative sollte sich auszahlen, nachdem erste Konstruktionszeichnungen ab Oktober 1947 Gestalt angenommen hatten, fürs Erste ein Prototyp zum Jahresende geordert und ab April 1948 hergestellt worden war. Design und Bau des Prototyps erfolgten am Firmenstandort Saint-Cloud, westlich von Paris. Nach zehn Monaten war die MD 450-01 fertiggestellt und wurde auf dem Landweg zum Testgelände in Melun-Villaroche transportiert. Hier übernahm Testpilot Constantin „Kostia" Rozanoff am 28. Februar 1949 den 20minütigen Erstflug. Nach 19 weiteren Testflügen erfolgten kleinere Modifikationen am Flugzeug und danach die Überstellung zum Erprobungszentrum CEV nach Bretigny-sur-Orge, später Casaux. Bis zum Juni waren es dann 45 Flüge, wobei die Steigzeit auf 9000 m 7 min 12 s betrug und eine Höchstgeschwindigkeit von Mach 0,8 erzielt wurde. Bei Mach 0,78 kam es allerdings zu starken Vibrationen und die Querruder überzeugten nicht ganz. Ihnen fehlte bis zum Schluss eine Servosteuerung.

Längst waren zwei weitere Versuchsmaschinen bestellt, die zweite absolvierte mit eingebauter Kanonenbewaffnung sowie nunmehr mit druckbelüfteter Kabine am 20. Juli 1949 den Erstflug und die dritte folgte am 2. Juni 1950 in die Flugerprobung. Noch im selben Monat wurden alle drei Flugzeuge der Öffentlichkeit präsentiert. Im Juli begannen Waffentests und im März 1951 erhielt der zweite Prototyp statt dem Nene 102 ein materialtechnisch überarbeitetes Nene 104-Triebwerk. Die Versuche mit den Prototypen fanden an mehreren Standorten statt und für weiterführende Testreihen war die Beschaffung von zusätzlichen Flugzeugen vorgesehen. Eine Bestellung über zwölf, später 14 Vorserienflugzeuge wurde im Dezember 1949 festgemacht.

Im Angesicht der geopolitischen Ereignisse zu jener Zeit, insbesondere des ausgebrochenen Koreakrieges, konkretisierte das französische Parlament im August 1950 die Beschaffungspläne für Militärtechnik einschließlich Luftfahrzeugen. Am 7. August beschließt die Regierung in den kommenden drei Jahren zwei Billionen Francs für die Rüstung auszugeben und ordert am 31. August insgesamt 150 Jetfighter vom Typ Ouragan. Später wird die Zahl der zu beschaffenden Flugzeuge auf 450 erhöht, 1952 aber wieder um 100 Stück verringert. Damit erfüllten sich letztlich auch nicht die ursprünglich angedachten Stückzahlen von mindestens 750 Ouragan. Untermauert werden die Beschaffungsmaßnahmen von dem am 8. Januar 1951 von der französischen Nationalversammlung verabschiedeten Gesetz zur Wiederbewaffnung, in welchem der Bau von strahlgetriebenen Kampfflugzeugen einen hohen Stellenwert besitzt. Zum anderen übernahmen die USA innerhalb der MDAP-Hilfsprogramme mit sogenannten „Off-shore-contracts" die Finanzierung von 185 Ouragan.

In der Zwischenzeit gelangten mehrere Vorserienexemplare zum Erprobungszentrum CEAM nach Mont-de-Marsan, das erste davon hatte die Flugerprobung am 30. November 1950 aufgenommen. Die Flugzeuge dienten dem Austesten und zur Feinabstimmung des bordeigenen Equipments, auch Waffentests und der Erprobung neuer Nene-Baureihen bzw. den von Hispano-Suiza hergestellten Derivaten. Die dritte Vorserienmaschine flog mit der Nachbrennerversion Nene 104BR mit maximal 30,2 kN Schub, später mit dem Nene 105AR, dass die gleiche, von Hispano-Suiza gebaute Nachbrennerstufe R401G nutzte. Die siebente Ouragan aus der Vorserie testete unter der Firmenbezeichnung MD 450T als Antrieb ein Rolls-Royce Tay als Weiterentwicklung des Nene und mit 27,9 kN Schub, die 13. später das vielversprechende Atar-Triebwerk von SNECMA. Die achte Vorserienmaschine flog in der Ausführung MD 450R als taktisches Aufklärungsflugzeug mit ein bis zwei Kameras unter dem Rumpf. Da die vorgesehenen Gallus F-500 und F-1000 noch nicht zur Verfügung standen, wurden dazu Kameras vom Typ Fairchild K-22 installiert. Später realisierte diese Maschine von Mai 1953 bis Dezember 1954 Waffenerprobungen mit einem Gestell unter dem Rumpf, dass bis zu 70 SNEB-Raketen aufnehmen konnte. Die Bordkanonen fanden deshalb keine Verwendung. Umfangreiche Waffentests absolvierte auch die fünfte Vorserien-Ouragan im CEAM und verschoss rund 35.000 Granaten mit den Bordkanonen sowie 350 Raketen. Auffällige Änderungen gab es am elften Flugzeug der Vorserie, dass als MD 450-30L seitliche

Der Dienst mit der Ouragan begann offiziell im Jahr 1952. Die abgebildeten Maschinen gehören zur Jagdfliegerschule in Meknés, Marokko, wo die Einführung des Typs im März 1957 begann und Ende 1959 eine Maximalstärke von 63 Flugzeugen erreicht war. (Foto: Dassault Aviation)

Lufteinlässe sowie eine aus zwei 30-mm-Kanonen bestehende Bewaffnung erhielt. Sie sollte Vorstufe zu einem zu entwickelnden Nachtjäger mit einer zweiköpfigen Crew sein und machte am 24. Januar 1952 den Erstflug. Der künftige Nachtjäger sollte ähnlich konfiguriert, in der Bugnase ein Radar aufnehmen, doch führten die unterschiedlichen Konzepte etwa mit dem Tragwerk der Ouragan oder auch stärker gepfeilten Tragflächen sowie verschiedenen Bezeichnungen von MD 451 Aladin bis Mystere de Nuit zu keinem Serienmuster.

CEAM

Das Centre d'Expierences Aérinnes Militaires wurde bereits 1933 als Militärisches Luftfahrtkompetenzzentrum in Reims gegründet und erlangte nach 1945 hauptsächlich am Standort Mont-de-Marsan große Bedeutung. Hier werden seitdem vor allem Waffensysteme von Flugzeugen erprobt und bewertet. Im September 2015 erfolgte die Umbenennung in Centre d'Expertise Aérienne Militaire, wo als Zentrum für Luftkriegsführung Einsatzschemen entwickelt, taktisches Fachwissen vermittelt und weiterhin Einsatzequipment getestet werden.

Die Serienfertigung der Ouragan lief ab 1951, an der Produktion waren mehrere staatliche Betriebe beteiligt, während die Endmontage bei Dassault in Merignac erfolgte. Hier wurde schließlich die erste Serienmaschine am 20. Dezember 1951 wiederum mit Constantin Rozanoff am Steuer eingeflogen.

Der erste reguläre Einsatzverband der Ouragan war das Geschwader 12e EC in Cambrai (Base Aerienne 103). Der Flugplatz war reaktiviert und ab 1951 für den Betrieb von strahlgetriebenen Flugzeugen ausgebaut worden. Die erste Staffel des Geschwaders EC 1/12 wurde im Mai 1952 noch auf dem Stützpunkt Mont-de-Marsan (BA 118) aktiviert, sie hatte ihren Ursprung praktisch im dort stationierten Erprobungsverband 331 des CEAM. Hier wurden seit zwei Jahren bereits testweise Ouragan geflogen. Die ersten Einsatzflugzeuge trafen im November 1952 ein und im Juli 1953 erfolgte der Umzug nach Cambrai. Zugleich war zu diesem Zeitpunkt die volle Staffelstärke von 25 Flugzeugen erreicht und die Einsatzbereitschaft mit diesen vermeldet worden.

Zu dieser Zeit bestand ein Geschwader (Escadre) der französischen Luftwaffe normalerweise aus zwei bis drei Staffeln (Escadrons), welche in der organisatorischen Ebene die vorherigen Gruppen (Groupe) abgelöst hatten. Die Escadron selbst wurde nochmals in mindestens zwei Escadrilles als unterste Organisationseinheit aufgeteilt. Diese Strukturen erlebten bis heute mehrmals Änderungen.

Das Geschwader 12e EC wiederum wurde damals dem Luftverteidigungskommando DAT unterstellt. Zunächst wurde der Einsatz mit erfahrenen Flugzeugführern begonnen und schnellstmöglich weitere auf der Ouragan geschult. Allerdings schritt der Zulauf an neuen Einsatzflugzeugen nur langsam voran, begleitet von Logistikproblemen inklusive fehlenden Pilotenhandbüchern sowie Ersatzteilmangel. Zuzüglich sorgten andere Schwierigkeiten etwa mit Rissen an Triebwerksdüsen oder an der Cockpithaube für einen geringen Klarstand. Die angestrebte Verfügbarkeit von 78 % wurde häufig unterschritten und lag meistens um die 50 %. Und auch wenn ein Großteil der zur Verfügung stehenden Ouragan flugbereit war, so hieß das noch lange nicht, dass eine vollwertige Tauglichkeit als Kampfflugzeug gegeben war. Anfangs wurde oft ohne Kanonenmunition geflogen, um die Schwerpunktlage der Ouragan nicht zu sehr zu verändern. Zeitweise galt lediglich ein Drittel des Bestandes als kampffähig, womit die monatlich angestrebten 20 Flugstunden für jeden Pilot nicht erreicht werden konnten. Noch bevor EC 2/12 als zweite Staffel des Geschwaders ab dem Frühjahr 1954 ebenfalls die Ouragan einsetzte, vermeldete das zweite Kampfgeschwader in Dijon die volle Ausstattung seiner drei Staffeln mit dem Flugzeug. Die erhielten ab Juni 1953 ihre ersten Maschinen, zeitgleich begannen Piloten von 2e EC ihre Umschulung von der zuvor geflogenen Vampire auf den französischen Jet. Für das Kunstflugteam „Patrouille de France" stellte das Geschwader zur Saison 1954/55 sechs seiner Ouragan. Im selben Jahr erhielten zudem im Mai EC 1/4 und im August EC 2/4 sowie im Dezember EC 3/4, letztere als neu geformte Staffel des 4. Jagdgeschwaders, das Flugzeug. Allesamt waren in Bremgarten, Deutschland, stationiert und für Jagdbomberzwecke gedacht. Zugleich stellten sie mit maximal 74 Maschinen einen Teil des 1. Taktischen Luftkommandos und ebenso Frankreichs Beitrag zur 4. ATAF der NATO dar. Bis Ende 1954 war aber auch die Verlustrate mit der Ouragan angestiegen, auf 10.000 Flugstunden kamen inzwischen 19 abgeschriebene Maschinen. Natürlich verlangte der Übergang vom Kolbenmotorantrieb auf ein strahlgetriebenes Flugzeug einiges von den Piloten und insbesondere den frisch ausgebildeten Flugzeugführern ab. Start- und Landegeschwindigkeiten fielen höher aus, es waren längere Pisten nötig und auch die Sicht aus dem Cockpit war eine andere. Gerade die Sicht aus dem (unbequemen) Cockpit beurteilten Piloten als nicht sonderlich gut, ebenso die Start- und Landeeigenschaften der Ouragan bei stärkeren Seitenwinden von 30 km/h und mehr. Hier spielte auch die geringe Spurbreite des Fahrwerks eine Rolle. Mit dem Strahltriebwerk stieg außerdem der Bedarf an Kraftstoff sowie der Wartungsaufwand an. Doch mit einer zunehmenden Anzahl an Piloten und Flugzeugen sowie gut aus-

Betanken einer Ouragan in Meknés 1960.
(Foto: DR via Jean-Jaques Beugnet)

Drei Ouragan von EC 3/4. Sie tragen die zum Standard gewordenen 425-l-Tanks an den Flügelenden. (Foto: DR - Collection Antoine Gorce)

Hier reihen sich MD 450B in Merignac aneinander, wobei es sich offenbar um frisch fertiggestellte Exemplare aus der Endmontage handelt. Das Flugzeug ganz vorn trägt noch keine Flügelspitzentanks. (Foto: DR - Dassault Aviation)

gebildeten Technikern besserte sich der Zustand und ihre Bewertung durch das Personal, die Ouragan erwies sich als stabile Plattform und letztlich als solides Einsatzmuster. Andererseits war das Konzept schnell überholt, was vor allem die aerodynamische Formgebung und daraus resultierende Leistungen oder auch das Einsatzequipment betrifft. So erfolgte schon bald eine Abnahme der im Dienst befindlichen Flugzeuge, nachdem 1955 ein Höchststand von über 200 Exemplaren erreicht worden war. Viele davon waren allerdings eingelagert, tatsächlich dürften kaum mehr als 175 Maschinen zur selben Zeit im Dienst der französischen Luftwaffe gestanden haben. Ab der zweiten Jahreshälfte 1956 verringerte sich der Bestand kontinuierlich und im nächsten Jahr flogen höchstens noch 90 Ouragan in vorderster Linie. Bis Mai 1957 war das Flugzeug bei den Kampfverbänden der französischen Luftwaffe ausgemustert, diente aber bereits seit September 1955 bei der Waffenschule CTB in Casaux als Zielschlepper. Ab 1956 kam für Schießübungen der Einsatzstandort Meknés in Marokko hinzu und von 1958 bis 1961 diente die Ouragan Auffrischungsmaßnahmen in der Luftwaffenschule Salon-de-Provence. Maschinen des Typs verwendete man zum Schluss noch als Zielschlepper und zu Lehrzwecken, bis die Außerdienststellung im letzten Quartal 1963 vollzogen war. Auch für Schulungszwecke reichten die Eigenschaften der Ouragan nicht mehr völlig aus, inzwischen waren die Anforderungen gewachsen, der Übergang auf neue Muster wie die Mirage III doch um einiges anspruchsvoller.

Außerhalb Frankreichs hielt die Dienstzeit länger an. Nachdem Indien im Juni 1953 fürs Erste 71 Ouragan bestellt hatte, wurde das Land zum ersten Exportkunden des Typs und zugleich zum ersten Exportkunden französischer Kampfflugzeugtechnik seit den 1930er Jahren. Die Spannungen mit dem Nachbarland Pakistan hatten zu Anfang der 1950er Jahre zugenommen und Indien plante, seine Luftwaffe zügig mit zeitgemäßen Flugzeugen auszurüsten. Das Jetzeitalter hatte auch hier mit der britischen Vampire angefangen, doch wollte man sich bei der Beschaffung von Luftfahrzeugen nicht einseitig ausrichten. Als 1952 im Ursprungsland der reguläre Einsatz der Ouragan begann, suchte Indien nach einem weiteren, geeigneten Einsatzmuster mit Strahlantrieb und entschied sich ebenfalls für dieses Flugzeug. Zeitgleich erfolgte die Auswahl von geeigneten Piloten, die dann im Oktober 1953 die ersten vier Ouragan innerhalb von 15 Tagen über eine Entfernung von 8000 km und mit zwölf Zwischenstopps von Frankreich nach Ambala in Indien flogen. Diese Aktion sollte die Auswahl der Ouragan anstatt einem weiteren britischen Muster als richtig untermauern. Einer der indischen Piloten für die geplante Überführung, Capt. Moolgavkar, erinnerte sich folgendermaßen (Zitat): „Vizemarschall der Luftwaffe Subroto Mukherjee sagte mir: vier Ouragan sollten Frankreich verlassen und vier sollten Indien erreichen. Ich will keine Pannen auf dem Weg, denn das würde der Royal Air Force Recht geben." Die restlichen zur Erstorder gehörenden Maschinen brachten nachfolgend die französischen Trägerschiffe *Dixmude* und *Bois Belleau* nach Indien. Die indische Luftwaffe bezog bis 1957 letztlich über 100 Exemplare, darunter die zuletzt hergestellten, aber auch vormals eingelagerte und gebrauchte Maschinen. Im Dienst hießen sie Toofani (was der französischen Bezeichnung gleichkommt) und sie rüsteten mindestens fünf Staffeln aus. Die Flugzeuge erhielten als Antrieb statt dem Nene 104 ein leichteres Nene 105-Triebwerk mit etwas mehr Schub, um damit den meist höher gelegenen Flugplätzen Indiens gerecht zu werden. Im Dienst waren Toofanis auch in bewaffnete Aktionen gegen Rebellen involviert und absolvierten Aufklärungsflüge während des chinesisch-indischen Konflikts um ungelöste Grenzfragen im Herbst 1962. Als im September 1965 der Krieg mit Pakistan ausbrach wurden diese Flugzeuge nicht bei den Kampfhandlungen eingesetzt, einige in der Folgezeit als Zielschlepper verwendet, der Großteil allerdings nach und nach eingelagert und zum Schluss Anfang der 1970er Jahre verschrottet.

Zweiter Exportabnehmer war Israel. Von Anfang an als Zwischenlösung angesehen (mit der Mystere IV erwartete man eine modernere, mit Pfeilflügeln ausgestattete Konstruktion von Dassault), galten die 24 bestellten Ouragan trotz dessen als willkommene Verstärkung der einheimischen Luftwaffe. Diese Flugzeuge stammten aus Beständen der französischen Verbände EC 4 und EC 12 und wurden ab Oktober 1955 ausgeliefert. Schon ab dem Folgejahr konnten sie sich beweisen, verbuchten im April einen ersten Luftsieg über eine ägyptische Vampire und waren während des Suez-Krieges im Oktober vor allem als Jagdbomber stark gefordert. Die Ouragan erwies sich dabei als eine stabile Abschussbasis bei Luft-Boden-Attacken sowie als robustes Flugzeug während der anspruchsvollen Einsatzbedingungen. Gleichfalls wurden die Eigenschaften in geringen Flughöhen als hervorragend bewertet. Weitere, vormals französische Einsatzmaschinen gelangten in den 1960er Jahren in den Bestand der israelischen Luftwaffe, wo sie bis ins kommende Jahrzehnt im Dienst standen und noch während des Abnutzungskrieges als Jagdbomber Verwendung fanden. Danach folgte der Reservestatus für die Flugzeuge, viele wurden eingelagert und insgesamt 20 an El Salvador verkauft.

El Salvador als vierte Nutzernation erhielt diese Ouragan ab August 1974 und gliederte die Maschinen in eine Jagdbomberstaffel auf der Ilopango-Luftwaffenbasis ein. Zunächst zur Luftraumüberwachung gedacht, intensivierten sich ab 1980 Angriffsflüge auf Guerillagruppierungen und deren Stützpunkte. Aufgrund der zunehmenden Kampfhandlungen erfolgte 1988 die Verlegung der Ouragan auf den als sicher eingestuften Flugplatz Comalapa. Zu jener Zeit galten noch mindestens acht Exemplare als einsatzklar. Abnutzung, Ersatzteilmangel, drei Abstürze sowie fünf durch Guerilla-Attacken unbrauchbar gemachte Maschinen hatten den Bestand im Laufe der Jahre verringert und letztendlich 1998 zur Außerdienststellung geführt. Das

Mehrere Ouragan in Salon-de-Provence, wo das Muster bis 1961 zu Trainingszwecken geflogen wurde. (Foto: DR - Dassault Aviation Collection)

als schlicht eingestufte Design der Ouragan hatte damit bemerkenswerte 46 Jahre im Dienst verschiedener Luftstreitkräfte gestanden und symbolisiert damit den erfolgreichen Einstieg Dassaults ins Jetzeitalter.

Produktion und Versionen

Die Serienproduktion der Ouragan lief von 1951 bis Juli 1954 und ergab insgesamt 350 Exemplare. Staatliche Betriebe waren als Subunternehmen tätig. So lieferte SNCASO Tragflächen sowie die hintere Rumpfsektion, SNCASE den Vorderrumpf, Dassault Leitwerk sowie bewegliche Teile des Flugzeugs und übernahm in Bordeaux-Merignac die Endmontage. Die gut funktionierende Kommunikation zwischen den Herstellerbetrieben half auch, die Produktion besser zu koordinieren und gewisse Standards mit hoher Qualität einzuführen. Einige Versuchsmaschinen erhielten eigenständige Bezeichnungen wie die MD 450R als Aufklärerprototyp, die MD 450T mit einem Tay-Triebwerk als Antrieb oder die MD 450-30L mit seitlichen Lufteinlässen. Vier der Serienflugzeuge (Nr. 140, 223, 225 und 336) wurden als Barougan bezeichnet und sollten, auch im Angesicht der Rebellenbewegungen im nördlichen Afrika, dank doppelt bereifter Hauptfahrwerke besser von unvorbereiteten Pisten wie Gras- und Schotterbahnen operieren können. Neben den neuen Niederdruckreifen erhielten diese Maschinen einen im Leitwerk untergebrachten Bremsschirm mit 3,80 m Durchmesser, später entfernte Dassault zudem zwei der vier Bordkanonen. Der Erstflug einer Barougan fand am 24. Februar 1954 statt, die anderen folgten bis 1955 und sie unternahmen zahlreiche Tests auch auf nordafrikanischen Stützpunkten der französischen Streitkräfte. Mit dem überarbeiteten Fahrwerk verbesserte sich die Beweglichkeit am Boden, vor allem konnten die Kurvenradien verkürzt werden. Die Landestrecke betrug dank Bremsschirm im günstigsten Fall 300 m. Eine anvisierte Umrüstung von 50 Ouragan in Barougan wurde 1957 verworfen und zwei der modifizierten Flugzeuge wieder auf den alten Standard zurückgebaut.

Erste Serienvariante war die **MD 450A**, von der 50 Exemplare gebaut wurden. Sie hatten das Nene 102 zum Antrieb, während die nachfolgenden Serienmaschinen alle zur Baureihe **MD 450B** zählten und das leichtere Nene 104 verwendeten. Ausgenommen sind die für Indien bestimmten Exemplare mit einem Nene 105. Im Antrieb war auch der wesentliche Unterschied zwischen Variante A und B zu finden. Hinzu kommt, dass die MD 450A über vier und die MD 450B über zwei Fahrwerksklappen am Bugrad verfügte.

Mit seitlichen Lufteinlässen und zwei 30-mm-Kanonen versah Dassault eine einzelne, MD 450-30L genannte Vorserienmaschine, die ab Januar 1952 in die Flugerprobung ging und Vorläufer eines zu entwickelnden Nachtjägers sein sollte. (Foto: Dassault Aviation)

Aufbau, Ausstattung und Bewaffnung

Die in Metallbauweise gefertigte Ouragan besaß ein Tiefdeckertragwerk mit einer leichten Vorderkantenpfeilung von 14 Grad. Die in einem Stück hergestellten Tragflächen erhielten geschlitzte Querruder sowie Spaltklappen, waren mit dem Rumpf verschraubt und nahmen den meisten Kraftstoff auf. Dazu zählten auch die zum Serienstandard gehörenden Behälter an den Flügelenden, die über jeweils 425 l Fassungsvermögen verfügten und es zusammen mit den anderen in Rumpf und Tragwerk installierten Tanks auf einen Kraftstoffvorrat von insgesamt 2370 l brachten. In den ersten 50 Ouragan (MD 450A) übernahm ein ursprünglich von Rolls-Royce stammendes Nene 102 mit 21,57 kN Schub den Antrieb. Die nachfolgenden MD 450B erhielten mit dem Nene 104B ein gut 50 kg leichteres, aber etwas stärkeres Triebwerk mit 22,24 kN bzw. die indischen Exportmaschinen das Nene 105A mit 23,04 kN Schub. Bei fast allen der Triebwerke handelte es sich um von Hispano-Suiza gefertigte Lizenzausführungen, bei denen zumindest anfangs Qualitätsmängel auftraten und diese deshalb schnell den Weg ins Reservelager fanden. Das Triebwerk der Ouragan wurde von einem zentralen Lufteinlass im Rumpfbug versorgt, der im Innern über eine Trennwand sowie im oberen Bereich über eine Facine CMF 7250-Kamera zur Aufzeichnung der Schießergebnisse verfügte. Danach folgten

Vier Exemplare erhielten als Barougan doppelt bereifte Hauptfahrwerke für den Einsatz auf unbefestigten Bahnen. Eine geplante Umrüstung von 50 Serienmaschinen wurde letztlich nicht realisiert. (Foto: Ray Watkins Collection)

die Bordbatterie sowie der Schacht für das einfach bereifte Bugrad. Gleichfalls waren die beiden Hauptfahrwerke einfach bereift und wie das Bugrad vollständig einziehbar. Lediglich vier Serienmaschinen erhielten zum Einsatz auf unvorbereiteten Pisten jeweils zweirädrige Hauptfahrwerksgruppen und wurden Barougan genannt. Der Vorderrumpf nahm ferner die druckbelüftete Kabine mit zurückschiebbarer Cockpithaube sowie einer 16-mm-starken Panzerverglasung auf. In den MD 450A saß der Pilot auf einem Martin-Baker-Mk.1-Schleudersitz, während in die Flugzeuge der Baureihe B Schleudersitze vom Typ E.86-3 oder E.86-4 eingerüstet wurden. Hierzu hatte SNCASO eine Lizenz vom US-Hersteller Republic erhalten. Im hinteren Rumpfabschnitt war die Triebwerksanlage der Ouragan untergebracht, um die mehr oder weniger auch die Zelle des Flugzeugs konstruiert worden war. Den Abschluss bildete der kreuzförmige Leitwerkskomplex. Die Höhenflossen waren dabei am Seitenleitwerk befestigt und alle verfügten über eine leichte Vorderkantenpfeilung. Am Hinterrumpf befand sich auf jeder Seite eine hydraulisch betätigte Bremsklappe.

Die Druckluftanlage an Bord der Ouragan versorgte nicht nur die Kabine, wo sie ab 3000 m Höhe aktiviert wurde, sie übernahm auch den Druckausgleich sowie die Enteisung der Windschutzscheibe, sorgte ferner für den richtigen Druck in den Kraftstofftanks, das Spannen der Bordkanonen und bei Bedarf für das Aufblasen des Anti-g-Anzugs des Piloten.

Zu jener Zeit war die Avionikausstattung noch recht simpel und bestand im Wesentlichen aus:

- VHF-Funkausrüstung SARAM 5-52
- Kreiselvisier Mk.IVE von Ferranti mit 0,7 km Reichweite
- Freund-Feind-Erkennung BC 695A.
- Hinzu kamen die Bordinstrumente und Anzeigen im Cockpit, wobei z.B. Sperry den Kreiselkompass, Smith den Höhenmesser, Badin Machmeter und Variometer oder Jaeger den Beschleunigungsmesser beisteuerten.
- Die Bordbewaffnung bestand aus vier 20-mm-Kanonen Hispano-Suiza HS 404 mit je 125 Schuss Munitionsvorrat. Die möglichen Außenlasten bis zu einem Gewicht von 908 kg setzten sich wie folgt zusammen:
- 113-, 227- und 454-kg-Bomben
- 460-l-Napalmbehälter
- 16 ungelenkte 105-mm-Raketen T 10 von Brandt
- je 18 ungelenkte 68-mm-Raketen SNEB in Matra-Abschussbehältern.

Die letzte der vier Barougan demonstriert die Landung auf einer Graspiste. Die Landestrecke verkürzte sich dank Bremsschirm auf 300 bis 600 m. (Foto: Espace Patrimoine Safran)

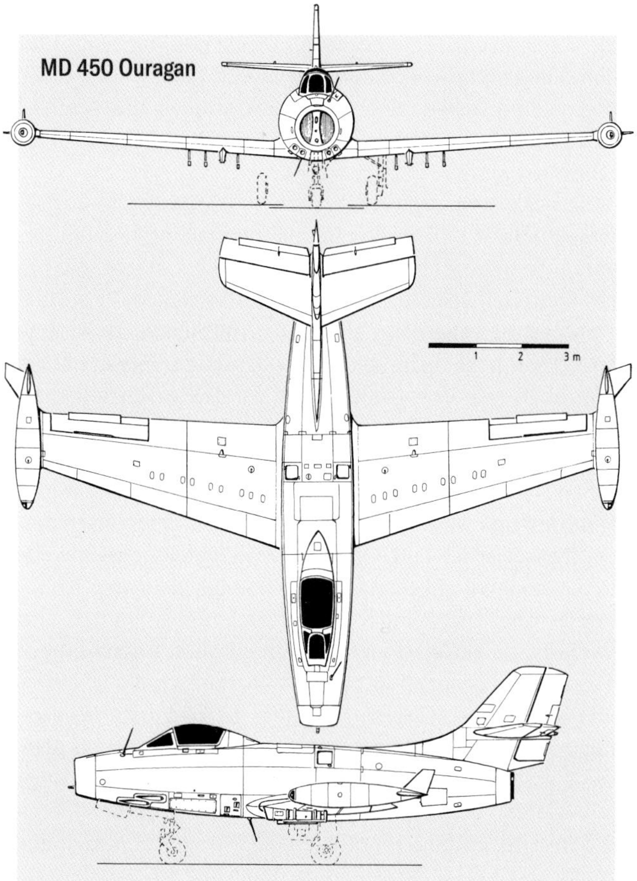

▸ Für Außenlasten standen der Ouragan vier externe Aufhängepunkte zur Verfügung, die ab der Baureihe MD 450B abnehmbar waren.

Nutzer der Ouragan

Die Luftwaffe **Frankreichs** erhielt insgesamt 213 Ouragan und begann im November 1952 den Dienst mit dem Flugzeug. Erstempfänger für den regulären Dienst war die 1. Staffel des 12. Jagd(oder Kampf)geschwaders aus Cambrai. Damit war es der erste Einsatzverband, der mit einem in Frankreich konzipierten Kampfjet ausgerüstet wurde. Zum 1. Juli 1953 galt der Verband mit 25 Flugzeugen und 40 Piloten als einsatzklar. Nächstes Einsatzgeschwader wurde im Juni 1953 EC 2 in Dijon, gefolgt von EC 4 in Bremgarten, Deutschland im Mai 1954. Nach der Waffenschule CTB in Casaux ab September 1955 nutzte auch die Jagdfliegerschule in Meknés, Marokko die Ouragan von 1956 bis 1961 bzw. nach ihrer Verlegung in Tours (BA 705) für einige Zeit bis Oktober 1962. Hinzu kam für Trainingsflüge die Schulungseinrichtung in Salon-de-Provence (BA 701) von 1958 bis 1961 mit einer kleinen Anzahl. Zudem war die Ouragan von 1954 bis 1956 und damit für drei Saisons das Einsatzmuster der Kunstflugstaffel „Patrouille de France", die Flugzeuge wurden dabei von verschiedenen Einsatzstaffeln gestellt. Das eigentlich „Patrouille Acrobatique de France" (PAF) genannte Team wurde erst 1953 geformt und zunächst mit F-84G Thunderjet betrieben. Da in den folgenden Jahren verschiedene Staffeln die Vorführflugzeuge bereitstellten, befanden sich die Heimatbasen auch an unterschiedlichen Orten. 1956 begann die Umrüstung auf die Mystere IVA, ein Teil flog noch von Bremgarten aus die Ouragan. 1957 wechselte die Kunstflugstaffel mit Dijon für vier Jahre auf den nächsten Standort und verabschiedete sich zugleich endgültig von der Ouragan. Die französische Luftwaffe überholte 1960 letztmalig Maschinen des Typs und führte die Außerdienststellung bis Ende 1963 durch. Die letzten flogen bis Ende 1963 bei der CTB in Casaux als Zielschlepper, wo im Durchschnitt 170 h pro Monat auf der Ouragan absolviert wurden. Die französische Luftwaffe soll etwa 50 der Flugzeuge durch Abstürze und andere Unfälle verloren haben.

Technische Daten	MD 450B Ouragan
Verwendung	Jagd-, Jagdbomben- und Aufklärungsflugzeug
Besatzung	1
Triebwerk	ein Hispano Suiza Nene 104B mit 22,24 kN oder ein Nene 105A mit 23,04 kN
Spannweite (m)	12,29; mit Flügelspitzentanks 13,16
Länge (m)	10,74
Höhe (m)	4,14
Flügelfläche (m^2)	23,80
Tragflächenbelastung max. (kg/m^2)	263
Leermasse (kg)	4142
Startmasse max. (kg)	7900
Höchstgeschwindigkeit (km/h)	940
Steiggeschwindigkeit (m/s)	36
Landegeschwindigkeit (km/h)	185
Dienstgipfelhöhe (m)	13.716
Reichweite (km)	920
Aktionsradius (km)	650
Startstrecke (m)	1000
Landestrecke (m)	1300
Bewaffnung	vier 20-mm-MK, bis 908 kg Bomben, Napalmbehälter, ungelenkte Raketen an vier Aufhängepunkten

Indien hatte im Juni 1953 eine Erstorder über 71 Ouragan aufgegeben, erhielt im Oktober desselben Jahres die ersten und bis März 1954 die letzten Exemplare aus dieser Bestellung. Drei Jahre später folgten mit in Frankreich eingelagerten sowie den 15 zuletzt gebauten Ouragan weitere Maschinen ins Inventar der indischen Luftwaffe, gemäß Herstellerangaben stieg damit der Gesamtlieferumfang auf 113 an. Die Luftwaffe hatte im Oktober 1953 zuerst die No 8 Squadron in Ambala mit dem einstrahligen Jet ausgerüstet. Ab Februar des nächsten Jahres folgte No 3 Sqn am selben Standort und im Mai 1956 mit der No 2 Sqn ein weiterer Einsatzverband auf dem Luftwaffenstützpunkt Palam. Die hier bis April 1962 im Dienst stehenden Maschinen waren regelmäßig an Kunstflugvorführungen der indischen Luftwaffe beteiligt und sorgten vor allem zum Tag der Republik für stete Begeisterung. Die No 4 Sqn wechselte mit ihren ab 1957 geflogenen Toofanis mehrmals den Stützpunkt und war so nacheinander in Halwara, Palam und Tezpur beheimatet, 1961 erfolgte im Zuge der Kampfhandlungen gegen die portugiesischen Militärkontingente auf der an der Westküste befindlichen Insel Diu die Verlegung nach Jamnagar und 1966 schließlich die Außerdienststellung. Ab 1958 setzten anderenorts die neu aufgestellten No 29 Sqn in Halwara (später auch von anderen Stützpunkten bis 1966) sowie ab Ende 1959 die No 47 Sqn und ebenfalls von Halwara aus die Ouragan ein. Hier endete der Dienst des Flugzeugs und damit in der indischen Luftwaffe im Jahr 1968. Während der Dienstzeit mussten mindestens 35 Maschinen aus verschiedenen Gründen einschließlich den Kriegshandlungen abgeschrieben werden.

Auf einem indischen Luftwaffenstützpunkt herrscht rege Betriebsamkeit. Hier Toofani, so die Bezeichnung der Ouragan in Indien, der No 4 Squadron. (Foto: Jagan Pillarisetti)

Israel hatte sich frühzeitig für die Ouragan interessiert, bevorzugte beim Bestellen aber schon die fortschrittlicheren Mystere II und Mystere IV. Die Leistungen der Mystere II empfand man allerdings als nicht ausreichend und die Mystere IV war noch nicht lieferbar, sodass die Ouragan höchstens noch eine Übergangslösung darstellte. Hinzu kamen Vertragsverzögerungen mit Frankreich. Erst mit der Belieferung umfangreicher Kampfflugzeugtechnik an die arabischen Nachbarn Israels nahm die Bestellung der Ouragan Fahrt auf und wurde fürs Erste mit gebrauchten Maschinen der französischen Luftwaffe bewerkstelligt. Hierbei handelte es sich um 24 Exemplare der MD 450B, die in den Monaten Oktober / November 1955 nach Israel gelangten und in die frisch aktivierte No 113 Squadron in Hatzor eingegliedert wurden. Schon bald bewährten sich die Ouragan im Dienst der israelischen Luftwaffe, bei den ersten Begegnungen mit arabischen Flugzeugen im April 1956 konnten diese eine ägyptische Vampire abschießen und sie erlangten während des Suez-Krieges im Oktober desselben Jahres größere Bedeutung. Hier flogen die Ouragan zunächst Begleitschutz bei Luftlandeunternehmen und schon bald 25 % aller Jagdbombereinsätze. Im Zusammenspiel mit der israelischen Marine gelingt es israelischen Ouragan den ägyptischen Zerstörer *Ibrahim Al Awal* bewegungsunfähig zu schießen und nachfolgend zur Aufgabe zu bewegen. Nach sechs zusätzlichen Flugzeugen in 1956 gab Frankreich ab 1961 eine größere Menge ausgemusterter Exemplare an Israel ab, welche die Gesamtstückzahl der gelieferten Ouragan auf mindestens 70 ansteigen ließ. So konnte auch eine zweite Staffel, die No 107 Sqn auf der Ramat David Base, südöstlich von Haifa ab September 1965 mit der Ouragan versorgt werden. Mit ihnen erfolgten erneut Jagdbomberattacken etwa im November 1964 oder während des Jahres 1966 auf syrische und jordanische Truppen. Diese auf den Golan-Höhen und der Westbank befindlichen Positionen waren wie auch ägyptische Objekte wiederholt Ziele der Ouragan im Sechs-Tage-Krieg im Juni 1967, von denen immerhin zehn Maschinen hauptsächlich durch die arabische Luftabwehr verloren gingen. Andererseits gelang einer Ouragan der überraschende Abschuss eines ägyptischen Überschaljägers MiG-21. Für kürzere Anflugstrecken

Eine Ouragan in den Farben der israelischen Luftwaffe, mit Haifischmaul und den Kennungen der 113. Staffel, ausgestellt im Luftwaffenmuseum Hatzerim. (Foto: Matt Wegener)

zu Positionen des vermeintlichen Gegners Ägypten wurden die Flugzeuge der No 107 Sqn bereits im Mai 1967 zur Lod AFB überführt. Im Juli desselben Jahres wurden die verbliebenen Maschinen schließlich in die No 113 Sqn eingegliedert und sie übernahmen im bis 1970 währenden Abnutzungskrieg zahlreiche Luft-Boden-Angriffe auf arabische Stellungen, Kampftruppen sowie Rebellen im Südlibanon. Danach verwendete Israel die Flugzeuge zunehmend für Trainingsmaßnahmen oder versetzte sie in den Reservestatus. Bis zum Yom-Kippur-Krieg 1973 waren die meisten außer Dienst gestellt, einige flugtüchtige Exemplare durften aber anderenorts ihre Einsatzlaufbahn fortsetzen.

El Salvador kaufte 1974 von Israel insgesamt 20 Ouragan, zwei davon als reine Ersatzteilspender. Auch wenn diese Flugzeuge nicht mehr ganz auf der Höhe der Zeit waren, stellten sie eine erste Stufe der Modernisierung bzw. der Erhöhung der Schlagkraft der einheimischen Luftwaffe dar.

Nachdem Wartungspersonal ab Mai 1974 in Israel geschult worden war, trafen die ersten Ouragan im August bei der Luftwaffe El Salvadors ein. Zusammen mit den restlichen wurde ein Jäger/Bomber-Verband auf der Ilopango Luftwaffenbasis geformt, der im Zuge von Umstrukturierungen 1986 zur Jäger- und Bombergruppe wurde. In den 1980er Jahren dienten sie zunehmend der Bekämpfung von Rebellengruppen, aber auch der Luftraumüberwachung zur Abwehr illegaler Transporte. Eines der Flugzeuge, das den Guerillas zur Belieferung mit Waffen gedient haben soll, wurde möglicherweise im Januar 1981 von einer Ouragan abgeschossen. Einen schweren Rückschlag gab es Anfang des folgenden Jahres, als auf dem Flugplatz Ilopango durch einen Rebellenangriff fünf Ouragan zerstört und eine weitere beschädigt wurden. Mindestens eines der gelieferten Flugzeuge hatte man für den Einsatz der israelischen Luftkampflenkrakete Shafrir neu verkabelt, der Plan auch die anderen derartig zu modifizieren, wurde offenbar aufgegeben. Inzwischen hatte der Bestand durch Abnutzung und Sabotage abgenommen, 1988 verlegte die Luftwaffe für weitere Kampfeinsätze noch mindestens acht einsatzfähige Maschinen auf die südöstlich, am Pazifik gelegene Basis Comalapa. 1994 wurde aus dem Verband eine Staffel, die letzten Ouragan dienten hier bis 1998.

Das obere Profilbild zeigt eine Ouragan der Staffel EC 1/2 aus Dijon-Longvic, die 1954 Teil der „Patrouille Acrobatique de France" war. Mit EC 2, 4 und 12 stellten verschiedene Staffeln die Flugzeuge. EC 1/2 selbst flog die Ouragan seit dem Vorjahr. Darunter eine Ouragan in den Farben der Luftwaffe von El Salvador. An Bug und Heck die Nationalfarben, am Vorderrumpf zudem die taktische Kennziffer ‚704'. Das Flugzeug kam von der israelischen Luftwaffe und gehörte zum ersten, 1974 ausgelieferten Los von neun Flugzeugen, elf weitere folgten im nächsten Jahr. (Grafik: Srecko Bradic)

Einsatzverbände (Auswahl)
Frankreich
EC 2, 4, 12, EIV 2
El Salvador
Escadrilla de Casa
Indien
No 2, 3, 4, 8, 29, 47 Sqn
Israel
No 107, 113 Sqn

Dassault MD 452 Mystere II

Die Mystere II sollte dank stärker gepfeilten Tragflächen und stärkerem Triebwerk bessere Leistungen als die Ouragan erzielen. Im Bild die Vorserienmaschine 07 mit einem in Frankreich gebauten Tay-Triebwerk und zwei 30-mm-Kanonen als Bordbewaffnung. Die Maschine hatte am 5. Februar 1953 ihren Erstflug. (Foto: Espace Patrimoine Safran)

Historie

Bei der Konstruktion neuer Flugzeuge wählte Marcel Dassault die Methode der „kleinen Schritte". Das heißt, mehrere Prototypen mit den gleichen grundlegenden Eigenschaften werden gebaut und nicht alle Neuheiten in ein Versuchsmuster gesteckt und damit alle neu auftretenden Probleme auf ein Flugzeug vereinigt. Schrittweise erhalten und erproben so mehrere Prototypen unterschiedliche Innovationen, von der Bauweise bis zum Equipment. Dassault war frühzeitig bewusst, dass die Ouragan durch ihre Auslegung leistungstechnisch limitiert war. Das Gebot der Stunde lautete schon vor dem Erstflug der Ouragan stärker gepfeilte Tragflächen, später sicher auch stärkere Triebwerke sowie ein umfangreicheres Einsatzequipment samt Waffen. Mit der Ouragan war aber eine Basis für Weiterentwicklungen geschaffen worden, was allein die Versuche mit anderen Triebwerken, Lufteinlässen oder Fahrwerken aufzeigen.

Im Spätherbst 1949 begann Dassault außerdem Studien zu einem neuen, schon bald Mystere genannten Kampfflugzeug. Es sollte im Wesentlichen auf dem Rumpf der Ouragan basieren, aber mit 30 Grad an der Vorderkante ein stärker gepfeiltes Tragwerk mit einer geringeren Dicke von nunmehr neun statt 12,4 % erhalten. Kleinere Modifikationen am Leitwerk mit einer größeren Vorderkantenpfeilung und einem geänderten Dickenverhältnis kamen hinzu, zudem wurde der Einbau eines anderen Triebwerks erwogen. Bei höheren Leistungen und Manövrierfähigkeiten war ein erhöhter Kraftaufwand durch den Piloten unumgänglich, sodass Dassault eine Servosteuerung für notwendig erachtete. Unter der Leitung von Joseph Ritzenthaler erfolgten am Standort Saint-Cloud Entwicklung und Bau der ersten elektrohydraulischen Servosteuerung in Frankreich, die letztlich sehr präzise arbeitete und das Handling für den Piloten wesentlich erleichterte. Ebenfalls in Saint-Cloud wurde der Prototyp der Mystere I bis Ende 1950 fertiggestellt und dann für die Flugerprobung auf dem Landweg nach Istres transportiert. Abgesehen vom neuen Tragwerk und einigen kleineren Änderungen glich diese Maschine noch sehr der Ouragan und wurde von einem Nene 104B-Aggregat angetrieben. Am 23. Februar 1951 leitete Konstantin Rozanoff die Flugerprobung ein. Rasch stellte Rozanoff eine Verbesserung der Leistungsfähigkeit, aber auch Vibrationen am Leitwerk fest. Letzteres konnte mit einer Neupositionierung der Höhenflossen beseitigt werden, doch stürzte die Maschine zwei Jahre später bei einem Testflug im März 1953 ab. Ursache waren Abwurfversuche mit Zusatztanks, die das Tragwerk beschädigten, nachfolgend zum Strömungsabriss und letztlich Absturz führten.

Zweiter und dritter Prototyp hatten ihre Erstflüge am 5. April sowie am 2. Juli 1952 und wurden von einem Rolls-Royce Tay 250 oder der Lizenzausgabe von Hispano-Suiza ausgestattet, das maximal 27,9 kN Schub lieferte. Zusätzlich bestellte das französische Luftfahrtministerium bereits im April 1951 insgesamt 17, von Nr. 04 bis Nr. 020 durchnummerierte Vorserienflugzeuge. Als erstes von diesen begann das dritte Exemplar (Nr. 06) die Flugerprobung am 5. November 1952, während die erste (Nr. 04) am 28. Dezember desselben Jahres erstmals flog und die SNECMA-Strahlturbinen Atar 101C und 101D erprobte. Sie wurde später auch mit Mystere II A betitelt. Die „05" erhielt wiederum ein Tay-Triebwerk zum Antrieb, ebenso die Vorserienflugzeuge Nr. 06, 07 und 09. Allerdings besaßen die zuletzt genannten drei Maschinen als Bewaffnung zwei 30-mm-Kanonen DEFA statt den 20-mm-Waffen von Hispano-Suiza und wurden als Mystere II B bezeichnet. Die „08" verblieb für statische Versuchsreihen am Boden und die „010" bis „020" erhielten allesamt französische Atar-Triebwerke. Die letzten beiden verfügten über ein längeres Rumpfheck für die Nachbrennerstufe des Atar 101F mit bis zu 37,3 kN Maximalschub. Die letzte Vorserienmaschine („020") war im Juli 1954 zum ersten Mal geflogen. Überhaupt verkörperten die ganzen Mystere II-Flugzeuge der Vorserie recht gut Dassaults Methode der „kleinen Schritte". Neben den bereits genannten Triebwerks- und Waffenkonfigurationen wurden auch unterschiedliche Flügelprofile, Querruder, Fahrwerksklappen sowie weitere Komponenten erprobt. So besaßen mindestens drei Maschinen ein Höhenleitwerk, dass mit zwölf statt ansonsten fünf Grad stärker angewinkelt war. Die „09" erhielt als erstes französisches Flugzeug ein einteiliges, voll bewegliches Höhenleitwerk, die „013" eine nach oben klappbare Cockpithaube. Die Innenstruktur der letzten Vorserienexemplare war völlig anders inklusive einer Neuanordnung der Kraftstofftanks, „012" und „015" untersuchten die geeignetste Form des hinteren Rumpfabschnitts.

Nummer 020 als letztes Vorserienexemplar nutzte als Antrieb ein Nachbrennertriebwerk Atar 101F, das zu einem längeren, voluminöseren Rumpfheck führte. (Foto: Espace Patrimoine Safran)

Natürlich wurde auch das Leistungsspektrum ausgelotet und in mehreren Bahnneigungsflügen versucht, die Schallgrenze zu überschreiten. Tatsächlich waren die französischen Testpiloten nicht sicher, ob sie das in der frühen Erprobungsphase der Mystere II geschafft hatten. Im Oktober 1952 flogen wie schon einmal im September des Vorjahres amerikanische Piloten die Mystere II, bescheinigten dem Flugzeug angenehme Eigenschaften und lobten die von Dassault stammende Servosteuerung. Einer von ihnen, Major M. Davis, erreichte am 28. Oktober nachweislich im Sturzflug Schallgeschwindigkeit. Roger Carpentier war dann schließlich der erste Franzose, der offiziell am 12. Dezember 1952 im Sturzflug die Schallgrenze mit der Mystere II überschritt. Am 15. August 1953 schaffte das mit Jaqueline Auriol auch die erste Frau auf dem Flugzeug.

Der zweite Prototyp der Mystere II diente auch zur Überprüfung von Leistungsvorgaben und es zeigte sich, dass der Verbrauch des Tay höher als der des Nene-Triebwerks in der Ouragan war und damit die Flugdauer verkürzte. (Foto: Eric Bannwarth Collection)

Das zögerliche Vorgehen von Verwaltung und dem Generalstab der französischen Luftwaffe um die Wahl des am besten geeigneten Antriebs sowie einige „Kinderkrankheiten" mit dem Atar behinderten letztlich eine zügige Aufnahme der Serienproduktion, obwohl noch 1952 eine Bestellung von 300 Mystere II mit dem Tay-Triebwerk sowie 190 weiteren mit dem Atar-Triebwerk zur Debatte standen. Noch im selben Jahr wurde das Flugzeug im Oktober NATO-Alliierten vorgestellt, aber unter diesen kein Interesse generiert. Inzwischen stand außerdem mit der Mystere IV A ein fortschrittlicheres Muster in den Startlöchern, für deren Finanzierung sich auch die Vereinigten Staaten im Rahmen ihrer „Offshore contracts" entschieden und die Mystere II damit zu einem Interimsflugzeug werden ließen. Im Einklang reduzierte die am 15. Januar 1953 getätigte Bestellung die Stückzahl auf 150 Mystere II C, die von einem Atar 101D angetrieben werden sollten. Auch durch die Änderung von Produktionsabläufen zuzüglich zeitraubender Optimierungen an Zelle und Ausstattung flog eine Mystere II C-Serienmaschine mehr als ein ganzes Jahr später, am 1. Oktober 1954 zum ersten Mal, sodass die favorisierte Mystere IV A sogar noch etwas früher ihren Dienst bei der französischen Luftwaffe aufnahm. Zwischenzeitlich wurde die Serienproduktion der Mystere II C für Modifizierungen sogar unterbrochen und erst im März 1955 wieder aufgenommen. Änderungen betrafen dabei den hinteren Rumpfabschnitt samt einem an die Mystere IV angelehnten Leitwerk sowie neue Querruder. Die leisteten dann eine effektive Arbeit, die Mystere II C ließ sich insgesamt leicht fliegen und verfügte in einem Geschwindigkeitsbereich oberhalb von 550 km/h über ausgezeichnete Rollraten. Abgelehnt wurden dagegen die unter dem Tragwerk erprobten 150- und 200-l-Zusatztanks.

Der Dienstantritt der Mystere II C ist schließlich auf den Juli 1955 datiert und begann bei der Staffel EC 1/10 in Creil. Zum Jahresende erhielt auch die zweite Staffel des Geschwaders das Flugzeug und bis April 1956 war die dritte ebenfalls voll bestückt. Ab August desselben Jahres erfolgte die Belieferung des in Orange beheimateten Geschwaders 5e EC, die bis Anfang 1957 abgeschlossen war.

Es blieb bei der Ausstattung von zwei Einsatzgeschwadern der französischen Luftwaffe, wo sich der Dienst mit der Mystere II C aufgrund von funktionsunfähigen Bau- oder fehlenden Ersatzteilen sowie einer mangelnden Standardisierung unter diesen, fehlenden Mechanikern, Störungen und Havarien nicht einfach gestaltete. Sie war nicht für Schlechtwettereinsätze geeignet und bei Seitenwinden schwer zu landen, der Waffeneinsatz oft ungenau und die Flugdauer zu gering. Die betrug unter normalen Umständen 35 min, mit zwei Zusatztanks immerhin eine gute Stun-

Der erste Prototyp, der auch als Mystere I bezeichnet wurde, zeigt hier sein Pfeilflügeltragwerk und trägt am Heck die zusätzliche Kennung F-WFUU. (Foto: Dassault Aviation)

Bei diesem Exemplar handelt es sich um die erste in Dienst gestellte Mystere II, der Empfänger war im Juli 1955 die Staffel EC 1/10 in Creil. (Foto: Pierre Bregerie)

de. Der SNCASO-Schleudersitz war problembehaftet, seine Treibsätze arbeiteten beim Katapultieren unregelmäßig und führten teilweise zu Beschleunigungswerten von 22 g und damit bei allen Rettungsversuchen zum Tod des Piloten. Ein Angehöriger von EC 10 meinte dazu (Zitat): „Es gab ein großes Misstrauen bei einem Ausstieg mit dem Schleudersitz, andererseits war das Flugzeug solide und wenn möglich, eine Bruchlandung vorzuziehen." So gab es mehrmals Flugverbote, der Klarstand der Einsatzflugzeuge lag anfangs häufig unter 30 und selten über 50 %. Dassault und SNECMA mussten häufig Spezialisten für außerplanmäßige Wartungsarbeiten zu den Einsatzverbänden schicken, wo man sich wiederum über mangelnde Unterstellmöglichkeiten und Werkzeuge beklagte. Allein im Jahr 1957 gab es am Standort Creil neun schwere Unfälle mit der Mystere II C und ein weiteres Flugverbot vom 21. November besiegelte das Einsatzende des Jägers in vorderster Linie. Viele der Mängel waren zum Teil auf noch unausgereifte Systeme oder zuvor unbekannte Eigenschaften, gerade auch im Antriebsbereich sowie auf Defizite bei den Berechnungen und dem Austesten zurückzuführen. Im Nachhinein hätte man sich mehr Möglichkeiten und geeignete Mittel zum Simulieren gewünscht, so wie es eben heute üblich und mit computergestützten Programmen noch viel einfacher ist.

Für die Mystere II C gab es keine Exportaufträge, mit dem Dienstende in vorderster Linie 1957 gilt sie in der französischen Luftwaffe als das Flugzeug mit der kürzesten Einsatzkarriere. Nur wenige davon hatten mehr als 500 und einige sogar nur etwa 20 Flugstunden verbuchen können. Eine Handvoll Maschinen wurde noch bis 1963 für Test- sowie Übungsflüge genutzt. Diese Einsatzlaufbahn ist sicher einer der Gründe, warum die Mystere II C keinen hohen Be-

Der Einsatzbetrieb mit der Mystere II C war von verschiedenen Störungen bis hin zu Unfällen und Startverboten gekennzeichnet und währte deshalb nur etwas mehr als zwei Jahre. (Foto: Espace Patrimoine Safran)

kanntheitsgrad erlangte und in zahlreichen Publikationen (ungerechterweise) nicht einmal Erwähnung fand.

Nachdem Dassault die elfte (Vorserien)Ouragan mit seitlichen Lufteinlässen erprobte und damit die Vorstufe für einen künftigen Nachtjäger schaffen wollte, verwarf man bald den vorläufigen Entwurf MD 451 Aladin mit ungepfeiltem Tragwerk. Schnell, allerdings nur temporär, rückte eine größere, zweisitzige Variante als MD 453 Mystere III oder auch Mystere de nuit genannt, in den Vordergrund. Wiederum mit seitlichen Lufteinlässen für ein Tay 250-Triebwerk versehen, basierte die Konstruktion auf der Mystere II und ihren Tragflächen, diesmal aber mit 32 Grad Vorderkantenpfeilung sowie einem Dickenverhältnis von nur acht Prozent. Weiter waren ein Radar im Rumpfbug sowie 30-mm-DEFA-Kanonen als Bordbewaffnung vorgesehen. Den ersten von insgesamt 146 Testflügen unternahm am 18. Juli 1952 auch dieses Mal Cheftestpilot Rozanoff. Im Laufe der Flugerprobung wurden mit dem beim Start 7335 kg schweren Flugzeug eine Maximalgeschwindigkeit von 1080 km/h erreicht. Der Mangel an einem geeigneten Radargerät führte neben anderen Gründen zur Aufgabe des Plans einer Serienfertigung, sodass die MD 453 aufgrund ihrer gut geeigneten Tandemkabine noch zur Erprobung von SNCASO-Schleudersitzen Verwendung fand.

Produktion und Versionen

Nach Prototypen und Vorserienflugzeugen, deren Stückzahl sich je nach Quelle zwischen 17 und 20 Exemplaren bewegte und von denen vier durch Abstürze verloren gingen, begann 1954 die Serienfertigung der **Mystere II C** voll anzulaufen. Wie schon bei der Ouragan praktiziert, wurden Aufträge an SNCASO in Bouguenais sowie in Saint-Nazaire zur Herstellung der Tragflächen sowie dem hinteren Rumpfabschnitt vergeben und SNCASE mit dem Bau des Vorderrumpfs beauftragt. Dassault übernahm in Talence die Fertigung des Hecks samt Leitwerk sowie die Endmontage in Mérignac. Die erste Serienmaschine flog am 1. Oktober 1954. Nach einigen Defiziten wurde die Produktion nach nur neun Flugzeugen vorübergehend gestoppt, nach Modifikationen im März

Die Mystere de nuit oder Mystere III als Nachtjäger entstand als Ableitung der Mystere II C mit seitlichen Lufteinlässen und Tandemkabine. Ein geeignetes Radargerät ließ auf sich warten und trug zur Aufgabe des Programms bei. (Foto: NARA)

1955 wieder aufgenommen und das letzte von insgesamt 150 Serienexemplaren im Februar 1957 ausgeliefert. Es wurde ausschließlich die Mystere II C-Baureihe in Serie hergestellt, andere wie auch die Ableitung als Nachtjäger Mystere III verblieben im Erprobungsstadium.

Aufbau, Ausstattung und Bewaffnung

Die Tragflächen der Mystere II C waren gegenüber der Ouragan zwar etwas höher angesetzt, besaßen aber noch immer eine Tiefdeckeranordnung. Markant war die erhöhte Vorderkantenpfeilung von nunmehr 30 Grad mit einer dünneren Profildicke. Die Tragflächen verfügten über geteilte Klappen zwischen Rumpf und Querrudern sowie an den Enden über Schlösser zum Anbringen von 425-l-Zusatztanks. Diese Konfiguration fand allerdings kaum Anwendung. Weitere Tanks, aber auch Bewaffnung konnten an zwei bis vier Unterflügelstationen mitgeführt werden. Dazu konnten bis zu zwei 460- oder 600-l-Zusatzbehälter gehören und damit die interne Kraftstoffkapazität von 1700 l, untergebracht in elastischen Tanks in Rumpf und Tragwerk, ergänzen. Selbstdichtende Materialien schützten die internen Tanks vor dem Beschuss von Granaten bis zum Kaliber 12,7 mm.

Der in Halbschalenbauweise gefertigte, kreisförmige Rumpf bestand wie Trag- und Leitwerk aus Metall, vorwiegend gepressten und genieteten Aluminiumblechen. Der Bug begann mit einem zentralen Lufteinlass zur Versorgung des Strahltriebwerks. Auf die in der Mitte befindliche Trennwand erhielten die Flugzeuge eine Antennenverkleidung, doch wurde der eigentliche Entfernungsmesser letztlich etwas weiter oben an der Spitze des Lufteinlasses, über der Facine 72-Schusskamera platziert. Die Luftschächte im Rumpf führten analog zur Ouragan an der Besatzungskabine sowie den dahinter befindlichen Tanks vorbei. Die mit 12-mm-Panzerglas versehene Kabine war druckbelüftet und mit einem in Lizenz gebauten Schleudersitz SNCASO E.86-4 ausgerüstet. An der Kopfstütze sowie vor und hinter dem Sitz baute Dassault zum Schutz des Piloten 16 mm starke Stahlplatten ein. Das 3,84 m spannende Höhenleitwerk konnte in der Neigung leicht verstellt werden und verfügte an der Vorderkante über einen Pfeilwinkel von 41 Grad. Vorn war das Seitenleitwerk mit 44 Grad noch stärker gepfeilt. Am hinteren Rumpfabschnitt befand sich auf jeder Seite eine aufklappbare Luftbremse. Das Heck bildete das Ruder des Seitenleitwerks sowie die Schubdüse des Strahltriebwerks. Hier nutzte Dassault ein SNECMA Atar 101D-2 oder D-3 mit 27,4 kN Schubkraft. Das in Bugradanordnung ausgeführte Fahrwerk der Mystere II C bestand aus drei

Baugruppen, jeweils einfach bereift und allesamt einziehbar. Die Spurbreite galt wie bei der Ouragan als gering und insbesondere bei Seitenwinden als unvorteilhaft.

Die Avionik war wiederum der Ouragan recht ähnlich und bestand vor allem aus:

- VHF-Funkausrüstung SARAM 5-52
- Kreiselvisier Mk. IVE (Lizenzausgabe von Sadir-Carpentier)
- Freund-Feind-Erkennung AN/APX-6
- Radarentfernungsmesser Derveaux TE 3 Type 148 mit bis zu 2,4 km Reichweite
- Kreiselkompass von Sperry sowie weitere Bordinstrumente wie Machmeter und Variometer von Badin, ein Höhenmesser von Smith, ein Magnetometer von Bezu oder ein Beschleunigungsmesser von Jaeger.
- Als fest installierte Bordbewaffnung standen der Mystere II C zwei 30-mm-Kanonen DEFA 541 mit je 150 Schuss Munitionsvorrat zur Verfügung. An maximal vier Außenlaststationen konnten unter dem Tragwerk Zusatztanks, bei Bedarf auch bis zu einem Gewicht von 908 kg weitere Bewaffnung wie Sprengbomben mitgeführt werden. Das konnten sein:
- 113-, 227- und 454-kg-Bomben
- 460-l-Napalmbehälter

Technische Daten	MD 452 Mystere II C
Verwendung	Jagdflugzeug
Besatzung	1
Triebwerk	ein SNECMA Atar 101D mit 27,4 kN
Spannweite (m)	11,33; mit Flügelspitzentanks 13,03
Länge (m)	12,24
Höhe (m)	4,26
Flügelfläche (m^2)	30,28
Tragflächenbelastung max. (kg/m^2)	240
Leermasse (kg)	5730
Startmasse max. (kg)	8570
Höchstgeschwindigkeit (km/h)	1040
Steiggeschwindigkeit (m/s)	37
Landegeschwindigkeit (km/h)	205
Dienstgipfelhöhe (m)	13.716
Reichweite (km)	1400 mit Zusatztanks
Aktionsradius (km)	650 mit Zusatztanks
Startstrecke (m)	1300
Landestrecke (m)	1250
Bewaffnung	zwei 30-mm-MK, bis 908 kg Bomben, Napalmbehälter, ungelenkte Raketen an vier Aufhängepunkten

Die Mystere II war der Ouragan in manchen Bereichen noch recht ähnlich und ihre Leistungen unterschieden sich nur wenig voneinander. (Foto: Dassault Aviation)

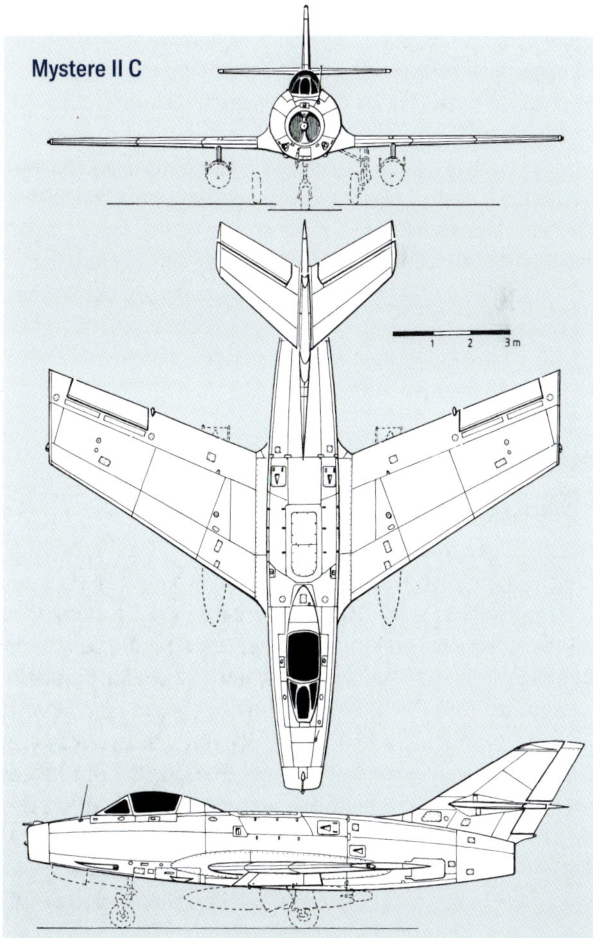

Die obere Ansicht zeigt eine Maschine der Staffel EC 1/10 „Parisis" aus Creil, dem ersten Einsatzverband mit dem Jagdflugzeug. Von dieser Seite ist am Leitwerk ein schwarzer Pegasus als Staffelabzeichen zu erkennen, während die andere Seite mit einem weißen Pegasus bemalt ist. Die Seriennummer am Leitwerk wird durch eine weitere ‚54' hinter dem Cockpit ergänzt, am Vorderrumpf der typische Mystere II-Schriftzug und die taktische Kennung. Bemerkenswert das Haifischmaul am Zusatztank. Das untere Profilbild stellt eine Mystere II C von EC 5, der zweiten Staffel „Ile de France" dar. Das Staffelwappen am Leitwerk weist auf die Gründung des Verbandes im Jahr 1941 als Free French Squadron 340 der RAF hin. (Grafik: Srecko Bradic)

Mystere II C am Standort Creil, Heimat des Geschwaders EC 10. Einen weiteren Einsatzverband gab es mit EC 5 in Orange. (Foto: Espace Patrimoine Safran)

- Matra-Abschussbehälter mit je 19 ungelenkten 68-mm-Raketen SNEB
- ungelenkte 105-mm-Raketen T 10 von Brandt

Nutzer der Mystere II C

Nach einigen Verzögerungen erhielt das in Creil ansässige Geschwader 10e EC als erster Einsatzverband der Luftwaffe **Frankreichs** im Juli 1955 die Mystere II C. Der Verband, der dort seit dem Vorjahr und bis zu seiner Auflösung 1985 beheimatet war, löste damit die Vampire FB.5 ab. Zunächst war es die Staffel EC 1/10, im Dezember folgte EC 2/10 und im März 1956 erhielt EC 3/10 die ersten Einsatzmaschinen. Die Piloten waren schnell von der Spritzigkeit ihrer neuen Jets angetan und konnten, wenn sie auf 12.000 m Höhe gestiegen waren, im Sturzflug Schallgeschwindigkeit erreichen. Aus Umwelt- und Unfallgründen wurde aber schon bald das Fliegen im transsonischen Bereich untersagt, begleitet von weiteren Problemen und einem geringen Klarstand im Einsatzbetrieb. Bis Mitte 1956 war mit 75 Exemplaren die Hälfte aller Serienmaschinen ausgeliefert und im August begann die Zuführung der Mystere II C an das Geschwader 5e EC in Orange. Nach der dritten Staffel EC 3/5 waren bis Januar 1957 auch die beiden anderen Staffeln des Verbandes mit dem Flugzeug dienstklar und lösten auch hier die Vampire bzw. die französische Lizenzausgabe Mistral ab. Der Einsatzbetrieb mit der Mystere II C gestaltete sich schwierig, war von Unfällen begleitet und gipfelte in dem im November 1957 ausgesprochenen Flugverbot, dass für den Jäger zugleich das Ende des regulären Einsatzes markierte.

Außer Frankreichs Luftwaffe hatte es keine weiteren Käufer der Mystere II C gegeben, auch wenn sich Israel ursprünglich für das Flugzeug interessierte, letztlich aber die bessere Mystere IV A auswählte. Tatsächlich waren die Serienflugzeuge Nr. 17 bis 22 sowie 41 bis 49 für Israel vorgesehen und wiesen einige Unterschiede zu den französischen Maschinen auf. Dazu zählten unter anderem die Aufhängevorrichtungen unter dem Tragwerk, der Funkkompass oder die Freund-Feind-Erkennung, letztere voll israelischen Ursprungs.

Einsatzverbände (Auswahl)
Frankreich
EC 5, 10

Fouga CM 170 Magister

Die Fouga Magister gehört zu den erfolgreichsten Strahltrainern überhaupt. Markante Konstruktionsmerkmale wie ein weit gestrecktes Tragwerk, die am Rumpf anliegenden Triebwerke und vor allem das V-Leitwerk zeichneten das Flugzeug aus. Die abgebildete Maschine, Baujahr 1957, wurde nach ihrem Dienstende von privaten Haltern bis zu einem Landeunfall im September 2007 in diesem Farbschema präsentiert, danach repariert, mit der belgischen Kennung MT 51 versehen und Teil des Nationaal Militair Museum Soesterberg. (Foto: Sven Dobers)

Historie

Verschafft man sich einen Überblick zu den weltweit gebauten Schulflugzeugen mit Strahlantrieb, so erkennt man schnell, dass die Magister zu den erfolgreichsten Typen zählt. Sie galt als das erste strahlgetriebene Flugzeug, das von Beginn an für Schulungszwecke konzipiert und nicht von einem Kampfjet abgeleitet wurde. Aufgrund ihrer Auslegung konnte sie mit der entsprechenden Bewaffnung zudem für Kampfeinsätze gegen Bodenziele verwendet werden.

Das Unternehmen Fouga wurde 1920 von Gaston Fouga im südfranzösischen Béziers gegründet und begann in den 1930er Jahren mit der Herstellung von Flugzeugen. Die führenden Konstrukteure und späteren Köpfe der Luftfahrtabteilung hießen Robert Castello sowie Pierre Mauboussin und waren zugleich für das Kürzel „CM" in der Typenbezeichnung verantwortlich. Nach dem Zweiten Weltkrieg gab es mehrere firmeneigene Entwürfe von Leichtflugzeugen, bei denen sich neben der Nutzung des vielversprechenden Strahlantriebs eine weitere Eigenschaft, die auch

Fouga unternahm bereits vor der Magister Versuche mit strahlgetriebenen Flugzeugen und V-Leitwerk. Hier eine CM 8R-13 Cyclone, die 1949 erstmals flog. (Foto: Johan Visschedijk Collection)

bei der Magister Verwendung fand, abzeichnete. Es handelte sich um das markante V-förmige Leitwerk. Konstruktionen mit solch einem Leitwerk wie die Sylphe, die Cyclope oder die Midjet bildeten als Segelflugzeuge mit einem kleinen Strahltriebwerk auf dem Rumpfrücken praktisch die Vorstufe zur Magister und wurden ab 1949 erprobt. Aufbauend auf dem Projekt CM 130R begannen die Konstruktionszeichnungen für die Magister schließlich ab Dezember 1950 konkrete Gestalt anzunehmen.

Bei der Konzeption arbeitete Fouga wie schon bei den strahlgetriebenen Segelflugzeugen eng mit dem Triebwerkshersteller Turboméca (heute Safran) und seinem Firmengründer Josef Szydlowski zusammen, wodurch ein passender Antrieb in Form des Marboré gefunden und die Realisierung des leichten Strahltrainers überhaupt erst ermöglicht wurde. Der Serienbau der 3,9 kN leistenden, einstufigen Turbine mit Radialverdichter lief 1950 an. Je eines dieser Strahltriebwerke wurde seitlich am Rumpf in der Tragwerkswurzel platziert. Die eng beieinander liegende Anordnung trug zu einer Minimierung eines möglichen asymmetrischen Schubes bei, etwa wenn eines der beiden Aggregate ausfiel. Das Tragwerk war an der Vorderkante nur gering gepfeilt und an den Enden mit Kraftstofftanks bestückt. Der Rumpf war in drei Abschnitte mit Vorder-, Mittel- und Heckteil gegliedert. Im Bug des Flugzeugs befanden sich zwei Bord-MG für das Waffentraining oder bei Bedarf auch für reelle Kampfeinsätze, es folgten Teile der Bordelektronik sowie die Tandemkabine für Flugschüler und Fluglehrer. In der Mitte gab es neben den beiden Triebwerken auch die internen Kraftstofftanks und das Heck fiel durch das markante V-Leitwerk, auch als Schmetterlingsleitwerk betitelt, auf. Für Start und Landung sowie den Bodenbetrieb fand ein einziehbares Fahrwerk in Bugradanordnung Verwendung. Insgesamt gesehen war die Magister

Die Luftwaffenschule in Salon-de-Provence etablierte sich Mitte 1956 zum ersten Nutzer der Magister und verwendete den Trainer 40 Jahre lang. Im Hintergrund Schulflugzeuge Morane-Saulnier MS 733 mit Kolbenmotorantrieb. (Foto: DR via Eric Bannwarth)

einfach aufgebaut, mit vielen spezifischen, ausschließlich hier verwendeten Komponenten sowie ohne anspruchsvolle technische Raffinessen oder aufwendige Elektronikbaugruppen. Selbst auf einen Schleudersitz wurde verzichtet. In Notsituationen sollte der vorn sitzende Flugschüler nach dem Abwerfen der Cockpithaube vorsichtig aus der Kabine herausgleiten und unter dem Tragflügel, der Fluglehrer dahinter über den Tragflügel das Flugzeug verlassen und mit dem Fallschirm abspringen. Erlaubten es die Umstände, konnte die Crew gemäß der eigentlichen Anweisung das Flugzeug auf den Rücken drehen und sich aus der Kabine abstoßen oder fallen lassen. Am festen, vorderen Bereich der Cockpitverglasung gab es für Notausstiege zudem auf jeder Seite ein ausklappbares Panel, um nach dem Abwurf der Kabinenhaube die Luft vom Cockpit abzulenken.

Im Mai 1951 erfolgte die Vertragsunterzeichnung für drei zu bauende Prototypen CM 170R. Mit Leon Bourrieau am Steuer wurde die Flugerprobung am 23. Juli 1952 aufgenommen und schon bald eine Geschwindigkeit von knapp 750 km/h sowie eine Flugdauer von vorerst 45 Minuten erreicht. Unglücklicherweise stürzte das Flugzeug bei einem späteren Testflug am 3. November mit hoher Geschwindigkeit ab, die Ursachen konnten nie richtig ermittelt werden. Der zweite Prototyp erhielt zumindest temporär ein konventionelles, kreuzförmiges Leitwerk, was aber keine besseren Eigenschaften generierte und man somit wieder auf das V-förmige zurückgriff. Die Prototypen wurden in der Erprobung durch fünf, manchen Quellen zufolge zehn Vorserienmaschinen unterstützt, die zusammen mit einer ersten Serienorder über 95 oder eben 90 Exemplaren im September 1953 bestellt worden waren. Prototypen und Vorserienmaschinen gingen nachfolgend an die Erprobungseinrichtungen CEV in Bretigny sowie CEAM in Mont-de-Marsan. Von Juli 1956 bis in den Januar des Folgejahres wurde an beiden Standorten getestet, analysiert und bewertet sowie Trainingsprogramme für angehende Piloten erarbeitet. Man quittierte der Magister einen guten Gesamteindruck und natürlich gab es in manchen Bereichen noch Verbesserungsbedarf. Hierzu zählte die Steuerung, wobei die Querruder hart und unbefriedigend arbeiteten und die Höhenruder überempfindlich nahe der Neutralstellung reagierten. Schließlich erfolgten Überarbeitung von Rumpfbug und Kabine oder auch Änderungen am Tragwerk einschließlich dem Wegfall von Grenzschichtzäunen.

Der Juni 1956 gilt als offizieller Dienstantritt der Magister bei der französischen Luftwaffe, zuerst in der Luftwaffenschule Salon-de-Provence. 1958 folgte die Waffenschule im marokkanischen Meknès als weiterer Standort, bis dieser im Februar 1961 geschlossen wurde. Ab April 1962 flog die Magister auch in Orange und ab Juli 1965 in Cognac, später in der CTB in Casaux und sie wurde auf zahlreichen Stütz-

Ab 1964 kam die „Patrouille de France" als Betreiber der Magister hinzu, erhielt zunächst sechs Exemplare, später aufgestockt auf elf Flugzeuge. Diese Magister wurde 1968 in Colmar fotografiert und trägt eine frühere Bemalungsvariante. (Foto: Eric Bannwarth Collection)

Für den bordgestützten Einsatz strahlgetriebener Kampfjets benötigte die französische Marine entsprechende Trainingseinheiten und entschied sich für die navalisierte Ableitung Zephyr mit Dienstantritt 1959. Im Bild eine Zephyr auf einem Flugzeugträger der Marine National im März 1992. (Foto: Eric Bannwarth Collection)

punkten nicht nur als Trainings- sondern auch als Verbindungsflugzeug eingesetzt.

Der Hersteller hatte für die Produktion der Magister inzwischen ein neues Werk in Toulouse errichtet und außerdem eine Ableitung für die französische Marine unter der ursprünglichen Bezeichnung CM 170M Esquif herausgebracht. Der Name änderte sich schon bald nach dem am 31. Juli 1956 absolvierten Erstflug in CM 175 Zephyr.

Als Marineversion verfügte die Zephyr über einige strukturelle Verstärkungen einschließlich einem robusterem Fahrwerk mit neuen Stoßdämpfern sowie den für Decksoperationen typischen Fanghaken unter dem Heck. Das Cockpit erhielt nun eine verschiebbare Haube, in der Bugspitze fand ein Landescheinwerfer seinen Platz und es gab Vorrichtungen zum Verzurren des Flugzeugs auf dem Deck eines Trägerschiffes. Nach dem Erstflug der Zephyr wurden zahlreiche Testreihen zunächst an Land bestritten, um hauptsächlich den Einsatz an Bord eines Flugzeugträgers zu simulieren. Die entsprechenden Versuche fanden in zwei aufeinanderfolgenden Phasen im britischen Royal Aeronautical Establishment in Bedford statt. Sie begannen im Winter 1956/57 und dokumentierten, dass die Zephyr mit maximaler Startmasse bei 254 km/h abhob und die Belastung 5g nicht überschritt. Die Landegeschwindigkeit konnten die Testpiloten auf knapp 155 km/h drücken, darunter kam es zum Strömungsabriss. Möglichkeiten für reelle Katapultstarts ergaben sich im Juli/August 1957 auf dem britischen Trägerschiff *HMS Bulwark*, ebenso übte man mit beiden Prototypen die spiegelbasierte Landung. Hierbei überprüfte man das höchstzulässige Landegewicht und ermittelte eine Landegeschwindigkeit von höchstens 167 km/h. Es folgten kleinere Modifikationen an den Flugzeugen, die unter anderem vergrößerte Querruder beinhalteten sowie zwei weitere Anschlusstestreihen, zunächst mit dem zweiten Prototyp in Bedford und dann mit beiden auf der *HMS Eagle* im März 1958. Nach den guten Ergebnissen in Bedford und auf den beiden britischen Flugzeugträgern stand einer Serienfertigung nichts mehr im Wege. Nach den zwei Prototypen flog am 30. Mai 1959 eine Serienmaschine erstmals und noch im selben Jahr begann im Oktober der Dienst bei der Schulungsstaffel 59S in Hyeres.

Während die Zephyr ausschließlich von der französischen Marine geflogen wurde, entwickelte sich die Magister zu einem Exportschlager. Die Bundesrepublik Deutschland, Finnland und Israel bauten den Strahltrainer außerdem in Lizenz und sorgten damit für eine zusätzliche Verbreitung.

Nach der Lieferung von 40 CM 170R aus französischer Produktion kam der Großteil der insgesamt 234 für die deutsche Luftwaffe und Marine beschafften Flugzeuge aus der Lizenzfertigung. Für die Herstellung hatten sich Heinkel und Messerschmitt zur Flugzeug-Union Süd zusammengeschlossen und waren für unterschiedliche Baugruppen zuständig. So produzierte Heinkel in Speyer Tragflächen, Bug und Leitwerk, Messerschmitt in Augsburg war dagegen für den Rumpf zuständig und übernahm anfangs in München-Riem, später in Manching die Endmontage des Flugzeugs. Ab der 63. Lizenzmaschine gelangten die größeren Querruder der Zephyr, aber noch immer kein Schleudersitz zum Einbau. Immerhin testeten zwei deutsche Magister Martin-Baker-Schleudersitze GZ.4, doch wäre eine Einrüstung zu teuer gewesen und beanspruchte in der grundsätzlich engen Kabine zu viel Platz. Die ersten deutschen Fluglehrer wurden in Frankreich unterwiesen, der zu Anfang bestehende Mangel an Ausbildern führte zusätzlich zum Einsatz von englischem Personal an der Flugzeugführerschule „A" in Penzing. Nachdem der Einsatz in deutschen Diensten 1957 begonnen hatte, dachte man sowohl bei Heinkel als auch beim französischen Hersteller an eine Weiterentwicklung, die neben Schulungsaufgaben sowie Verbindungsflügen sogar Aufklärungsmissionen bewerkstelligen sollte. Mittlerweile war das Unternehmen Fouga im Mai 1958 vom Konkurrenten Potez gekauft worden und der frühere Firmenname verschwand offiziell zum Jahresende 1961.

Für die gemeinsame Weiterentwicklung sah man seinerzeit zunächst gute Chancen, auch wenn mit der Morane-Saulnier MS 760 bereits 1954 ein entsprechendes Muster in Frankreich geflogen und 1958 in den Serienbau überführt worden war. Die ersehnte Zustimmung zum Bau von drei Prototypen durch die deutsche Bundeswehr sorgte letztlich für den nötigen Anschub und Potez vertiefte Ende der 1950er Jahre die Zusammenarbeit mit Heinkel für das gemeinsame, CM 191 genannte Projekt. Die CM 191 unterschied sich von der Magister hauptsächlich durch einen breiteren Rumpf mit einer geräumigen Kabine für bis zu vier Personen in der Anordnung mit jeweils zwei nebeneinander montierten Sitzen. Mit dem gestiegenen Abfluggewicht wählte man die stärkeren Marboré VI-Triebwerke mit je 4,7 kN Schub als Antrieb aus und es erfolgten weitere Änderungen bei Aerodynamik und Ausstattung. Testpilot Jaques Grangette und Bordingenieur Pierre Caneil übernahmen am 19. März 1962 den Erstflug. Versuche im Erprobungszentrum CEV in Istres sowie bei der Erprobungsstelle 61 (später WTD 61) in Manching schlossen sich wie auch einige öffentliche Auftritte an. Das Flugzeug bewies angenehme Flug- und Wartungseigenschaften, 1966 war das zweite Versuchsmuster fertiggestellt. Das dritte wurde allerdings gestrichen und zum Schluss kam trotz einiger Interessenten kein Serienbau, weder für den militärischen noch den zivilen Bereich zustande.

Die Bundesrepublik Deutschland war einer der größten Betreiber der Magister, baute den Trainer bei der Flugzeugunion Süd in Lizenz und begann die Indienststellung 1957. (Foto. EADS)

Eine andere Weiterentwicklung aus dem Jahr 1964 hatte ebenso wenig Erfolg. Potez schlug mit der CM 173 Super Magister (später auch Potez 94 genannt) einen neuen Standardtrainer vor, der auch die Fortführung der Serienproduktion garantieren sollte. Hier gelangten eine mit Martin-Baker-Schleudersitzen versehene Druckkabine sowie eine Servosteuerung zum Einbau, doch fand diese Version aufgrund höherer Kosten bei Herstellung und Wartung kei-

Zusammen mit Heinkel aus Deutschland realisierte Potez die überarbeitete Variante CM 191 mit einer größeren Kabine für bis zu vier Personen. Das Muster sollte Schul-, Verbindungs-, Aufklärungs- und bei Bedarf auch Kampfeinsätze durchführen können, gelangte aber nicht in die Serienproduktion. (Foto: Werksbroschüre Heinkel GmbH)

ne Abnehmer. Auch die Flugeigenschaften hatten sich gegenüber dem Ursprungsmuster nicht verbessert und stellten somit keinen zusätzlichen Kaufanreiz dar.

Die Serienfertigung der Magister lief in Frankreich bis 1962, darüber hinaus der Lizenzbau. Abgesehen von Deutschland, wo die letzte Maschine 1963 ausgeliefert wurde, baute Valmet in Finnland den Strahltrainer bis 1966. Nachdem die Lieferung französischer CM 170R ab Ende 1959 begonnen hatte, folgten ab Mitte des darauffolgenden Jahres die Flugzeuge aus der Lizenzproduktion in mehreren Baulosen. Die ersten acht Exemplare bestanden noch aus in Frankreich gefertigten Rumpfzellen sowie aus Deutschland stammenden Tragflächen. Später reduzierte sich der Anteil importierter Bauteile auf Flügelvorderkanten, die Lufteinlässe und Kabinendächer. Die 62 in Lizenz gebauten Exemplare erhielten wiederum die größeren Querruder, ab den 1970er Jahren kamen Verbesserungen im Avionikbereich hinzu. In Israel erwies sich die Magister ebenfalls als bedeutendes Einsatzmuster und erlangte vor allem unter der Bezeichnung Zukit eine gewisse Popularität. Nachdem die Entscheidung zum Lizenzbau bereits im Dezember 1956 gefallen war, lief 1959 die erste Maschine vom Band, zunächst aus vorgefertigten, importierten Kits, später vollständig aus einheimischer Produktion. Für die Lizenzproduktion war die Bedek Aviation, später als Teil von Israel Aircraft Industries (IAI), zuständig und das Unternehmen realisierte auch die Modernisierung von 86 Exemplaren. Hervorzuheben ist die Umstellung der Fertigungsprozesse, wobei der Rumpf nun in einem Stück und nicht mehr aus drei einzelnen Sektionen hergestellt wurde. Auch waren Komponenten untereinander austauschbar, später erfolgte die Überarbeitung verschiedener Bereiche einschließlich des Cockpits sowie die Verwendung von leichteren Verbundmaterialien innerhalb eines Modernisierungsprogramms. Das erwies sich als notwendig, da die lange Einsatzzeit der Flugzeuge zu starken Belastungen an der Zelle bis hin zu Rissen an Rumpf und Tragwerk geführt hatte. Die von IAI durchgeführten Modernisierungen beinhalteten zum Schluss nicht weniger als 250 Modifikationen. Der Erstflug einer aufgewerteten Zukit erfolgte im September 1980, die serienmäßige Umsetzung fand in den Jahren 1983 bis 1986 statt.

Darüber hinaus zeitigte der Export der Magister mehrfach Erfolge, zum Teil wurden auch gebrauchte Maschinen an Drittstaaten abgegeben und für viele Jahre eingesetzt.

Die Eigenschaften der Magister passten gut zum Einsatzzweck als Anfangs- und Fortgeschrittenentrainer. Sie ließ sich leicht steuern, die Spurbreite des Fahrwerks ermöglichte auch bei Seitenwinden eine gute Kontrolle während der Landung. Die Triebwerksdüsen sind leicht nach außen geneigt und verhindern bei Ausfall eines Triebwerks einen asymmetrischen Schub. Mitunter vereisten die Triebwerke in großen Höhen nach Überhitzung oder Ausfall und machten einen Neustart, optimalerweise in etwa 2500 m, erforderlich. Gelang der nicht, konnte die Magister mit einer bemerkenswerten Gleitzahl zwischen 13 und 16 zum Boden gleiten, das heißt in 1000 m Höhe noch gut 13 bis 16 km zurücklegen. Tatsächlich erinnert das Flugzeug in seiner Auslegung und der schmalen Silhouette an ein Segelflugzeug. Ein Fluglehrer aus Cognac bestätigte es wie folgt (Zitat): „Mein erster Eindruck der Fouga war, in ein Segelflugzeug zu steigen."

Trainingsflüge dauerten meistens eine Stunde, Höhennavigation wurde zwischen 6000 und 9000 m, Kunstflug unter 4500 Höhenmetern absolviert. Auch die Wartung galt als relativ unkompliziert und Triebwerke sowie andere Ausrüstungskomponenten waren gut zu erreichen. Allerdings verursachte der schrille Pfeifton der Triebwerke schon im Leerlauf Unbehagen, erst recht bei voller Drehzahl von 22.000 Umdrehungen pro Minute und führte nach Angaben französischer Luftwaffenangehöriger tatsächlich mehrfach bei Piloten und Bodenpersonal zu Gehörverlust. Als nachteilig galten die fehlenden Schleudersitze oder auch die limitierte Funk- und Navigationsausrüstung. Bei Bedarf konnten verschiedene Waffen mitgeführt und wie auch die Bord-MG gegen Bodenziele eingesetzt werden. Dass die Magister damit wirkungsvolle Attacken fliegen konnte, bewiesen Einsätze in verschiedenen Konflikten wie in Nahost, Afrika oder Lateinamerika.

Ab 1967 war Potez Teil von Sud Aviation, 1970 wurde daraus Aérospatiale. Zum Ende des Jahrzehnts plante das Unternehmen eine Neuauflage des Strahltrainers unter der Bezeichnung Fouga 90. In konstruktiver Hinsicht basierte dieses Flugzeug grundsätzlich auf der Magister einschließlich dem V-Leitwerk, erhielt aber einen komplett neuen Vorderrumpf mit einer wesentlich geräumigeren Tandemkabine und zeitgemäßer Avionik. In diese fanden nunmehr Martin-Baker-Schleudersitze Mk.10, die bereits am Boden auslösbar waren, ihren Platz. Neben zwei MG oder Kanonen als Bordbewaffnung konnten weitere Waffen oder andere Außenlasten bis zu einem Gewicht von 800 kg an vier Unterflügelstationen mitgeführt werden. In den Flügelwurzeln installierte Aérospatiale diesmal stärkere und zugleich wirtschaftlichere Turbinen vom Typ Turboméca Astafan IIG mit

jeweils 6,86 kN Schub. Damit konnte eine erhöhte Startmasse von 4200 kg kompensiert und die Reichweite gegenüber der Magister beinah verdoppelt werden. Zum Luftfahrtsalon Le Bourget 1977 noch im static display präsentiert, erfolgte der 45minütige Erstflug mit Robert Briot am 20. August 1978. In den Monaten Februar und März 1979 folgten Versuchsreihen im Erprobungszentrum CEV. Das Flugzeug bewies eine gute Manövrierfähigkeit, aber keine überragenden Eigenschaften. Auch stärkere Astafan IV G mit je 7,74 kN Schubkraft ließen für die Fouga 90 keine Kaufaufträge folgen, sodass das Programm Anfang 1983 endgültig eingestellt wurde.

Produktion und Versionen

Die Gesamtstückzahl der hergestellten Magister beläuft sich auf 929. Davon produzierte in Frankreich Fouga bzw. Potez-Air Fouga, ab 1961 nur noch Potez, 576 Serienmaschinen plus 13 Prototypen / Vorserienflugzeuge. Bei der Herstellung der französischen Magister waren Subunternehmen wie Morane-Saulnier in Ossun für Teile des Rumpfes und des Tragwerks sowie Latécoere in Toulouse für den Rumpfbug eingebunden. Fouga in Aire-sur-l'Adour war für den Bau von Leitwerk und Flugsteuerung zuständig und übernahm in Toulouse-Blagnac die Endmontage und das Einfliegen. Hinzu kamen 194 in Lizenz gebaute Exemplare der Flugzeug-Union Süd aus Deutschland, 62 Lizenzmaschinen von Valmet in Tampere und Kuorevesi, Finnland sowie

Eine späte Renaissance der Magister plante das Unternehmen Aérospatiale zum Ende der 1970er Jahre mit der Fouga 90. Trotz mancher Verbesserungen inklusive einer geräumigeren Kabine mit Schleudersitzen konnten keine Verkäufe erzielt werden. (Foto: Eric Bannwarth Collection)

eine nicht klar definierte Anzahl israelischer Exemplare von Bedek / IAI in Lod. Zumindest die ersten 36 davon stellte Israel aus vorgefertigten Bausätzen her, ab 1969 produzierte Bet-Shemesh Engine das Marboré-Triebwerk selbst. Außerdem entstanden in Frankreich 30 Serienmaschinen der Marineversion Zephyr. Folgende Varianten sind bekannt:

CM 170-1, erste Serienausführung mit Marboré II-Triebwerken ab 1955 mit Erstflug im Februar 1956 (Vorserie)

CM 170-2, ab 1960 produzierte Serienvariante mit Marboré IV-Triebwerken in 137 Exemplaren

CM 171 Makalu, einzelne Versuchsmaschine mit zwei Turboméca Gabizo-Triebwerken mit je 10,79 kN Schub und vergrößerten Lufteinlässen, modifizierte Zelle und Cockpit, Flugerprobung ab Mai 1956, im März 1957 abgestürzt, sollte Vorstufe für den mit Pfeilflügeln gedachten Trainer CM 195 sein, beide Projekte abgebrochen

CM 173 Super Magister, später Potez 94 genannt, einzelner Prototyp mit Schleudersitzen, einteiliger Frontscheibe, stärkeren Marboré VI-Triebwerken mit je 4,7 kN Schub, höheres Kraftstoffvolumen und erhöhtes Startgewicht, Erstflug Juni 1964

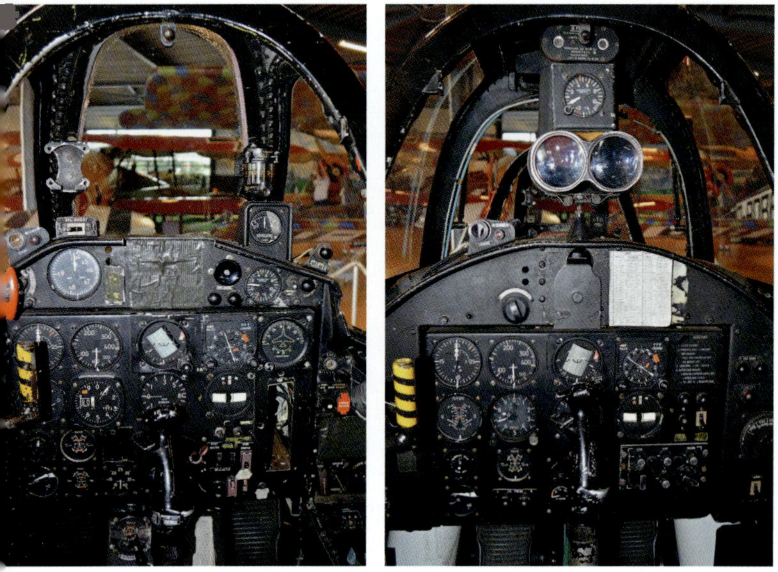

Links das vordere, rechts das hintere Cockpit der Magister. (Fotos: Alan Wilson-cc-by-sa-2.0)

CM 175 Zephyr, ursprünglich CM 170M Esquif genannte, trägertaugliche Serienversion für die französische Marine mit Modifikationen an Bug, Fahrwerk, Cockpithaube, mit Fanghaken, unveränderte Leistungen gegenüber der Magister, zwei Prototypen und 30 Serienflugzeuge, Erstflug Juli 1956, Lieferungen ab 1959

CM 191, viersitzige von Heinkel und Potez entwickelte Variante als Schul-, Verbindungs- und Aufklärungsflugzeug, zwei Prototypen gebaut, ab März 1962 im Flug erprobt, kein Serienbau

Fouga 90, modernisierte Neuauflage mit vergrößertem Cockpit und Null-Null-Schleudersitzen, überarbeiteter Avionik, Turboméca Astafan-Triebwerken, höheren Betriebsmassen, Erstflug August 1978, kein Serienbau

Aufbau, Ausstattung und Bewaffnung

Magister und Zephyr waren in Ganzmetall-Halbschalenbauweise hergestellt worden. Das Mitteldeckertragwerk verfügte an der Vorderkante über eine leichte Pfeilung von 13 Grad, das Layout samt Streckung verhalfen zu guten Gleitzahlen. An der Hinterkante gab es Landeklappen sowie Querruder und auf jeder Seite sechs ausfahrbare Luftbremsen. Die Tragflügeldicke betrug an der Wurzel 19 % und verringerte sich zu den Enden hin auf 12 %. Hier fanden standardmäßig Flügeltanks mit je 125 l Fassungsvermögen ihren Platz, möglich war auch die Befestigung größerer Tanks mit einem Volumen von jeweils 230 Liter. Die interne Kraftstoffmenge von 730 l war im Rumpf untergebracht. In der Rumpfspitze späterer Magister und grundsätzlich in der Zephyr befand sich ein Landescheinwerfer, auf der Oberseite zwei MG. Diese waren nicht immer eingerüstet, andererseits gab es bei etlichen Maschinen halbkreisförmige Funkantennen an den Bugseiten. Die Tandemkabine war druckbelüftet, aber ohne Schleudersitze. Für eine brauchbare Sicht nach vorn verfügte der hinten sitzende Fluglehrer über ein Periskop auf dem Kabinendach. Hinter dem Cockpit befanden sich der elastische Rumpftank, die Funkausrüstung, Generator, Hydraulikpumpe und die Bordbatterie. Die Installation der Triebwerke erfolgte in Schächten beiderseits des Rumpfes, deren Anordnung zusammen mit den leicht nach außen geneigten Düsen einen asymmetrischen Schub bei Ausfall eines Aggregats erheblich einschränkten. Die meisten Magister sowie die Zephyr nutzten zwei Turboméca Marbore II bzw. II A mit jeweils 3,92 kN Schub, ab der 405. CM 170R zwei Marbore IV A. Ein professioneller Triebwerkswechsel konnte innerhalb von 45 Minuten vollzogen werden. Unter dem Heck gab es eine Kielflosse mit Spornrad, die den durch das V-Leitwerk verursachten negativen Verschneidungseffekt reduzierte.

Die beiden Flossen des V-förmigen Leitwerks waren diagonal in einem Winkel von 110 Grad angeordnet und am oberen Abschnitt mit Ausgleichgewichten versehen. Das kurze, dreiteilige Fahrwerk besaß Bugradanordnung und war an jeder Baugruppe einfach bereift. Das Bugrad der Zephyr war verstärkt und mit einem längeren Hub ausgestattet. Die Avionikausstattung war schlicht und umfasste hauptsächlich folgende Komponenten:

In dieser Aufnahme erkennt man gut, was für einen Nutzen das Spornrad unter dem Rumpfheck der Magister haben kann. Leider verdeckt ein Mechaniker das Hoheitszeichen des Flugzeugs, das zur marokkanischen Luftwaffe gehörte. (Foto: Juan M. Gonzalez)

- Funkset AN/ARC-164
- UHF-Funkausrüstung Collins 201, RCA ARC-34
- VHF-Funkausrüstung CSF CC.262
- Funkkompass Lear ADF-100
- Taktische Navigationshilfe (TACAN) Hoffman AN/ARN-21
- GPS Garmin-100 in modernisierten belgischen Magister
- Kreiselvisier Mk.IV E als Lizenzausgabe von Sadir-Carpentier, SFOM Type 83A3 in irischen Magister
- Freund-Feind-Erkennung Siemens RT.55 / AN/APX-46 plus den üblichen Cockpitanzeigen wie Kreiselkompass von Bezu, Variometer, Höhenmesser usw.
- Üblich, aber nicht immer vorhanden waren bei Magister und Zephyr zwei im Rumpfbug installierte MG MAS AA-52 mit je 200 Schuss Munitionsvorrat, die bei den CM 170R der Erstbestellung als MAC 52 Granaten im Kaliber 7,5 mm verschossen. Danach stellte man die Waffen der Baureihe NF-1 auf NATO-kompatible 7,62-mm-Munition um. Weitere Bewaffnung konnte an zwei bis vier Außenlaststationen unter dem Tragwerk bis zu einem Gesamtgewicht von 100 kg aufgenommen werden. Hier gab es unterschiedliche Möglichkeiten, bestehend aus:
- zwei 50-kg-Sprengbomben EG 61C
- je 18 ungelenkte 37-mm-Raketen SNEB in Matra-Abschussbehältern LR 81
- je sechs oder sieben ungelenkte 68-mm-Raketen SNEB in Matra-Abschussbehältern LR 122
- vier ungelenkte 105-mm-Raketen Brandt T 10
- zwei drahtgelenkte Panzerabwehrraketen Nord AS 11

Nutzer der Magister und Zephyr

In **Frankeich** war es die Luftwaffenschule in Salon-de-Provence (später als GI 312 bezeichnet), die im Mai 1956 als erste überhaupt die Magister erhielt. Mit dem Flugzeug wurde schon bald das Pilotentraining aufgenommen und neben französischen auch Flugzeugführer aus anderen Ländern wie z.B. Belgien und Kambodscha ausgebildet. Hier dürften auch die meisten der über 400, für die französische Luftwaffe bestimmten Flugzeuge des Typs ihren Dienst verrichtet haben. In den Ausbildungseinrichtungen nannte man die Magister meistens einfach nur *Fouga*, ein Kurs beinhaltete seinerzeit bis zu 170 Stunden auf dem Flugzeug. In Meknès, Marokko, kamen die ersten Magister im Febru-

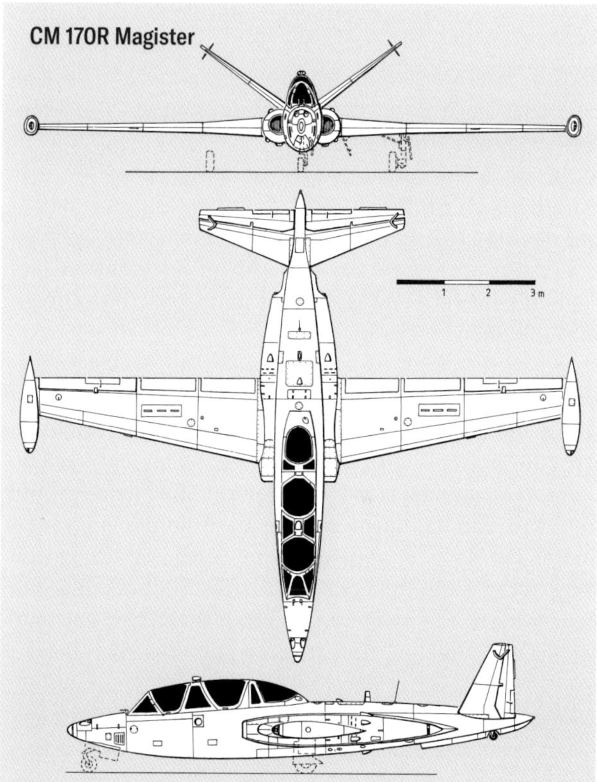

Technische Daten	CM 170-1 Magister
Verwendung	Schul- und leichtes Jagdbombenflugzeug
Besatzung	1+1
Triebwerk	zwei Turboméca Marboré II A mit je 3,92 kN
Spannweite (m)	11,36 ohne; 12,12 mit Flügelspitzentanks
Länge (m)	10,06
Höhe (m)	2,80
Flügelfläche (m^2)	17,30
Tragflächenbelastung max. (kg/m^2)	160
Leermasse (kg)	2150
Startmasse max. (kg)	3200
Höchstgeschwindigkeit (km/h)	715
Steiggeschwindigkeit (m/s)	17
Landegeschwindigkeit (km/h)	220
Dienstgipfelhöhe (m)	12.000
Reichweite (km)	925
Aktionsradius (km)	600
Startstrecke (m)	600 - 900
Landestrecke (m)	850
Bewaffnung	zwei 7,5- oder 7,62-mm-MG, bis 100 kg Bomben, Raketen an zwei bis vier Aufhängepunkten

Dem Anstrich der französischen Luftwaffe nachempfunden, handelt es sich um eine Magister in Privatbesitz. (Foto: Ronnie Macdonald-cc-by-2.0)

ar 1958 an, bis die Waffenschule ab Dezember 1960 nach Aulnat in Frankreich umzog und der Strahltrainer dort ab September 1961 eingesetzt wurde. Der kurz DMP 07/745 genannte Einsatzverband wurde im April 1966 zu GE 313 und im Juni 1977 zu GI 313. Anderenorts kam der Jet in Orange ab April 1962 zum Einsatz und eine große Anzahl von 75 Magister diente zudem ab August 1964 in der DI 07/709, später in GE 315 umbenannt als Ausbildungsabteilung bzw. Ausbildungsgruppe in Cognac. Auch Staffeln mit Kampfflugzeugen erhielten vereinzelt Magister für Trainings- und Verbindungsflüge, als erstes EB 92 wiederum in Cognac. Hier wurde der Strahltrainer von Oktober 1958 bis Mai 1965 verwendet, im Januar 1966 folgte der Verband ELA 41 für Verbindungsflüge. Andere waren die Aufklärungseinheit ERT 33 oder auch die Kampfgeschwader EC 5 und EC 10. Nicht zu vergessen das Kunstflugteam „Patrouille de France" als einen der längsten Nutzer von 1964 bis 1980, das seitdem in Salon-de-Provence beheimatet war und mit der Magister im Laufe der Jahre über 800 Vorführungen absolvierte.

Frankreichs Marine begann im Oktober 1959 mit dem Einsatz der navalisierten Variante Zephyr beim Schulungsverband 59S in Hyères. Hier wurden vor allem Deckslandungen geübt, während ihrer Einsatzkarriere erfolgten aber auch über 5000 Landungen auf richtigen Trägerschiffen. Die zur Verfügung stehenden Maschinen wurden dabei im Rotationsbetrieb eingesetzt, sodass in Hyères stets 14 Zephyr als dienstklar galten. Die Marine schickte die Zephyr schließlich im November 1994 nach über 107.000 Flugstunden in den Ruhestand, während man sich von der Magister bei der Luftwaffe endgültig zur Jahresmitte 1997 verabschiedete. Frankreich verlor im Einsatz etwa 60 Magister, elf davon waren Zephyr.

Algerien erhielt Ende der 1960er / Anfang der 1970er Jahre gut 28 Magister aus vormaligen Beständen der bundesdeutschen Luftwaffe und setzte sie für mindestens eine Dekade in zwei Staffeln in der Luftwaffenschule in Tafraoui, bei Bedarf auch als leichte Kampfflugzeuge ein. Die Außerdienststellung erfolgte 1988.

Bangladesch wurde ab 1977 zu einem weiteren Betreiber der CM 170R, in diesem Fall von mindestens zehn gebrauchten, aber überholten Maschinen aus verschiedenen Herkunftsländern und stationiert in Jessore. 1997 erfolgte die Außerdienststellung.

Belgien avancierte zu einem der längsten Nutzer der Magister und stellte seine letzten Exemplare erst im September 2007 außer Dienst. Die ersten der 45 im Jahr 1958 bestellten Flugzeuge wurden im Januar 1960 geliefert und zunächst von Kamina aus in Belgisch-Kongo eingesetzt, später alle Magister in Belgien zum Fortgeschrittenentraining in der Flugschule auf der Luftwaffenbasis Brustem konzentriert. Für mehrere Jahre trainierten hier auch holländische Jetpiloten, zum anderen gab es auch in Belgien

Die Magister mit der taktischen Kennung MT 35 war die letzte im Dienst befindliche Maschine der belgischen Luftwaffe und beendete den Einsatz des Typs im September 2007. (Foto: Bernhard Klein)

mit den „Red Devils" ein offizielles Magister-Vorführteam von 1965 bis 1977. Im Sommer 1960 flogen belgische CM 170R Angriffe gegen die kongolesische Unabhängigkeitsbewegung und handelten dabei vom in der Provinz Katanga gelegenen Kamina aus. Später wurden einige Maschinen auf dem zivilen Markt verkauft, die übriggebliebenen 1988 in der neu aufgestellten 33. Staffel zusammengefasst und weiterhin von Brustem, später bis zur Außerdienststellung von Beauvechain aus betrieben.

Brasilien tauschte 1968 den Großteil seiner 1960 beschafften Morane-Saulnier MS 760 gegen sieben CM 170R und vergab für diese Flugzeuge die Dienstbezeichnung T-24. Sie wurden vom landeseigenen Kunstflugteam „Esquadrilha de Fumaca" geflogen und 1975 weiterverkauft.

Deutschland als einer der größten Betreiber trainierte seine ersten Magister-Piloten (und späteren Fluglehrer) zuerst in Salon-de-Provence. Um die gewachsenen Anforderungen zu bewältigen, die der Strahlantrieb mit sich brachte, hatte die Suche nach einem geeigneten Muster zur CM 170R und zum Lizenzbau des Flugzeugs geführt. Der ursprüngliche Beschaffungsplan von 383 Exemplaren wurde allerdings auf 234 reduziert, deren Auslieferung zwischen 1957 und 1963 erfolgte. Die ersten im Mai 1957 von der bundesdeutschen Luftwaffe übernommenen Flugzeuge kamen noch aus französischer Produktion und wurden der Flugzeugführerschule „A" in Penzing übergeben, im November folgten die ersten in Deutschland gebauten Maschinen. In Penzing waren dann die meisten Magister stationiert, weitere 15 gab es bis 1965 in der Waffenschule der Luftwaffe in Erding, des Weiteren zwei Exemplare bei der Flugbereitschaft für Verbindungsflüge, bei den Aufklärungsgeschwadern 53 und 54 und nicht zuletzt ab Herbst 1959 auch bei den Marinefliegergeschwadern 1 und 2. Bei den zuletzt genannten Verbänden dienten 17 Maschinen, z.T. aus Luftwaffenbeständen zunächst in Jagel, ab 1963 in Nordholz bzw. die des MFG 2 ab 1965 in Eggebek. Ein Jet-Grundlehrgang beinhaltete etwa 110 Flugstunden oder je nach künftigen Einsatzmuster auch bis zu 200 h bzw. die Fortführung auf der Lockheed T-33 in der Flugzeugführerschule „B". Zudem trainierten in Deutschland ab 1964 ausländische Kadetten auf der Magister. In Deutschland stand das Flugzeug bis 1969 im Dienst, verbuchte knapp 157.000 Flugstunden, aber auch mindestens 19 Totalverluste durch Abstürze. Ein Großteil der deutschen CM 170R wurde an weitere Nutzer, in erster Linie Israel und Marokko verkauft. Kurzzeitig flog auch das ACRO-Vorführteam der Flugzeugführerschule „A" von 1959 bis 1962 die Magister.

El Salvador nutzte zum Wiederaufbau bzw. zur Modernisierung seiner Luftwaffe insgesamt elf Magister. Die ersten stammten wie seinerzeit auch die Ouragan aus Israel und wurden ab Februar 1974 geliefert. 1979 kamen die restlichen drei, diesmal handelte es sich um französische, zugleich unbewaffnete Überschussmaschinen. Neben Trainingszwecken dienten die Magister in El Salvador auch intensiven Kampfeinsätzen auf Bodenziele während des zermürbenden Bürgerkrieges bis 1991, bei denen sie häufig im Zusammenspiel mit den Ouragan oder Hubschraubereinheiten handelten. Einige Exemplare flogen bis Ende des 20. Jahrhunderts bei der Brigada Aerea 2 in Comalapa.

Finnland gehörte zu den Lizenznehmern der CM 170R und unterzeichnete einen entsprechenden Vertrag im Oktober 1958. Dieser beinhaltete zugleich die Lieferung von acht Maschinen aus Frankreich, die bis April 1959 ausgeliefert waren. Ein Folgeauftrag über zehn weitere Magister war bis Mai 1960 abgearbeitet und schon kurze Zeit danach trafen die ersten im Land montierten Exemplare bei der finnischen Luftwaffe ein. Erstempfänger war hier die Jagdstaffel 13 in Pori, aus der 1962 die 21. Jagdstaffel wurde. Es folgten weitere Einsatzverbände für Trainings-, Verbindungs- oder auch Forschungsaufgaben und natürlich die Luftwaffenakademie in Kauhava ab September 1960. Die letzten Flüge vollführten finnische Magister im Dezember 1988 und konnten damit beinah 30 Einsatzjahre mit insgesamt 267.172 Flugstunden verbuchen.

In Finnland lief die Lizenzfertigung von 62 Exemplaren der CM 170R bis 1966. (Foto: Jyrki Laukkanen)

Die Luftwaffenakademie in Hatzerim (oder Chazerim) beherbergte bis zum Dienstende 2010 auch das israelische Kunstflugteam mit seinen Magister bzw. Zukit. (Foto: Erez S)

Irland nutzte über 20 Jahre lang gebrauchte Magister und konzentrierte sie im No 1 Support Wing in Baldonnel. (Foto: Irish Air Corps)

Gabun wurde beim Aufbau seiner Luftwaffe von Frankreich unterstützt und dabei analoge Strukturen aufgestellt. So betrieb man auf der Luftwaffenbasis BA 02 in Franceville Magister zum Training und für leichte Angriffsaufgaben in der Staffel EC 1/2, andere Maschinen unterstanden der Präsidentengarde. Gabun bezog insgesamt sechs ausgesonderte Magister aus Österreich und flog einige davon bis zur Jahrhundertwende.

Irland war von 1975 bis 1999 Nutzer von insgesamt sieben gebrauchten CM 170R. Sie waren Teil einer leichten Angriffsstaffel des No 1 Support Wing auf dem Casement Aerodrome in Baldonnel sowie des Kunstflugteams „Silver Swallows".

Israel ist bekannt für den jahrzehntelangen und ebenso erfolgreichen Einsatz der Magister. Die ersten vier Exemplare kamen als Musterflugzeuge aus Frankreich, dann folgte die Montage aus vorgefertigten Sätzen und später komplett aus israelischen Komponenten. Das sollen insgesamt um die 50 Magister gewesen sein, von denen die erste im Juli 1960 der einheimischen Luftwaffe übergeben wurde. Mit dem Produktionsstopp 1964 wurden mindestens 50 weitere aus Deutschland und Frankreich gekauft und wie die vorherigen Exemplare der Luftwaffenschule in Hatzerim sowie dem Kunstflugteam der israelischen Luftwaffe übergeben. Von 60 Exemplaren waren 44 für Kampfeinsätze konfiguriert und flogen als Teil der Reservestaffel 147 während des Sechs-Tage-Krieges 1967 zahlreiche Kampfeinsätze. Reservisten, Fluglehrer und fortgeschrittene Flugschüler wurden zum Einsatz mit diesen Flugzeugen abkommandiert und übernahmen gerade in den ersten Tagen des Konflikts mit ihren MG sowie ungelenkten Raketen zahlreiche, jeweils bis zu vier Angriffsattacken am Tag auf Truppenansammlungen und Fahrzeuge, auf irakische und jordanische Positionen, auf syrische Posten auf den Golan-Höhen und mehrere Radarstellungen auf dem Sinai. Die Angriffe erfolgten meist in geringer Flughöhe, zum Teil in nur 30 m, und damit unter hohem Risiko für Piloten und Flugzeuge. Hinzu kam, dass die Magister über keine Panzerung, keine Schleudersitze und nur eine vergleichbar geringe Geschwindigkeit verfügten und aus den genannten Gründen sechs oder sieben israelische Maschinen abgeschossen wurden. Danach diente das Flugzeug weiterhin der Pilotenausbildung, flog aber keine Kampfeinsätze mehr. Mit Modernisierungen in den 1980er Jahren wurde für die CM 170R der neue Name Zukit vergeben und der Einsatz sowohl bei der Luftwaffenschule als auch im Kunstflugteam, beides in Hatzerim, bis zum Jahr 2010 fortgeführt.

Kambodscha beschaffte für seine Luftwaffe vier Magister, die 1961 eintrafen und trainierte seine Piloten in Salon-de-Provence, Frankreich. Zwei der Maschinen soll es noch Anfang der 1970er-Jahre gegeben haben.

Kamerun verfügte über mindestens fünf oder sechs CM 170R, etwa sechs zusätzlich bestellte Exemplare gelangten nicht mehr zur Auslieferung und waren über längere Zeit eingelagert. Der Dienst als Strahltrainer begann 1973 und dauerte bis in die 1990er-Jahre an.

Kongo (bis 1997 Zaire) übernahm eine kleine Anzahl Magister von Gabun, zum anderen gelangten 1961 drei dieser Flugzeuge in die abtrünnige Provinz Katanga. Hier nutzten die nach Eigenständigkeit strebenden Kräfte mindestens eines dieser Flugzeuge zu Kampfeinsätzen und attackierten auch UNO-Verbände. Gleichfalls wird der im September 1961 erfolgte Absturz / Abschuss einer DC-6 mit dem damaligen UN-Generalsekretär Dag Hammarskjöld an Bord mit dieser Magister in Verbindung gebracht.

Libanon und seine Luftwaffe haben eine sehr wechselhafte Geschichte. Die ersten Piloten für strahlgetriebene Flugzeuge mussten noch im Ausland geschult werden, sodass die Anschaffung der Magister einen deutlichen Fortschritt darstellte. Ab 1966 gelangten mindestens vier CM 170R aus Frankreich zur libanesischen Luftwaffe auf den Flugplatz Kleyate, die 1972 um fünf weitere Maschinen aus Deutschland ergänzt wurden. Einige davon wurden für eine schnelle Reaktivierung eingelagert, bis die Ausmusterung endgültig 1998 vollzogen war.

Libyen soll ein Dutzend vormals französische Magister in den 1970er Jahren für das Pilotentraining erhalten haben, nachdem zuvor Flugzeugführer in Frankreich für den Einsatz auf Mirage-Kampfflugzeugen trainiert worden waren.

Marokko begann 1962 mit der Zuführung der Magister, deren Bestand dank deutscher und französischer Überschussmaschinen auf insgesamt 32 Exemplare anwuchs. Sie wurden von der Royal Moroccan Pilot School in Marrakesch sowie einer weiteren Staffel für COIN-Einsätze in Meknès zum Teil bis in die 1990er Jahre geflogen. Kampfeinsätze absolvierten marokkanische Magister erstmals im Oktober 1963, als ein bewaffneter Konflikt mit Algerien ausbrach, während in der folgenden Dekade in erster Linie Polisario-Rebellen in der Westsahara angegriffen wurden.

Das österreichische Bundesheer flog die Magister bis 1972, hier mit Leuchtfarben an Tragflügel- und Leitwerksspitzen. (Foto: HBF Bundesheer)

Österreich startete den Einsatz der Magister als Schulflugzeug Anfang 1959. Bis 1963 waren alle 18 bestellten Exemplare ausgeliefert und in Graz und Zeltweg stationiert. Ab 1966 formten vier Maschinen das Kunstflugteam „Silver Birds" und lieferten bis 1968 Vorstellungen ab. Der Einsatz bei den Luftstreitkräften Österreichs endete 1972, einige überholte CM 170R wurden anschließend an andere Staaten weiterverkauft.

Ruanda plante Anfang der 1970er Jahre den Kauf von mindestens drei Magister, war in der Folgezeit aber von Finanzierungsproblemen belastet. Manchen Quellen zufolge sollen später einige gebrauchte Exemplare aus Frankreich erworben worden sein.

Senegal formte ab 1971 eine kleine Luftwaffe und bezog in der zweiten Hälfte des Jahrzehnts etwa sieben gebrauchte CM 170R zu Ausbildungszwecken.

Senegal gehörte ab den 1970er Jahren zu den Nutzern gebrauchter CM 170R, die aus Brasilien stammten. (Foto: Eric Bannwarth)

Die Ansicht ganz oben zeigt eine vormals in der Luftwaffenschule Salon-de-Provence verwendete Magister. Neben den Insignien trägt sie mehrere Hinweistafeln, die Kennung UC sowie davor ein Wappen der GI 312. (Grafik: Srecko Bradic) Die zweite Ansicht stellt eine CM 170R der bundesdeutschen Luftwaffe 1961/62 dar. Sie flog in der Flugzeugführerschule A im „Acro"-Team in Landsberg und trägt auf der silberfarbenen Zelle verschiedene Extras mit Nationalfarben an Flügeltanks und Leitwerk, rotem Blitz am Vorderrumpf, roten Lufteinlasswurzeln sowie langgezogenen roten Rauten auf Ober- und Unterseite des Rumpfes. Ganz unten eine in Lizenz hergestellte Magister in den Farben des MFG 1 zum Ende der 1960er Jahre. Das Flugzeug wechselte mehrmals die taktische Kennung, hier SA-101, woraus später 93+10 wurde. (Grafik: Manfred Meyer)

Togo stellte 1976 eine Kampf- und Ausbildungsstaffel in Niantougou auf, zu der fünf vormals deutsche Magister zählten und bis in die 1980er Jahre geflogen wurden.

Uganda stationierte zur Pilotenausbildung bis zu zwölf Magister ab 1964 auf dem Stützpunkt Entebbe. Beim zeitgleichen Aufbau der einheimischen Luftwaffe leistete Israel Hilfe, bildete anfangs Flugzeugführer und Mechaniker aus und lieferte auch die zwölf Trainingsflugzeuge. Diese standen bis Anfang der 1970er Jahre im Dienst, einige fanden wohl den Weg zurück nach Israel.

Einsatzverbände (Auswahl)
Frankreich
DV 05/312 (GI 312), DMP 07/745 (GE 313, GI 313), DI 07/09 (GE 315), ETR 40/005/ETR 40/115, DITR 07/716, ELA 41, ERT 33, EC 5, EC 10, EB 92, CTB, CIB 00/328, E 59S
Algerien
Luftwaffenschule Tafraoui
Bangladesch
Luftwaffenschule Jessore
Belgien
Luftwaffenschule Brustem, 33. Staffel Brustem/ Beauvechain
Brasilien
Esquadrilha de Fumaca
Deutschland
FFS „A", WaSLw 50, AG 53, 54, MFG 1, 2
El Salvador
Brigada Aerea 2
Finnland
Luftwaffenschule Kauhava, HävLLv 11, 13 / 21, 31
Gabun
EC 1/2
Irland
No 1 Wing
Israel
Luftwaffenschule Hatzerim, No 147 Sqn
Libanon
No 6 Sqn
Marokko
Luftwaffenschule Marrakesch
Österreich
Fliegerschule Zeltweg

Dassault Mystere IV A

Dassault lieferte mit der Mystere IV A ein erfolgreiches Muster ab, dass im Ursprungsland eine lange Einsatzlaufbahn bis Anfang der 1980er Jahre vorweisen kann. Während die vordere zur Staffel EC 2/8 gehört, war die hintere Maschine Teil des Verbandes EC 1/8, beide aus Casaux. (Foto: Dassault Aviation – DR)

Historie

Innerhalb weniger Jahre lieferten die Konstrukteure von Dassault gleich mehrere, sich ähnelnde Konzepte von Kampfjets ab, die sich hauptsächlich in der Auslegung von Rumpf und Tragwerk sowie dem Triebwerkstyp unterschieden. Die Mystere IV gehörte dazu und verfügte wohl über das größte Potenzial. Doch selbst bei diesem Flugzeug gab es zunächst mehrere Konzeptideen mit verschiedenen Antrieben, Equipment und aerodynamischen Auslegungen. Man vergab hier auch mehrmals gleiche oder ähnlich lautende Projektbezeichnungen wie MD 460, Super Mystere, Mystere IV und V. Tatsächlich realisiert wurde letztlich die Mystere IV A, die mit ihren Eigenschaften die Vorgänger übertreffen und den Einsatz effizienter gestalten sollte.

Der Mystere IV A kam eine ausgewogene Zellengestaltung und ein neuer Tragflügel mit 38 Grad Vorderkantenpfeilung sowie nur 7,5 % relativer Dicke zu Gute. Des Weiteren wählte man fürs Erste das britische, in Frankreich in Lizenz hergestellte Rolls-Royce-Triebwerk Tay 250 als Antrieb aus. Die einstufige, mit neun Brennkammern ausgestattete Turbine leistete 27,95 kN Schub und sollte bald durch die französische Ableitung Verdon 350 ersetzt werden. Es wurde anfangs auch mit Tay 253 und Super-Tay bezeichnet, für die Entwicklung dieses Triebwerks gab es Anfang 1952 grünes Licht. Das Verdon nutzte einige modifizierte Elemente, die bspw. eine größere Luftzufuhr und etwas höhere Austrittstemperaturen, letztlich auch einen

Testpilot Konstantin Rozanoff, links und Marcel Dassault vor der Mystere IV. (Foto: Dassault Aviation)

höheren Schub gewährleisteten. Das von Hispano-Suiza gebaute Triebwerk wurde erstmals im August 1953 im Flug erprobt. Als typisches Merkmal der ersten strahlgetriebenen Jagdflugzeuge Dassaults sorgte wieder ein zentraler Lufteinlass im Rumpfbug der Mystere IV für die Luftzufuhr, ergänzt um zwei kleine Öffnungen am hinteren Rumpfabschnitt. Die Kabine des Flugzeugführers war gegenüber den Vorgängern komfortabler und umfangreicher ausgestattet, die Zuladung und letztlich Startmasse fielen höher aus.

Im August 1951 erhielt Dassault den Auftrag zum Bau eines MD 452 Mystere IV-01 genannten Prototyps, den Konstantin Rozanoff gut ein Jahr später, am 28. September 1952 zum Erstflug steuerte. Der dauerte 25 Minuten und hinterließ einen guten Eindruck. Im Laufe weiterer Testflüge stellten sich aber die Luftbremsen als wirkunglos heraus und ab einer Geschwindigkeit von M 0,88 gab es starke Gierbewegungen, welche seitliche Fluglagen erschwerten. Größere Ruder und Flossen brachten Besserung, die Tendenz zum Aufbäumen des Bugs blieb allerdings. Probleme bereitete von Anfang an auch das Tay-Triebwerk mit Aussetzern und verstopften Kammern. Das Verdon 350 gelangte schließlich ab dem 169. Testflug zum Einsatz, doch auch hier verlief der Betrieb nicht reibungslos. Bereits im Januar 1953 hatte die Mystere IV-01 im Sturzflug mit Mach 1,01

Aufgereiht im Mai 1980, sind hier etliche Mystere IV A von EC 2/8 in Casaux, dem letzten Einsatzstandort des Flugzeugs, zu sehen. (Foto: Christian Boisselon via Eric Bannwarth)

Überschallgeschwindigkeit erreicht, danach erfolgte die Überstellung zum Testzentrum CEV. Schlussendlich absolvierte die Maschine mehr als 450 Erprobungsflüge, von denen mehr als 200 auch überschallschnelle Sturzflüge beinhalteten. Selbst zur Paris Air Show in Le Bourget überschritt Testpilot Rozanoff während seiner Vorführungen mit dem Prototyp am 4. sowie 5. Juli 1953 die Schallgrenze und konnte damit natürlich das Publikum schwer beeindrucken. Erfahrungen führten zu kleineren Modifikationen etwa am Leitwerk und zu einem verlängerten Rumpf, der die Längsstabilität verbessern half. Die ursprüngliche, im Oktober 1952 getätigte Order über 22 Vorserienflugzeuge wurde im Januar des Folgejahres in acht Exemplare umgewandelt. Sie wurden als MD 454 Mystere IV A bezeichnet und von 02 bis 09 durchnummeriert. Alle absolvierten 1954 ihre Erstflüge.

Die Mystere IV A-03 erzielte bereits beim ersten Flug Schallgeschwindigkeit, die folgende IV A-04 erhielt kleinere Änderungen und testete verschiedene Antennenanbauten, Abwurftanks oder auch den (unausgereiften) Autopilot. Wie schon die erste Vorserienmaschine wurden auch diese beiden 1956 dem CEV überstellt und dienten bis Anfang der 1960er Jahre verschiedenen Versuchsreihen. Die Mystere IV A-05 erhielt den neuen Schleudersitz SNCASE E.95, die nachfolgende IV-06 neue Avionikkomponenten und eine neue Frontverglasung. Mit voller Bewaffnung stattete Dassault die Mystere IV A-07 aus. Sie führte ab Dezember 1954 in Casaux Waffentests u.a. mit ungelenkten Raketen und Napalmbehältern, später auch mit den Bordkanonen durch. Für Trudelversuche erhielt die IV-09 in einer Heckverkleidung einen 1,80 m durchmessenden Fallschirm. Bei einem dieser Versuche kam das Flugzeug im Juli 1955 nicht mehr aus dem Trudeln heraus und stürzte ab, während sich der Testpilot mit dem Schleudersitz retten konnte. Trotz diesem Unfall galt die Erprobung insgesamt als erfolgreich und auch ausländische Piloten, die auf der Mystere IV A flogen, zeigten sich beeindruckt. Als besonderes gewichtig wurden die Bewertungen US-amerikanischer Flugzeugführer eingestuft, die wohl mit dazu beitrugen, dass die Vereinigten Staaten innerhalb eines Offshore Procurement-Vertrages insgesamt 225 Serienflugzeuge finanzierten. Dieser seinerzeit über 86 Millionen Dollar schwere Vertrag schloss Produktionskosten, Flugzeuge, Ausrüstung und Ersatzteile, aber auch hohe Anforderungen wie bspw. die Möglichkeit zur Beurteilung der Zweckmäßigkeit von künftigen Modifikationen durch die Amerikaner ein.

Die Produktion der als Jagdflugzeug deklarierten Mystere IV A wurde wiederum vom staatlichen Unternehmen

Die Mystere IV A verfügte über gute Flugeigenschaften und Leistungen, diese Maschine gehörte zur Staffel EC 1/8, Escadrille SPA 78. Dazu passend das Panther-artwork am oberen Seitenleitwerk. (Foto: Dassault Aviation)

SNCASO unterstützt, während die Endmontage wieder bei Dassault in Bordeaux-Merignac erfolgte. Der Produktionsanlauf hatte sich etwas verzögert, die erste Serienmaschine wurde am 29. Mai 1954 eingeflogen. Am 18. Juni fand die feierliche Übergabe des Flugzeugs an die US-Behörden als Finanzier statt. Bis Jahresende lieferte Dassault 30 Exemplare und im nächsten Jahr erhielt die französische Luftwaffe ihre ersten Maschinen. Die gingen ab Mai 1955 an die neu aufgestellte dritte Staffel des Geschwaders EC 12 in Cambrai, wo im Oktober die Einsatzbereitschaft mit dem Jäger vermeldet wurde. Gerade in der Einführungsphase bereitete der Einsatz einige Schwierigkeiten und führte zu mehreren Unfällen, die oft auf das Tay-Triebwerk zurückzuführen waren und Limitationen im Betrieb folgen ließen. Nach Unfällen gab es kurze Flugverbote, außerdem wurden Nachtflüge und Flüge in geringer Höhe untersagt. Für Ärger sorgten zusätzlich fehlerhafte Geräte wie zum Beispiel Kreiselkompass oder Variometer sowie manchmal Ersatzteilmangel. Hier arbeiteten jedoch Hersteller und Luftwaffe eng zusammen, um künftig die Bevorratung und Verteilung von Ersatzteilen effektiver zu gestalten. Die Umschulung auf die Mystere IV A wurde anfangs auch durch zu wenige Flugstunden der Piloten auf dem Muster beeinträchtigt. Tatsächlich stieg auch die Verfügbarkeitsrate des Jägers mit zunehmenden Flugstundenzahlen sowie anderen Verbesserungen im

Eine Mystere IV A von EC 1/7 trägt 625-l-Zusatztanks unter dem Tragwerk und kann damit die Flugweite deutlich vergrößern. (Foto: Alain Picolett)

Einsatzbetrieb auf über 50 % an und machte ihn zu einem zuverlässigen Einsatzflugzeug. Natürlich waren viele der frühen Serienmaschinen in weitere Testreihen eingespannt etwa mit Waffen, Avionik, verschiedenen Zuladungen, Zusatztanks, Radar- und Aufklärungsbehältern, letztere in Unterrumpfverkleidungen mit bis zu fünf Kameras. Schon bald waren die Piloten von EC 12 und ihre Maschinen Teil verschiedener Übungen, bis März 1956 hatten auch die beiden anderen Staffeln des Geschwaders die Mystere IV A in Dienst gestellt.

Ab Mitte 1957 kamen indische und israelische Piloten zur Ausbildung auf der Mystere IV A nach Cambrai, im späteren Verlauf des Jahres litt EC 12 aber unter einer gewissen Personalkrise. Es gab schlicht zu wenig Piloten im Geschwader, da etliche nach Algerien abkommandiert wurden oder die Flugzeug- und Personalbestände an den Standorten Creil und Orange ergänzten. Hier waren die Geschwader EC 10 und EC 5 zuhause, rüsteten zum Jahresende auf die Mystere IV A um und lösten dabei die inzwischen mit Flugverbot belegten Mystere II C ab. Anderenorts hatte der neue Kampfjet bereits zwischen März und Juli 1956 beim Geschwader EC 2 in Dijon die Ouragan abgelöst. Zum anderen war es der erste Verband, der mit Mystere IV A, die das Verdon-Triebwerk nutzten, ausgerüstet wurde. Es bereitete im Einsatz weniger Schwierigkeiten als das Tay, wenngleich auch hier einige „Kinderkrankheiten" überwunden werden mussten. EC 2 entsandte zudem Piloten und 18 (anderen Quellen zufolge 28) Flugzeuge in den Nahen Osten, um den israelischen Streitkräften im Suez-Krieg beizustehen und bei Bedarf Luftverteidigungsaufgaben zu übernehmen. Doch auch beim 2e EC kam es ab Ende 1957 zu Personalmangel, in dessen Folge die zweite Staffel EC 2/2 aufgelöst, die Flugstunden verringert und einige Flugzeuge an andere Einheiten abgegeben wurden.

Das 1951 in Tunesien neu aufgestellte 7e EC flog die Mystere IV A bis Anfang der 1960er Jahre in Nordafrika, dann in Nancy und Metz. Bis 1971 hatte das Geschwader 100.000 Flugstunden mit der Mystere IV A erreicht, zum Schluss ging der Verband im 8e EC auf und war in Casaux stationiert. (Foto: Alain Picolett)

Bis Ende 1958 hatten mindestens sechs Staffeln der französischen Luftwaffe insgesamt 160 Mystere IV A erhalten, die höchste Anzahl an diesen Flugzeugen war im Januar 1959 mit 215 Exemplaren zu verzeichnen. In der zweiten Jahreshälfte erweiterte sich die Nutzerschar um das Geschwader EC 8, dass seine Maschinen zuerst in Rabat, Marokko sowie Oran in Algerien zur Luftraumsicherung stationierte. In letztgenannter Location gab es nur eine kleine Abteilung mit vier oder sechs Mystere IV A. Bis zum endgültigen Abzug im September 1961 erreichte EC 8 in Afrika mit diesen Flugzeugen einen Klarstand von bemerkenswer-

Für Übungsflüge stand diese Mystere IV A bei der Schulungseinheit GE 314 in Tours im Dienst und wurde bis September 1973 zum Fortgeschrittenentraining verwendet. (Foto: Alain Picollet)

ten 80 %, danach erfolgte die Überführung nach Metz und Casaux in Frankreich. Zum Jahresende 1961 übernahm EC 7 die Maschinen, bis zwei Jahre später EC 8 reaktiviert wurde und nachfolgend vor allem Übungs- und Zielschleppflüge durchführte. EC 7 hatte ursprünglich im Frühjahr 1961 den Einsatz mit der Mystere IV A in Bizerte, Tunesien begonnen und zog mit seinem Bestand für eine Neugruppierung im November nach Metz sowie Nancy um. Während in Metz die zweite Staffel stationiert wurde, fanden sich in Nancy die beiden anderen Staffeln EC 1/7 und EC 3/7 ein und dienten vorwiegend der Umschulung mit rund 100 Flugstunden und später dem taktischen Tiefflugtraining. EC 2/7 fand im Oktober 1963 mit Casaux nochmals eine neue Heimatbasis. Am selben Standort nutzte auch die CTB mindestens zehn Mystere IV A, daneben weitere Schulungs- und Erprobungseinrichtungen der französischen Luftwaffe. Ferner waren Flugzeuge des Typs von 1957 an Teil der „Patrouille de France" und bis 1962 in Dijon, danach noch zwei Jahre in Nancy beheimatet.

Die letzten der 225 von den Vereinigten Staaten finanzierten Mystere IV A waren bis Juli 1956 abgeliefert, insgesamt nahm die französische Luftwaffe 242 Exemplare in Empfang. Die meisten davon hatten das Verdon zum Antrieb und im Laufe der Einsatzkarriere galt die Mystere IV A als zuverlässiges und robustes Kampfflugzeug, war in geringer Flughöhe sehr wendig und bis in 6000 m der amerikanischen F-86 Sabre ebenbürtig. Piloten beurteilten das Handling gut und die Kanonenbewaffnung als wirkungsvoll. Mehr als die Hälfte der von der französischen Luftwaffe übernommenen Maschinen musste allerdings im Einsatz aufgrund verschiedener Unfälle und Havarien in der Luft und am Boden abgeschrieben werden. Als Jäger wurde sie aus der vordersten Linie schnell verdrängt und dann vorwiegend als Jagdbomber und Trainingsflugzeug verwendet. Besonders zu Schulungszwecken, zum Schluss auch als Zielschlepper dauerte der Einsatz über viele weitere Jahre an und ein letzter Flug absolvierte eine französische Mystere IV A im November 1982. Bereits ab April 1976 übernahm die US Air Force ausgemusterte Exemplare und verteilte sie zu Lehrzwecken am Boden auf verschiedene britische Luftwaffenstützpunkte wie Sculthorpe, Lakenheath, Woodbridge, Upper Heyford oder auch Bitburg in der Bundesrepublik Deutschland.

Eine beachtliche Anzahl Mystere IV A wurde außerdem exportiert, allein Indien kaufte 110 dieser Flugzeuge und Israel 59 weitere. Während etwa zehn indische Piloten noch im Mai / Juni 1957 die Mystere II C testeten, waren die ersten 23 Exemplare der Mystere IV A bereits auf dem Weg und trafen an Bord des Flugzeugträgers *Dixmude* ebenfalls im Mai 1957 ein. Sie wurden als erstes der No 1 Squadron in Kalaikunda übergeben und schon am 17. Mai wurde Staffelführer Dilbagh Singh zum ersten indischen Mystere IV A-Piloten, der im Sturzflug Überschallgeschwindigkeit erreichte. Am selben Standort betrieben nachfolgend auch die 3. und 8. Sqn den Kampfjet, später kamen die 31. und 32. Staffel hinzu. Die indische Luftwaffe nutzte die Mystere IV A als Jäger und Jagdbomber, die Staffeln 3 und 31 auch als Aufklärer mit drei Kameras und später kam die Funktion als Zielschleppflugzeug hinzu. In Jamnagar fanden außerdem Schießübungen mit diesen Flugzeugen statt. Abgesehen von den 24 zuerst gelieferten Exemplaren erhielten die restlichen einen auswerfbaren Bremsschirm im Heck und konnten bei Bedarf eine höhere Waffenlast aufnehmen. Damit stieg die Startmasse auf bis zu 10.400 kg an. Flugzeuge des Typs spielten auch bei mehreren bewaffneten Konflikten, die Indien führte, eine Rolle. Hier gab es auch Verluste und zuzüglich anderen Havarien während der Dienstzeit mussten mindestens 37 Mystere IV A abgeschrieben werden. Bis 1973 waren schließlich alle verbliebenen Exemplare ausgemustert und die meisten davon wurden nachfolgend verschrottet.

Nicht zuletzt durch die Konflikte mit den arabischen Nachbarn, war auch die Mystere IV A ein gut bekanntes Einsatzmuster im Arsenal der israelischen Luftwaffe. Gerade als Jagdbomber konnten diese Maschinen eine hohe Anzahl an Einsätzen und Erfolgen bis in den Abnutzungskrieg 1970

Wachablösung: Die beiden in die Jahre gekommenen und noch zu Übungszwecken genutzten Mystere IV A werden von zwei ihrer Nachfolger, Alpha Jet E, begleitet. (Foto: Dassault Aviation - DR)

bilanzieren, danach erfolgte die offizielle Außerdienststellung. Ursprünglich sollte das Aufgabenfeld vor allem aus Jagdfliegereinsätzen bestehen, doch kam auch den israelischen Maschinen eine bei Bedarf höhere Waffenlast und damit eine bessere Eignung für Luft-Boden-Angriffseinsätze zugute. Zudem verfügten die Flugzeuge ebenfalls über einen Bremsschirm und konnten optional mit zwei bis vier Starthilfsraketen bestückt werden. Gerade im Konfliktfall dienten diese einer brauchbaren Verkürzung der Startstrecke um bis zu 30 %, was je nach Umweltbedingungen und Abfluggewicht 400 bis 700 m ausmachen konnte. Aber sie verursachten auch zusätzliches Gewicht und erhöhten den Luftwiderstand beim Start. Vier israelische Staffeln flogen Mystere IV A, nachdem die Lieferungen im Frühjahr 1956 begonnen hatten. Einige der Flugzeuge waren bei einem bewaffneten Zwischenfall beteiligt, der dem größten Verbündeten des Landes galt. Zur Zeit des Sechs-Tage-Krieges befand sich die *USS Liberty (AGTR 5)* am Morgen des 8. Juni 1967 zur funkelektronischen Aufklärung und zum Datensammeln vor der Küste des Gaza-Streifens, als sie in Folge mehrmals von israelischen Flugzeugen überflogen wurde. Offenbar gelangten die Informationen über das sehr nahe am Kriegsschauplatz operierende Schiff nicht oder unkorrekt an die richtigen Kommandostellen, möglicherweise wollten die Israelis aber auch, dass der Verlauf der Kampfhandlungen gegen die arabischen Streitkräfte von wirklich Niemandem beeinflusst wird. Jedenfalls wird die *Liberty* kurz nach 14:00 Uhr erstmals von israelischen Flugzeugen, unter ihnen Mystere IV A, attackiert. Der Einsatz von Bordkanonen und abgeworfenen Napalmbehältern löste an mehreren Stellen des Schiffes Brände aus, zu allem Unglück griffen nun auch noch mehrere israelische Patrouillenboote die *USS Liberty* an, ehe der Fehler endgültig bemerkt wurde. Das Resultat: 34 getötete und mehr als 100 verwundete Angehörige der US Navy sowie ein Schiff, das schwer beschädigt im nächsten Jahr außer Dienst gestellt werden musste. Israel zahlte im Nachgang den Vereinigten Staaten sowie den Angehörigen der Opfer fast 13 Millionen Dollar als Ausgleich.

Neben der erfolgreichen Mystere IV A hatte Dassault noch weitere Ableitungen dieses Typs geplant und einige davon auch geflogen. Wichtigste Ausführung war hier zweifellos die Mystere IV B, von der insgesamt zehn Prototypen und Vorserienflugzeuge entstanden und erprobt wurden. Schon beim Entwurf der IV A war man sich darüber im Klaren, dass die verwendeten Triebwerke in technischer Hinsicht und im Leistungsvermögen ausgereizt und kaum noch zu verbessern waren. Somit hegten Hersteller, aber auch potenzielle Kunden Hoffnung mit einem aus einer Axialturbine bestehenden Antrieb. Tatsächlich soll es einige ausländische und auch die französische Marine als Interessenten gegeben haben, doch verhielt sich gerade letztgenannte Streitkraft sehr zögerlich bei der Auswahl des Antriebs und schlussendlich eines passenden Flugzeugs. Neben einigen britischen Aggregaten wie dem Bristol Siddeley Sapphire und dem Rolls-Royce Avon rückte hierbei das einheimische Atar 101 in den Baureihen F und G und mit Nachbrenner ausgestattet, in den Vordergrund. Von staatlicher Seite kam im September 1952 der Auftrag zur Entwicklung eines entsprechenden Flugzeugs, das zunächst MD 452 Mystere IV-02 genannt wurde. Das Tragwerk war mit der gerade in die Flugerprobung überführten Mystere IV A identisch, das Leit-

Der zweite Prototyp der Mystere IV B während der Landung. Er war mit einem britischen Triebwerk Avon RA.7 und durch die Nachbrennerstufe mit einem längeren Heck ausgestattet. (Foto: Dassault Aviation)

werk fiel etwas größer und der Rumpf länger aus. Der Vorderrumpf war dabei überarbeitet und mit einem elliptischen Lufteinlass versehen worden, der wiederum eine vorstehende Oberlippe zur Unterbringung des Radarentfernungsmessers erhielt. Die Cockpitkanzel war leicht vergrößert und mit besserer Sicht ausgestattet, während die Bewaffnung aus einem internen Raketengestell sowie den Bordkanonen bestehen sollte. Für das erste Erprobungsmuster, die Mystere IV B-01, wählte man das Rolls-Royce Avon RA.7 als Antrieb, das mit Nachverbrennung 42 kN Schub erzeugte.

Wieder einmal war es Konstantin Rozanoff, der den Erstflug des Prototyps übernahm und am 15. Dezember 1953 absolvierte. Im Februar gab es die ersten Überschalleinsätze und am 24. des Monats überschritt Rozanoff sogar erstmalig im Horizontalflug die Schallgrenze. Ansonsten traten auch bei diesem Flugzeug ähnliche Probleme wie bei der Mystere IV A mit Vibrationen am Heck oder dem Aufbäumen des Vorderrumpfs auf. Beim 19. Testflug schlug das Schicksal unerwartet hart zu. Während einer offiziellen Präsentation in Melun-Villaroche, unter anderem mit den damaligen französischen und britischen Verteidigungsministern als Gäste, flog Rozanoff am 3. April 1954 die „B-01" mit hoher Geschwindigkeit und in sehr niedriger Höhe, als ein Fehler in der Bordelektrik die Steuerbarkeit des Flugzeugs negativ beeinflusste und zum Absturz führte. Dassault's Cheftestpilot Rozanoff kam dabei ums Leben und das Unternehmen hatte einen großen Verlust zu beklagen. Gerade mit dem Aufkommen der ersten strahlgetriebenen Flugzeuge in Frankreich galt Konstantin Rozanoff als eine schillernde Figur mit analytischem Sachverstand, gleichermaßen als allseits bekannter und beliebter Kollege. Hier war ihm der Dialog zwischen Konstruktionsbüro, Qualitätskontrolle und den Herstellerbetrieben schon immer wichtig. Er drückte es folgendermaßen aus (Zitat): „Der Pilot eines Prototyps dirigiert nur das Orchester. Ingenieure schreiben die Musik des Flugzeugs. Die Arbeiter, Mechaniker, das Bodenpersonal, tatsächlich alle Mitarbeiter in unserem Unternehmen setzen sie um."

Schließlich gestalteten andere Testpiloten wie Gérard Muselli oder Roland Glavany die weitere Flugerprobung der Mystere IV B. Hierzu wurden 1954 sechs Flugzeuge mit dem Avon- und drei andere mit dem Atar 101-Triebwerk geordert und zudem eine Serienfertigung von 150 Exemplaren in Aussicht gestellt. Das verwendete Atar 101F kam auf 34 kN Nachbrennerschub, machte aber aufgrund des größeren Durchmessers eine Umkonstruktion am Heck erforderlich. Die zweite Mystere IV B-02 flog schon am 18. Juni 1954 zum ersten Mal, die nächsten fünf im Laufe des da-

Die als Nachtjäger vorgesehene Mystere IV N verblieb im Prototypenstadium, fiel durch ein zweisitziges Cockpit und eine Radarnase im Bug auf. (Foto: Dassault Aviation)

rauffolgenden Jahres. Interessanterweise erhielten B-04 und B-05 unter dem hinterem Rumpfabschnitt eine Verkleidung mit einem Raketentriebwerk SEPR 66 sowie dem entsprechenden Treibstoff plus Oxidationsmittel in Rumpfkammern anstelle von Avionik und Bewaffnung. Im Januar 1956 wurde erstmals das Raketentriebwerk im Flug gezündet, das hauptsächlich für höhere Beschleunigungswerte und schnelleres Erreichen eines potenziellen Gegners bestimmt war. Es war die Mystere B-05, die als erstes in dieser Konfiguration flog. Beim elften Flug ereilte dem Raketentriebwerk eine Explosion und das Flugzeug wurde beschädigt, konnte aber sicher landen und nach erfolgten Reparaturen die Flugerprobung am 18. März 1956 fortsetzen. Die B-04 dagegen flog zunächst für die Testeinrichtung CEV sowie den Triebwerkshersteller SNECMA und wurde später mit einem Raketentriebwerk SEPR 631 nachgerüstet. In dieser Form flog sie erstmals im Dezember 1957, hatte allerdings mit leichten Flatterproblemen zu kämpfen. Die Mystere IV B-06 profitierte von aerodynamischen Verfeinerungen, insbesondere einem neuen Lufteinlass. Die Maschine erprobte auch das neue Atar 8-Triebwerk, dass leichter als das Atar 101 war, mit 41,18 kN aber über mehr Schubkraft verfügte.

Mit voller Bewaffnung war die Mystere IV B-07 ausgerüstet und unternahm die ersten Waffentests im Frühjahr 1956 in Casaux. Sie erprobte auch verschiedene Antennen für den Radarentfernungsmesser, während die im März 1956 erstmals geflogene B-08 das Atar 101G mit 41,67 kN Nachbrennerschub nutzte und später dem Triebwerkshersteller SNECMA übergeben wurde. Die zwei nachfolgenden Versuchsmaschinen galten wie schon B-07 als Vorserienexemplare, doch erfolgte bereits im Juni 1955 die Stornierung

Cockpit der Mystere IV A. (Fotos: Dassault Aviation)

von Serienflugzeugen. Zum einen sahen Experten und auch die US-Amerikaner keinen Sinn darin, ein zweites und ähnlich leistungsfähiges Muster wie die Mystere IV A zu finanzieren und zu bauen, zum anderen erfolgte die Entscheidung zugunsten der neu konzipierten Super Mystere. Für dieses Flugzeug wiederum stellte die Mystere IV B die Ausgangsbasis dar.

Varianten wie die Mystere IV D und die für die Marine gedachte IV M wurden nicht realisiert, die als Nachtjäger gedachte Mystere IV N zumindest erprobt. Ihr 30-minütiger Erstflug fand am 19. Juli 1954 mit Gérard Muselli an den Kontrollen statt, ein geeignetes Radargerät ließ aber auf sich warten. Hierfür waren die verlängerte Bugnase und als Bewaffnung neben den Bordkanonen und ungelenkten Raketen künftig Matra 511-Lenkraketen vorgesehen. Als Antrieb diente ein Rolls-Royce Avon RA.7R. Weltweit bekannt, schaffte Pilotin Jaqueline Auriol es am 31. Mai 1955 mit dem Flugzeug auf einer 15-km-Messstrecke rekordverdächtige 1151 km/h zu erfliegen. Schließlich wurden 1956 insgesamt 60 allwettertaugliche F-86K Sabre für die französische Luftwaffe beschafft und die Mystere IV N zugunsten der Vautour II aufgegeben, das Einzelexemplar aber für Radartests bis 1961 weiterverwendet.

Produktion und Versionen

Die **Mystere IV A** ging 1954 in Produktion, wobei insgesamt 411 Serienflugzeuge in vier Jahren hergestellt wurden. SNCASO war daran beteiligt und baute den Hinterrumpf in Saint-Nazaire sowie Tragflächenteile in Bouguenais. Dassault fertigte den Vorderrumpf in Argenteuil, Tragflächen in Boulogne, Leitwerke in Talence und war für die Endmontage in Merignac zuständig. Trotz einiger ausrüstungstechnischer Unterschiede, vor allem bei der Wahl des Antriebs, wurden alle Serienmaschinen als Mystere IV A bezeichnet. Bekannt sind auch Werksbezeichnungen als MD 452 und MD 454. Eine erste Serienmaschine flog am 29. Mai 1954.

Mystere IV B, zehn Prototypen und Vorserienexemplare mit einigen Modifikationen inklusive unterschiedlichen Triebwerken samt Lufteinlass, Erstflug 15. Dezember 1953, Bestellung über 150 Serienflugzeuge im Juni 1955 storniert

Mystere IV N, ein Prototyp als zweisitziger Nachtjäger mit Tandemcockpit, vorgesehen mit Radar und Lenkraketen, verlängerter Rumpf, Avon RA.7R-Triebwerk, Erstflug 19. Juli 1954, kein Serienbau

Aufbau, Ausstattung und Bewaffnung

Dassault setzte mit der Mystere IV A die Reihe seiner in Ganzmetallbauweise hergestellten einstrahligen und mit Tiefdeckertragwerk ausgestatteten Kampfflugzeuge fort. Bei einer Profildicke von 7,5 % betrug die Vorderkantenpfeilung der Tragflächen 38 Grad. Sie verfügten an der Hinterkante über geteilte Klappen und Querruder mit hydraulischer Servosteuerung. Seiten- sowie das 3,93 m spannende Höhenleitwerk waren ebenfalls gepfeilt und mit Rudern versehen. Ein einteiliges Höhenleitwerk an der 151. Maschine generierte keine besseren Eigenschaften. Der Rumpf der Mystere IVA war aus zwei Stücken gefertigt und begann mit dem zentralen Lufteinlass im Bug. Eine Trennwand teilte ihn in zwei Schächte, welche die Kabine sowie die dahinter befindlichen Rumpftanks umliefen und das Strahltriebwerk versorgten. Die ersten 114 Flugzeuge hatten das von Hispano-Suiza in Lizenz gebaute Tay 250 mit 27,95 kN Schub zum Antrieb, alle nachfolgenden das vom gleichen Hersteller stammende Verdon 350 mit 33,34 kN. Dem Triebwerk standen in den intern untergebrachten Rumpf- und Tragflächentanks insgesamt 2580 l Kraftstoff zur Verfügung, üblich waren zudem zwei jeweils 625 l fassende Abwurftanks unter dem Tragwerk. Möglich war aber auch die

Mystere IV A

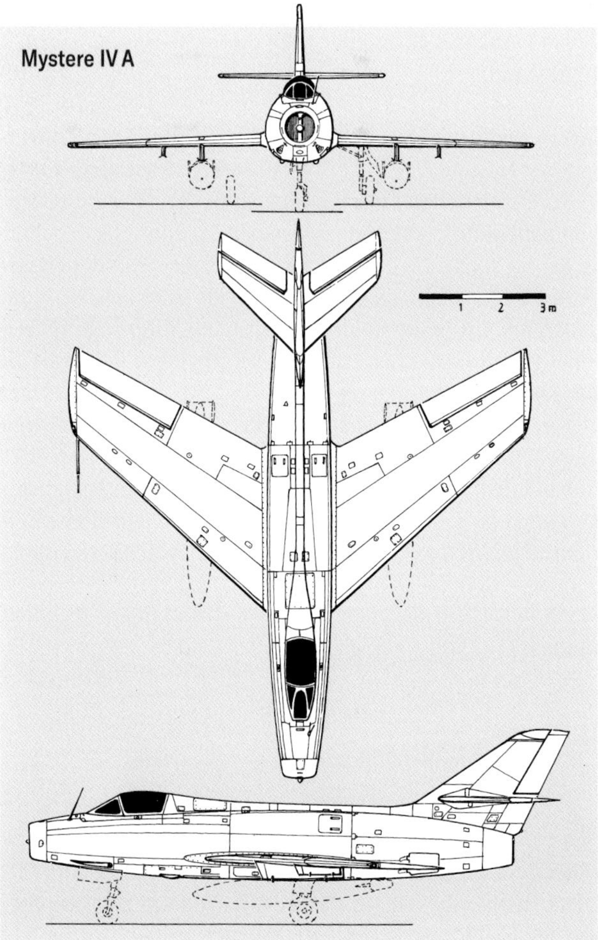

Mitnahme der größeren 825-l-Zusatzbehälter. Am hinteren Rumpfabschnitt gab es auf jeder Seite zwei kleine zusätzliche Ansaugöffnungen für die Luftzufuhr des Triebwerks, des Weiteren befanden sich etwas weiter hinten die aufstellbaren Luftbremsen. Das druckbelüftete Cockpit nahm den Piloten auf einem Schleudersitz SNCASO E.95 auf, ab 1967 fanden Umrüstungen auf den Martin-Baker-Schleudersitz YAM-4 ihre praktische Umsetzung. Die Panzerung der Frontverglasung war 40 mm stark. Unter der Kabine befanden sich die Bordkanonen, dahinter die dazugehörige Munition, das interne Kassettengestell mit ungelenkten Raketen, die Rumpftanks und schließlich das Triebwerk. Zur Wartung oder dem Austausch ermöglichten seitliche Zugangsklappen am Rumpf den schnellen Ausbau der Kanonen. Je einfach bereift, war das dreiteilige, einziehbare Fahrwerk in Bugradanordnung ausgeführt. Zur Bordavionik gehörten auszugsweise:

- UHF-Funkausrüstung TRAP 22-A
- VHF-Funkausrüstung SARAM 5-52
- Visier Sadir-Carpentier GGS 52
- Freund-Feind-Erkennung AN/APX-6, AN/APX-25
- Radarentfernungsmesser Derveaux 148
- Funkkompass Bezu NRAN-8 sowie weitere Bordinstru-

Technische Daten	Mystere IV A
Verwendung	Jagd-, Jagdbomben- und Aufklärungsflugzeug
Besatzung	1
Triebwerk	ein Hispano-Suiza Tay 250 mit 27,95 kN oder ein Hispano-Suiza Verdon 350 mit 33,34 kN
Spannweite (m)	11,12
Länge (m)	12,89
Höhe (m)	4,46
Flügelfläche (m²)	32,06
Tragflächenbelastung max. (kg/m²)	250
Leermasse (kg)	5874
Startmasse max. (kg)	10.420
Höchstgeschwindigkeit (km/h)	1120
Steiggeschwindigkeit (m/s)	45
Landegeschwindigkeit (km/h)	240
Dienstgipfelhöhe (m)	15.000
Reichweite (km)	1650 mit Zusatztanks
Aktionsradius (km)	1300 mit Zusatztanks
Startstrecke (m)	1070 - 2000
Landestrecke (m)	1000
Bewaffnung	zwei 30-mm-MK, internes Raketengestell, bis 1000 kg Bomben, Napalmbehälter, ungelenkte Raketen an vier Aufhängepunkten

mente wie Kreiselkompass von Sperry, Höhenmesser von Smith, Machmeter und Variometer von Badin oder ein Magnetometer von Bezu.

- Zwei 30-mm-Kanonen machten die Bordbewaffnung aus, wobei zunächst die DEFA 541 zum Einbau gelangten und später durch die DEFA 551 bzw. 552 mit 0,30 m längeren Läufen ersetzt wurden. Jede Kanone verfügte über einen Munitionsvorrat von 150 Granaten. Weiter hinten besaß die Mystere IV A ein Raketengestell Matra 101A, dass in seinem im Rumpf untergebrachten Magazin mit bis zu 55 ungelenkten 68-mm-Raketen SNEB bestückt war. Das Magazin nahm jeweils elf Raketen in fünf Reihen untereinander auf, die sowohl gegen Luft- als auch gegen Bodenziele einsetzbar waren. Weitere Bewaffnungsmöglichkeiten mit einem nominalen Gewicht von 908 sowie einem maximal zulässigen Gewicht von 1860 kg und an zwei bis vier externen Aufhängepunkten mitgeführt, bestanden aus:
- Sprengbomben zu je 50, 113, 227, 400, 454 und 500 kg
- 460-l-Napalmbehälter
- ungelenkte 105-mm-Raketen Brandt T 10
- je 19 ungelenkte 68-mm-Raketen SNEB in Behältern Matra 116
- je sieben ungelenkte 68-mm-Raketen SNEB in Behältern Matra 122

Nutzer der Mystere IV A

Frankreich begann die Indienststellung der Mystere IV A offiziell im Mai 1955 (und damit zwei Monate vor der Mystere II C) bei der Staffel 3/12 in Cambrai, wo das Flugzeug im Oktober für einsatzbereit erklärt wurde. Bis zum Frühjahr des darauffolgenden Jahres waren auch die beiden anderen Staffeln des Geschwaders mit der Mystere IV A ausgerüstet und versuchten den Dienst so effektiv wie möglich zu gestalten. Aufgrund einiger Defizite etwa mit dem Triebwerk oder der anfänglichen Ersatzteilversorgung war das für die Techniker am Boden, aber auch die Piloten, die auf zu wenig Flugstunden kamen, nicht immer einfach. 1957 offenbarte sich zudem ein gewisser Personalmangel mit fehlenden Flugzeugführern. Inzwischen waren auch die Geschwader EC 2, 5 und 10 an den Standorten Dijon, Orange und Creil mit der Mystere IV A im Einsatz, später folgten noch EC 8 und 7, zunächst in Nordafrika, dann in Metz und Casaux. Für die französische Luftwaffe waren insgesamt 242 Mystere IV A bestimmt, die letztlich 14 Einsatzstaffeln ausrüsteten und bis November 1958 übergeben wurden. Zunächst als Jagdflugzeug im Einsatz, fokussierte sich der Dienst aber schnell auf Jagdbomber, Übungsflugzeug und zum Schluss auch auf Zielschleppflüge. Zuverlässigkeit, Wendigkeit und Robustheit zeichneten das Flugzeug aus. Die Verfügbarkeitsrate war im Laufe der Jahre angestiegen, trotz dessen ereigneten sich natürlich auch Unfälle. Der schwerste betraf am 25. Mai 1966 das Geschwader EC 8, als beim Navigationstraining über Spanien gleich sechs Mystere IV A im Nebel verloren gingen. Glücklicherweise waren bei diesem Ereignis keine Todesopfer zu beklagen.

Neben den Jagd- und Jagdbomberstaffeln erhielten zudem verschiedene Schulungs- und Testeinrichtungen wie CEV und CEAM, die CTB in Casaux, die Jagdfliegerschule 705 in Tours, ab Juli 1961 in Mont-de-Marsan sowie die 701 in Salon-de-Provence etliche Flugzeuge für Trainingsflüge. Hinzu kamen die Schulungseinrichtung 721 in Rochefort zur Ausbildung von Mechanikern sowie die Kunstflugstaffel „Patrouille de France". Anfang 1976 gehörten noch immer gut 100 Mystere IV A zum Bestand der französischen Luftwaffe und als letzter Einsatzverband verabschiedete EC 1/8 in Casaux im November 1982 die letzte Maschine in den Ruhestand.

Indien wurde mit 110 Exemplaren zum größten Exportabnehmer der Mystere IV A und erhielt die ersten Maschinen im Mai 1957. Erstempfänger war die No 1 Sqn in Kalaikunda, gefolgt von zwei weiteren Staffeln am selben Standort. Dazu gehörte die No 3 Sqn, die im April 1958 den Dienst mit der Mystere IV A begann und als erste den Verlust eines solchen Flugzeugs am 1. Juni vermelden musste. Die Flugzeuge füllten innerhalb der indischen Luftwaffe verschiedene Rollen als Jäger, Jagdbomber, Aufklärer, Trainer und Zielschlepper aus und wurden gleichfalls bei verschiedenen bewaffneten Konflikten eingesetzt. Im Dezember 1961 verlegten Maschinen der No 1 Sqn auf den Santa Cruz Airport, nahe Bombay (Mumbai), flogen noch im selben Monat Angriffe auf portugiesische Einrichtungen in Goa, Daman und Diu und verschossen dabei

Indien kaufte insgesamt 110 Mystere IV A und setzte den Kampfjet von 1957 bis 1973 ein. (Foto: Indian Air Force)

rund 600 ungelenkte Raketen. Vier Jahre später attackierten im September Mystere IV A mehrerer Staffeln pakistanische Bodenziele, mussten durch die gegnerische Bodenluftabwehr sechs und durch Jagdflugzeuge zwei weitere Verluste hinnehmen. Andererseits gelang es einem indischen Piloten mit den Bordkanonen eine pakistanische F-104 Starfighter abzuschießen. Im erneuten Krieg mit Pakistan im Dezember 1971 flogen die indischen Mystere IV A über 300 Einsätze, absolvierten Aufklärungsmissionen und griffen im Tiefflug Panzer an. Als letzter Einsatzverband musterte die No 31 Sqn die verbliebenen Flugzeuge endgültig 1973 aus.

Israel hatte als erster Exportkunde bereits Ende 1955 eine Erstbestellung über 24 Mystere IV A abgegeben, die dann zwischen April und Juni 1956 geliefert und der No 101 Sqn auf der Hatzor-Luftwaffenbasis überstellt wurden. Ab August folgten Nachbestellungen, die den Gesamtbestand an diesen Flugzeugen auf 59 (anderen Quellen zufolge 60 oder 61) erhöhten. Schon im Oktober mussten sie sich beweisen, als der Suez-Krieg ausbrach. Viele der Piloten hatten erst wenige Stunden auf der Mystere IV A absolviert oder befanden sich gerade in der Umschulung, sodass Frankreich schnell aushalf, 28 dieser Flugzeuge mit israelischen Markierungen und auch Piloten an den Krisenherd schickte. Sie sollten bei Bedarf die Luftverteidigung übernehmen, griffen aber auch Bodenziele an. Die israelischen Maschinen flogen etliche Abfang- und Jagdbombereinsätze und konnten in Luftkämpfen mehrere ägyptische Vampire und MiG-15 abschießen. Nach diesem Konflikt blieben die Spannungen mit den arabischen Nachbarn bestehen und führten zu weiteren Gefechten, in denen Mystere IV A wechselhafte Erfolge verzeichnen konnten. Erweiterte Trainingsmaßnahmen mit erhöhten Außenlasten sowie Landungen mit Bremsschirm und auch der Einsatz im nächst größeren Konflikt, dem Sechs-Tage-Krieg im Juni 1967 folgten. Zu dieser Zeit standen noch 33 dieser Flugzeuge zur Verfügung, die zu zahlreichen Attacken auf Bodenziele auf den Golan-Höhen, im Westjordanland oder auf dem Sinai genutzt wurden. Während der Kampfhandlungen konnten mit dem Flugzeug auch zwei ägyptische MiG-17 und zwei jordanische Hunter in der Luft besiegt werden, die israelische Seite beklagte durch die Bodenluftabwehr sieben Verluste und noch mal zwei durch Unfälle. Neben dem üblichen Verschleiß kam es im nachfolgenden Abnutzungskrieg zu weiteren Abschüssen und die offizielle Außerdienststellung erfolgte ab 1970. Bis dahin hatten insgesamt vier Staffeln die Mystere IV A von Hatzor, Ramat David und Tel Nof aus verwendet.

Israel war seinerzeit erster Exportkunde und gliederte die Mystere IV A in vier Staffeln ein. (Foto: Dassault Aviation)

Einsatzverbände (Auswahl)
Frankreich
EC 2, 5, 7, 8, 10, 12, CTB, GE 312, 314
Indien
No 1, 3, 8, 31, 32 Sqn
Israel
No 101, 109, 116, 201 Sqn

Das obere Profilbild zeigt den Sonderanstrich einer Mystere IV A von EC 1/8, der 1982 zur Außerdienststellung des Flugzeugs in Cazaux Verwendung fand und wie hier am Flugzeug mit der Seriennummer 85 nachempfunden wurde. Am Leitwerk ein gelb-schwarzer Löwe als Staffel-Insignia. Darunter eine Mystere IV A, die 1956 der „Patrouille de France“ in Cambrai zugeteilt wurde. Das Kunstflugteam war damals in zwei Teile aufgespalten, eines noch mit Ouragan für das französische Staatsgebiet und das andere mit der Mystere IV A für Auslandsvorstellungen. (Grafik: Srecko Bradic)

SNCASO SO 4050 Vautour II

Für die Luftwaffe Frankreichs erwies sich die Vautour II als durchaus nützliches, aber auch kostenintensives Einsatzmuster. Die abgebildeten Vautour II N waren Teil der Staffel EC 1/30, die 1957 mit dem Jagdflugzeug ausgerüstet wurde, zunächst in Tours und ab 1961 in Creil beheimatet war. Am Vorderrumpf sind gut die Mündungsdämpfer der Bordkanonen zu erkennen. (Foto: Escape Patrimoine Safran)

Historie

Für die Neuaufstellung der französischen Luftstreitkräfte wurden verschiedene Projekte in Auftrag gegeben, manche davon realisiert und für unterschiedliche Rollen erprobt. Dazu gehörten Entwürfe für taktische und strategische Zwecke, auch um künftig Atombomben befördern zu können. Einen der Kandidaten lieferte SNCASO mit dem Bomberkonzept SO 4000 ab.

Die Konstrukteure hatten die SO 4000 mit einem aerodynamisch ausgereiften Rumpf sowie gepfeiltem Trag- und Leitwerk versehen, hinzu kamen zwei im Hinterrumpf installierte Nene-Strahltriebwerke mit extrem langen Lufteinlässen. Das Fahrwerk wirkte kolossal, die beiden Hauptbaugruppen beanspruchten nach dem Einfahren viel Platz in den Tragflächen. Irgendwie wirkte der Prototyp nicht zeitgemäß, andererseits war er mit vielen Neuerungen ausgestattet. So entschloss man sich bei SNCASO, zunächst mit maßstäblich verkleinerten Versuchsflugzeugen die Auslegung des Bombers zu testen. Das eine war ein antriebsloser Gleiter, das andere als SO M2 ein mit einem Rolls-Royce Derwent-Strahltriebwerk ausgerüstetes Versuchsmuster, dass als erstes französisches Flugzeug immerhin die 1000-km/h-Marke überschritt. Die Versuchsflüge brachten einige Erkenntnisse, allerdings auch jene, dass der Entwurf SO 4000 schon veraltet war. Im Angesicht der Triebwerksleistung war das Eigengewicht zu hoch und es gab nur einen einzigen Flug im März 1951.

Inzwischen waren Pläne für einen völlig neuen Entwurf, der SO 4050, gereift und im Juni konnten sich Hersteller sowie der Generalstab der Luftwaffe auf wichtige Details einigen. Der Generalstab hatte sich nämlich umorientiert und statt einem Bomber ein zweistrahliges Flugzeug für Bomben- und Luftnahunterstützungs-, Aufklärungs- sowie Allwetterjagdeinsätze, also praktisch ein Mehrzweckkampfflugzeug gefordert. Die SO 4000 sollte in manchen Bereichen als Ausgangsbasis dienen. Der spätere Chefkonstrukteur Jean-Charles Parot konnte sein Unternehmen schließlich überzeugen, einen Grundtyp für die drei verschiedenen Aufgabenbereiche unter Berücksichtigung einer hohen Baugleichheit zu schaffen. Der Entwurf SO 4050 sollte in drei Ausführungen produziert werden: A (attaque) als einsitziger Jagdbomber zur Luftnahunterstützung, B (bombardement) als zweisitziger Bomber mit Nuklearwaffenfähigkeit sowie N (nuit) als zweisitziger Nacht/Allwetterjäger. In der Tat betrafen die Unterschiede zwischen diesen Varianten hauptsächlich die Gestaltung des Vorderrumpfes und die einsatzspezifische Ausrüstung, sodass eine strukturelle Übereinstimmung von knapp 90 % erzielt werden konnte. Für den Antrieb sollten zwei in Tragflügelgondeln untergebrachte Strahltriebwerke sorgen, die außer den Bordkanonen vorgesehene Bewaffnung war intern und extern mitzuführen. Das robuste Fahrwerk planten die Konstrukteure in Tandembauweise mit zusätzlichen Stützrädern, wobei zuletzt genannte in die Triebwerksgondeln einfuhren. Belohnt wurde das Konzept zunächst mit einer Festbestellung über drei Prototypen im Februar 1952.

Der erste Prototyp SO 4050-01 (später Vautour 001 genannt) war relativ zügig fertiggestellt und absolvierte mit der aus Jaques Guignard und Michel Retif bestehenden Crew am 16. Oktober 1952 seinen 15minütigen Erstflug. Verschiedene Stabilitätsmängel führten zu strukturellen Modifikationen, nach denen die Flugerprobung erst ab Januar 1953 ihre Fortführung fand. Nachdem auch die Querruder Probleme verursachten, gab es eine nochmalige Unterbrechung der Testflüge bis Juni, zugleich wurden die bisher eingesetzten Atar 101B durch Triebwerke der leis-

Die drei Prototypen – 001 als Vautour II N, 002 als Vautour II A sowie 003 als Vautour II B. (Foto: DR via Eric Bannwarth)

Prototyp ‚001‘ begann die Flugerprobung am 16. Oktober 1952, Mitte des darauffolgenden Jahres konnte Schallgeschwindigkeit erreicht werden. (Foto: Eric Bannwarth Collection)

Zum Zeitpunkt der Aufnahme Anfang der 1960er Jahre diente diese Vautour II B beim CEAM in Mont-de-Marsan und trägt eine Vielzahl an Bomben unter Rumpf und Tragwerk. Die Dächer von Navigator- und Pilotenkabine sind geöffnet. (Foto: Pierre Bregerie Collection)

Eine separate Pilotenkanzel und ein verglaster Rumpfbug zeichneten die Bombervariante Vautour II B aus, die ihren Dienst im März 1958 antrat. (Foto: DR via Jean-Jaques Beugnet)

tungsstärkeren Baureihe Atar 101C ersetzt. Damit gelang es am 30. Juni 1953 Mach 1 zu überschreiten. Im nächsten Monat wurde die „01" auf dem Luftfahrtsalon Le Bourget, Paris zum ersten Mal der Öffentlichkeit präsentiert. Dann erfolgte die Ausrüstung des Flugzeugs mit einem Radar, denn es entsprach in etwa der zukünftigen Vautour II N als Nacht- und allwettertaugliches Jagdflugzeug. Im Verlaufe weiterer Testreihen kam es Ende 1954 zu einer Notlandung und einer wiederholten Unterbrechung bis März 1956. Inzwischen waren aber weitere Exemplare in der Luft und gestalteten die umfangreiche Erprobung.

Die einsitzige Vautour 002 war mit Charles Goujon am Steuer am 16. Dezember 1953 zum ersten Mal geflogen. Sie stimmte mit der künftigen Jagdbomberkonfiguration überein. Passend zum Einsatzzweck erhielt sie Aufhängungen für Freifallbomben sowie ein Gestell von Matra, dass im Rumpf bis zu 104 ungelenkte Raketen im Kaliber 68 mm mitführte. Stattdessen konnten aber auch weitere Bomben geladen werden. Entsprechende Tests mit den unterschiedlichen Waffen wurden in Casaux absolviert, im Juli 1957 erfolgten die Ausrüstung mit einem Betankungsrohr und nachfolgend Betankungen mit einer Canberra durch das CEV.

In der eigentlichen Bomberausführung wurde als erstes Vautour 003 gebaut und flog erstmalig am 5. Dezember 1954 mit der Besatzung Charles Goujon und Michel Retif. Dieser Prototyp erhielt stärkere Sapphire-Triebwerke des britischen Herstellers Armstrong Siddeley mit je 36,48 kN Schubkraft, später ein Norden-Bombenvisier, das dann nochmals gegen eins von Derveaux ausgetauscht wurde. In die Praxis umgesetzt wurden ferner Versuche mit dem neuen Raketengestell Matra 116E und die Bewertung durch US-Personal. Um die Erprobung noch ausgiebiger zu gestalten, wurden schließlich sechs weitere, als Vorserienexemplare deklarierte Maschinen bei SNCASO bestellt. Die erste von diesen nahm die Flugerprobung im März 1955 auf und war zugleich die erste Vautour, die noch im selben Monat in Melun-Villaroche der französischen Luftwaffe übergeben wurde. Nach Testreihen beim CEAM gab es mit dem Flugzeug Verlegungen nach Tunesien sowie nach Casaux und 1960 in die Sahara, um mit extra eingebauter Kameraausrüstung den ersten französischen Atomwaffentests beizuwohnen.

Die beiden nächsten Vorserienexemplare flogen ab Juni 1955, sie dienten aerodynamischen Versuchen sowie letztere als Testträger von CSF-Radargeräten DRAC 23A und DRAC 25A. Zum anderen wurden Schießübungen mit den Bordkanonen durchgeführt, die zeigten, dass deren Einsatz Beschädigungen am Bugradom sowie Triebwerksaussetzer verursachte. Die vierte Vorserienmaschine hatte im Februar 1956 ihren ersten Flug und nachfolgend Tests zum Verbessern der Aerodynamik absolviert und war in Folge die erste Vautour, die eine gewölbte Tragflächenvorderkante erhielt. Auch wurde die Bordausrüstung erprobt und verschiedene Arrangements für diese ausgelotet, später kamen Versuche mit Lenkwaffen hinzu. Das im März 1956 erstmals geflogene fünfte Vorserienflugzeug testete Radar, Waffen, abwerfbare Zusatztanks und wurde bis April vom US-Militär in 23 Flügen bewertet. Bereits im Oktober 1955 war das sechste Vorserienexemplar erstmalig in der Luft und diente auch dazu, das Interesse bei eventuellen Exportkunden zu wecken. Das Flugzeug entsprach der Jägervariante N, unternahm Versuche mit Radar und Waffen, später auch mit Auffanganlagen am Boden. Als einzige nutzte sie als Antrieb zwei Rolls-Royce Avon RA.14 mit jeweils 44,12 kN Schub, alle anderen Vorserienmaschinen waren mit Atar 101 unterschiedlicher Baureihen ausgerüstet. Den Erprobungen folgten Modifizierungen etwa an der Cockpitverglasung, den Triebwerksgondeln, dem Leitwerk, den Grenzschichtzäunen, mit dem Anbringen einer Stabilisierungsflosse unter dem Heck oder mit Mündungsfeuerdämpfern an den Bordkanonen.

Der Entscheid zum Serienbau fiel im November 1953 und im Februar 1954 hatte SNCASO einen Serienauftrag durch die französische Luftwaffe vermeldet, doch von zeitweilig optimistisch stimmenden 300 Flugzeugen blieben zum Schluss 30 der Jagdbomberausführung, 40 als Bomber sowie 70 als Allwetterjäger übrig. Zugleich erhielten die Serienmaschinen den Zusatznamen Vautour II, die „II" galt dabei als Hinweis auf die Unterschiede zu den Prototypen und Vorserienexemplaren.

Die Serienproduktion lief 1955 an und wurde auf verschiedene Werke aufgeteilt. Die Auslieferungen erfolgten ab Frühjahr 1956, wobei es sich bei der ersten, im April eingeflogenen Serienmaschine um eine Vautour II A handelte. Die französische Luftwaffe übernahm offiziell kein Flugzeug der A-Baureihe in den regulären Dienst als Jagdbomber. Dennoch dienten einige Exemplare in den Bomber- und Jägerstaffeln zur Umschulung und zu Übungszwecken einschließlich dem Betanken in der Luft. Die Umschulung auf die Vautour II und die Einsatzerprobung standen auch zunächst im Vordergrund. CEV und CEAM erhielten jeweils ein gutes Dutzend der zweistrahligen Flugzeuge, um die technischen Qualitäten und die Eignung der Vautour II gemäß Verwendungszweck zu überprüfen und festzulegen. Ferner trainierten die ersten Crews für den Dienst mit dem Jagdflugzeug ab Ende 1956 beim CEAM in Mont-de-Marsan, einschließlich auf Maschinen der Baureihe A. Schließlich erhielt der Verband ECTT 3/30 in Tours im Juni 1957 die ersten Vautour II N. Nur einen Monat früher wurden die ersten acht Bomberpiloten, die zuvor auf kolbenmotorgetriebenen B-26 Invader flogen, zur Umschulung nach Meknès, Marokko entsandt und trainierten nachfolgend für den Übergang auf den Strahlantrieb auf Schulflugzeugen T-33 und Vampire. Nach zwei Monaten gelangten sie zum Bombenfliegerausbildungszentrum CIB 328 in Cognac und bildeten den ersten Vautour-Umschulungslehrgang. Hier waren im Sommer 1957 die ersten Vautour II A zur Umschulung von Piloten und Bombenschützen/Navigatoren eingetroffen, 1958 waren es dann fünf A- sowie 13 B-Ausführungen. Die Abteilung im CIB entwickelte sich noch im September zum Bomberverband EB 92, der ursprünglich als Bomberbrigade im Januar 1957 aufgestellt und erst 1964 zum Geschwader wurde.

Mit Einsatzbeginn sowie den Testreihen bei CEV und CEAM gab es bald notwendige Modifikationen am Tragwerk des Flugzeugs einschließlich der Nachrüstung der bereits erprobten gewölbten Tragflügelvorderkanten. Anfangs traten zudem Lieferschwierigkeiten bei Ausrüstungsteilen und Probleme mit der Servosteuerung an den kraftbetätigten Rudern, hauptsächlich in großen Höhen und den dort vorherrschenden kalten Temperaturen auf. Letztlich trug die empfindliche Servosteuerung aber zu einem angenehmen, stabilen Flugverhalten bei. Überhaupt waren die Piloten von den Eigenschaften der Vautour II schon bald angetan, auch wenn so manche Vorgänge und Einsatzmethoden erst noch richtig beherrscht werden mussten. Die Landung mit dem Tandemfahrwerk war dafür ein gutes Beispiel. Hier sollte mit genau vorgeschriebener Geschwindigkeit und bestenfalls mit idealem Anstellwinkel verfahren und keinesfalls zuerst mit dem Bugrad aufgesetzt werden, da es sonst zu heftigen Sprüngen kommen konnte. Das Rollen am Boden erforderte bei Seitenwinden hohe Aufmerksamkeit.

Schon im April 1956 hatten israelische Luftwaffenangehörige alle drei Versionen der Vautour II getestet, was dazu führte, dass der Großteil der Jagdbomberausführung A nach Israel verkauft wurde. Zum Schluss waren es 19 Vau-

Im September 1979 wurde diese Vautour II B in Merignac fotografiert, an der Seitenflosse trägt sie noch das Staffelwappen des 92. Bombergeschwaders. (Foto: Alain Gosset)

tour II A, die auf der Ramat-David-Luftwaffenbasis und bei der 110. Staffel ab 1957 ihr neues Zuhause fanden. Außerdem lieferte Frankreich ab 1957 acht Vautour II N sowie ab 1960 vier Vautour II B bzw. BR als Bomber/Aufklärer an die israelische Luftwaffe als einzigen Exportkunden. Die achte Vautour II N fiel durch eine langgezogene, spitze Bugverkleidung auf und diente mit entsprechender Ausrüstung zur elektronischen Kampfführung. Wie die anderen Maschinen wurde auch sie über viele Jahre recht effektiv genutzt und im elektronischen Bereich mehrmals aufgewertet, bis die Außerdienststellung ab 1972 erfolgte.

In Frankreich hatte die Allwetterjagdstaffel ECTT 3/30 ab 1958 den Klarstand mit ihren Vautour II N verbessert, 1960 absolvierten Maschinen des Verbandes ihre ersten Einsätze über dem Kongo und über Algerien. Im Folgejahr verlegte die Staffel nach Reims und die Flugzeuge wurden neu mit gelenkten Luftkampfraketen Matra R 511 bewaffnet. Diese gut 7 km weit reichenden und jeweils 185 kg schweren Waffen verfügten über eine halbaktive Radarlenkung, erhöhten die Kampfkraft des Jägers, aber zugleich auch den Wartungsaufwand. Mehrmals waren 1962 Abteilungen der Staffel mit ihren Flugzeugen über Algerien aktiv. Dort hatte bereits ab Oktober 1960 auch die berühmte Jagdstaffel EC 2/6 Normadie-Niemen auf die Vautour II N umgerüstet, um die drei Luftverteidigungssektoren Nordafrikas zu überwachen. Im Dezember konnte bei einem der Überwachungseinsätze eine DC-4, die Waffen schmuggelte, zur Landung auf dem algerischen Stützpunkt Oran gezwungen werden. Die Staffel 2/6 zog im Februar/März 1962 nach Reims, um mit ECTT 2/30 zusammenzugehen. Auch die Staffel 1/30 flog inzwischen den Jäger, hatte allerdings mit erheblichem Ersatzteilmangel zu kämpfen, infolge dessen sogar einige Maschinen „kannibalisiert" wurden. Im nächsten Jahr erfolgte dann die Verlegung nach Creil, um mit EC 10 ein gemischtes Jagdgeschwader mit anteilig 16 Vautour II N zu betreiben. Die Crews waren von der guten Manövrierfähigkeit und überraschenden Steigleistung ihrer Flugzeuge angetan und erzielten stets gute Ergebnisse bei gemeinsamen Übungen mit alliierten Luftstreitkräften. Hierbei konnten sie häufig ihre Überlegenheit beim Abfangen anderer Jagdflugzeuge demonstrieren. Sie hatten die Vorteile einer zweiköpfigen Besatzung erkannt, lernten dabei einzigartige, kameradschaftliche Verhältnisse kennen und bis heute schätzen. Zitate von Piloten bestätigen dies so oder ähnlich: „Mit unseren Navigatoren pflegten wir einen ständigen Dialog. Sie hatten in allen Situationen umfassend reagiert und unter schwierigen Bedingungen gab es eine nützliche Arbeitsteilung. Nur eine enge Zusammenarbeit als Team machte es möglich, in einem Luftkampf einen entscheidenden Vorteil zu erzielen."

Bei ihren Einsätzen mit den Vautour-Jagdflugzeugen wurde das Ziel zunächst vom Bodenradar zugewiesen, in Zielnähe erfolgte dann die Übernahme durch das bordeigene Radar. Im Einsatz konnten Nachtflüge bis zu 25 % aller Missionen ausmachen.

Nach mehreren Umzügen wurde die Staffel 1/30 im März 1965 wegen Neuorganisation beim Luftverteidigungskommando CAFDA und begleitet von Personalabbau, aufgelöst. Die Flugzeuge gaben eine willkommene Verstärkung bei der Staffel 3/30. Schon 1966 erfolgte die Vereinigung mit EC 2/30, die gerade von Orange nach Reims umgezogen war. Der Dienst mit der Vautour II N dauerte bis 1973 an und war auch von weiteren Auslandsengagements wie Djibouti, Niger oder Senegal sowie kleineren Upgrades an den Flugzeugen gekennzeichnet.

Was die Vautour II B der französischen Luftwaffe betrifft, so hatte im März 1958 die Staffel EB 1/92 ihren ersten neun Bomber empfangen, ergänzt um vier als Aufklärer fungierende Vautour II BR. Zuletzt genannte besaßen eine OMERA-Kameraausrüstung mit unterschiedlichen Brennweiten, waren sekundär aber weiterhin als Bomber verwendbar. Die Flugzeuge nahmen in der Folgezeit an zahlreichen Übungen und ersten Einsätzen über Algerien teil und drei Maschinen dienten der Beobachtung und Aufzeichnung der ersten Atomwaffenversuche in der Sahara. 1961 wird Bordeaux-Merignac zur neuen Basis. Die Staffel EB 2/92 wurde im Dezember 1958 geformt und erreichte bis Anfang 1960 ihre volle Stärke. Auch hier befanden sich Aufklärer Vautour II BR im Inventar. Eine Maschine wurde ebenfalls zu den Atombombentests nach Algerien, vier andere in den Kongo übergestellt und in der Folgezeit mehrfach zu Manövern ins Ausland verlegt. EB 92 wurde als übergeordnetes Geschwader am 1. Mai 1964 reaktiviert und verfügte über 36 Bomber. Zugleich wurden als Tanker genutzte Vautour II A des CIB in das Geschwader eingliedert und bis Oktober 1968 fanden zahlreiche Schulungen zu Betankungen in der Luft statt. Sie setzten damit die vorangegangenen Übungen des CIB fort, während diese Einrichtung zur CIFAS 328 wurde und die Tradition des Bombentrainings aufrechterhielt. Die als Tanker genutzten Flugzeuge konnten sich dank zusätzlichem Kraftstoffbehälter im Rumpf sowie Schlauchtrommeleinheit auch untereinander betanken, dienten aber inzwischen vorwiegend dazu, künftige Mirage IV-Bomberpiloten mit der Betankung in der Luft und den

Mehrere Vautour II A und N operierten während der Atomwaffentests über Französisch-Polynesien und nutzten modifizierte Martel-Raketen zum Daten- und Partikelsammeln. Im Vordergrund zwei Matra 637, die direkt in die Atompilzwolke geschossen wurden. (Foto: DR via Jean-Jaques Beugnet)

dazugehörigen Facetten der Betankungstechnik vertraut zu machen. Ab dem Frühjahr 1969 wurden außerdem zehn Bomber als Vautour II BGE zu Flugzeugen für elektronische Kampfführung umgerüstet und mit extern mitgeführten Chipiron-Störanlagen sowie teils mit ALE-2-Täuschkörperwerfern versehen. Inzwischen waren einige Bomber fähig, im Bedarfsfall sowie gleichermaßen als Übergangslösung bis zur Verfügbarkeit der Mirage IV Atombomben des Typs AN 11 einzusetzen und probten dazu auch das weithin bekannte Schleuderwurfverfahren. Bei simulierten Angriffsflügen mit Nuklearwaffen wurde ein Bomber generell von einer zweiten Maschine begleitet, die ausschließlich für das Nachtanken in der Luft zuständig war. Zwischen 1968 und 1971 erfuhren etliche Maschinen ein Modernisierungsprogramm als „Jouvence Vautour" oder auch „Jouventour" genannt. Es betraf vorwiegend die elektrischen und hydraulischen Systeme der Flugzeuge, strukturelle Baugruppen sowie einen neuen Korrosionsschutz. Eine erste Vautour II B flog in dieser Konfiguration ab Juli 1969.

Zum 1. September 1974 wurden beide Bomberstaffeln aufgelöst, das Geschwader selbst und seine Vautour blieben bestehen. Nach insgesamt 153.000 Flugstunden auf der Vautour II erfolgte schließlich im September 1978 die Deaktivierung des Geschwaders und die Einstellung des Betriebes zum Jahresende. Eine Handvoll Flugzeuge überlebten und dienten noch Zielschleppflügen in Casaux, bis auch hier der Einsatz des Typs endete. Ein letzter Flug im Dienst der französischen Luftwaffe, es war der einer Vautour II B, fand im Januar 1980 statt. Weit bis ins darauffolgende Jahrzehnt verwendeten Hersteller wie Matra und Thomson CSF zusammen mit dem CEV aber noch Maschinen als Testflugzeug für Waffen, Avionik- und Radargeräte.

Die Vautour II galt zum Zeitpunkt ihres Dienstantritts als eines der ausgereiftesten Kampfflugzeuge Westeuropas. Sie verfügte über akzeptable Leistungen und glänzte bei gemeinsamen Manövern mit alliierten oder befreundeten Streitkräften mehrmals mit überragenden Ergebnissen und erwies sich zugleich als stabile Kanonenplattform. Im regulären Einsatz wünschte man sich allerdings eine größere Reichweite und eine besser funktionierende Klimaanlage, gleichfalls erwies sich das komplexe Flugzeug als wartungsintensiv und teuer. Ein Manko, gerade bei den Bombern, stellte das Fehlen von modernen Feuerleitsystemen sowie eine fortschrittliche Bewaffnung in Form von präzisen Luft-Boden-Lenkwaffen dar. Die französische Politik zielte darauf ab, einheimische Produkte zu verwenden. So kam es zum Einbau mangelhafter und unausgereifter Bau- und Ersatzteile, auf dem Gebiet der Avionik- und Feuerleitsysteme reichte man bspw. noch nicht an britische oder US-amerikanische Systeme heran. Zweifellos Gründe für eine eher durchschnittliche Dienstzeit. Weiterentwicklungen, mitunter als Super Vautour betitelt, waren mit stärker gepfeilten Tragflächen, stärkeren Nachbrennertriebwerken sowie einem fortschrittlichen Radar und für Leistungen bis in den Mach 2-Bereich geplant, allerdings schon Ende der 1950er Jahre verworfen worden.

Produktion und Versionen

Nach drei Prototypen und sechs Vorserienmaschinen liefen ab 1955 insgesamt 140 Serienexemplare vom Band – 30 der Baureihe Vautour II A, 40 der Baureihe B sowie 70 der Baureihe N. In die Produktion der Flugzeuge waren annähernd 300 Unternehmen involviert, selbst Breguet und Dassault fungierten als Zulieferer, Hispano-Suiza stellte das Fahrwerk her. SNCASO, ab 1957 Sud Aviation fertigte in Bouguenais Tragflächen samt Triebwerksgondeln, in Rochefort den Hinterrumpf und Leitwerke, in Courbevoie verschiedene Einbauten wie Schleudersitze, Cockpitdach und andere Kunststoffteile, in Saint-Naziere den vorderen und mittleren Rumpfabschnitt, während im angrenzenden Gron-Werk die Endmontage und das Einfliegen erfolgte. Die letzte Serienmaschine, eine Vautour II N, lieferte der Hersteller im Juli 1960 aus. Die Versionen im Einzelnen waren:

Vautour II A, einsitzige Version als Jagdbomber zur Luftnahunterstützung, Bewaffnung mit Bordkanonen, Bomben und ungelenkten Raketen, Atar 101-Triebwerk in unterschiedlichen Baureihen, Erstflug Serienmaschine 30. April 1956, regulärer Einsatz nur in israelischer Luftwaffe

Vautour II B, zweisitzige Ausführung als Bombenflugzeug, keine Bordkanonen, Bewaffnung intern und extern, Atar 101-Triebwerk der Baureihen E-3 und E-5 als Antrieb, verringerter interner Kraftstoffvorrat, Erstflug Serienmaschine 27. Juli 1957

Vautour II BGE, etwa zwölf zu Störflugzeugen umgerüstete II B mit externen Störbehältern, ab März 1969 übergeben, Fähigkeit für Bombenangriffe blieb erhalten

Vautour II BPP, NPP und NRA, mitunter verwendete Bezeichnung für II B- und N-Flugzeuge, die zum Fotografieren, Messen, Luftproben und Daten sammeln bei den von 1966 bis 1974 durchgeführten Atomtests mit dazugehörigem Equipment genutzt wurden

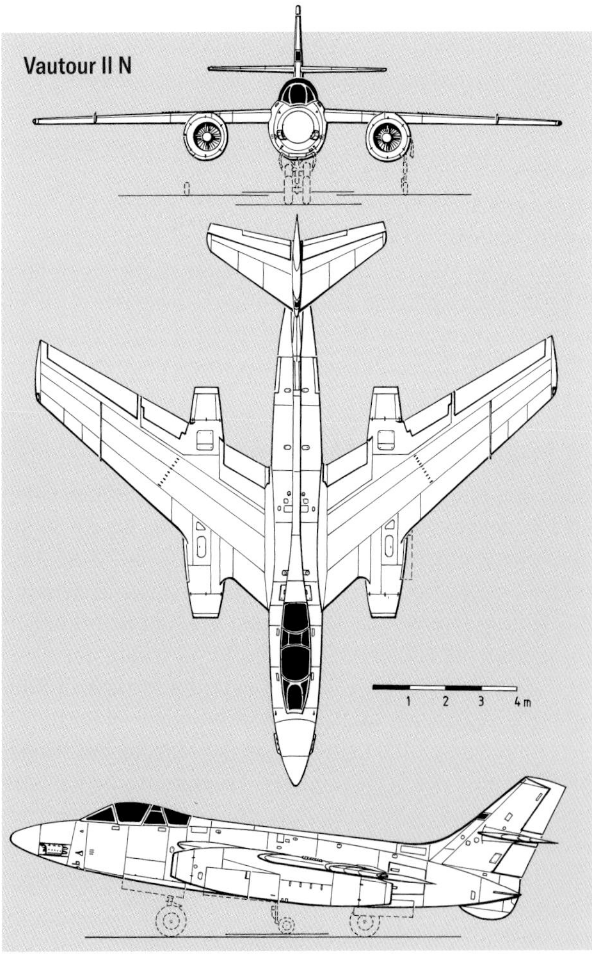

Vautour II BR, Verwendung bzw. Umbau von Bombern zu Aufklärern mit entsprechender, intern untergebrachter Kameraausrüstung, ab Ende 1958 übergeben mit Sekundärrolle als Bomber

Vautour II BTT, inoffizielle Bezeichnung einiger Maschinen als Zielschleppflugzeug

Vautour II N, zweisitzige Variante als Allwetterjäger mit Bordkanonen, ungelenkten und gelenkten Raketen als Bewaffnung, verschiedene Baureihen des Atar 101 als Antrieb, Bordradar zur Zielsuche und -erkennung, Erstflug Serienmaschine 10. Oktober 1956

Aufbau, Ausstattung und Bewaffnung

Die in Ganzmetallbauweise hergestellte Vautour II bediente sich erstmals einiger neuer Fertigungsverfahren wie der Metallklebetechnik und verzichtete beim Bau der Rumpfzelle auf Querversteifungen. Sie nutzte ein oberhalb der Rumpfmitte angesetztes Tragwerk mit 35 Grad Vorderkantenpfeilung, mit Fowlerklappen und Querrudern an der Hinterkante und ergänzt um einen halbrunden Grenzschichtzaun auf der Oberseite. Aerodynamisch an die Tragflächen angepasst wurden die beiden Triebwerksgondeln an der inneren Sektion. Sie nahmen verschiedene Baureihen des nachbrennerlosen Atar 101 auf. So erhielten einige Vautour II A und N zwei Atar 101D-3 mit je 27,65 kN Schub, ein Großteil der Vautour II A, zunächst alle II B sowie etwa acht II N zwei Atar 101E-3 mit je 34,32 kN und eine Vautour II A, 60 II N sowie als Umrüstmaßnahme einige II B zwei Atar 101E-5 mit je 36,28 kN Schubkraft. Intern standen der Vautour II A sowie der Vautour II B 5210 l (manchen Quellen zufolge 5360 l) und der Vautour II N 4300 l Kraftstoff zur Verfügung. In die Bomberversion ließen sich in den Waffenschacht ein bis zwei zusätzliche Behälter mit jeweils 1500 l einbauen, ferner war die Mitnahme von zwei externen Abwurftanks unter den Tragflächen möglich. Hier gab es unterschiedlich große Behälter mit einem Volumen von je 625 oder 1300 Liter. In der Version B begann der Rumpf mit einer Glaskanzel für den Navigator/Bombenschützen, bei den beiden anderen Ausführungen war der Bug verkleidet. Bei der Vautour II N befand sich dahinter ein Radargerät, gefolgt von weiteren Avionikgeräten inklusive Funkausrüstung. In der unteren Sektion befanden sich bei den Varianten A und N die vier Bordkanonen, gefolgt vom Schacht des vorderen Hauptfahrwerkes. Die beiden doppelt bereiften, mit Niederdruckreifen ausgestatteten Hauptfahrwerke waren tandemartig angeordnet und wurden von seitlichen, einfach bereiften Stützrädern ergänzt, die in die Triebwerksgondeln einfuhren. Auf der Oberseite des Rumpfes befand sich bei den Baureihen A und B eine Einmanndruckkabine, während die Vautour II N über ein Tandemcockpit für Pilot und Navigator/Radaroperateur verfügte. Diese saßen beide auf Schleudersitzen E.96 als Lizenzprodukte von Martin-Baker. Bei der Bomberausführung B kam für den Bombenschützen/Navigator ein E.97 hinzu. Hinter dem Cockpit gab es weitere Avionikkomponenten, Kraftstofftank und Waffenschacht. Letzterer nahm bei der Vautour II N ein Raketengestell und die dazu passenden Geschosse auf, konnte auch als Reservoir für zusätzliche Kraftstofftanks genutzt werden. In der Variante B waren hier Freifallwaffen üblich. Im Betrieb öffneten sich die Bombenschachtklappen nach innen und der gesamte obere Teil des Schachtes samt Waffenzuladung schob sich automatisch nach unten, dicht an die Öffnung. Am hinteren Rumpfabschnitt folgten auf jeder Seite eine große, ausklappbare Luftbremse, unter dem Heck eine Stabilisierungsflosse und schließlich das Leitwerk. Das Seitenruder war geteilt, die Höhenflosse anfangs in zwei Hälf-

Cockpit des Piloten in der Vautour II B. (Foto: Jean-Jaques Beugnet)

Technische Daten	Vautour II A	Vautour II B	Vautour II N
Verwendung	Jagdbombenflugzeug	Takt. Bombenflugzeug	Allwetterjagdflugzeug
Besatzung	1	2	2
Triebwerk	zwei SNECMA Atar 101D-3 mit je 27,65 kN oder zwei Atar 101E-3 mit je 34,32 kN oder Atar 101E-5 mit je 36,28 kN	zwei SNECMA Atar 101E-3 mit je 34,32 kN oder zwei Atar 101E-5 mit je 36,28 kN	zwei SNECMA Atar 101D-3 mit je 27,65 kN oder zwei Atar 101E-3 mit je 34,32 kN oder zwei Atar 101E-5 mit je 36,28 kN
Spannweite (m)	15,09	15,09	15,09
Länge (m)	17,55	17,27	17,55
Höhe (m)	4,94	4,94	4,94
Flügelfläche (m^2)	45,10	45,10	45,10
Tragflächenbelastung max. (kg/m^2)	403	403	403
Leermasse (kg)	10.245	10.580	10.470
Startmasse max. (kg)	20.700	20.700	20.700
Höchstgeschwindigkeit (km/h)	1100	1084	1105
Steiggeschwindigkeit (m/s)	60	70,5	60
Landegeschwindigkeit (km/h)	310	310	310
Dienstgipfelhöhe (m)	15.240	15.240	12.190
Reichweite (km)	3300 mit Zusatztanks	3050 mit Zusatztanks	2575 mit Zusatztanks
Aktionsradius (km)	1250	1200	1200
Startstrecke (m)	900 - 1200	900 - 1200	900 - 1200
Landestrecke (m)	1200	1200	800 mit Bremsschirm
Bewaffnung	vier 30-mm-MK, Bomben, ungelenkte Raketen im Rumpfschacht und an vier Aufhängepunkten	bis 4400 kg Bomben, ungelenkte Raketen im Rumpfschacht und an vier Aufhängepunkten	vier 30-mm-MK, ungelenkte und gelenkte Raketen im Rumpfschacht und an vier Aufhängepunkten

Markant an der Vautour II waren gepfeilte Tragflächen mit großen Triebwerksgondeln, die SNECMA-Turbinen mit Nachbrenner aufnahmen. (Foto: Ray Watkins Collection)

ten getrennt, später modifiziert zum voll beweglichen Pendelruder. Mit dem neuen Höhenleitwerk verringerte sich die Gesamtlänge der Vautour II B und N auf 17,12 m, seitdem werden diese Umbaumaschinen auch Vautour II B1 und N1 genannt. Im Heck waren zudem Teile der Avionik- und Funkausrüstung sowie ein Bremsschirm verstaut, der die Landestrecke um mehrere Hundert Meter verkürzen konnte. Zur Avionik der Vautour II gehörten auszugsweise:

- UHF-Funkausrüstung TRAP 22A
- VHF-Funkausrüstung TRAP 23, SARAM 5-52
- TACAN Hoffman AN/ARN-21
- Visier SFOM Type 83
- Bombenzielgerät Mk.9 von Norden, später Derveaux
- Freund-Feind-Erkennung AN/APX-6, AN/APX-25
- Funkkompass Bezu NRAN-5, NRAN-8 sowie Kreiselkompass Bezu Type 331, Höhenmesser Type 400A, Machmeter von Badin, Autopilot und in der Version als Allwetterjäger ein Radar. Hier nutzten die ersten 45 Maschinen der französischen Luftwaffe ein DRAC 25A von CSF mit bis zu 25 km Reichweite, die nachfolgenden ein stärkeres DRAC 32A mit rund 35 km Reichweite. Vautour II BGE führten extern Störbehälter vom Typ ARAB 04 Chipiron mit.
- Die festinstallierte Bordbewaffnung bestand bei Vautour II A und N aus vier 30-mm-Kanonen, anfangs DEFA 551, aber schon bald DEFA 552 mit einem Munitionsvorrat von 100 Granaten pro Waffe. Die Kanonen konnten alle zusammen oder paarweise abgefeuert werden. Beide Vautour-Baureihen verfügten auch über die Möglichkeit, das Matra-Raketengestell M 104A mit den 104 intern verstauten ungelenkten 68-mm-SNEB-Raketen zu verwenden. Der Einbau zwei solcher Systeme wurde aus Sicherheitsgründen und in letzter Konsequenz nach einem schweren Unfall nicht serienmäßig umgesetzt. Weitere Bewaffnungsoptionen bis zu einem Gesamtgewicht von 4400 kg, intern und extern an vier Aufhängepunkten mitgeführt, waren (in Klammern jeweilige Version):

- ungelenkte 68-mm-Raketen M 61 (**II A, N**)
- ungelenkte 105-mm-Raketen T 10 (**II A, N**)
- Abschussbehälter Matra M 116E mit je 19 ungelenkten 68-mm-Raketen SNEB (**II A, B**) oder M 61 mit sechs ungelenkten 120-mm-Raketen (**II A, B, N**)
- Sprengbomben zu je 50-, 100-, 120-, 227-, 340-, 454-, 500-kg (**II A, B**)
- Pistenzerstörer Dibber / Condib-70 zu je 70 kg (**II A, B**)
- Atombomben AN 11, AN 22 (**II B**)
- 460-l-Napalmbehälter (**II A, B**)
- gelenkte Luft-Luft-Raketen Matra R 511, Nord AA 20 (**II N**)

Nutzer der Vautour II

Frankreich begann die Zuführung der Vautour II N an reguläre Einsatzverbände, nachdem die ersten Serienmaschinen die Testeinrichtungen CEV und CEAM sowie die Bombenfliegerschule CIB 328 erreicht hatten. Die Vautour II N nahm den Dienst zuerst bei der in Tours stationierten Allwetterjagdstaffel ECTT 3/30 im Juni 1957 auf, im darauffolgenden Jahr war auch die erste Staffel des Geschwaders mit dem Flugzeug einsatztauglich. ECTT 2/6 folgte 1960 und wurde zwei Jahre später mit ECTT 2/30 zusammengelegt. Die Bomberversion gelangte zuerst im März 1958 zur Staffel EB 1/92 nach Cognac, zum Jahresende folgte EB 2/92 und beide waren später Teil des Geschwaders EB 92. Hier befanden sich auch mehrere Vautour II A für Versuche und Übungen mit Luftbetankungen. Nach der Einstellung des Einsatzbetriebes bei EB 92 Ende 1978 dienten einige der Vautour II B noch als Zielschlepper in der kurzzeitig aktivierten Staffel ER 05/106 in Casaux, bis auch hier eine letzte B-Maschine im Januar 1980 einen letzten Flug unternahm. Vautour II flogen aber auch bei der Staffel EM 85 für das Centre d'Expérimentations du Pacifique. Die im Juli 1965 aufgestellte Einheit operierte von der Basis Hao (BA 185), Französisch-Polynesien aus ab Mai 1966 mit mindestens zwei Vautour II B sowie acht Vautour II N, um bei den Atomwaffentests Frankreichs Partikel in der Luft und zahlreiche Daten zu sammeln. Hierzu dienten Aufnahmebehälter für Luftproben sowie modifizierte Luft-Boden-Raketen des Typs Martel, die in die radioaktiven Wolken geschossen und nach der Aufnahme von Proben geborgen wurden. Die Crews stellte vor allem das Geschwader EB 92, die sich mit den Flugzeugen bis 1974 an den Kampagnen beteiligten. Alle involvierten Vautour II BPP, NRA und NPP, bis auf ein oder zwei Exemplare, wurden aus Angst vor Kontaminierung im Meer versenkt, die

Der Bomber Vautour II B nahm den Dienst beim Geschwader EB 92 im Frühjahr 1958 auf, zunächst bei EB 1/92 und zum Jahresende bei EB 2/92. Zur letztgenannten gehörte die Maschine in der oberen Ansicht. Hinter der Bugverglasung ein Staffel-artwork und weiter oben die Aufschrift Vautour II B sowie Hinweisschilder. Etwas farbenfroher präsentiert sich die Vautour II N darunter. Sie gehört zum Verband ECTT 2/30, einer in Reims stationierten Allwetterjagdstaffel mit dem bekannten Zusatznamen „Normadie-Niémen. Rote Streifen zieren Rumpfseiten und Triebwerke, am Bug die Aufschrift Vautour II N sowie die taktische Kennung und am Leitwerk das Staffelwappen. Ganz unten ein Jagdbomber Vautour II A der israelischen Luftwaffe mit der Kennziffer ‚116' am Vorderrumpf. Im Original wurde sie Ende 1957 an Israel verkauft, gelangte zur No 110 Sqn auf die Ramat-David-Luftwaffenbasis, stürzte aber 1962 ab. Sie ist mit der früheren Tarnbemalung aus dunklen braunen und blau-grauen Tönen versehen, die Bugspitze ist rot, die Leitwerksoberkante schwarz. (Grafik: Srecko Bradic)

Auflösung von EM 85 erfolgte im Mai desselben Jahres. Ebenfalls 1974 hatte ECTT 3/30 einen letzten Flug mit einer II N-Einsatzmaschine im Juni absolviert.

Frankreichs Luftwaffe erhielt etwa 110 Vautour II-Serienmaschinen, das heißt mindestens 11 der A-, 36 der B- und 63 der N-Baureihe und absolvierte mit diesen mehrere Hunderttausend Flugstunden. Im Dienst mussten etwa zwei Dutzend Exemplare wegen Abstürzen und Unfällen am Boden abgeschrieben werden.

Israel erhielt die ersten Vautour II zur Jahresmitte 1957, deren Existenz für mehrere Monate geheim gehalten wurde. Einige wenige Exemplare wurden erst Ende der 1960er Jahre nachgeliefert. Immerhin erhielt Israel mit insgesamt 19 die meisten der gebauten Vautour II A und fasste diese gemeinsam mit vier II B in einer Staffel, der No 110 Sqn auf der Ramat David-Luftwaffenbasis zusammen. Die No 119 Sqn auf der Basis Tel Nof flog dagegen die Jägerversion N in acht Exemplaren. Für Israels Luftwaffe war die Vautour II eine willkommene Verstärkung, konnte man doch in mancher Hinsicht den „Langstreckenbereich" mit ihr abdecken. Im März 1962 erfolgten die ersten und danach wiederholte Attacken auf syrische Artilleriestellungen auf den Golan-Höhen, bis 1967 der Sechs-Tage-Krieg ausbrach und die israelische Luftwaffe aufs Ganze ging. Am ersten Tag des Konflikts beeinträchtigten Vautour II N die ägyptische Luftverteidigung mit Störsignalen und machten damit den Weg für den Präventivschlag der israelischen Luftwaffe frei. Bei diesem bombardierten 19 Vautour II der No 110 Sqn in mehreren Wellen arabische Flugplätze zum Teil in großer Entfernung zu den Heimatbasen und konnten zahlreiche Flugzeuge am Boden zerstören. Bodentruppen und Luftabwehrstellungen waren in der Folgezeit weitere Ziele, die auch von der Jägervariante N angegriffen wurden. Bei verschiedenen Luftgefechten konnte eine Vautour am 6. Juni 1967 eine irakische Hunter abschießen, am Folgetag fielen je eine Vautour II A und N irakischen Hunter-Piloten zum Opfer. Noch im selben Jahr wie auch in den darauffolgenden führten israelische Vautour weitere Aufklärungs- und Angriffsflüge gegen arabische Positionen durch, bis die meisten dieser Flugzeuge nach einem neu erklärten Waffenstillstand im August 1970 eingelagert wurden. Missionen zur Aufklärung und elektronischen Kampfführung fanden bis Anfang der 1970er Jahre ihre Fortsetzung, doch mangelte es zusehends an Ersatzteilen und Konzeption sowie Leistungsfähigkeit der Vautour galten inzwischen als überholt. Während der Dienstzeit, die 1972 endete, waren mindestens 15 Maschinen wegen Unfällen und Einwirkung durch den Kriegsgegner als Verluste zu verzeichnen.

Einsatzverbände (Auswahl)
Frankreich
ECTT 2, 30, EM 85, EB 92, ER 05/106, CIB 328
Israel
No 110, 119 Sqn

Dassault Super Mystere B 2

Innerhalb der französischen Luftwaffe wurde der Dienst mit der Super Mystere B 2 im Jahr 1958 aufgenommen, diese Maschinen gehören noch 1971 zur ersten, mit dem Typ ausgerüsteten Einsatzstaffel EC 1/10 in Creil. (Foto: Eric Bannwarth)

Historie

Die Mystere IV B war noch nicht geflogen, als die Dassault-Ingenieure, basierend auf diesem Flugzeug, an einer nochmals besseren Variante mit Geschwindigkeiten für den schallnahen bis in den Überschallbereich tüftelten. In gewisser Weise diente zudem die größere und schwerere F-100 Super Sabre als Vorbild. Der Rumpf der Mystere IV bot genug Raum für einen anderen, vor allem stärkeren Antrieb und auch das Tragwerk lieferte Grundlagen zur Fortentwicklung. Bei nochmals verminderter relativer Dicke geriet nun eine Vorderkantenpfeilung von 45 Grad mit hohem Streckungsverhältnis zur Anwendung. Für den Anfang ging man dabei bewusst das Risiko des plötzlichen Strömungsabrisses und einer mangelnden Längsstabilität bei niedrigen Geschwindigkeiten ein, um diese unliebsamen Eigenschaften später mit verschiedenen Maßnahmen und letztlich hauptsächlich mit neuen, überhängenden Flügelvorderkanten stark einzuschränken.

Das zunächst Super Mystere IV B 1, dann nur Super Mystere B 1 genannte erste Versuchsflugzeug wurde ab Mitte 1954 zusammengebaut. Es zeichnete sich durch das neue, stärker gepfeilte Tragwerk, ein größeres, einteiliges Höhenleitwerk, eine stärker gepfeilte Seitenflosse, einen Rumpf mit flacher, ovaler Bugnase als Lufteinlass und ein Avon-Strahltriebwerk von Rolls-Royce aus. Das lieferte trocken 36,67 und mit Nachbrenner 44,72 kN Schubkraft. Am 2. März 1955 steuerte Paul Boudier die Super Mystere B 1 zum Erstflug und überschritt schon beim vierten Einsatz am Folgetag in 9800 m die Schallgrenze im Horizontalflug. In den folgenden Wochen wurde diese Fähigkeit mehrmals demonstriert und auch sonst konnten weitere gute Eigenschaften ermittelt werden. Hierzu gehörten akzeptable Steigleistungen und Rollraten, zum anderen kündigte sich ein Strömungsabriss bei 315 km/h mit einer leichten Neigung an und erlaubte ohne in Panik zu verfallen eine angemessene Reaktion. Flüge im schallnahen Bereich waren in Höhen um 1500 m zudem von kleineren Stößen nach links oder rechts geprägt. Für weitere Testreihen erfolgte noch im März die Übergabe des Flugzeugs an das CEV und bald auch die Umsetzung von Modifikationen. So wurden die Querruder verkleinert, die Höhenflosse an einer höheren Position montiert, die Seitenflosse leicht gekürzt und eine stärkere Servosteuerung eingebaut. Auch US-Piloten testeten mehrmals die Super Mystere B 1. Letztlich konnte diese gegenüber der Mystere IV B mit einer besseren Beschleunigung, einer besseren Manövrierfähigkeit und höheren Maximalgeschwindigkeiten punkten, was hauptsächlich auf das neue Tragwerk in Kombination mit dem Antrieb zurückzuführen war. Trotzdem gab es Kritik am Triebwerk, insbesondere bei Flügen in großen Höhen und an der fehlenden Steuerbarkeit des Nachbrenners. Das führte beim Generalstab der Luftwaffe zu der Entscheidung, künftig das einheimische Atar 101G mit Nachbrennerstufe zu verwenden. Diese Entscheidung fiel trotz der Möglichkeit, das britische Avon, auch in der verbesserten Baureihe RA.21 relativ kurzfristig bei Hispano-Suiza in Lizenz fertigen zu können. Und sie führte schlussendlich dazu, dass Hispano-Suiza komplett aus der Triebwerksproduktion ausstieg.

Noch im Frühjahr 1955 erfolgte die Auftragsvergabe zum Bau von fünf als Super Mystere B 2 genannten Vorserienflugzeugen an Dassault, die sich vor allem im Antrieb von der B 1 unterschieden, aber auch von kleineren Änderungen etwa am Fahrwerk oder dem Kabinendach gekennzeichnet waren. Beim 40minütigen Erstflug der B 2-01 am 15. Mai 1956 saß Testpilot Gérard Muselli im Cockpit und hatte bei einem leichten Sturzflug ohne Zuschaltung des Nachbrenners Überschallgeschwindigkeit erreicht. Beim

Das erste Exemplar als Super Mystere B 2-01 fällt durch die noch stark verstrebte Cockpithaube auf. Sie flog erstmals im Mai 1956. (Foto: DR via Jean-Jaques Beugnet)

Verschiedene Bewaffnungsmöglichkeiten werden hier an einer SMB 2 gezeigt. Neben den 68-mm-Raketen des internen Rumpfgestells vorn sind von innen nach außen die DEFA-Kanonen samt Munition, Luft-Luft-Raketen AA 20, Raketenbehälter Matra 116 und Matra 122, ungelenkte T 10-Raketen in der ersten sowie 625-l-Zusatztanks, 460-l-Napalmbehälter, 500-, 200-, 100- und 50-kg-Bomben in der zweiten Reihe zu sehen. (Foto: Dassault Aviation)

Die markante Schubdüse der SMB 2 entstand durch Temperaturprobleme im hinteren Teil des Rumpfes beim Nachbrennereinsatz. Der untere Abschnitt wurde daraufhin modifiziert, machte das untere Ende des Atar-Triebwerks sichtbar und sorgte für die eigenwillige Mützenform, in Frankreich als „croupion-casquette" betitelt. (Foto: Espace Patrimoine Safran)

zweiten Flug im Juni wurde auch der Nachbrenner genutzt und schon bald noch höhere Geschwindigkeiten nachgewiesen. Beim 133. Flug, den im Januar 1957 Jean-Marie Saget durchführte, stieg die Machzahl auf bemerkenswerte 1,4. Doch im Allgemeinen beurteilte man die Leistungen zunächst schlechter als die der Super Mystere B 1 mit dem Avon-Triebwerk.

Eine andere ungünstige Eigenschaft bestand aus einem Gierproblem, einem Aufbäumen des Vorderrumpfs, verbunden mit Instabilitäten in der Längsachse. Hier versuchte es Dassault mit modifizierten Tragflächen, bei denen gut 40 % der äußeren Vorderkanten mit einem gewölbten Vorflügel versehen wurden und damit eine Art Sägezahn entstand. Tragflächen mit Sägezahnvorderkante wurden zuerst ab Juli 1957 an der Super Mystere B 1 erprobt und tatsächlich verbesserten sich die Längsstabilität oder auch die Kurvenflugeigenschaften.

Schon im Juli 1956 war die zweite Super Mystere B 2 in der Luft und diente danach in erster Linie dem CEV, ab 1958 Versuchen zu Systemen der Flugsteuerung, auch im automatischen Regime. Ebenfalls im Juli 1956 flog auch die B 2-03 erstmals. Sie übernahm Verbrauchsmessungen sowie Untersuchungen zum Kraftstoffkreislauf, testete außerdem verschiedene Kraftstoffarten, das Entlüften von Leitungen und Tanks oder auch Luftbremsen und 825-l-Abwurftanks. Letztere wurden hauptsächlich aus Standardisierungsgründen innerhalb der französischen Luftwaffe aufgegeben. Mit zusätzlichen Tests in Afrika konnten die Untersuchungen zu Triebwerk, dem Verbrauch und ähnlichem unter nochmals anderen Umweltbedingungen fortgesetzt werden. Ab November 1956 flog auch B 2-04 und absolvierte Leistungsüberprüfungen bis in den Geschwindigkeitsbereich von Mach 1,46, sie erprobte verschiedene Bremsschirme oder auch den von Derveaux hergestellten Radarentfernungsmesser 168A. Das wiederum diente der Zielerkennung für die 4 km weit reichende Luft-Luft-Lenkrakete Nord 5103 (AA 20), die per Funkleitstrahl ins Ziel gelenkt und ab 1956 in mehreren Tausend Exemplaren gebaut wurde. Sie war zugleich als Bewaffnung für die Super Mystere B 2 in der Jägerfunktion gedacht. Im Januar 1957 startete schließlich die Vorserienmaschine B 2-05 zum Erstflug und diente nachfolgend vorwiegend Avionik- sowie Waffentests. Hierbei wurden mehrmals ungelenkte Raketen bei Überschallgeschwindigkeit abgefeuert, was teilweise zu Triebwerksaussetzern und Beeinträchtigungen der aerodynamischen Eigenschaften führte. Ferner arbeitete das CEV mit diesem Flugzeug Missionsprofile für die Super Mystere aus und testete mit ihr in den 1960er Jahren Komponenten anderer Typen.

Für die Serienproduktion sollte praktisch die in Aussicht gestellte Order über bis zu 150 Mystere IV B in zunächst 150 Super Mystere B 2 umgewandelt werden, entsprechende Verhandlungen zwischen Hersteller und dem Luftfahrtministerium zeitigten im Frühjahr 1955 einen entscheidenden Durchbruch. Der beinhaltete die bereits erwähnte Order über fünf Vorserienflugzeuge sowie zunächst 40 Serienmaschinen Super Mystere B 2 samt Ersatzteilen, Werkzeugen zur Wartung und dem Service, zugleich auch den Auftrag über 100 Exemplare des Vorgängers Mystere IV A mit dem Verdon-Triebwerk. Die Bestellung zur Super Mystere erhöhte sich später auf 220, um zum Schluss wieder auf insgesamt 178 Serienexemplare reduziert zu werden. Dassault hatte sich mehr als die doppelte Anzahl erhofft, doch mit umfangreichen Budgetkürzungen, die auch andere Programme wie bspw. die Vautour II betrafen, wurde die Anzahl der Flugzeuge verringert und entsprechend den Beschaffungsplänen der französischen Luftwaffe im Oktober 1959 finalisiert. Im Sinne der französischen Industriepolitik und den dazugehörigen Aufsichtsbehörden sollte die Serienproduktion der Super Mystere B 2 wie in den vorherigen Programmen mit Aufträgen an andere Unternehmen aufgeteilt werden, andererseits war die Kapazität bei Dassault, insbesondere die Verfügbarkeit an gut ausgebildeten Beschäftigten, noch zu gering (seinerzeit arbeiteten rund 7500 Menschen bei Dassault). Die Kontrolle der gesamten Fertigung lag zumindest symbolisch bei Dassault, wo in Merignac auch wieder die Endmontage der Flugzeuge erfolgte. Mit dem Serienanlauf erfolgte die Einführung neuer Fertigungsverfahren inklusive der Nutzung von automatisch gesteuerten Werkzeugmaschinen und die zunehmende Verwendung von Leichtmetall.

Die erste Serienmaschine der Super Mystere B 2, kurz auch SMB 2 genannt, wurde am 26. Februar 1957 eingeflogen und bis Jahresende erfolgte die Auslieferung von insgesamt 15 Exemplaren. Die ersten dieser Flugzeuge wiesen noch zahlreiche Unterschiede zu den nachfolgenden sowie eine eingeschränkte Verfügbarkeit auf, dienten natürlich auch weiteren Tests mit dem Antrieb und den Waffen oder auch als Ersatzteilspender. Mit dem Serienstart beschloss man zudem verschiedene Änderungen einschließlich dem Austausch von Entfernungsmesser und Funkkompass, des E.96-Schleudersitzes gegen einen Republic RAC 10-100, der bei Sud Aviation in Lizenz gebaut wurde, außerdem Strukturverstärkungen, die Verwendung der größeren 1300-l-Abwurftanks und der neuen, mit Sägezahn ausgestatteten Tragflächen ab Produktion oder als Nachrüstung.

Als erstes wurde ab 1958 EC 1/10 mit der Super Mystere beliefert, die sich zu diesem Zeitpunkt noch beim CEAM in Mont-de-Marsan befand. Ab Mai begann der Dienst der Staffel offiziell in Creil. Hier gestaltete sich der Einsatz mit mindestens zwölf Super Mystere im wahrsten Sinne des Wortes noch aufreibender, wurden sie doch in insgesamt 2585 Flugstunden besonders harten Belastungen unterzogen, um praktisch im Schnelldurchgang den Verschleiß an verschiedenen Baugruppen zu überprüfen sowie den Bedarf an Überholungen und Ersatzteilen dementsprechend auszuloten. Auf diese Weise konnten schnell einige Defizite erkannt werden. So arbeiteten zu Anfang Antrieb, Hydraulik, Fahrwerk oder die Querruder nicht immer einwandfrei, aber auch verschiedene Bordinstrumente wie Funkgerät, Entfernungsmesser und Visier machten zunächst einige Schwierigkeiten. Doch stellte die SMB 2 bei Dienstantritt ohne Zweifel einen Fortschritt bei Leistung sowie einigen Systemen dar, erforderte aber auch einen vergleichsweise höheren Wartungsaufwand einschließlich einer erhöhten Anzahl von Bodenpersonal sprich gut ausgebildeten Mechanikern. Als vorteilhaft erwies sich hierbei die gut funktionierende technische Unterstützung durch den Hersteller sowie eine strenge Kontrolle an Triebwerk und Zelle, die letztlich zu einem guten Allgemeinzustand der Flugzeuge und einem annehmbaren Klarstand führten. Die Verfügbarkeit betrug von Anfang an mehr als 50 %, zugleich konnten Wartungsintervalle schon bald ausgedehnt werden. Ende 1958 war auch die zweite Staffel von EC 10 mit der Super Mystere ausgerüstet und im kommenden Jahr wurde die volle Geschwaderstärke von 48 Flugzeugen erreicht. Es

Noch 1976 gehörte diese SMB 2 zu EC 1/12, im September des Folgejahres fand die Außerdienststellung statt. Das artwork am Seitenleitwerk deutet auf die Escadrille SPA 89. (Foto: Paul Bannwarth)

Das sogenannte NATO-Tiger Meet fand 1972 erstmals Frankreich, in Cambrai statt und eine SMB 2 von EC 1/12 zeigte sich im Tigerlook. Die abgebildete Maschine erinnerte 1977 im britischen Greenham Common an diese Zeit. (Foto: Eric Bannwarth)

tat sich aber auch ein gewisser Unmut auf, als unter anderem aus Budgetgründen Ersatzteile ausblieben, Personalmangel herrschte und die Piloten auf zu wenig Flugstunden kamen. Doch EC 10 mühte sich weiterhin, einen routinierten Einsatzbetrieb zu gestalten. Sie nahmen mit ihren SMB 2 an gemeinsamen Manövern mit NATO-Alliierten teil oder verlegten mehrere Male nach Nordafrika auf verschiedene Stützpunkte in Algerien. Die weiteste Verlegung und zugleich die weiteste mit Super Mystere führte EC 10 im Jahr 1961 mit mehreren Zwischenaufenthalten zu einem Manöver nach Bangkok, Thailand durch. Allerdings musste von den neun beteiligten Flugzeugen eines wegen Absturz, der durch einen Vogelschlag bei Ankara in der Türkei zustande kam, abgeschrieben werden.

Inzwischen hatte Cambrai sein Jagdgeschwader EC 12 ebenfalls mit der Super Mystere ausgestattet, zuerst die Staffel EC 1/12 im Mai, gefolgt von EC 3/12 im Juli 1959. Auch hier hatte man schon bald mit den gleichen Erfolgen und Problemen wie bei EC 10 zu tun, es erfolgten Verlegungen nach Afrika sowie die alljährlichen Schießübungen in Casaux sowie Solenzara auf Korsika. Ab 1960 waren die Piloten zum Einsatz mit der AA 20-Luftkampfrakete qualifiziert.

Zum 1. Januar 1960 befanden sich dann insgesamt 113 dieser Flugzeuge im Dienst, was den überhaupt höchsten Einsatzstand markiert. Mittlerweile konnten die Überholungsintervalle an den SMB 2 auf 750 h ausgedehnt werden und zur Jahresmitte erreichte man eine Verfügbarkeitsrate von bis zu 85 %.

EC 5 stattete als Jagdgeschwader in Orange seine beiden Staffeln ab Jahresbeginn 1961 mit der SMB 2 aus und stellte sie offiziell ab März / April in Dienst. Der Bestand mit maximal 32 Flugzeugen fiel etwas kleiner als bei den anderen beiden, mit Super Mystere ausgerüsteten Geschwadern aus, die Flugaktivitäten waren aber durchaus vergleichbar. Zum Ende des Jahres waren die Flugzeuge von EC 5 die ersten, die auf die amerikanische Sidewinder-Luftkampfrakete mit Infrarotlenkung umgestellt und dazu werksseitig modifiziert wurden. Neben den üblichen Kampagnen wurden kleinere Abteilungen mit SMB 2 von EC 5 nach Algerien verlegt.

Bis 1961 hatten die französischen Super Mystere B 2 gut 30.000 Flugstunden absolviert, begleitet von insgesamt zwölf Abschreibungen wegen Unfällen. Das war kein schlechter Wert. Zugleich pendelte sich bis 1965 bei allen drei Einsatzgeschwadern eine durchschnittliche Verfügbarkeitsrate von 60 – 70 % ein. Ab 1965 nahmen die Zwischenfälle mit dem Flugzeug zu und führten mehrmals zu kurzzeitigen Startverboten. Zur selben Zeit übernahmen SMB 2 auch Aufgaben als Zielschlepper und EC 10 begann damit, dass als Abfangjäger nicht mehr ganz zeitgemäße Muster durch die Mirage III C zu ersetzen. Bis Mitte der 1960er Jahre war auch die Umrüstung auf die Sidewinder als reguläre Einsatzwaffe vollzogen, ab Ende 1968 erfolgte die Ausstattung mit TACAN. Ab Mitte 1969 wurden schließlich die internen Raketengestelle entfernt und ab dem Folgejahr startete eine Modernisierung für rund 40 Super Mystere. Dieses MIDAS genannte Programm beinhaltete vor allem eine neue Verkabelung, einen Austausch der Ausrüstung sowie lebensverlängernde Maßnahmen. Zwanzig andere Maschinen erhielten nur eine neue Verkabelung. Im selben Jahr konnte auch die 100.000ste Flugstunde mit dem Jäger verzeichnet werden.

Das Geschwader EC 5 hatte schon 1966 mit der Ausmusterung der SMB 2 begonnen, EC 10 beendete im Juli 1974 den Einsatz. Das 12. Jagdgeschwader hingegen flog diese Maschinen weitere Jahre und im Januar 1976 waren noch 47 davon flugfähig. EC 1/12 führte schließlich im November 1977 den letzten Flug mit der Super Mystere B 2 in französischen Diensten durch.

Nach den zuvor separat beschriebenen Flugzeugen bot Frankreich auch seinen neuesten Kampfjet der israelischen Luftwaffe an. Es sollte der erste mit Nachbrennerantrieb und Überschallfähigkeit im Horizontalflug sein. Israel zögerte nicht lange und tätigte im Januar 1958 eine Erstorder über 24 Super Mystere B 2, ergänzt und gefolgt von zwei Optionen über jeweils sechs weitere Exemplare. Die Lieferungen begannen noch zum Jahresende. Von Anfang an waren die SMB 2 nicht nur als Jagdflugzeuge vorgesehen, sondern sollten auch Aufgaben zur Luftnahunterstützung, als Jagdbomber übernehmen. Hierzu wurde die No 105 Sqn in Hatzor mit den SMB 2 ausgerüstet und schon bald mussten sich diese Flugzeuge bei verschiedenen Feindberührungen bewähren. So kam es bereits 1960 zu ersten Feuerbegegnungen mit arabischen MiGs, größere Bedeutung sollten die Flugzeuge dann im Sechs-Tage-Krieg 1967 sowie im Yom-Kippur-Krieg 1973 erlangen. In zuletzt genanntem Konflikt nutzten die Israelis bereits eigens umgebaute Maschinen, die sie selbst als Sa'ar bezeichneten. Neben mehr Kraftstoff und einem Avionik-Upgrade bestand der Hauptunterschied zu den vorherigen SMB 2 im Antrieb. Hierbei handelte es sich um ein nachbrennerloses Pratt & Whitney-Aggregat J52-P-6A oder -P-8A mit maximal 37,85 oder 41,38 kN Schub. Diese Triebwerke waren gegenüber dem Atar 101 (im Nachbrennerbetrieb) damit zwar etwas schwächer, aber leichter, kürzer und vor allem sparsamer. Zudem erhielten sie ein verlängertes Schubrohr, um das Flugzeug besser vor Direkttreffern von infrarotgelenkten Raketen zu schützen und ferner zwei zusätzliche Aufhängepunkte in Rumpfnähe an den Flügelwurzeln. Somit konnte eine umfangreichere und erhöhte Waffenlast aufgenommen werden. Überhaupt belud die israelische Luftwaffe ihre SMB 2 oft mit einer erhöhten Last von 1800 kg und mehr, sodass die Startmasse auf bis zu 12.900 kg anstieg. Später kamen eigenentwickelte Waffensysteme wie die Luftkampfrakete Shafrir oder die sogenannten Dibber-Pistenzerstörer hinzu, die sich mittels Raketenantrieb in die Startbahn bohrten und später durch einen Zeitzünder explodierten.

Israel Aircraft Industries rüstete insgesamt 26 SMB 2 auf den Sa'ar-Standard um und verkaufte die meisten davon ab 1976 an Honduras. Das löste in den USA einiges an Unbehagen aus, da hierbei amerikanische Triebwerkstechnologie weitergegeben wurde. Letztendlich überholte aber ein US-Unternehmen in Texas die J52-Triebwerke im Jahr 1985, um wenigstens elf der Flugzeuge einsatzbereit zu halten. Zu jener Zeit begann die Abschreibung der honduranischen SMB 2 / Sa'ar kontinuierlich durch Havarien, Abstürze sowie die Nutzung als Ersatzteilspender zuzunehmen, bis 1992 nur noch sechs Maschinen einsatzbereit waren. Nach der Außerdienststellung 1996 kam es im folgenden Jahr zur Reaktivierung von wiederum sechs Exemplaren, im Einklang mit dem Einbau neuer Hydraulik- und Avioniksysteme sowie neuer Schleudersitze. Wegen mangelnden Finanzen wurde die Modernisierung und der Einsatz aber schon bald wieder abgebrochen und die letzten Super Mystere B 2 schließlich 1997 außer Dienst gestellt.

In Frankreich hatte man schon frühzeitig, nämlich 1955, eine leistungsstärkere Variante und ausgerüstet mit einem Atar 9-Nachbrennertriebwerk als Super Mystere B 4 vorgeschlagen. Als Allwetterjagdflugzeug gedacht, sollte sie die Zeit bis zur Verfügbarkeit der in der Entwicklung befindlichen Mirage III überbrücken und zu diesem Einsatzzweck Radar sowie eine aus Kanonen und Luft-Luft-Lenkraketen bestehende Bewaffnung erhalten. Statt dem internen Raketengestell der SMB 2 war nun ein zusätzlicher Tank vorgesehen. Die siebente sowie die zehnte Serienmaschine der Super Mystere B 2 dienten als Prototypen, wobei Gérard Muselli die erste am 9. Februar 1958 in die Flugerprobung überführte. Zuerst sollte eine Atar 9 mit 52,95 kN Nachbrennerschub, dann die Atar 9B mit 58,84 kN Nachbrennerschub zum Einbau gelangen. Beim siebenten Flug wurde erstmals die Nachbrennerstufe genutzt, beim nachfolgenden Flug Mach 1,06 in der Horizontalen sowie Mach 1,2 in einem leichten Dive erreicht. Wenige Einsätze später wurde die erste Maschine dem CEV bzw. dem ebenfalls in Istres ansässigen Triebwerksunternehmen SNECMA überstellt. Am 15. Oktober 1958 flog die zweite Maschine erstmalig, doch kam es mit der ersten Super Mystere B 4 am selben Tag zu einem Landeunfall. Sie konnte repariert werden und die Flugerprobung ab April 1959 fortsetzen, während die zweite ab dem achten Flug mit einer Atar 9B die

Die Super Mystere B 4 erhielt ein stärkeres Atar-Nachbrennertriebwerk mit verlängerter Schubdüse und sollte als Allwetterjäger zum Einsatz kommen. Letztendlich blieb es bei zwei Versuchsmaschinen. (Foto: Espace Patrimoine Safran)

Vorbereitungen für den erneuten Einsatz einer Super Mystere. (Foto: DR via Jean-Jaques Beugnet)

Landung der zu EC 1/12 gehörenden SMB 2 ‚12-YY' in Cambrai. (Foto: DR via Jean-Jaques Beugnet)

Tests weiterführte. Die Tests liefen bis 1961, zeigten aber nur unwesentliche Leistungsverbesserungen. Ganz offenkundig stand die Super Mystere B 4 bereits im Schatten der wesentlich fortschrittlicheren Mirage III und eine Serienherstellung erschien ungerechtfertigt. Das Konzept, das praktisch mit der Ouragan begonnen hatte, war mit der Super Mystere endgültig ausgereizt.

Produktion und Versionen

Dassault, in Bordeaux-Merignac mit der Endmontage der Super Mystere B 2 beschäftigt, stellte zuvor den Vorderrumpf des Flugzeugs in Argenteuil sowie die Leitwerke in Talence her. SNCASE in Toulouse fertigte den mittleren sowie den hinteren Rumpfabschnitt, des Weiteren zeichnete SNCAN in Bourges für die Produktion der Tragflügel verantwortlich. Tragflügel wurden aber auch von Dassault in Boulogne gebaut. Nach dem Super Mystere B 1 genannten Prototyp sowie fünf Vorserienflugzeugen verließen insgesamt 178 Serienmaschinen zwischen 1957 und 1959 die Werkhallen in Merignac. Es existierten folgende Varianten:

Super Mystere B 1, Prototyp mit Rolls-Royce Avon-Triebwerk, Erstflug 2. März 1955, Überschallfähigkeit, zahlreiche Tests, auch für künftige Modifikationen an Serienflugzeugen

Super Mystere B 2, Vorserien- und Serienflugzeuge mit SNECMA Atar-Triebwerk sowie gegenüber B 1 mit Änderungen an Tragwerk, Zelle, Avionik, Cockpit, Erstflug Serienmaschine 26. Februar 1957, Einsatz bis 1977 (Frankreich)

Super Mystere B 4, zwei Maschinen aus der Serienfertigung für weiterführende Tests eines Allwetterjägers mit SNECMA Atar 9-Triebwerk, geänderter Innenarchitektur und Bewaffnung, Erstflug 9. Februar 1958, bis 1961 erprobt, kein Serienbau

Sa'ar, von Israel Aircraft Industries modernisierte Variante der SMB 2 mit Pratt & Whitney-Triebwerk J52-P-6A oder -P8A und verlängerter Schubdüse, zwei zusätzliche Pylone unter den Tragflächen, erhöhte Zuladung und Startmasse, geänderte Avionik, neue Waffen, Erstflug 13. Februar 1969, insgesamt 26 Umbauten, Einsatz bis 1997 (Honduras)

Aufbau, Ausstattung und Bewaffnung

Die Super Mystere B 2 setzte die bei der Ouragan begonnene Tradition der einstrahligen, in Ganzmetall hergestellten Kampfflugzeuge mit Pfeilflügeltragwerk fort, markierte aber zugleich den Schlusspunkt dieser jeweils mit zentralem Lufteinlass versehenen Reihe. Die Außenhaut des Kampfjets bestand praktisch aus gepressten und genieteten Aluminiumblechen. Der Lufteinlass im Rumpfbug der SMB 2 war diesmal abgeflacht und von ovaler Form, verlief unter dem Cockpit sowie den Magazinen der Bordkanonen und versorgte das in der zweiten Rumpfhälfte untergebrachte Triebwerk. Hier gelangten bei den Serienflugzeugen ein SNECMA Atar 101G-2 oder ein 101G-3 mit regelbarem Nachbrenner zum Einbau, die sich eigentlich nur in ihren Startern (Elektro oder Druckluft) unterschieden. Die Schubkraft des Atar 101G-2 oder -3 betrug 33,3 kN ohne und 43,74 kN mit Nachbrenner. IAI ersetzte bei 26 SMB 2 die Triebwerke gemäß dem Sa'ar-Standard durch Pratt & Whitney J52P-6A mit 37,85 bzw. J52-P-8A mit 41,38 kN Schub. Die ersten Serienmaschinen verfügten in ihren Tragflächen auf jeder Seite über acht, die späteren über je zehn elastische Tanks, ergänzt um fünf weitere im Rumpf. Das waren insgesamt 2610 l interner Kraftstoff, an den Unterflügelstationen konnten außerdem zwei 625- oder zwei 1300-l-Zusatztanks mitgeführt werden und damit die Flugdauer erhöhen. Im oberen Teil des Rumpfbugs waren verschiedene Avionikgeräte wie Radarentfernungsmesser, Freund-Feind-Erkennungsgerät, Funk sowie Batterien untergebracht. Dann folgte das druckbelüftete, mit Panzerglas ausgestattete Cockpit mit Schleudersitz. Hier wurde serienmäßig fast ausschließlich der von Sud Aviation in Lizenz produzierte Republic RAC-10-100-7 verwendet, der einen Ausstieg ab 150 m Höhe und ab 150 km/h Geschwindigkeit erlaubte. Darunter befanden sich der Lufteinlasskanal, das Bugrad und die Bordkanonen sowie als Neuerung Auffangfächer für die Patronenhülsen, gefolgt von weiteren Avionikbaugruppen, den Rumpftanks und dem internen Raketengestell samt Raketen. Dieses wurde allerdings in den 1960er Jahren ausgebaut. Die Räder der Hauptfahrwerke fuhren in den Rumpf ein, wie das Bugrad waren auch sie jeweils einfach bereift. An den hinteren Rumpfseiten befanden sich die Luftbremsen, Lüftungsöffnungen und Zugangsklappen, während zur Erleichterung von Wartungsaufgaben das gesamte Heck abziehbar war. Das stark gepfeilte Seitenleitwerk verstaute in einem kleinen Behälter einen ausstoßbaren Bremsschirm, der die Landestrecke auf 650 m verkürzen konnte. Zu beiden Seiten befanden sich die um 47 Grad gepfeilten, voll beweglichen Höhenflossen. Das tief angesetzte, an der Vorderkante um 45 Grad gepfeilte Tragwerk besaß eine relative Dicke von 6 %, verfügte über Querruder mit hydraulischer Servosteuerung, Landeklappen und einen Sägezahn. Der kam durch die gewölbten Vorderkanten zustande, die etwa 40 % des äußeren Tragflügels ausmachten und wesentlich zur Verbesserung der Flugeigenschaften beitrugen.

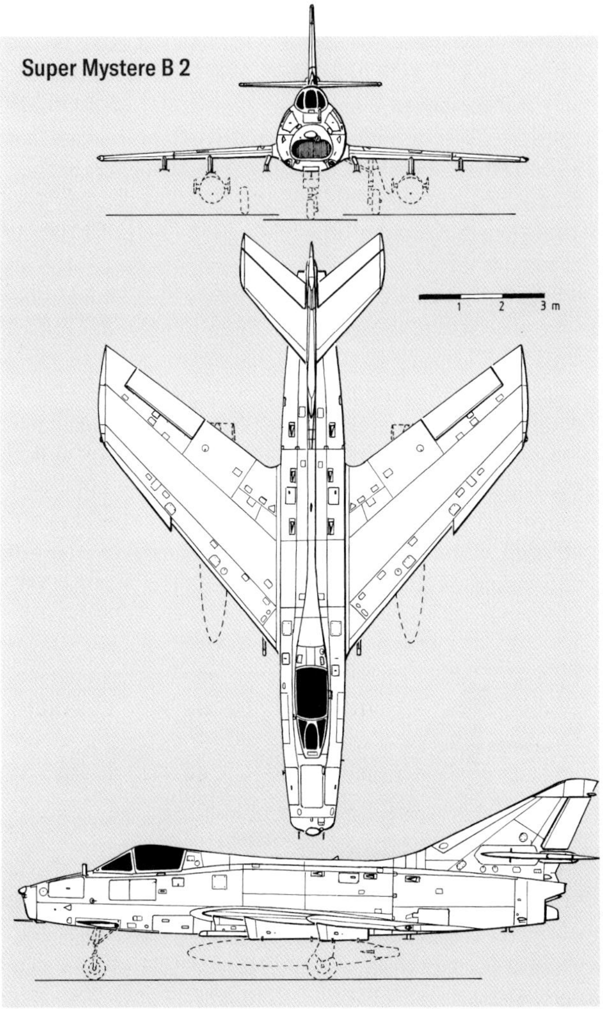

Technische Daten	Super Mystere B 2
Verwendung	Jagd / Jagdbombenflugzeug
Besatzung	1
Triebwerk	ein SNECMA Atar 101G-2 oder -3 mit 43,74 kN mit Nachbrenner
Spannweite (m)	10,51
Länge (m)	14,13
Höhe (m)	4,55
Flügelfläche (m^2)	35,15
Tragflächenbelastung max. (kg/m^2)	281
Leermasse (kg)	6932
Startmasse max. (kg)	11.845
Höchstgeschwindigkeit (km/h)	1196
Steiggeschwindigkeit (m/s)	89
Landegeschwindigkeit (km/h)	270
Dienstgipfelhöhe (m)	17.000
Reichweite (km)	1790 mit Zusatztanks
Aktionsradius (km)	440
Startstrecke (m)	1100 - 1700
Landestrecke (m)	650 - 1050
Bewaffnung	zwei 30-mm-MK, bis 1000 kg Bomben, ungelenkte und gelenkte Raketen im Rumpfschacht und an vier Aufhängepunkten

Avioniksysteme an Bord waren auszugsweise:
- UHF-Funkausrüstung TRAP 22A
- VHF-Funkausrüstung SARAM 5-52
- Visier Baudouin 100B
- Freund-Feind-Erkennung NRAI-2A
- Radarentfernungsmesser Derveaux 168A
- TACAN AN/ARN-52B
- Funkkompass NRAN 8 von Bezu sowie weitere Bordinstrumente wie Kreiselkompass von Bezu, Höhenmesser von Kollsman, Variometer und Machmeter von Badin, Beschleunigungsmesser von Jaeger.
- Die fest installierte Bordbewaffnung der Super Mystere B 2 stellten zwei 30-mm-Kanonen DEFA 552 mit einem Munitionsvorrat von jeweils 150 Granaten dar. Im unteren Vorderrumpf gab es zudem in den ersten Einsatzjahren ein ausfahrbares Abschussgestell mit einem intern untergebrachten Vorrat von 35 ungelenkten 68-mm-Raketen SNEB, die in fünf vertikalen Reihen angeordnet waren und der Bekämpfung von Luft- und Bodenzielen dienten. Weitere Waffen konnten an vier externen Aufhängepunkten bis zu einem Gewicht von 1000 kg mitgeführt werden. Auf die Sa'ar-Konfiguration gebrachte Maschinen hatten sechs Außenlaststationen und konnten 1800 kg und mehr (theoretisch werden bis zu 3000 kg genannt) zuladen. Extern angebrachte Waffen waren:
- Sprengbomben zu je 227, 400, 454 und 500 kg
- Pistenzerstörer Dibber
- 460-l-Napalmbehälter
- je 6 ungelenkte 120-mm-Raketen Brandt T 10 in Behältern Matra 61
- je 19 ungelenkte 68-mm-Raketen SNEB in Behältern Matra 116
- gelenkte Luft-Luft-Raketen Nord AA 20, Ford Philco GAR-8 / AIM-9B Sidewinder, Rafael Shafrir (nur **Sa'ar**)
- gelenkte Luft-Boden-Raketen Nord AS 30

Nutzer der Super Mystere B 2

Frankreich nahm offiziell im Mai 1958 den Dienst mit der Super Mystere B 2 auf, zuerst bei EC 1/10 in Creil. Die französische Luftwaffe bezog insgesamt 142 Exemplare, die meisten davon wurden 1958 übergeben und zwei zu Super Mystere B 4 umgebaut. Insgesamt sechs Staffeln in drei Geschwadern nutzten das Flugzeug vor allem als Jäger, später als Jagdbomber und teilweise als Zielschlepper. Im Einsatz stellte sie gegenüber den Vorgängertypen einen leistungsbezogenen Fortschritt dar, den auch schon bald die Piloten zu schätzen wussten. Ein Flugzeugführer von EC 1/12 meinte dazu (Zitat): „Die SMB 2 war ein gutes Flugzeug, insbesondere mit eingeschaltetem Nachbrenner. Bei hoher Geschwindigkeit und aktivierter automatischer Steuerung war das Fliegen sehr angenehm. Während der Schießübungen empfand ich das Flugzeug als eine relativ stabile Feuerplattform und die 30-mm-Kanonen als sehr effektiv." Trotz höherem Wartungsaufwand stieg die Verfügbarkeitsrate an, erst ab 1965 häuften sich Zwischenfälle. Zum Schluss mussten durchschnittlich zwischen fünf und sechs SMB 2 pro Jahr abgeschrieben werden. Neben den Jagdgeschwadern 5, 10 und 12 nutzte 1961 auch die Luftwaffenschule 701 in Salon-de-Provence kurzzeitig mehrere Maschinen des Typs, eine größere Anzahl flog auch für CEAM und CEV und einige wurden 1977 in Rochefort als Lehrobjekt für Mechaniker abgestellt. Ab der zweiten Hälfte der 1960er Jahre ersetzte die Luftwaffe die SMB 2 durch Mirage III C, die letzten Einsatzstaffeln waren bis Dezember 1975 EC 2/12 und bis November 1977 EC 1/12 in Cambrai. Hier fand der letzte Flug einer französischen Einsatzmaschine statt, nachdem das komplette Geschwader in all den Dienstjahren insgesamt 154.000 Flugstunden auf dem Flugzeug absolviert hatte.

Israel erhielt zwischen November 1958 und Juli 1960 insgesamt 36 bestellte SMB 2 und bezeichnete diese als Sambad. Als Teil des 4. Geschwaders erfolgte die Eingliederung in die 105. Staffel in Hatzor. Sie füllten neben der Funktion als Jagdflugzeug später zunehmend die Mehrzweckrolle aus und vorwiegend Jagdbombereinsätze durch. Hierauf richtete sich auch zunehmend der Fokus bei der Ausbildung der israelischen Super Mystere-Piloten. Von Anbeginn ihrer Einsatzlaufbahn hatten diese Flugzeuge häufig mit gegnerischen Verbänden zu Lande und in der Luft Konflikte ausgetragen, wobei die ersten Feindberührungen in der Luft ohne wirkungsvolle Schusswechsel verliefen. Im März 1963

Israel hatte die Super Mystere 1958 bestellt, die ersten Exemplare noch im selben Jahr erhalten und der No 105 Sqn übergeben. (Foto: Dassault Aviation)

Kanonen, Bomben, Raketenbehälter und Sidewinder-Lenkraketen stellen die Bewaffnung dieser honduranischen SMB 2 dar. Die verlängerte Schubdüse verrät, dass es sich um ein modifiziertes Flugzeug vom Typ Sa'ar handelt. (Foto: Nelson Mejia)

nutzte die israelische Luftwaffe SMB 2 zu Attacken auf syrische Artilleriestellungen, die sich im November wiederholten und von Begleitschutzeinsätzen ergänzt wurden. Mit Ausbruch des Sechs-Tage-Krieges übernahmen Super Mystere am 5. Juni 1967 Angriffe auf ägyptische, jordanische und syrische Flugplätze und setzten dabei auch die Dibber-Startbahnbomben ein. Anderenorts konnten mehrere Flugzeuge, darunter auch MiG-21-Überschalljäger und bei mindestens zwei eigenen Verlusten im Luftkampf, abgeschossen werden. Insgesamt verlor die No 105 Sqn bei über 500 Einsätzen neun Super Mystere in diesem Konflikt. Bereits im Juli und auch in der Zeit danach folgten weitere Attacken auf arabische Einrichtungen, doch mit dem von Frankreich verhängten Lieferembargo litten die Flugzeuge zunehmend unter Ersatzteilmangel. Auf der Tel Nof-Luftwaffenbasis realisierten israelische Techniker ab 1969 verschiedene Modifikationen, auch den Wechsel auf das Pratt & Whitney-Triebwerk, sodass die Einsatzzeit verlängert werden konnte. Von den nun Sa'ar genannten Flugzeugen galt der Großteil am Vorabend des Yom-Kippur-Krieges als einsatzbereit, um während der Kampfhandlungen im Oktober 1973 hauptsächlich ägyptische und syrische Ziele anzugreifen. Eine kleine Abteilung der 105. Staffel wurde während des Konflikts mit vier Sa'ar auf die Luftwaffenbasis 29 nach Ophir verlegt, die Verluste in insgesamt 887 geflogenen Einsätzen bezifferten sich auf sechs Maschinen. Ab 1975 begann der Ersatz durch F-4E Phantom II und leitete schließlich die Außerdienststellung ein.

Honduras erwies sich als Abnehmer gebrauchter Flugzeuge, in diesem Fall israelischer, auf den Sa'ar-Standard modifizierte Exemplare. Nach Vertragsabschluss kamen die ersten fünf 1976 an, in den beiden Folgejahren jeweils acht weitere und erhöhten damit die Gesamtzahl auf 21 (früher schwankten diese Zahlen zwischen 12 und 18). Die Flugzeuge formten eine Einsatzstaffel auf der La Ceiba-Luftwaffenbasis und waren in den 1980er Jahren zunehmend auch in Kampfhandlungen mit Guerillas sowie Verbänden aus Nikaragua beteiligt. Angriffsflüge richteten sich dabei gegen reguläre Armeeverbände des Nachbarlandes in der grenznahen Gegend um Jalapa, gleichfalls konnte hier ein Mi-8-Hubschrauber mit einer Shafrir-Lenkrakete abgeschossen werden. Begleitet wurden diese Einsätze von zunehmenden Abschreibungen und Verschleiß, sodass die Flotte in den 1990er Jahren auf eine Handvoll flugfähiger Maschinen zusammenschrumpfte. Nach der Stilllegung im Januar 1996 erfolgten temporäre Upgrades und ein vorübergehender Dienst bis zum endgültigen Einsatzaus 1997.

Eine Super Mystere B 2 der Staffel EC 1/5 „Vendee", Escadrille SPA 26 stellt die obere Grafik dar. Über die gesamten Rumpfseiten verläuft ein roter Blitz, der etwa in der Mitte mit der in schwarz gehaltenen Aufschrift Super Mystere versehen ist. Auf der Seitenflosse der schwarz-weiße Storch von SPA 26. EC 5 verwendete die SMB 2 ab 1961 in Orange, fünf Jahre später erfolgte die Ablösung durch Mirage III C. Darunter eine SMB 2 der israelischen Luftwaffe, No 105 Sqn „Scorpions" Ende der 1960er Jahre. Sie trägt noch das alte, zweifarbige Tarnschema in Braun und Blau-Grau, außerdem die taktische Kennziffer unterhalb des Cockpits sowie am Seitenleitwerk. (Grafik: Srecko Bradic)

Einsatzverbände (Auswahl)
Frankreich
EC 5, 10, 12
Israel
No 105 Sqn
Honduras
Escuadrón de Caza (La Ceiba)

Dassault Etendard / Super Etendard

Für Jahrzehnte waren die Etendard IV und ihr Nachfolger Super Etendard bedeutsame Einsatzmuster auf den Flugzeugträgern der französischen Marine, für Frankreich und den Hersteller Dassault zugleich die ersten strahlgetriebenen Kampfjets, die in Eigenregie zu diesem Zweck entworfen wurden. Im Mai 1985 steht diese Super Etendard zum Start auf einem französischen Trägerschiff bereit. (Foto: Eric Bannwarth Collection)

Historie

Das selbst taktische Kampfflugzeuge mit Strahlantrieb immer größer, schwerer und auch teurer wurden, war bereits in den 1950er Jahren abzusehen. Auch hier bemühte sich Dassault um Lösungen, um kostengünstige Alternativen. An einem leichten Mehrzweckkampfflugzeug hatten seinerzeit sowohl die französische Luftwaffe als auch die NATO Interesse, das Militärbündnis unterstrich diese Forderungen mit einer entsprechenden Ausschreibung im Dezember 1953. Der NBMR-1 (NATO Basic Military Requirement-1) genannte Wettbewerb definierte das zu entwickelnde Flugzeug als Leichtgewicht mit hoher Unterschallgeschwindigkeit und der Möglichkeit, von unbefestigten Pisten operieren zu können. Frankreich selbst brachte sich mit der Breguet Br. 1001 Taon, der Dassault Mystere XXVI sowie der SNCASE SE 5000 Baroudeur ein. Die Vorschläge von Breguet und Dassault waren neben der italienischen G-91, die zum Schluss das Rennen machte, die Favoriten und wurden in Prototypenform bestellt.

Aus Mystere XXVI wurde später die Etendard VI, Dassault baute zusätzlich die Etendard II (zuvor Mystere XXII genannt) sowie Etendard IV (ex-Mystere XXIV), die sich zumindest äußerlich ähnelten. Die Fertigung der Versuchsmaschinen erfolgte zwischen 1955 und 1957.

Im Februar 1954 konnten durch die Einigung mit Herstellerbetrieben neue Details etwa in den Bereichen Antrieb und Bewaffnung festgelegt werden. Grundsätzlich erhielten die Flugzeuge Tiefdeckertragflächen mit um 45 Grad gepfeilten und über einen großen Teil überhängenden Vorderkanten. Leitwerk und die Anordnung des Bremsschirmbehälters übernahm man großteilig von der Super Mystere B 2, die Bewaffnung sollte aus Bordkanonen oder MG sowie Abwurfwaffen bestehen. Unterschiede gab es beim Antrieb, dem Fahrwerk sowie weiteren Baugruppen. Interesse an dieser Konfiguration hatte im November 1954 auch die französische Marine angemeldet, sich bei ihren Vorstellungen aber weiter von den NATO-Vorgaben entfernt. Hier erachtete man zur besseren Unterbringung an Deck von Flugzeugträgern faltbare Tragflächen, außerdem Hoch- statt Niederdruckreifen sowie zwei Triebwerke zum Antrieb als wünschenswert. Letztlich führte das zu Überlegungen, die beiden Programme zusammenzulegen. Dabei blieb es allerdings auch.

Als erster Prototyp nahm die Etendard II am 23. Juli 1956 mit Paul Boudier am Steuer die Flugerprobung in Melun-Villaroche auf. Schon bald machten sich kleinere Instabilitäten, vor allem aber eine ungenügende Triebwerksleistung bemerkbar. Der Antrieb bestand aus zwei Turboméca Gabizo mit je 9,95 kN Schub. Das Flugzeug wog beim Start 5400 kg, als Bewaffnung waren vier 20-mm-Kanonen von Hispano-Suiza vorgesehen. Da die Triebwerke nicht die versprochenen Leistungen ablieferten, wählte man als Alternativen Aggregate von Hispano-Suiza sowie SNECMA mit vergleichbarer Schubkraft. Ehe diese verfügbar waren, hatte die französische Luftwaffe das Interesse an dem Flugzeug verloren und nach etwa 40 Testflügen wurde es im November 1957 verschrottet.

Genau einen Tag nach der Etendard II flog am 24. Juli 1956 Testpilot Georges Brain zum ersten Mal die Etendard IV. Die hatte ein leicht vergrößertes Tragwerk, eine erhöhte Kraftstoffkapazität, zwei 30-mm-Kanonen als Bordbewaffnung und ein Atar 101E-3 mit 34,32 kN Schub zum Antrieb. Das CEAM übernahm 1957 die Maschine und im selben Jahr erfolgten im September / Oktober Bewertungen durch die NATO. Hauptsächlich wegen der Wahl des Triebwerks wurde die Etendard IV als mögliches Standardkampfflugzeug abgelehnt. Andererseits sah die französische Luftwaffe den Entwurf als durchaus brauchbar an und zog Bestellungen von bis zu 300 Exemplaren in Betracht, gleichfalls verstärkte sich auch das Interesse der Marine an dem Flugzeug.

Schließlich baute Dassault noch zwei Versuchsmaschinen des Typs Etendard VI. Die wurden am 15. März sowie am 14. September 1957 und jeweils von Gérard Muselli eingeflogen. An den Flugzeugen gab es Änderungen an der Tragflügelvorderkante, nunmehr vier 12,7-mm-MG als Bewaffnung und die NATO finanzierte die Einrüstung eines britischen Orpheus-Triebwerks von Bristol Siddeley mit einer Schubkraft von 21,57 kN. Doch fiel die Leistung letztendlich unbefriedigend aus, man kritisierte die Verwendung von Integralflügeln und erwartete im Einsatz einen höheren Wartungsaufwand. So schnitt die Etendard VI bei den von der NATO durchgeführten Testreihen im September / Oktober 1957 ebenfalls nicht so gut ab, sodass im Januar des darauffolgenden Jahres die italienische G-91 zum Sieger des Wettbewerbs gekürt (und mit gerade mal drei NATO-Staaten auch nicht zum *Standardkampfflugzeug* des Bündnisses) wurde. Während der zweite Prototyp der Etendard VI bis 1958 und der erste bis 1961 flog, wurden zusammen rund 350 Erprobungsflüge absolviert.

Erfolg war schließlich der in Eigeninitiative entwickelten Etendard IV beschieden. Es war nicht die französische Luftwaffe, sondern die Marine, die das Flugzeug in Serie bestellte und zu einem erfolgreichen Kampfjet mit langer Einsatzkarriere werden ließ. Es war zugleich das erste eigenentwickelte, für den Flugzeugträgereinsatz vorgesehene Kampfflugzeug Frankreichs mit Strahlantrieb und auch für Dassault Aviation das erste Flugzeug in dieser Kategorie.

Nach 1945 beschaffte die Marine Frankreichs zunächst gebrauchte Flugzeugträger aus Großbritannien und den

Der landgestützte Prototyp Etendard IV-01. (Foto: Eric Bannwarth Collection)

Das bordgestützte Kampfflugzeug Etendard IV M begann den Dienst bei der Marine Nationale im Juni 1962. (Foto: Dassault Aviation)

Ein Großteil der Etendard IV M war außerhalb der Einsatzfahrten auf Trägerschiffen in Hyeres zu finden, wo auch die Umschulung auf das Flugzeug stattfand. Gut zu erkennen die Blattantenne unter dem Rumpfbug. (Foto: Eric Banwarth)

USA und musste diese fürs Erste gleichfalls mit ausländischen Flugzeugtypen bestücken. Gerade die Angriffsflugzeuge waren über längere Zeit nicht mehr ganz zeitgemäß (die Vought F4U Corsair wurde bis 1964, die Grumman Avenger bis 1966 eingesetzt) und auch die ersten strahlgetriebenen Trägerflugzeuge besaßen nur begrenzte Fähigkeiten. Im Angesicht der in Übersee befindlichen Kolonien, insbesondere in Südostasien, sah man den Betrieb von Flugzeugträgern als Notwendigkeit und den Einsatz von sechs solchen Schiffen als willkommen an. Das französische Parlament beschloss 1947 die Beschaffung von lediglich einem neuen Trägerschiff, dass allerdings 1950 aus Kostengründen wieder gestrichen wurde. Erst 1954 und 1955 genehmigte man den Bau jeweils eines Flugzeugträgers, wobei es sich um die 1961 und 1963 in Dienst gestellten Schiffe *Clemenceau (R98)* und *Foch (R99)* handelte. In die neuen Trägerschiffe mussten neue Technologien wie bspw. Winkeldeck, Dampfkatapulte, Landespiegel oder eine umfangreiche Radarausrüstung implementiert werden und auch die fliegende Komponente sollte moderne Flugzeuge erhalten. Propagierte Kandidaten von Arsenal oder Nord kamen wie auch die frühen landgestützten Kampfjets von Dassault nicht in Frage und machten wiederum Neukonstruktionen erforderlich. Noch im Dezember 1956 hatte die Marine bei Dassault eine trägertaugliche Ausführung der Etendard IV in Auftrag gegeben. Ähnlich der Luftwaffe sollten die Marineflieger am besten rein französisches Gerät erhalten. Die Etendard kam dieser Vorstellung schon sehr nahe, denn Zelle, Antrieb, Bewaffnung sowie große Teile der Ausrüstung waren einheimischen Ursprungs und auch bei der Avionik war man mit der Entwicklung eines Feuerleitradars auf dem angedachten Weg. Manche Baugruppen mussten noch importiert oder in Lizenz gefertigt werden wie bspw. der Schleudersitz von Martin-Baker oder der Bombenzielrechner von Saab, mit dem später auch taktische Atombomben ins Ziel gebracht werden konnten. Schließlich machte der Prototyp der Marineversion Etendard IV M-01 am 21. Mai 1958 in Melun-Villaroche und mit Jean-Marie Saget im Cockpit den Erstflug. Nach etwa 50 Testflügen wurde er im Oktober dem CEV für weitere Erprobungen überstellt. Danach ging es ins britische Bedford zum Royal Aeronautical Establishment, um Trägerstarts und -landungen zu simulieren. Bis zum November 1960 kamen mehr als 100 simulierte Katapultstarts und über 220 simulierte Trägerlandungen zusammen, die in Bedford von Prototyp und mehreren Vorserienmaschinen innerhalb von zwei Jahren in fünf Durchgängen realisiert wurden.

Marinetypisch erhielt die Etendard IV M Katapultbeschläge für Starts auf Flugzeugträgern plus ein Fanghaken unter dem Heck für die Landung, das Fahrwerk war mit Hochdruckreifen bestückt und konnte für einen besseren Anstellwinkel des Flugzeugs am Bugrad mit Druckluft verlängert werden. Außerdem kam auf dem Rumpfbug eine ausfahrbare Vorrichtung für Betankungen in der Luft hinzu. Dem Prototyp folgten 1959/60 sechs Vorserienflugzeuge als Etendard IV M-02 bis 07, wobei die erste davon ab September 1960 verschiedene Versuchsreihen auf dem neuen und noch nicht offiziell in Dienst gestellten Trägerschiff *Clemenceau* durchführte. Mit dem Flugzeug war Jean-Pierre Murgure am 19. September zum ersten Mal auf der *Clemenceau* gelandet. Im Wesentlichen voll ausgestattet und mit den klappbaren Tragflächen versehen, flog die zweite Vorserienmaschine im Dezember 1958 erstmals. Die dritte (mitunter als Etendard IV B bezeichnet) wies hingegen die größten Unterschiede zu den anderen auf. Hier gelangte ein Rolls-Royce Avon-Triebwerk mit 50 kN Schubkraft zum Einbau, von dem genug Luft zum Anblasen der Vorflügel und Landeklappen abgezweigt werden konnte und damit half, die Landegeschwindigkeit drastisch zu vermindern. Diese Methode wurde letztlich nur erprobt und alle anderen mit dem neuen SMECMA-Triebwerk Atar 8B ausgerüstet. Das vierte Vorserienexemplar als „05" verfügte als erste über die auffällig große Blattantenne unter dem Bug, die zur Lenkung von funkgesteuerten Luft-Boden-Raketen wie der AS 20 diente. Das Flugzeug verbrannte allerdings 1959 in Istres bei einem Feuer am Boden. Die nächste war identisch ausgestattet, die letzte Vorserienmaschine „07" aber stellte Dassault in der Aufklärerkonfiguration Etendard IV P her und brachte sie am 19. November 1960 zum Erstflug. Statt dem Radar nahm diese Variante drei OMERA-Kameras im Rumpfbug und zwei weitere im unteren Rumpfabschnitt auf, wo üblicherweise die Bordkanonen untergebracht sind. Die Nachtankvorrichtung war nunmehr fest, konnte aber für den Zugang zu den Kameras hochgeklappt werden. Zusätzlich gab es unter dem Rumpf die Möglichkeit zum Mitführen einer Nachtankanlage von Douglas, um damit das Betanken anderer Flugzeuge zu ermöglichen.

Die erste Serienorder erfolgte im September 1959 über 50 Exemplare, gefolgt von einer zweiten, 40 Stück umfassenden Bestellung im Mai 1961. Zum Schluss waren 69 Jagdbomber Etendard IV M mit der Sekundärrolle als Jagdflugzeug und zum Schutz des Trägerverbandes aus der Luft sowie 21 Aufklärer Etendard IV P in Auftrag gegeben worden. Am 1. Juli 1961 startete die erste Serienmaschine der Etendard IV M zum Erstflug, im Juni des nächsten Jahres begann der Dienst des Flugzeugs bei der französischen Marine und zuerst bei der Staffel 15F. Die Einheit absolvierte zusätzliche Testreihen und übernahm in den ersten Jahren die Umschulung auf die Etendard IV. Zwei weitere Einsatzstaffeln folgten und im Oktober 1965 auch der Ausbildungsverband 59S und wiederum in Hyeres beheimatet. Hier bewerkstelligte 59S von nun an die Schulung auf dem Flugzeug mit zehn bis zwölf zur Verfügung stehenden Exemplaren. An diesem Standort waren auch Aufklärer Etendard IV P zu finden, die meisten dieser Flugzeuge gelangten zur Staffel 16F. Im Einsatz auf den Flugzeugträgern lösten die

Für Wartung und Triebwerkswechsel konnte der hintere Teil des Rumpfes abgenommen werden. Das Atar 8 der Etendard IV M ist gut sehen. (Foto: Eric Bannwarth)

Die 1974 gemachte Aufnahme zeigt einen Aufklärer Etendard IV P, die Tragflügelenden waren zum Platz sparenden Abstellen an Land und vor allem auf Flugzeugträgern hochklappbar. (Foto: Eric Bannwarth)

Fahrwerk, Bremsklappen und Fanghaken sind ausgefahren, eine Etendard IV P setzt zur Landung an. Unter dem Rumpf trägt sie einen CER 10PR-Aufklärungspod, unter den Tragflächen Matra 155-Behälter für ungelenkte 68-mm-Raketen. (Foto: Eric Bannwarth Collection)

Im Vergleich eine Super Etendard Modernisé von 17F setzt zur Landung an, Fahrwerk, Bremsklappen und Fanghaken sind ausgefahren, die einziehbare Nachtanksonde zudem aufgestellt. (Foto: Sven Dobers)

neuen Jets hauptsächlich die F4U Corsair sowie die Aquilon ab, auf der Basis Hyeres konzentrierten die Marineflieger hingegen die meisten Etendard an Land. Die Kapazitäten stießen hier bald an ihre Grenzen und in den 1960er Jahren verlegte man zwei der IV M-Einsatzstaffeln auf ihre neue Heimatbasis nach Landiviseau.

In Bezug auf Trägerschiff und den Etendard IV hatte die französische Marine einiges an Neuland zu beschreiten. Einsatztaktiken wurden ausgearbeitet und das Beherrschen dieser geübt, erste Verlegungen der Trägerkampfgruppen und nötige Anpassungen folgten. Die neuen Flugzeuge entwickelten ganz andere Leistungen als die propellergetriebenen Kampfflugzeuge oder auch die strahlgetriebene Aquilon. Die Etendard IV M war bei den Piloten rasch beliebt, offenbarte eine gute Manövrierfähigkeit und galt beinah als maßgeschneidert für die Bedürfnisse der Marine. Auf den Trägerschiffen *Clemenceau* und *Foch* standen den Flugzeugen je zwei Dampfkatapulte für den Start sowie jeweils vier Fangseile bei der Landung zur Verfügung. Die Geschwader stationierten abwechselnd ihre Flugzeuge auf der *Clemenceau* oder der *Foch*, bis zu 20 Etendard IV M und IV P befanden sich dabei an Bord der Schiffe. Zusammen mit dem alten Träger *Arromanches* nahm die *Foch* im November 1964 in Norfolk, Virginia, USA die für die Aeronavale vorgesehenen, trägergestützten Abfangjäger F-8 Crusader auf und transportierte sie nach Saint-Nazaire, wo sie im Februar 1965 eintrafen. Für einen anderen, eher ungewöhnlichen Einsatz wurde die *Foch* 1966 zusammen mit acht Etendard IV M sowie vier IV P an Bord nach Französisch-Polynesien im Pazifik abkommandiert, um Überwachungs- und Aufklärungsmissionen während der dort durchgeführten Atomwaffentests zu fliegen. Die Flugzeuge stellte die Staffel 15F, während die Etendards von 17F mit der *Clemenceau* diese Aufgaben 1968 im selben Areal übernahmen. Die Schiffe samt ihren Flugzeugen absolvierten weitere Einsatzfahrten in verschiedenen Teilen der Weltmeere, waren Teil von Übungen und bauten mit Teilmodernisierungen ihre Fähigkeiten aus. In den 1970er Jahren nahm die Zahl der Einsätze weiter zu, doch wünschte sich die französische Marine zunehmend eine erhöhte Schlagkraft ihrer Angriffsflugzeuge. Mehrere taktische Atombomben AN 52 gelangten an Bord der Flugzeugträger und konnten bei Bedarf von der Etendard IV M eingesetzt werden. Für weitere Leistungssteigerungen und eine höhere Einsatzeffizienz überarbeitete Dassault schließlich das Design des Jagdbombers und schuf die Super Etendard.

Die Super Etendard kam zum Zug, weil vorangegangene Versuche, die Aeronavale mit einem moderneren, schlagkräftigeren Muster für den Bordeinsatz auszustatten, fehlgeschlagen waren. Ursprünglich sollte eine bordgestützte Ableitung des britisch-französischen Gemeinschaftsprojekts Jaguar diese Aufgabe erfüllen. Als Jaguar M erstmals 1969 geflogen, bewertete man in Frankreich vor allem den Antrieb dieser Variante kritisch und die Kosten als zu hoch. Die Regierung erteilte dem Flugzeug im Januar 1973 eine Absage und auch nachfolgend ins Auge gefasste Typen wie A-4 Skyhawk oder A-7 Corsair II entsprachen nicht so recht den Vorstellungen. Dassault schlug dagegen vor, die Zelle der Etendard IV M im Wesentlichen mit neuem Triebwerk, neuer Avionik und Bewaffnung zu versehen und damit Entwicklungskosten zu sparen. Das Triebwerk sollte ein stärkeres aber weniger wartungsintensives Atar ohne Nachbrenner werden, die modernisierte Avionik aus zeitgemäßen Navigations- und Feuerleitsystemen, Waffenrechner, Kontroll- und Warngeräten und einem Mehrzweckradar bestehen. Hierzu gingen Thomson-CSF und Electronique Marcel Dassault (EMD) zusammen und schufen das leichtgewichtige Agave mit mehreren Luft-Luft- und Luft-Boden-Betriebsarten und Kartenfunktionen sowie Verbindungen zur Trägheitsnavigationsanlage oder dem Head-Up-Display im Cockpit. Für bessere Flugeigenschaften verwendete Dassault zudem größere Lufteinlässe, modifizierte Klappen und Querruder. Äußerlich war ein umgestalteter Rumpfbug für das neue Radar auszumachen, das Heck musste dem neuen Antrieb angepasst werden und für höhere Geschwindigkeiten und Massen waren strukturelle Verstärkungen unumgänglich. Somit war die Super Etendard zum Schluss beinah zu 90 % neu. Zur Erprobung dienten allerdings noch „alte" Flugzeuge. Die Serienmaschinen Nr. 68, 13 und 18 wurden zu Prototypen der Super Etendard und in dieser Reihenfolge in die Flugerprobung überführt. Die ehemalige „68" hatte als Super Etendard-Prototyp am 28. Oktober 1974 ihren Erstflug, Jaques Jesberger fungierte als Pilot und erreichte dabei in im Sturzflug Mach 1,18. Die zweite und die dritte Versuchsmaschine flogen im März 1975 erstmalig, die eine mit dem neuen Agave-Radar sowie kompletter Bewaffnung, die andere mit neuen Tragflügeln.

Der Serienbau der Super Etendard sollte ursprünglich 100 Flugzeuge umfassen, durch Budgetkürzungen wurden letztendlich 71 ausgeliefert. Die erste Serienmaschine flog im November 1977, im Juni des nächsten Jahres erfolgte die Übergabe der ersten Exemplare an die französische Marine und einen Monat später die Überstellung zur Staffel 11F in Landiviseau. Noch 1978 landete eine Super Etendard am 4. Dezember erstmalig auf dem Flugzeugträger *Foch* und bis Februar 1979 war die Staffelstärke von zwölf Flugzeugen bei 11F erreicht. Bis zur Jahresmitte 1980 waren auch die Verbände 14F und 17F auf das neue Muster umgestellt und damit die Ablösung der Etendard IV M in den vordersten Reihen vollzogen. Nachfolgend flog sie noch zu Übungszwecken bei 59S in Hyeres und wurde erst im Juli 1991 endgültig außer Dienst gestellt. Die Variante als Aufklärer befand sich länger im Einsatz und wurde durch Modernisierungen zur Etendard IV PM. Im Rahmen der Upgrades gelangten eine neue Cockpitinstrumentierung und ein neuer Radarwarnreceiver das Flugzeug und es war nun möglich, die einheimische Magic 2-Luftkampfrakete einzusetzen. Der Dienst der Etendard IV PM endete erst im September 2000, gleichzeitig wurde die Staffel 16F deaktiviert. Die Stückzahl der Aufklärerversion fiel bekanntlich geringer als die des Kampfjets aus und zwischen 1964 und 1977 gingen allein elf dieser Flugzeuge im Einsatz verloren. So kam es, dass neben den aufgewerteten Etendard IV PM auch die Super Etendard zunehmend zu Aufklärungsmissionen genutzt wurde. Die Super Etendard selbst profitierte während ihrer Dienstzeit ebenfalls von Modernisierungen, um bestmöglich den sich immer wieder ändernden Gefechtsbedingun-

Ein alternatives Farbschema, möglicherweise für den Export in den Nahen Osten, trägt diese Super Etendard, dazu ungelenkte Raketen und einen Barracuda-Störbehälter unter dem Tragwerk. (Foto: DR via Safran)

Diese Super Etendard Modernisé befinden sich im Januar 2005 an Bord des Flugzeugträgers *Charles de Gaulle*, die Maschine ganz vorn ist mit einem ASMP-Marschflugkörper bestückt. (Foto: Eric Bannwarth)

Zwei Super Etendard von 11F im Einsatz. Für eine größere Reichweite tragen sie 1100-l-Zusatztanks. (Foto: Marine Nationale / Benjamin Vinot-Préfontaine)

gen zu entsprechen und weiterhin einen effektiven Einsatz zu gewährleisten. Es kamen mehrere Modernisierungsprogramme zum Tragen und machten die Flugzeuge zur Super Etendard Modernisé oder kurz SEM. Nachdem bereits die atomare Abstandswaffe ASMP die AN 52-Freifallbomben als optionale Bewaffnungsvariante bei 50 Maschinen ersetzt hatten, folgte mit dem SEM 1-Programm ein neues Cockpitarrangement inklusive HOTAS-Steuerknüppel mit allen wichtigen Bedienfunktionen daran sowie einem modernen HUD, ein neuer Zentralrechner sowie eine überarbeitete Trägheitsnavigationsanlage und somit die Möglichkeit, unter allen Wetterbedingungen Einsätze zu fliegen. Nochmals diente die „68" als erste Umbaumaschine und machte in dieser Form am 5. Oktober 1990 ihren Erstflug. Insgesamt 56 SEM 1 waren vorgesehen und wurden ab Juni 1993 an die Marine geliefert. Einen wesentlichen Fortschritt des folgenden SEM 2-Upgrades stellte die Verwendung des neuen Anemone-Radars dar, das gegenüber dem Vorgänger über erweiterte Modi sowie eine beinah doppelt so große Reichweite verfügte. Verbessert wurde innerhalb des SEM 3-Standards ab 1997 der Einsatz von lasergelenkten Waffen wie der Luft-Boden-Rakete AS 30L oder entsprechender Bomben durch die Mitnahme eines ATLIS-Zielbehälters. Insgesamt 47 verbliebene Flugzeuge erhielten zwischen 2002 und 2005 weitere Aufwertungen im Avioniksektor und stellten praktisch den Standard SEM 4 dar. Insbesondere die Fähigkeiten zur elektronischen Kriegsführung und Aufklärung konnten dank Warnsensor, Störsender, Täuschkörperwerfer sowie dem CRM 280-Aufklärungsmodul verbessert werden. Speziell mit dem CRM 280, seiner Panoramakamera und dem elektro-optischen Sensor für kurze Entfernungen konnten die damit ausgestatteten Maschinen die Aufklärungsaufgaben der früher eingesetzten Etendard IV PM um einiges besser ausfüllen. Zudem erfolgte die Befestigung von zwei zusätzlichen externen Aufhängepunkten unter den Tragflächen. SEM 5 bedeutete für 34 Flugzeuge die Verwendungsmöglichkeit des Damocles-Behälters und damit gezielte Attacken bei Nacht unter Zuhilfenahme des integrierten Laserzielbeleuchters. Ein dazugehöriger Infrarotsensor unterstützte die Navigation in niedrigen und mittleren Flughöhen, Flugkoordinaten konnten mit seiner Hilfe aktualisiert und im Cockpit angezeigt werden. Hinzu kamen GPS und ein neuer Flugrechner. Zwischenzeitlich waren die *Clemenceau* und *Foch* in den Jahren 1997 und 2000 außer Dienst gestellt worden und die Trägerkampfgruppe samt Super Etendard Modernisé operierte seitdem von der moderneren *Charles de Gaulle*. Gerade in den letzten Dienstjahren vergrößerte sich allerdings der Abstand zur Ausstattung und Einsatzflexibilität jüngerer, bordgestützter Einsatzmuster wie bspw. der amerikanischen Hornet / Super Hornet und ohne große Geldaufwendungen wäre ein weiterer Betrieb der SEM unmöglich gewesen. Das enge Cockpit des Flugzeugs erforderte einen hohen Arbeitsaufwand und moderne Bildschirmanzeigen waren nur begrenzt vorhanden. Waffenlast und Landemasse fielen gering aus, sodass nur kleinere Mengen an Be-

Diese Super Etendard Modernisé gehört zu den letzten Exemplaren, die bei den französischen Marinefliegern im Einsatz standen. Der Dienst endete schließlich im Juli 2016. (Foto: Alexander Golz)

waffnung und nicht verbrauchtem Kraftstoff zurückgeführt werden konnten. Erfolgte eine Rückführung von Waffen, musste noch ein gewisser Vorrat an Kraftstoff vorhanden sein, um bei Deckslandungen gefährliche Ungleichmäßigkeiten zu vermeiden. Die Super Etendard war über Jahre das einzige an Bord befindliche Kampfflugzeug und wäre bei einer Begegnung mit einem modernen Gegner klar im Nachteil gewesen. Unglücklicherweise verzögerte sich der Dienstantritt der bordgestützten, wesentlich leistungsstärkeren Rafale M, sodass die Super Etendard länger als ursprünglich geplant im Einsatz blieb und die Ausmusterung der letzten zur Staffel 17F gehörigen Maschinen erst im Juli 2016 endgültig vollzogen war.

Die Super Etendard konnte gegenüber ihrem Vorgänger zumindest kleinere Exporterfolge erzielen. Argentinien bestellte 1979 insgesamt 14 Exemplare und hatte bis November 1981 fünf davon erhalten. Zur Lieferung zählten gleichfalls fünf der später noch berühmt gewordenen Exocet-Anti-Schiffs-Lenkwaffen. Mit der Besetzung der Falkland-Inseln durch argentinische Einheiten folgte durch Frankreich ein Embargo, dass bis zur Beendigung des Konflikts aufrechterhalten wurde. Ein wiederum von Großbritannien verhängtes Embargo, das britische Komponenten wie den Martin-Baker-Schleudersitz betrafen, behinderte in den Jahren danach zunehmend den effizienten und sicheren Betrieb der argentinischen Super Etendard. Die Flugzeuge wurden hauptsächlich landgestützt eingesetzt, in der zweiten Hälfte der 1980er Jahre führte man die Trägerqualifikation auf dem argentinischen Flugzeugträger *25 de Mayo (ex-HMS Venerable)* durch. Die Stärke der verfügbaren Flugzeuge übertraf dabei kaum sechs oder sieben Exemplare, ab 1989 folgten die ersten Verluste im Einsatz. Die geplanten Modernisierungen des Trägerschiffes wurden Anfang der 1990er Jahre verworfen und bordgestützte Übungen nachfolgend auf dem brasilianischen Träger *Minas Gerais* durchgeführt. Um der zunehmenden Reduzierung und Verfügbarkeit der argentinischen Flugzeuge entgegenzuwirken, kaufte die Marine in Frankreich Anfang 2018 fünf eingelagerte Super Etendard Modernisé plus Ersatzteile, Ersatztriebwerke und Simulator. Die Flugzeuge trafen im nächsten Jahr in Argentinien ein, flogen aber nie. Das Hauptproblem stellte noch immer der Martin-Baker-Schleudersitz dar, weil für deren Betrieb die erforderliche Pyrotechnik abgelaufen oder nicht verfügbar war. Schließlich wurde im Mai 2023 offiziell das Einsatzende der Super Etendard in Argentinien verkündet, was vielfach Kritik zur Verschwendung von Ressourcen beflügelte.

Interessante Ansicht auf eine SEM der Aéronavale. Die Sägezahnvorderkanten am Tragwerk oder die aufgestellten Höhenruder sind gut zu sehen. (Foto: Alexander Golz)

Einen weiteren Abnehmer, zumindest als Leasingkunde, gab es mit Irak. Das Land hatte in Frankreich unter anderem Mirage F1EQ-5 für den Einsatz der Exocet-Rakete bestellt, doch verzögerte sich deren Auslieferung. Im Mai 1983 stimmte die französische Regierung zu, als Überbrückungsmaßnahme fünf Super Etendard aus den Beständen der französischen Marine zu entnehmen und an die irakische Luftwaffe zu verleihen. Die trafen im Oktober ein, wurden ab März 1984 im Krieg gegen Iran, vorwiegend zur Bekämpfung von Öltankern im Persischen Golf sowie der Ölverladeeinrichtung auf der Insel Charg eingesetzt. Beim Einsatz von etwa 70 Exocet konnten mindestens zehn Schiffe getroffen werden, mehrmals verpuffte allerdings die Wirkung der Raketen durch ins Meer geworfene Metallstreifen oder im Öl getroffener Tanker. Außerdem schoss eine iranische F-4E am 2. April 1984 eine Super Etendard ab und die restlichen Maschinen gelangten 1985 wieder zurück an Frankreich.

Produktion und Versionen

In Merignac verließen zwischen 1961 und 1964 insgesamt 69 Etendard IV M und 21 Etendard IV P die Montagehallen bei Dassault, von der Super Etendard waren es zwischen 1977 und 1982 insgesamt 85 Serienmaschinen. Wie zuvor praktiziert teilte man die Fertigung der Komponenten auf verschiedene Herstellerbetriebe auf. Die Dassault-Werke in Biarritz übernahmen Rumpfvorderteil, Cockpitsekti-

Diese SEM von 17F ist mit zwei GBU-12-Lenkbomben und unter dem Rumpf mit einem 600-l-Zusatztank bestückt. Derartig konfiguriert kamen SEM ab Dezember 2001 über Afghanistan zum Einsatz. (Foto: Marine Nationale / Cordier)

Eine SEM im Landeanflug. Für den bordgestützten Einsatz waren Fahrwerk und Fanghaken robust ausgelegt. (Foto: Sven Dobers)

on und Seitenleitwerk, in Colomiers erfolgte die Fertigung des hinteren Rumpfabschnitts, aus Argenteuil und Boulogne kamen Teile des Tragwerks, aus Istres die Höhenflossen und vom Unternehmen Hurel Dubois in Meudon der mittlere Rumpf.

Etendard II, ursprünglich Mystere XXII genannt und als leichtes taktisches Kampfflugzeug für NATO-Wettbewerb gebaut, zwei Prototypen, Erstflug 23. Juli 1956, einsitzig, zwei Triebwerke Turboméca Gabizo, zweiter Prototyp nicht geflogen und dritter für die Marine gedachter Prototyp nicht verwirklicht, kein Serienbau

Etendard IV, als Mystere XXIV im November 1954 als landgestützter Jagdbomber in Auftrag gegeben, Erstflug 24. Juli 1956, einsitzig, ein Atar 101-Triebwerk, keine Serienproduktion

Etendard IV M, Ableitung der Etendard IV für den bordgestützten Einsatz als Jagdbomber sowie Abfangjäger in der Zweitrolle und mit entsprechender Ausstattung, Auftrag zum Serienbau im September 1959, Erstflug Serienmaschine 1. Juli 1961, ein Atar 8B-Triebwerk, 69 Exemplare, Einsatz bis Mitte 1991

Etendard IV P, Version als Aufklärer im bordgestützten Einsatz, Zweitrolle als Tankflugzeug mit Douglas-Betankungsanlage unter dem Rumpf und ab 1977 als Atomwaffenträger, geänderter Rumpfbug für Kameraausrüstung, ohne Bordkanonen, 21 Exemplare plus vier weitere durch Umrüstung von Etendard IV M

Etendard IV PM, modernisierte Ausführung des Aufklärers mit neuen Cockpitanzeigen, Warn- und Störsystemen, Einsatz bis September 2000

Etendard VI, ursprünglich als Mystere XXVI für NATO-Ausschreibung als leichtes taktisches Kampfflugzeug konstruiert, ein Orpheus-Triebwerk, einsitzig, MG-Bordbewaffnung, zwei Prototypen gebaut und geflogen, Erstflug 15. März 1957, keine Serienfertigung

Super Etendard, überarbeitete Variante der Etendard IV M mit knapp 90 % Neuerungen an Zelle und Ausrüstung, neue Navigations-, Feuerleit- und Waffensysteme, ein Atar 8K-50-Triebwerk, verbesserte Leistungen und höhere Waffenlast, sekundär als Aufklärer und Tanker einsetzbar, Erstflug Serienmaschine 24. November 1977

Super Etendard Modernisé, in mehreren Stufen realisierte Modernisierungen an vorhandenen Super Etendard als Standard SEM 1 bis SEM 5 ab 1990, mehrmals verbesserte Avionik zur Navigation, Zielerfassung und Bekämpfung, Mitnahme von Aufklärungs- und Zielbehältern sowie präzisionsgelenkten Waffen, überarbeitetes Cockpit, Einsatz bis 2016

Aufbau, Ausstattung und Bewaffnung

Etendard IV M, IV P und Super Etendard sind sich unter Einbeziehung der Flächenregel im Habitus grundsätzlich sehr ähnlich. Sie alle besitzen ein an der Vorderkante um 45 Grad gepfeiltes Tragwerk in Tiefdeckeranordnung, dass an der Wurzel eine relative Dicke von sechs und nachfolgend von 5 % aufwies. Zur besseren Bordunterbringung auf Trägerschiffen konnte der äußere Teil hochgeklappt werden und verringerte dadurch die Spannweite des Flugzeugs von 9,60 m auf 7,80 m. Überhängende Vorflügel erzeugten eine Sägezahnvorderkante, während es hinten doppelt geschlitzte Klappen und servogesteuerte Querruder sowie Spoiler auf der Oberseite gab. Bei der Super Etendard machten die Vorflügel fast die gesamte Länge der Tragwerksvorderkanten aus, ferner wurden die Querruder modifiziert. Die Höhenflossen waren mit Rudern ausgestattet, die stark gepfeilte Seitenflosse nahm in einem Behälter an der Hinterkante einen Bremsschirm auf. Dieser verkürzte die Landestrecke auf 700 m, für Trägerlandungen gab es einen großen absenkbaren Fanghaken unter dem Heck. Die Etendard IV M brachte im Rumpfbug das Feuerleitsystem, elektronische Ausrüstung und in einer schwertförmigen Blattantenne ein Zielführungssystem für einfache Lenkraketen unter. Außerdem befand sich auf der Oberseite eine ausklappbare Nachtankvorrichtung. Beim Aufklärer Etendard IV P war diese Nachtanksonde fest, doch ließ sie sich am Boden mitsamt Bugoberteil hochklappen. Darunter waren Luftbildkameras zu finden, eine nach vorn und zwei zu den Seiten ausgerichtet. Die Super Etendard wiederum nahm in der Bugnase ein leistungsfähigeres Mehrzweckradar und auf der Oberseite eine klappbare Nachtanksonde auf. Dahinter schloss sich die druckbelüftete Kabine mit Panzerverglasung an. Der Pilot saß auf einem von Hispano-Suiza in Lizenz hergestellten Martin-Baker-Schleudersitz CM4, der bei der Super Etendard durch einen CM4A und später CM6 ausgewechselt wurde. Dahinter waren Funkausrüstung und Autopilot, darunter Bordkanonen und Munition verstaut. Seitlich, am Ende der Kabine begannen die halbkreisförmigen Lufteinlässe, vereinigten sich intern zu einem Kanal und speisten das einzelne, nachbrennerlose Triebwerk. Die Etendard IV M und IV P nutzten ein SNECMA Atar 8B oder C mit maximal 43,16 kN Schub. Die beiden Triebwerksbaureihen unterschieden sich nur in der Art des Starters: 8A mit Luft, 8B automatisch. Der Super Etendard diente ein SNECMA Atar 8K-50 mit 49,03 kN Schubkraft zum Antrieb. Zur besseren Wartung des Triebwerks war ein Teil des Rumpfhecks abziehbar. Intern standen bei allen Ausführungen 3250, anderen Quellen zufolge 3270 bis 3300 l Kraftstoff zur Verfügung. Zusätzlichen Kraftstoff lieferten zwei externe 595-l- oder zwei 1100-l-Zusatzbehälter unter den Tragflächen oder ein einzelner 600-l-Zusatztank unter dem Rumpf oder eben die Nachtankvorrichtung. Die internen Tanks waren hauptsächlich im Rumpf um den Lufteinlaufkanal sowie in den inneren Tragflächensegmenten angeordnet. Mit einem Douglas-Behälter konnten sich diese Flugzeuge im „Buddy-Buddy"-Verfahren auch untereinander betanken. Auf der Rumpfoberseite sowie in der Vorderkante der Seitenflosse verliefen die Gestänge zur Betätigung der Ruder, unter der Rumpfmitte platzierte Dassault zwei hydraulisch ausklappbare, perforierte Luftbremsen. Drei einfach bereifte Baugruppen machten das in Bugradanordnung konzipierte Fahrwerk mit 3,50 m Spurbreite aus. Ausbuchtungen und Antennen deuteten auf die Avionik hin, auszugsweise gehörten dazu:

Cockpit der Super Etendard. (Foto: Heiko Thiesler)

- UHF-Funkausrüstung TRAP 137
- VHF-Funkausrüstung TRAP 138A
- Visier CSF 92A
- Freund-Feind-Erkennung NRAI 2A (**IV M, IV P**), LMT
- TACAN NRAP 1A, Hofmann AN/ARN-21
- Navigations- und Angriffssystem ETNA von SAGEM als Lizenz von Singer-Kearfott, dass Trägheitsnavigation, Navigationsanzeige, TACAN, Funkhöhenmesser, Waffenkontrolle und HUD kombinierte (**Super Etendard**)
- Navigations- und Feuerleitradar Aida mit 38 km Reichweite (**IV M**), Agave mit 70 km Reichweite (**Super Etendard**), Anemone mit 150 km Reichweite (ab **SEM 2**)
- Navigationscomputer PCN 90 (**Super Etendard**)
- HUD Thomson-CSF VE 120 (**Super Etendard**)
- Radarwarnempfänger DRAX 16 (**IV P, IV PM**), Thomson-CSF BF (**Super Etendard**), Sherlock (**Super Etendard**)
- Störsender / -behälter Barracuda (**IV PM**), Barracuda NG (**Super Etendard**), Remora DB 3141 (**Super Etendard**)
- Bombenzielrechner Saab AX 26 / BT9F

Super Etendard auf Patrouille, die beiden vorderen Flugzeuge tragen AN 52-Atombomben. (Foto: Bernard Thouanel)

- GPS UNI 140 (**SEM 5**)
- Hinzu kamen die üblichen Anzeigen wie bspw. ein Höhenmesser Type 560, Variometer Type 510 von Badin, Machmeter Type 110 von Jaeger. Zu Aufklärungszwecken nahmen die Etendard IV P und PM drei bis fünf OMERA-Luftbildkameras auf, außerdem konnten folgende Behälter verwendet werden:
- CER 10PR (**Etendard IV P**), Vinten 360 (**Super Etendard**), CRM 280 (**SEM 4**). Hinzu kamen Zielbehälter der Typen ATLIS (**SEM 3**) und Damocles (**SEM 5**), optional auch Nachtsichtgläser (**SEM**). Als Täuschkörperwerfer gelangten u.a. die Typen LC III, Phimat und LL 5081 zum Einsatz.
- Als fest installierte Bordbewaffnung verfügte die Etendard IV M über zwei 30-mm-Kanonen DEFA 552 und die Super Etendard über zwei 30-mm-Kanonen DEFA 553 mit jeweils 125 Granaten Munitionsvorrat. An Abwurfwaffen konnten bei der Etendard IV M an vier Tragflächenstationen, an der Etendard IV P üblicherweise an zwei Pylonen unter dem Tragwerk, bei der Super Etendard an fünf und ab der SEM 4 an sieben externen Aufhängepunkten unter Rumpf und Tragwerk verschiedene Systeme mitgeführt werden wie zum Beispiel:
- Sprengbomben zu je 50, 227, 250, 400 oder 454 kg
- Laserlenkbomben BLU-111, GBU-12, GBU-49 (**SEM 3, 4, 5**)
- Spreng- und Splitterbomben EU2 / 2P / 2FR
- Startbahnbomben BAP 100
- panzerbrechende Splitterbomben BAT 120
- Atombomben AN 52 mit etwa 15 kt Sprengkraft
- 460-l-Napalmbehälter
- ungelenkte 105-mm-Raketen T 10 (**IV M**),
- Matra LR 150 und M 155 mit je 18 ungelenkten 68-mm-Raketen SNEB (**Super Etendard**)
- gelenkte Luft-Luft-Raketen Ford-Philco AIM-9B Sidewinder, Matra R 550 Magic
- gelenkte Luft-Boden-Raketen Nord AS 20, AS 30 (**IV M**), AS 30L (**Super Etendard**)
- Anti-Schiffs-Lenkwaffen Aérospatiale AM 39 Exocet (**Super Etendard**), CITEFA Martin Pescador (**nur argentinische Super Etendard**)
- atomare Marschflugkörper ASMP mit max. 300 kt Sprengkraft (**Super Etendard**)

Nutzer der Etendard / Super Etendard

Frankreich begann den Dienst mit der Etendard IV M im Juni 1962 in Hyeres. Erstempfänger war die Staffel 15F, die bis 1965 für die Umschulung auf die neuen Flugzeuge verantwortlich war. Danach übernahm der Verband 59S die Ausbildung am selben Standort, inzwischen gab es seit Juni 1964 mit 17F eine weitere Einsatzstaffel mit Etendard IV M und wiederum mit Hyeres als Heimatbasis. In Landiviseau war hingegen 11F stationiert und seit Mai 1967 mit Etendard IV M ausgerüstet. Die Staffel übte im Mai 1969 die ersten Nachtlandungen auf Trägerschiffen und war wie die anderen Einheiten mit ihren Maschinen regelmäßig auf den Flugzeugträgern *Clemenceau* und *Foch* zu finden. In den 1970er Jahren intensivierten sich die Einsatzfahrten, eingeschlossen darin Aufklärungsmissionen mit den Etendard IV P. Die dienten seit Mai 1964 in der Staffel 16F und hatten zunächst in Hyeres, ab April 1969 in Landiviseau ihren Heimatstandort. Die Etendard IV M leisteten gute Dienste und trugen viel dazu bei, die französischen Marineflieger an ein modernes, strahlgetriebenes Muster zu gewöhnen und den bordgestützten Einsatz effektiv zu gestalten. Das schlug sich letztlich in annähernd 180.000 absolvierten Flugstunden und 25.300 Trägerlandungen nieder. Der vielfache Einsatz führte während der Dienstzeit zu etwa 40 Abschreibungen durch Abstürze, Unfälle und andere Vorkommnisse. Inbegriffen sind hier die Verluste von Etendard IV P, die nach dem Einsatzende der IV M im Juli 1991 noch weitere Jahre bis zum September 2000 flogen und auf rund 200.000 Flugstunden kamen. Der Ersatz der IV M durch die Super Etendard hatte im Juli 1978 begonnen, zuerst bei 11F, wo der operationelle Einsatzstatus im Februar 1979 offiziell vermeldet wurde. Zwei Monate später begann der Dienst des Flugzeugs auch bei 14F und im September 1980 bei 17F, während der Ausbildungsverband 59S erst im Sommer 1991 seine ersten Super Etendard erhielt. Schon bald folgten Einsatzfahrten in Übersee und Übungen mit verbündeten Streitkräften und nicht zuletzt die Beteiligung

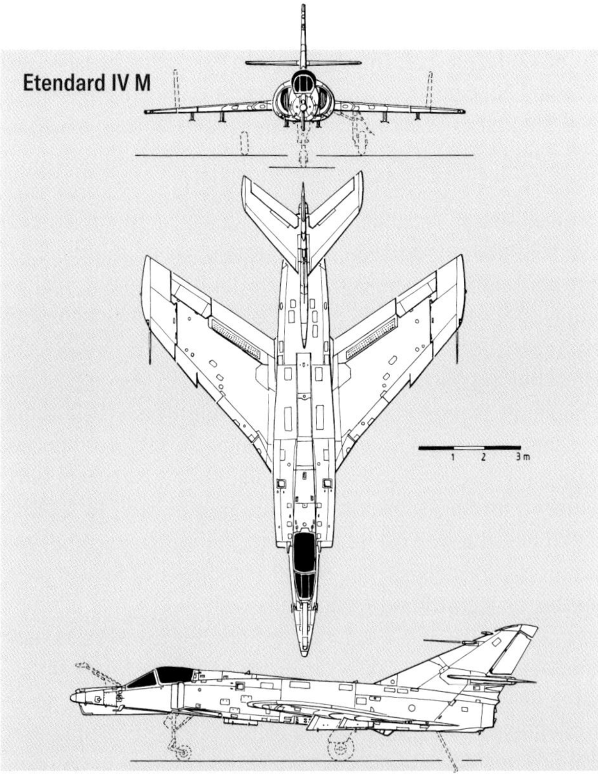

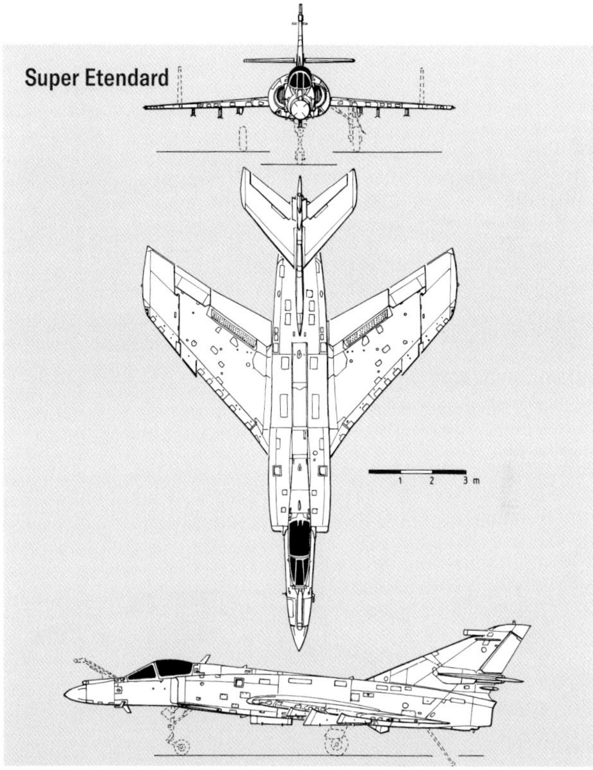

Technische Daten	Etendard IV M	Etendard IV P	Super Etendard
Verwendung	Jagdbomben / Jagdflugzeug	Aufklärungsflugzeug	Jagdbomben / Jagd- und Aufklärungsflugzeug
Besatzung	1	1	1
Triebwerk	ein SNECMA Atar 8B mit 43,16 kN	ein SNECMA Atar 8C mit 43,16 kN	ein SNECMA Atar 9K-50 mit 49,03 kN
Spannweite (m)	9,60	9,60	9,60
Länge (m)	14,36	14,70	14,31
Höhe (m)	3,85	3,85	3,85
Flügelfläche (m^2)	28,40	28,40	28,40
Tragflächenbelastung max. (kg/m^2)	282	282	396
Leermasse (kg)	5765	5900	6445
Startmasse max. (kg)	10.964	10.630	12.000
Höchstgeschwindigkeit (km/h)	1095	1100	1380
Steiggeschwindigkeit (m/s)	100	100	125
Landegeschwindigkeit (km/h)	230	230	230
Dienstgipfelhöhe (m)	15.500	15.500	13.715
Reichweite (km)	1600 mit Zusatztanks	1600 mit Zusatztanks	1800 mit Zusatztanks
Aktionsradius (km)	650 mit Zusatztanks	350	850 mit Zusatztanks
Startstrecke (Land, m)	700	700	800
Landestrecke (Land, m)	700 – 1400	700 – 1400	700 – 1400
Bewaffnung	zwei 30-mm-MK, bis 1360 kg Bomben, gelenkte und ungelenkte Raketen an vier Aufhängepunkten	gelenkte und ungelenkte Raketen, Bomben an zwei Aufhängepunkten	zwei 30-mm-MK, bis 2100 kg Bomben, gelenkte und ungelenkte Raketen, Marschflugkörper an fünf Aufhängepunkten

Diesen attraktiven Sonderanstrich erhielt die SEM ‚23' zum 100. Jubiläum der Aeronavale im Jahr 2010. (Foto: Eric Bannwarth)

Im Jahr 2007 beeindruckte diese SEM mit einem Arctic Tiger-Farbschema. (Foto: Emiel Bonte)

an verschiedenen Konflikten. Hierzu gehörten Aufklärungsmissionen über dem östlichen Mittelmeer sowie bewaffnete Einsätze gegen Milizenstellungen im Libanon. Die Flugzeuge der Staffel 11F wurden als erste ab 1989 an den ASMP-Marschflugkörper angepasst, 17F zog 1993 nach Landiviseau um. Inzwischen erfolgten die ersten Upgrades zu Super Etendard Modernisé und erlaubten eine Verlängerung der Einsatzzeit. Ab 2001 erfolgte schließlich der Einsatz vom neuen Trägerschiff *Charles de Gaulle* und auch die Übernahme der Aufklärungseinsätze der zuvor verwendeten Etendard IV PM. Etwa 14 Super Etendard gingen während ihres Dienstes verloren, der durch Verzögerungen im Rafale-Programm mehrmals verlängert wurde und mehrmals Kampfeinsätze mit lasergelenkten Waffen über dem Balkan, Afghanistan und Libyen einbezog. Als Operationsbasis diente hier neben dem Trägerschiff *Charles de Gaulle* auch das afghanische Kandahar, von denen Super Etendard von Juni bis Oktober 2008 erstmals landgestützt zum Einsatz gelangten. An den letzten Einsatzfahrten waren im Jahr 2015 SEM 5 beteiligt, um vom Persischen Golf bzw. dem Mittelmeer aus IS-Gruppierungen und deren Infrastruktur in Syrien und Irak zu bekämpfen. Letztmalig startete eine SEM von 17F am 16. März 2016 von der *Charles de Gaulle* zu einem Einsatzflug und die Staffel beendete im Juli desselben Jahres den Dienst mit dem Flugzeug bei den französischen Marinefliegern.

Argentinien machte die Super Etendard durch ihre Einsätze im Falklandkrieg 1982 und in Kombination mit der Exocet-Lenkwaffe weltbekannt. Nach der Vertragsunterzeichnung über insgesamt 14 Super Etendard 1980 kamen noch im selben Jahr argentinische Piloten und Mechaniker zur Umschulung nach Frankreich. Bis Ende 1981 waren fünf der Flugzeuge ausgeliefert und in die 2. Angriffsstaffel auf der Marinefliegerbasis Bahia Blanca eingegliedert worden, der Falklandkrieg von April bis Juni 1982 führte zu einem temporären Embargo der übrigen Flugzeuge, der dazugehörigen Ersatzteile und Bewaffnung. Während des Konflikts konnten am 2. Mai sowie am 29. Mai Super Etendard mindestens zwei wirkungsvolle Treffer mit der Exocet erzielen und den britischen Zerstörer *HMS Sheffield* sowie das Containerschiff *Atlantic Conveyor* versenken. Gerade der Untergang des zuletzt genannten Schiffes stellte wohl den größten materiellen Verlust für die britische Eingreiftruppe dar, gingen mit ihm gleich mehrere Hubschrauber sowie eine hohe Zahl an Ersatzteilen und Nachschub verloren. Erst

Argentinien stationierte seine Super Etendard auf der Basis Bahia Blanca, wo die 2. Angriffsstaffel des Geschwaders EA 32 beheimatet war. Bordgestützte Einsätze erfolgten eher sporadisch. (Foto: Armada Argentina)

Wegen begrenzten Möglichkeiten zum bordgestützten Einsatz, trainierten die argentinischen Crews mit ihren Super Etendard auch auf ausländischen Trägerschiffen wie hier auf der *USS Abraham Lincoln* (CVN-72) im Jahr 1990. (Foto: US DoD / Tommy Lynaugh)

nach Kriegende wurden bis zum Jahresausklang auch die übrigen Maschinen geliefert und ergänzten den Bestand der 2. Angriffsstaffel. Die Marine passte den Flugzeugträger *25 de Mayo* für den Einsatz der Flugzeuge bis 1983 an und erste Trägerqualifikationen folgten. Der Einsatz mit dem Trägerschiff gestaltete sich mit höchstens sechs Super Etendard eher sporadisch, nach der Außerdienststellung im Jahr 1988 trainierten die Crews mit ihren Flugzeugen auf ausländischen Schiffen aus Brasilien und den USA. Allerdings waren dies oft nur „touch-and-go"-Übungen und der Dienst beschränkte sich auf den landgestützten Einsatz. Bis Ende der 1990er Jahre gingen drei der Flugzeuge durch Absturz verloren, andere Exemplare wurden aus wirtschaftlichen Gründen eingelagert. Ebenfalls aus finanziellen Gründen schlug in den folgenden Jahren eine Modifizierung fehl, um unabhängig von sanktionierten britischen Produkten sprich dem Martin-Baker-Schleudersitz, den Einsatzbetrieb mit den Super Etendard aufrecht zu erhalten. Das Problem mit den Schleudersitzen verhinderte letztlich auch den Einsatz von fünf, 2018 in Frankreich gekauften SEM und führte zur offiziellen Außerdienststellung im Mai 2023.

Irak wurde zum Leasingkunden der Super Etendard und überbrückte damit die Zeit bis zur Lieferung neugebauter Mirage F1EQ-5. Piloten und Mechaniker erhielten 1983 eine entsprechende Ausbildung in Landiviseau und fünf aus französischen Marinebeständen stammende Super Etendard trafen ab Oktober desselben Jahres im Irak ein. Sie gelangten zur im Norden des Landes gelegenen Luftwaffenbasis Qayyarah und flogen in der No 81 Squadron. Ab März 1984 fanden die ersten Angriffe im Krieg gegen Iran statt, wobei eine der Maschinen abgeschossen und eine andere beschädigt wurde. Die verbliebenen vier wurden schließlich Anfang 1985 an Frankreich zurückgegeben.

Eine Etendard IV M ist ganz oben in der Ansicht zu sehen. Das Original diente in verschiedenen Staffeln der Aéronavale, hauptsächlich in der 17F und zum Schluss bis 1991 zur Umschulung in der 59S in Hyeres. Danach wurde das Flugzeug Exponat im Luft- und Raumfahrtmuseum Le Bourget. Sie trägt das Farbschema in hellem Blaugrau mit weißer Unterseite. Darunter ein Aufklärer Etendard IV P von 16F mit dem entsprechenden Staffelwappen am Seitenleitwerk. Die Tarnung besteht aus dunkel- und hellgrauen Tönen, taktische Kennziffer 118. Zum Schluss eine Super Etendard, die in der Staffel 14F ihren Dienst absolvierte. Taktische Kennziffern, die Aufschrift Marine und das Roundel sind nunmehr größer gehalten, das Staffelwappen weiterhin im unteren Bereich der Seitenflosse platziert. Die Farbgebung entspricht einem matten Marineblau. Statt den 595-I-Zusatztanks der beiden oberen Maschinen trägt die Super Etendard 1100-I-Behälter. (Grafik: Srecko Bradic)

Einsatzverbände (Auswahl)
Frankreich
11F, 15F, 16F, 17F, 59S
Argentinien
EA 32
Irak
No 81 Sqn

Dassault Mirage III / Mirage 5 / Mirage 50

Mit der Mirage III vollzogen Dassault und Luftwaffe einen gewaltigen Sprung nach vorn und zugleich an die Spitze der weltweit produzierenden Hersteller und Betreiber von Kampfflugzeugen. Die Leistungen und Einsatzmöglichkeiten der Mirage III verwiesen andere Flugzeugbauer im eigenen Land in die zweite Reihe, von denen einige nie wieder Kampfjets konzipierten. Im Bild eine Mirage III B von EC 13, zugleich der letzte Einsatzverband des zweisitzigen Trainers. (Foto: Eric Bannwarth Collection)

Historie

Unter dem weltberühmten Namen „Mirage" begann eine Reihe ästhetisch ausgewogener Konstruktionen Gestalt anzunehmen, die trotz manch skurriler Anbauten wie bspw. gewaltige, unförmige Zusatztanks, nichts von ihrer Attraktivität einbüßten. Zum anderen konnte sich Dassault mit dem Flugzeugtyp endgültig an der Spitze der weltweit produzierenden und exportierenden Kampfflugzeughersteller etablieren, die Mirage III war praktisch über Jahre das Aushängeschild französischer Kampfflugzeugtechnik und zugleich der erste Mach-2-Jäger aus einheimischer Produktion.

Die Geschichte des legendären Kampfjets begann mit einer im Januar 1953 herausgegebenen Forderung der französischen Luftwaffe nach einem leichten Überschalljäger, der in weniger als vier Minuten eine Flughöhe von 15.240 m erreichen und unter dem Rumpf eine Luft-Luft-Lenkrakete mitführen sollte. Sieben Unternehmen reichten Vorschläge ein, von denen drei inklusive dem Dassault-Konzept zur Erprobung bestellt wurden. Mit der Werksbezeichnung MD 550 versehen und auch als Delta Mystere bekannt, zeichnete sich die Dassault-Konstruktion durch ein markantes Deltatragwerk und einem Seitenleitwerk von nahezu identischer Form aus, während auf separate Höhenflossen verzichtet wurde. Hinzu kam ein Dreipunkt-Einziehfahrwerk sowie ein Antrieb, der aus zwei von Dassault als MD 30 in Lizenz gefertigten Bristol Siddeley Viper sowie einem Raketenmotor SEPR 66 bestand. Eine zweite Versuchsmaschine sollte statt der Viper zwei Turboméca Gabizo sowie statt einem zwei zusätzliche Raketentriebwerke erhalten. Testpilot Roland Glavany hob am 25. Juni 1955 in Melun-Villaroche zum ersten Mal mit der MD 550-01 ab und absolvierte einen 20minütigen Erstflug. Weitere Testflüge offenbarten ein stabiles Flugverhalten, aber zu geringe Leistungen, sodass es mit dem Flugzeug im Februar 1956 für Modifikationen zurück zum Hersteller ging und im Nachgang die neue Typenbezeichnung Mirage I gewählt wurde. Das zweite, auch Mirage II genannte Versuchsmuster wurde nicht fertiggestellt.

Testpilot Roland Glavany vor der Mirage III A-01.

Anforderungen und Bewertungen erteilten dem Entwurf von staatlicher Seite zunächst eine Absage, doch hatte Dassault auf eigene Kosten bereits ein weiterentwickeltes Konzept aufs Reißbrett gebracht. Das sollte hauptsächlich von einer sogenannten Wespentaille, also einem nach der Flächenregel eingeschnürten Rumpf, sowie einem überarbeiteten Antrieb profitieren. Dazu gehörte neben dem Raketenmotor ein Atar 101G-Nachbrennertriebwerk von SNECMA. Das Flugzeug fiel insgesamt größer und komplexer aus, die Vorderkantenpfeilung des Deltatragwerks wurde von 55 auf 60 Grad erhöht. Die Schubdüse ragte auffallend über das Seitenleitwerk hinaus, das zusätzliche Raketentriebwerk fand unter dem hinteren Rumpfabschnitt Platz.

Während die Mirage I für andere Programme noch weitere Testflüge unternahm, startete das neue Flugzeug als Mirage III-001 und wieder mit Roland Glavany am Steuer am 17. November 1956 zum 40minütigen Erstflug. Beim siebenten Flug wurde eine Geschwindigkeit von Mach 1,2 erreicht und im Januar 1957 während des zehnten sogar Mach 1,52, wobei hier sowohl Nachbrenner als auch das Raketentriebwerk zugeschaltet waren. Noch im September steigerte sich die Leistung auf Mach 1,8 und im nächsten Monat auf Mach 1,89, mehr erlaubte die Konfiguration der Lufteinlässe in Kombination mit dem Triebwerksschub nicht. So kam es mit den Erprobungsflügen zu Modifikationen. Einen besonderen Fortschritt stellte hierbei der Einbau der nach vorn und hinten verschiebbaren Halbkegel in den Luftein-

Die Erfolgsstory der Mirage III begann praktisch mit der MD 550, die im Juni 1955 erstmals flog und mit ihrem deltaförmigen Trag- und Leitwerk beeindruckte. Am Bug steht noch die Aufschrift Mystere, später wurde das Flugzeug zur Mystere Delta bzw. Mirage I. (Foto: Dassault Aviation)

Die achte Vorserienmaschine der Mirage A mit einer R 530-Lenkrakete unter dem Rumpf. Die 3,28 m lange und 192 kg schwere Waffe konnte Ziele bis in 20 km Entfernung erreichen. (Foto: Johan Visschedijk Collection)

Mirage III A beim CEV in Istres. Die Maschine im Vordergrund flog 1959 zum ersten Mal und diente weiterführenden Testreihen. (Foto: Paul Bannwarth)

lässen dar, schließlich erlaubten diese je nach Flugregime eine Leistungssteigerung von bis zu 20 %. Das Flugzeug wurde später für VTOL-Versuche zur Balzac umgerüstet und trug nun den zuvor benutzten Kosenamen offiziell als Typenbezeichnung. Für weitere Untersuchungen sowie eine Optimierung der Eigenschaften bestellte Frankreich zehn als Mirage III A bezeichnete Entwicklungs- bzw. Vorserienflugzeuge. Diese verfügten über eine vergrößerte Flügelfläche, wogegen die relative Dicke des Tragwerks auf 4,5 % an der Wurzel sowie 3,5 % an den Spitzen verringert wurde. Für eine leistungsstärkere Strahlturbine des Typs Atar 9B kam es zur Verlängerung des Rumpfes um mehr als einen Meter und auch ein bei Notfällen abwerfbarer Raketenmotor gehörte wieder zum Einsatzequipment. Für 80 Sekunden konnte dieser eine Leistung von 13,3 kN zur Verfügung stellen oder bei einer verdoppelten Brenndauer dauerhaft 6,67 kN. Im unteren Teil des Gehäuses, in dem sich das Raketentriebwerk befand, waren zudem 315 l Salpetersäure als Oxydator untergebracht. Mit Roland Glavany an den Kontrollen erhob sich das erste Exemplar der Mirage III A-01 am 12. Mai 1958 zum Erstflug.

Als erstes französisches und westeuropäisches Kampfflugzeug erreichte die Mirage III A-01 im Oktober 1958 zweifache Schallgeschwindigkeit und ein knappes Jahr später bewies Jaqueline Auriol als erste Frau, dass sie auf diesem Flugzeug genauso schnell fliegen konnte. Überhaupt beeindruckten die Flugeigenschaften sehr schnell, Mach 2 oder eine Flughöhe von 18.000 m konnten auch ohne Raketentriebwerk erreicht werden und Außenlasten die Manövrierfähigkeit kaum beeinträchtigen. Die „01" übernahm später das CEV, im Februar und März 1959 waren die Mirage III A-02 sowie A-03 erstmalig in der Luft und dienten nachfolgend vor allem Tests mit dem Antrieb und der Leistungsfähigkeit des Typs. Testpilot Gérard Muselli stellte mit der A-03 im Mai auf einer geschlossenen 100-km-Strecke mit 1771 km/h einen neuen Weltrekord auf. Im Mai hatten zudem A-04 und A-05 ihre Erstflüge absolviert und erprobten das Equipment. Die Mirage III A-05 entsprach als erste dem künftigen Produktionsstandard, stürzte aber im Oktober 1960 bei einem Vorführungsflug in Bretigny ab und tötete dabei den Piloten. Ab Juli 1959 flog die Mirage III A-06 und testete hauptsächlich die Radarausrüstung, ebenso flog im Juli die achte Vorserienmaschine erstmalig und übernahm Erprobungen des Flugzeugs im Zusammenspiel mit für den künftigen Einsatz vorgesehenen Lenkraketen. Auch die im September 1959 erstmals geflogene Mirage III A-09 diente Waffentests. Die A-07 hatte schließlich im November 1959 ihren Erstflug und wurde nachfolgend von den Einrichtungen CEAM und CEV genutzt, was gleichfalls auf die zehnte Mirage III A zutrifft und ab Dezember 1959 das Erprobungsprogramm in der Luft unterstützte. Mehrere der Vorserienmaschinen dienten bis Mitte der 1970er-Jahre weiterhin verschiedenen Versuchszwecken.

Bereits im Oktober 1958 wurde die Erstorder der französischen Luftwaffe über 100 Mirage III C, die als Allwetterabfangjäger zum Einsatz kommen sollten, offiziell bestä-

Die Staffel EC 3/10 erhielt ab 1978 die Mirage III C und setzte sie schon bald von Djibouti aus mit einem eigenen Tarnschema ein. Bis zu zwölf dieser Kampfjets waren hier stationiert. (Foto: Michel Leonard)

tigt. Im Sommer des Vorjahres hatte der Generalstab der Luftwaffe zudem die Entwicklung einer zweisitzigen Schulversion angeregt. Während der Prototyp dieser Mirage III B am 20. Oktober 1959 zum Erstflug startete, liefen die Vorbereitungen zur Serienproduktion des Jägers auf Hochtouren. Auch hier fungierten verschiedene Betriebe als Zulieferer und die Endmontage erfolgte wiederum im Dassault-Werk Bordeaux-Merignac. Die erste Serienmaschine der Mirage III C wurde schließlich im Oktober 1960 eingeflogen und die ersten Exemplare gingen Anfang des nächsten Jahres an die Testeinrichtung CEAM in Mont-de-Marsan. Sie wurden schon bald zur Umschulung auf das neue Jagdflugzeug genutzt, außerdem wurde am selben Standort EC 1/2 aufgestellt und mit der Mirage ausgerüstet. Nach mehreren Monaten erfolgte der Umzug des Verbandes nach Dijon, um zur ersten operationellen Einsatzstaffel zu werden. Der Dienstantritt verlief nicht störungsfrei, denn es gab zunächst Probleme mit dem Triebwerk, dem Radar und mit der Ersatzteilversorgung. Schon am 23. August 1961 gab es den ersten Unfall mit dem Verlust eines Flugzeugs und ein Startverbot bis zum 6. September. Doch bald schätzten die Piloten ihre neuen Maschinen, ihre hohen Geschwindigkeiten, Rollraten und Beschleunigungswerte gerade beim Einsatz von Nachbrenner und Raketentriebwerk. Letzteres wurde dann im Dienst eher selten verwendet oder erst gar nicht eingebaut. Wenn doch, zündete der Raketenmotor in 11.000 m Höhe bei Mach 1,6 und ließ die Mirage dank des erheblich verstärkten Schubs auf beachtliche 20.700 m und manchmal mehr steigen. Das Manöver war durchaus anspruchsvoll und mit hohem Kraftstoffverbrauch verbunden. Zugleich erforderten die großen Flughöhen einen neuen Stratosphärenanzug, welchen die Firma Aérazur in Issy-les-Moulineaux passgerecht herstellte, allerdings nur mit großem Zeitaufwand und unter Zuhilfenahme anderer Personen angezogen werden konnte. Andere Nachteile der Mirage III bestanden aus großen Kurvenradien von mindestens 2000 m, der hohen Landegeschwindigkeit, weniger guten Langsamflugeigenschaften sowie langen Start- und Landestrecken, die hauptsächlich auf die Auslegung eines leitwerklosen Deltaflügels zurückzuführen waren. Im Dezember 1961 war schließlich die volle Staffelstärke bei EC 1/2 erreicht, im selben Monat erhielt auch die Staffel EC 3/2 ihre ersten Einsatzmaschinen. Die dritte Staffel des Geschwaders EC 2/2 wurde übrigens erst 1965 mit der Mirage III ausgerüstet und übernahm fortan auch die Umschulung der aus den Exportnationen kommenden Flugschüler. Als weitere Staffeln ihren Bestand auf Mirage III C umgerüstet hatten, stellte das Flugzeug die Speerspitze der französischen Luftverteidigung dar. EC 13 in Colmar stand mit seinen Maschinen wie auch die anderen drei Geschwader als Teil des CAFDA in voller Rund-um-die-Uhr-Bereitschaft.

Die zweisitzige, mit Tandemkabine versehene Mirage III B übernahm wichtige Trainingsaufgaben, dieses Exemplar diente in der Ausführung B2 zum Simulieren von Betankungen in der Luft. (Foto: Dassault Aviation)

Von den 100 bestellten Mirage III C nutzte man die letzten fünf Exemplare zur Entwicklung neuer Versionen, zum Austesten und Bewerten der Eigenschaften und des Equipments. So diente das 99. Exemplar zur Weiterentwicklung in die Variante Mirage III E, die eine Mehrzweckrolle im taktischen Bereich als Jagdflugzeug sowie zur Luftnahunterstützung mit den entsprechenden Luft-Boden-Waffen einschließlich der AN 52-Atombombe erfüllen sollte. Sie begann am 5. April 1961 mit der Flugerprobung, im Januar 1964 flog die erste Serienmaschine. Danach begann die Lieferung des Kampfjets an vier Geschwader, zuerst an EC 13 ab April 1965. Mit EC 2/3 stationierte die französische Luftwaffe eine der Mirage III E-Staffeln in der Bun-

Einsatzvorbereitungen an Mirage III E in Colmar 1992. Die französische Luftwaffe nahm insgesamt 183 Exemplare dieser Baureihe ab. (Foto: Michel Jamar)

desrepublik Deutschland, wo sie von September 1965 bis September 1967 in Lahr beheimatet war. EC 4 in Luxeuil stand seit Mai 1967 für die Luftverteidigung in Alarmbereitschaft und übernahm ab 1973 nukleare Angriffsmissionen. Für die Flugzeuge standen etwa zwei Dutzend taktische Atombomben AN 52 zur Verfügung, mit der nichtnuklearen Übungsvariante CEN 52 simulierten die Piloten zweimal im Jahr Angriffe auf ausgewählte Ziele. Im August 1973 hatte eine Mirage III E mit der Kennziffer ‚617' eine „scharfe" AN 52 über dem Mururoa-Atoll getestet, zwei Jahre später hielt die Anti-Radar-Lenkwaffe Martel Einzug in das Waffenarsenal des Flugzeugs. Maschinen des Typs bildeten inzwischen die vorderste Reihe innerhalb der französischen Luftwaffe, entwickelten sich zur Hauptserienversion und hatten die Mirage III C-Vorläufer zunehmend verdrängt.

Die Mirage III E verwendete ein verbessertes Atar 9C-Triebwerk als Antrieb sowie eine neue, aber gleich starke Version des Raketenmotors und jetzt mit Kerosin als Treibstoff, an dessen Stelle allerdings häufiger einen Zusatztank mit rund 560 l Kraftstoff. Der Rumpf wurde leicht um 0,3 m verlängert und nahm zusätzliche Navigationsausrüstung, im Bug ein weiterentwickeltes Cyrano-Radar für Luft-Luft- sowie Luft-Boden-Tiefflugeinsätze auf. Hinzu kam ein deutlich sichtbares Doppler-Gerät unter dem Vorderrumpf und die Anzahl der externen Stationen erhöhte sich von drei auf fünf. Interessant war ein automatisches Navigationssystem, dass über ein rotierendes Magazin mit zwölf Lochkarten aus Plastik verfügte, die jeweils einen Positionskoordinaten darstellten und mit deren Hilfe das Flugzeug zum Ziel geführt werden konnte. Mit dem leicht verlängerten Rumpf gelangte auch der Aufklärer Mirage III R zum Einsatz, wobei sich diesmal bis zu fünf Kameras mit Brennweiten zwischen 100 und 600 mm im Bug befanden. Ein Prototyp dieser Ableitung machte seinen Erstflug am 31. Oktober 1961, während ab März 1963 die Bewertung beim CEAM und nachfolgend ab Juni die Einführung beim in Strasbourg stationierten Geschwader ER 33 seinen Lauf nahm. Die Flugzeuge hatten ihre Bordkanonen behalten, konnten an drei Aufhängepunkten Bewaffnung oder Zusatztanks mitführen und waren so auch Teil der Schießübungen in Solenzara auf Korsika. Ab April 1968 erreichten

Eigentlich eine Mirage III E, ist diese im CEV geflogene Maschine mit der Bugsektion des Aufklärers Mirage III R ausgerüstet. (Foto: Eric Bannwarth)

Die modifizierte Bugnase der Mirage III RD, hier ein Exemplar der Aufklärungsstaffel ER 3/33, nahm fünf Luftbildkameras auf. Den Unterrumpftank ziert ein Haifischmaul. (Foto: Eric Bannwarth)

die ersten Mirage III RD die Staffel ER 3/33, die mit weiterentwickelter Ausrüstung besser für Allwettereinsätze geeignet waren. Zu einer weiter verbesserten Effizienz führte ab November 1970 die Einführung des Cyclope-Unterrumpfbehälters, der neben 1100 l Kraftstoff in seiner Spitze über einen Infrarotsensor für Nachtaufnahmen verfügte. Ein späteres Upgrade verhalf dem Cyclope zusätzlich zu einem Seitensichtradar. Frankreich hatte für seine Luftwaffe 20 Mirage III RD zusätzlich zu den 50 zuvor bestellten III R gekauft.

Als eine andere wichtige Variante stand mittlerweile auch die zweisitzige Mirage III B im Dienst. Sie war bereits 1958 von der französischen Luftwaffe bestellt worden, sollte der Umschulung, dem weiterführenden Training und nicht zuletzt der Kontrolle der Fähigkeiten der im Einsatz befindlichen Piloten dienen. Anwärter für die Mirage III hatten Anfang der 1960er Jahre zunächst 200 Flugstunden auf Strahltrainern Magister und T-33 absolviert, gefolgt 100 weiteren Übungsstunden auf der Mystere IV A. Dann ging es nach dem Simulator für sechs Monate auf die Mirage III B, um in insgesamt 100 Flugstunden die Eigenschaften des Typs bis in den hohen Überschallbereich zu erkunden sowie verschiedene Einsatztaktiken zu erlernen. Geliefert wurde der mit Tandemkabine versehene Zweisitzer ab Juli 1962 und trat zum Ende des Jahres den Dienst zuerst bei den Geschwadern EC 2 und EC 13 an. Im März 1963 folgte die Aufklärungsstaffel ER 3/33, andere gingen in kleinen Stückzahlen an die Kampfgeschwader oder die Bomberverbände EB 93 und 94. Diese Maschinen fasste man Jahre später im September 1974 im CIFAS bei der Staffel EE 2/328 zusammen, anderenorts entstand schon im Oktober 1968 aus EC 2/2 die Umschulungseinheit ECT 2/2 und konzentrierte die meisten der Mirage III B am Standort Dijon-Longvic. Von den knapp 60 gebauten Trainern, die Frankreichs Luftwaffe beschaffte, stellten einige Exemplare „Spezialversionen“ dar. Fünf als Mirage III B1 bezeichnete Maschinen etwa wurden für spezifische Testprogramme ans CEV geliefert, zehn andere und Mirage III B2 genannte Exemplare gingen ab Juli 1967 an das Ausbildungszentrum CIFAS 328. Mit mock up-Betankungsrohren nutzten Bomberpiloten diese Flugzeuge zum Simulieren von Luftbetankungen und konnten diese realistischer üben als mit den seit März 1965 verwendeten „normalen“ Mirage III B. Dann gab es noch die Mirage III BE

Die französische Luftwaffe übernahm die ursprünglich für Israel vorgesehenen Mirage 5 für Tageinsätze. Diese beiden 5F waren Teil von EC 3/13 in Colmar. Auch der Schwesterverband EC 2/13 sowie die EC 3/3 in Nancy verwendeten den Typ. (Foto: Eric Bannwarth Collection)

Interessant an dieser Mirage 5F ist der unter dem Tragwerk befestigte RPK-10-Zusatztank mit 500 l Kraftstoff plus vier daran angehängten 250-kg-Bomben. (Foto: Eric Krikke)

als Trainervariante der E-Baureihe, allerdings ohne das Cyrano-Radar. Ab Frühjahr 1971 erhielt das Geschwader EC 2 zwanzig dieser Doppelsitzer, des Weiteren entstand für den Export die Schulversion Mirage III D.

Der Export spielte eine enorme Rolle in der Geschichte der Mirage III. Als sich das Kampfflugzeug im Endstadium der Erprobung und in der Einführung bei der französischen Luftwaffe befand, nahmen die Bestellungen von Auslandskunden bereits Fahrt auf. Australien, Israel oder die Schweiz gehörten zu den ersten, testeten und bewerteten die Mirage, orderten die ersten Exemplare ab 1960 und interessierten sich für Lizenzen. Von Anfang an begeisterte nicht nur das schnittige Design des Flugzeugs, sondern es überzeugten die Leistungen und Kampfeigenschaften. Israel konnte das in beeindruckender Art und Weise bei den Auseinandersetzungen mit seinen arabischen Nachbarn demonstrieren, was wiederum einen weiteren Anschub im Verkauf generierte. Israel war es auch, dass nach den frühen Kampferfahrungen eine vereinfachte und hauptsächlich für Luft-Boden-Einsätze gedachte Version für brauchbar hielt und deren Entwicklung anregte. Den Forderungen entsprechend schuf Dassault die Mirage 5 und sorgte damit zugleich für einen kontinuierlichen Absatz des legendären Jets, nun in abgespeckter Form. Die nunmehr in lateinischer Schreibweise ausgeführte ‚5' in der Typenbezeichnung sollte Verwechslungen mit dem Senkrechtstarter Mirage III V vermeiden.

Tatsächlich trennte man sich von empfindlicher, wartungsintensiver Avionik wie dem Cyrano-Radar, Doppler-Gerät und TACAN und machte damit Platz für 500 l zusätzlichen, intern untergebrachten Kraftstoff. Zwei neue Außenlaststationen erhöhten die Anzahl auf nunmehr insgesamt sieben, die maximale Zuladung blieb allerdings bei 4000 kg. Äußerlich ließ sich die Mirage 5 von ihrem Vorgänger vor allem durch den kleineren, aber spitzer auslaufenden Rumpfbug und das darunter angebrachte Pitotrohr sowie dem schon bei der Mirage III C verwendeten Vorkiel am Seitenleitwerk unterscheiden. Gleichfalls gelangte der Raketenmotor nicht mehr zum Einbau. Die Mirage 5 war praktisch auf Basis der Mirage III E entstanden, aber nur noch für Tageinsätze geeignet. Spätere Exportausführungen erfüllten spezielle Kundenwünsche, was bei einigen durch den Einbau von Radargeräten wieder zur Allwetterfähigkeit führte sowie andere zusätzliche Optionen im Avionik- und Waffensektor zuließ. Manche ähnelten zum Schluss wieder mehr der Mirage III. Der Prototyp ging mit Testpilot Hervé Leprince-Ringuet ab 19. Mai 1967 in die Flugerprobung, der Serienbau lief im nächsten Jahr auf vollen Touren.

Israel als ursprünglicher Initiator und erster Kunde der Mirage 5 erhielt das Flugzeug dann doch nicht, weil Frankreich wegen des im Juni 1967 ausgebrochenen Sechs-Tage-Krieges ein Waffenembargo verhängt hatte. Stattdessen wurden die 50 für Israel vorgesehenen Exemplare für lange Zeit in Chateaudun eingelagert und streng bewacht. Erst ab Oktober 1971 standen diese Flugzeuge den französischen Streitkräften zur Verfügung und traten schließlich als Mirage 5F im April des darauffolgenden Jahres ihren Dienst an. Erstempfänger war die Staffel EC 3/13 in Colmar. Bis 1977 kamen zwei weitere Einsatzverbände hinzu, obwohl die französische Luftwaffe eigentlich gar keinen Bedarf an diesen Flugzeugen hatte. Allerdings lieferte Dassault in den Jahren 1983/85 nochmal acht neue Flugzeuge an die Luftwaffe, wo man die Mirage 5 durchaus schätzte. Am Boden reichten 15 h Wartung pro Flugstunde, was im Vergleich zu anderen zeitgenössischen Kampfflugzeugen einen sehr guten Wert darstellte (eine F-4 Phantom II benötigte mehr als das Dreifache). Mit dem Atar 9C war sie auch in der Luft bemerkenswert. Ein Pilot vom Geschwader EC 13 schwärmte (Zitat): „Auf Sicht war die mit zwei Magic und den Bordkanonen bewaffnete Mirage 5F sehr beeindruckend und sehr angenehm zu manövrieren". Und auch der Export war ein voller Erfolg, mindestens zwölf Nationen kauften mehr als 450 Stück.

Neben den mit Upgrades ausgestatteten Flugzeugen dachte Dassault schon 1969 an eine weiterentwickelte Bau-

reihe als Mirage 50, die von Anfang an über viele der Neuerungen verfügte und als kostengünstige Variante Käufer finden sollte. Sie erhielt das stärkere Atar 9K-50-Triebwerk mit überarbeiteten Lufteinlässen, eine verbesserte Navigations- und Angriffsavionik inklusive Head-Up-Display sowie optional ein Cyrano IV-Radar. Da das Flugzeug mehr oder weniger noch immer die erste Generation verkörperte, fiel das Interesse nur mäßig aus und ein Prototyp, der aus einer Mirage III hergestellt worden war, hob erst am 15. Mai 1979 in Istres zu seinem Erstflug ab. Die Mirage 50 wurde danach als Umrüstvariante aus vorhandenen Maschinen sowie als Neubau sowie als Ein- und Zweisitzer angeboten, fand schließlich mit Chile und Venezuela ihre beiden einzigen Kunden. Doch es sollte nicht die letzte Ausführung des Deltaflüglers sein, denn mit der Mirage III NG (NG = Nouvelle Génération) startete der Hersteller einen weiteren Versuch zur Fortführung seiner auf der Mirage III basierenden Produktpalette. Als Vorstufe erprobte man ab Mai 1981 zunächst ein als Mirage 50 K bezeichnetes Exemplar, dass zum eigentlichen Prototyp der Mirage III NG führte und unter diesem Namen am 21. Dezember 1982 mit der Flugerprobung begann. Auffällig an der Konstruktion waren vor allem die neuen, stärker gepfeilten Tragflügelwurzeln, die in dieser Konfiguration eine Art Doppeldeltatragwerk darstellten und von an der Oberseite der Lufteinlässe befindlichen Canards ergänzt wurden. Bei der Innenausstattung glänzte das Flugzeug mit einem Fly-by-wire-Steuerungssystem, das bereits die Mirage 2000 erprobte. Mit modernen Einsatzkomponenten sowie der Möglichkeit zur Luftbetankung bot der Hersteller schließlich noch die im April 1988 erstmals geflogene Exportversion III EX an. Letztendlich konnten keine Verkäufe verzeichnet werden, was den Erfolg der Mirage III / 5 / 50 aber keinesfalls schmälert. Eine Stückzahl von zusammen mehr als 1400 Flugzeugen und über drei Millionen Flugstunden mit diesen sprechen

In ihrer Zeit stellte die Mirage III ein leistungsfähiges Einsatzmuster dar und wurde für Dassault zum Exportschlager, hier ein Zweisitzer Mirage III DS aus der Schweiz. (Foto: Eric Bannwarth)

Eine weiterentwickelte Variante flog im Mai 1979 als Mirage 50 erstmals, im Bild eine doppelsitzige Maschine der Baureihe DV der Luftwaffe Venezuelas mit ausgestoßenem Bremsschirm. (Foto: Rob Schleiffert)

Nesher, Kfir, Cheetah und Pantera – die leistungsstarken Ableger der Mirage III/5

Mit dem unter Charles de Gaulle ausgesprochenen Lieferembargo, das innerhalb der französischen Luftfahrtindustrie nicht nur auf Gegenliebe stieß, setzte Israel auf eine eigene, wenn auch nicht ganz legale Version der Mirage 5. Mitgemischt hatte dabei wohl auch das US-Unternehmen Rockwell International, das 1968 mit Dassault über den Kauf von Mirage 5 verhandelte, sie in Einzelteilen liefern und bei IAI komplettieren ließ. Über geheime Kanäle war Israel somit an verschiedene Baugruppen bis hin zu ganzen Flugzeugzellen gelangt und beschaffte sich illegal weitere Dokumentationen über das Flugzeug. Der Ingenieur Alfred Frauenknecht etwa arbeitete im schweizerischen Winterthur, wo die Lizenzproduktion des Atar-Triebwerks für die Mirage III stattfand und lieferte für 850.000 Schweizer Franken annähernd 200 Konstruktionszeichnungen an einen israelischen Agenten. Dafür wurde er 1971 zu viereinhalb Jahren Gefängnis verurteilt. Die **Nesher** genannte Kopie flog im September 1969 erstmalig, wurde zwei Jahre später in einer Größenordnung von etwa 60 Exemplaren in Dienst gestellt und spielte 1973 im Yom-Kippur-Krieg eine wichtige Rolle. Ein Großteil der Flugzeuge wurde als einsitzige Dagger A (35 Stück) und zweisitzige Dagger B (4 Stück) ab Ende der 1970er Jahre an Argentinien verkauft. Später vorwiegend im Avionikbereich modernisierte Exemplare wurden als Finger bezeichnet, massiv und mit wechselhaftem Erfolg im Falkland-Krieg 1982 eingesetzt und einige noch bis November 2015 geflogen.

IAI Finger (Foto: Alexander Golz)

Umfassender gestaltete sich die Weiterentwicklung der Mirage/Nesher zur **Kfir**, die das stärkere General Electric J79-J1E mit 79,6 kN Nachbrennerschub als Antrieb nutzte und deshalb vor allem am hinteren Rumpfabschnitt Umkonstruktionen erfuhr. Zur besseren Kühlung des Triebwerks gab es zusätzliche kleine Lufteinlässe am Rumpf, ein weiterer vor dem Seitenleitwerk gilt als typisches Kfir-Merkmal. Der Erstflug eines Technologierdemonstrators ist auf den 19. Oktober 1970 datiert, gefolgt von der ersten Serienmaschine im April 1975. Nicht weniger als 212 Exemplare sollen bei IAI in verschiedenen Versionen entstanden sein, die mindestens fünf Einsatzverbände der landeseigenen Luftwaffe ausrüsteten. Die Kfir verfügte über ein enormes Leistungspotenzial und übertraf in manchen Belangen sogar das Ursprungsmuster. Da sie mit maximal 16.200 kg Abfluggewicht schwerer als die Mirage III / 5 ausfiel, kompensierte IAI verlorengegangene Manövrierfähigkeiten mit aerodynamischen Verfeinerungen. Hierzu zählten Sägezahnvorderkanten am Tragwerk, kleine Steuerflächen an den Lufteinlässen sowie Nasenkanten am Rumpfbug. Dieser Kfir C1 folgte die Baureihe C2 mit vergrößerten, feststehenden Canards sowie Avionik-Upgrades. Daraus wiederum entstand die 1980 erstmals geflogene Trainerversion Kfir TC2 mit Tandemcockpit und einer auffallend verlängerten Bugsektion. Zwei andere Maschinen fungierten als Aufklärer Kfir RC2, wobei die Bugnase mit entsprechender Ausrüstung in fünf unterschiedlichen Varianten austauschbar war. Erneute Modernisierungen führten Anfang der 1980er Jahre zur nunmehr in der Luft betankbaren Baureihe C7 / TC7. Hier waren Navigations- und Angriffsavionik und nicht zuletzt der Cockpitbereich mit neuen Bildschirmen und HOTAS-Steuerknüppel aufgewertet worden. Als C10 / TC12 modernisierte Israel weitere Maschinen innerhalb des Kfir 2000-Programms, das zumindest von Exportkunden angenommen wurde und nachdem die israelische Luftwaffe die letzten Einsatzmaschinen 1995 in den Ruhestand geschickt hatte. Jetzt waren Echtzeitvernetzung sowie die Mitnahme der neuesten israelischen Luftkampfraketen und des Litening-Zielbehälters möglich. Die Kfir wurde seinerzeit als erstes nach Ecuador exportiert, später kamen die USA, Kolumbien und Sri Lanka hinzu. US Navy und US Marine Corps hatten in den 1980er Jahren zwölf bzw. 13 Kfir C1 unter der

IAI Kfir C7 (Foto: Alexander Golz)

Bezeichnung F-21A für das Luftkampftraining in sogenannten Feinddarstellungsstaffeln verwendet, dabei deren Robustheit und Wartungsfreundlichkeit schätzen gelernt. Den gleichen Zweck erfüllen bis heute noch immer mehrere Kfir C2 bei der privaten Firma ATAC.

Der Kfir recht ähnlich war die Atlas **Cheetah** aus Südafrika. Zweifellos leistete Israel Hilfe, was bei manchen Baugruppen und später auch dem äußeren Erscheinungsbild auffällt. Andererseits behielt die 1985 eingeflogene Cheetah das Atar 9-Triebwerk und war daher auch nicht mit zusätzlichen Lufteinlässen versehen. Ein Mirage III D2Z-Doppelsitzer fungierte als Prototyp, gefolgt von weiteren Trainingsflugzeugen unter der Bezeichnung Cheetah D. Einige Mirage 5-Trainer wurden zu Cheetah B, während mit Cheetah E und C einsitzige Kampfflugzeuge gemeint sind. Hierzu war die Beschaffung weiterer Mirage III-Zellen im Ausland erforderlich, denn es handelte sich letztlich um ein Umrüstprogramm von etwa 70 Exemplaren. Mit der Cheetah C gelangten wiederum Tragflächen mit Sägezahnvorderkante, außerdem Nasenkanten am Rumpfbug und Canard-Vorflügel zur Anwendung, welche die Wendigkeit verbesserten. Wie die Kfir behielt auch die Cheetah die beiden DEFA-Kanonen, ferner standen sechs Außenstationen für Zusatztanks, Aufklärungsbehälter und Waffen zur Verfügung. Hier nutzte man auch einheimische Systeme wie bspw. die Luftkampfraketen Kukri und Darter, ergänzt um zeitgemäße Avionik inklusive HUD und Helmvisier. In Südafrika stand die Cheetah bis April 2008 im Dienst, anderenorts kaufte Ecuador 2011 zehn Ein- und zwei Doppelsitzer. Auch Chile hatte einige ausgemusterte Exemplare beschafft, um sie als Ersatzteilspender im landeseigenen Mirage 50-Upgrade **Pantera** zu nutzen. Hier setzte das lokale Unternehmen ENAER wiederum mit israelischer Unterstützung Komponenten wie eine verlängerte Bugpartie, Canards, neue Avionik und eine Luftbetankungsfähigkeit als Modifizierung an insgesamt 15 Maschinen um, bis diese Ende 2007 aus dem Dienst schieden. Zuvor hatte Chile bereits ehemals belgische Mirage 5 mit Modernisierungen erhalten und nannte diese Flugzeuge dann **Elkan**.

Atlas Cheetah C (Foto: Alexander Golz)

Eine der beiden Milan-Versuchsflugzeuge zeigt hier die ausgeklappten Vorflügel am Bug, die zur Verbesserung der Starteigenschaften dienten. (Foto: Dassault Aviation)

für sich. Dazu muss man zahlreiche Versuchsflugzeuge nennen, die auf der Mirage III / 5 basierten und wertvolle Forschungsergebnisse in verschiedenen Bereichen ablieferten, oder auch die ausländischen Weiterentwicklungen, die sich als leistungsfähig und mindestens ebenbürtig erwiesen.

Durch die langjährige Produktion, die zunehmende Verbreitung durch Exporterfolge und immer wieder neue Baureihen der Mirage III / 5-Familie wurde, von einem gewissen Standpunkt aus betrachtet, auch das Schicksal der anderen einheimischen Hersteller besiegelt, die sich in strahlgetriebenen Kampfflugzeugen versuchten. Zusammen mit Großbritannien gelang es Breguet mit dem Jaguar immerhin noch einen leistungsstarken Jagdbomberentwurf in Serie zu bauen, doch gehörte das Unternehmen ab 1971 endgültig zu Dassault. Fouga, später Potez Air Fouga, ging in der Sud Aviation auf, die selbst wiederum mit Nord Aviation 1970 zur SNIAS fusionierte und unter dem besser bekannten Firmennamen Aerospatiale zunehmend Hubschrauber produzierte. Dassault bestimmt praktisch seit den 1960er-Jahren den Kampfflugzeugbau in Frankreich und lieferte waffenfähige Typen in allen Kategorien. Hierzu passt auch das schon früher abgegebene Zitat von Georges Grimal: „Die anderen Hersteller gerieten in seinen (Marcel Dassaults) Schatten und wurden in den Schatten gestellt, weil sie unvollendete und unpraktische Flugzeuge vorlegten.“ Spätestens mit der Mirage III waren die Kampfjets von Dassault nicht nur international gefragte Produkte, sondern auch die erste Wahl bei den landeseigenen Luftstreitkräften.

Produktion und Versionen

Nach Herstellerangaben wurden neben Prototypen und Vorserienexemplaren insgesamt 1401 Serienmaschinen der Mirage III, 5 und 50, einschließlich der Lizenzbauten in Australien, Belgien und der Schweiz produziert. Davon gehörten 860 Exemplare zur Mirage III-Baureihe, 517 zur Mirage 5 und 24 entsprachen der Mirage 50. Die Produktion lief von 1960 bis 1986 und dann nochmal zwischen 1991 und 1993, bis die letzte Mirage 50 ausgeliefert war.

Schon beinah Tradition, erfolgte die Aufteilung der Produktion auf mehrere Herstellerbetriebe. Nord Aviation in Meaulte steuerte die Tragflächen bei, Dassault in Argenteuil fertigte den Rumpf und in Talence die Leitwerke und übernahm die Endmontage wieder in Merignac. Eingeschlossen in der oben genannten Stückzahl ist auch die Lizenzfertigung, die teilweise zunächst aus vorgefertigten Kits, einzelnen, lokal produzierten Komponenten sowie importierten Teilen des Einsatzequipments bestand. In Australien war die Government Aircraft Factory (GAF) in Avalon, Victoria für die Fertigung von insgesamt 114 Mirage III zuständig und die Commonwealth Aircraft Corporation (CAC) baute das Atar 9C-Triebwerk in Lizenz. In der Schweiz übernahm das Eidgenössische Flugzeugwerk (F+W) Emmen die Herstellung von zusammen 54 Maschinen des Typs Mirage III, unterstützt von Zulieferbetrieben sowie Sulzer in Winterthur mit dem Atar-Triebwerk. Nach mindestens zwei Musterflugzeugen produzierte SABCA in Belgien 103 weitere

Mit der Mirage III NG startete Dassault Anfang der 1980er Jahre einen erneuten Versuch, das Flugzeug in modernisierter Form zu vermarkten. Beachtenswert die Canards sowie die überarbeiteten Flügelwurzeln. (Foto: DR via Safran)

Mirage 5 als Jagdbomber, Aufklärer und Trainer, FN Moteur in Lüttich lieferte das Atar-Triebwerk und andere Betriebe fungierten als Zulieferer. In ihrer Ausstattung entsprachen die in Lizenz gebauten Flugzeuge nicht vollständig dem französischen Original.

Eine genaue Zuordnung der Stückzahlen zu den entsprechenden Versionen ist nicht ganz einfach, da etliche Flugzeuge modernisiert und umgerüstet wurden und praktisch mit ihrer „zweiten" Karriere auch eine geänderte Versionsbezeichnung erhielten. Hier kann es durchaus Abweichungen geben.

Mirage III-001, einzelner Prototyp mit Erstflug am 17. November 1956, später zum Versuchsflugzeug Balzac V umgebaut und wieder ab 12. Oktober 1962 in der Luft, beim Absturz im September 1965 zerstört

Mirage III A, zehn Entwicklungs- / Vorserienflugzeuge mit Erstflug am 12. Mai 1958 und zur Austestung der Eigenschaften sowie des Equipments bestimmt, Rumpf verlängert, Flügelfläche vergrößert mit reduziertem Dickenverhältnis, Atar 9B-Triebwerk, ein Exemplar mit Rolls-Royce Avon Mk. 67 mit 71,1 kN Nachbrennerschub für australische Lizenzfertigung erprobt, aber nicht als Serienstandard übernommen

Mirage III B, zweisitziges Schulflugzeug mit verlängertem Rumpf für Tandemkabine, ohne Radar und ohne Bordkanonen, Bewaffnung optional, Erstflug 20. Juni 1959, Dienstantritt im Dezember 1962, 42 Exemplare inklusive Exportmaschinen BJ, BL, BS, BZ

Mirage III B1, B2, BE, fünf, zehn und 20 Exemplare als Testflugzeug beim CEV, Übungsflugzeug für Luftbetankungen sowie als Trainervariante der Version Mirage III E

Mirage III C, erste Einsatzversion und als Abfangjäger ab 1961 in Dienst gestellt, Erstflug Serienmaschine am 9. Oktober 1960, einschließlich Exportausführungen CJ, CS und CZ 189 Exemplare, Cyrano I-Radar, Atar 9B-Triebwerk, Bewaffnung hauptsächlich Luft-Luft-Lenkraketen

Mirage III D, zweisitziger Trainer mit Tandemkabine auf Basis der Mirage III E und für den Export bestimmt, Auslieferung ab November 1966, über 50 Exemplare als Mirage III D, DA (Lizenzbau Australien), DBR, DE, DP, DS, DZ, D2Z, zuletzt genannte mit Fanghaken unter dem Heck

Mirage III E, weiterentwickelte Baureihe mit Mehrzweckfähigkeiten, Erstflug Serienmaschine 14. Januar 1964, ab 1965 im regulären Einsatz, 192 Exemplare plus 112 in den Exportversionen EA, EBR, EE, EL, EP, EV, EZ, Cyrano II-Radar, Atar 9C-Triebwerk, vergrößerte Waffenpalette, im Allgemeinen ohne Vorkiel am Seitenleitwerk

Als Testträger für die in Zusammenarbeit von Pratt & Whitney sowie SNECMA entstandenen Triebwerke TF104 und TF106 diente ein als Mirage III T bezeichnetes Exemplar, dass ganz klar an der größeren Schubdüse zu erkennen ist. (Foto: Espace Patrimoine Safran)

Mirage III G, ursprüngliche Bezeichnung für die mit Schwenkflügeln ausgestattete Mirage G

Mirage III NG, Prototyp einer weiterentwickelten Variante, durch Umrüstung der ersten Mirage 50 entstanden, Erstflug 21. Dezember 1982, modifizierte Tragflächen plus Canards am Vorderrumpf, Fly-by-wire-Steuerung, Atar 9K-50-Triebwerk, modernisierte Avionik, vier zusätzliche Außenlaststationen unter dem Rumpf, kein Serienbau

Mirage III O, auf der Baureihe E basierende australische Lizenzversion als Jäger (OF) und Jagdbomber (OA) in 48 bzw. 50 Exemplaren lokal hergestellt, Erstflug 14. März 1963, Cyrano IIA bzw. IIB-Radar, Sidewinder-Luftkampfraketen, spätere Umrüstung der meisten Jäger in OA-Konfiguration, lebensverlängernde Maßnahmen, Modifikationen am Einsatzequipment

Mirage III R und **RD**, Aufklärervariante mit modifiziertem Rumpfbug und Kameraausrüstung, Rumpf verlängert, Erstflug Serienmaschine 1. Februar 1963, Dienstantritt Juni 1963, RD-Baureihe mit Dopplerradar und Allwetterfähigkeit, 50 und 20 Exemplare plus 39 Exportmaschinen RP, RP2, RS (Lizenzbau Schweiz), RZ, R2Z und mindestens zwei Umrüstflugzeuge RJ

Mirage III S, 36 in der Schweiz hergestellte Lizenzexemplare auf Mirage III C-Basis mit strukturellen Verstärkungen, verändertes Equipment mit Hughes-Radar, Radarwarnempfänger, Falcon-Luftkampfraketen, verlängertes Bugfahrwerk, neue Verkabelung, bis zu acht JATO-Treibsätze für kürzere Startstrecken, Dienstantritt 1966, ab 1988 Modernisierungen mit Canards, Täuschkörperwerfern und neuen Schleudersitzen

Mirage III T, einzelnes Umrüstexemplar zur Erprobung der Triebwerke TF104 und TF106, die in Zusammenarbeit von Pratt & Whitney und SNECMA entstanden, Erstflug 25. Januar 1965

Mirage III V, zwei Versuchsflugzeuge für Senkrechtstarts und -landungen mit acht zusätzlichen Hubtriebwerken im verlängerten Rumpf, Erstflug 4. Juni 1964

Mirage Milan und Milan S, zwei Versuchsflugzeuge zur Erprobung ausklappbarer Vorflügel zur Verminderung der Startgeschwindigkeit und Startstrecke, Erstflug der ersten Umbaumaschine 29. Mai 1970, Programmende 1972

Mirage 5, vereinfachte Ausführung mit Haupteinsatzzweck Jagdbomber und für den Export gedacht, Erstflug einzelner Prototyp 19. Mai 1967, Atar 9C-Triebwerk, kein Raketenmotor und stattdessen ähnlich geformter Zusatztank, Seitenleitwerk wieder mit Vorkiel

Mirage 5A, Ausgangsbasis für Version als einsitziges Kampfflugzeug ohne Radar und mit den Exportausführungen AD, BA, COA, E2, G, G2, P, P3, PA, V

Mirage 5D, Grundvariante als zweisitziger Trainer mit den Exportausführungen BD, COD, DAD, DD, DG, DG2, DM, DP, DPA, DPA2, DV, MD, SDD

Mirage 5E, Variante als Jagdbomber mit Radar und Exportmaschinen als Mirage 5E2, EAD, DE, SDE, PA2, PA3, SSE in 129 Exemplaren

Mirage 5F, insgesamt 50 ursprünglich für Israel vorgesehene, aber 1972 in die französische Luftwaffe integrierte Maschinen als Jagdbomber plus acht weitere, in den 1980er Jahren gebaute Exemplare

Mirage 5J, Typenbezeichnung für die 50, für Israel vorgesehenen Flugzeuge

Mirage 5R, Grundversion als Aufklärer mit entsprechendem Equipment, Bordkanonen vorhanden und weitere Bewaffnung möglich, Exportmaschinen als Mirage 5BR, COR, DR, RAD, SDR

Mirage 50, ein Prototyp als weiterentwickelte Variante der Mirage 5, Erstflug 15. Mai 1979, Atar 9K-50-Triebwerk, modernisierte Navigations- und Angriffsavionik und Cockpitinstrumentierung samt HUD, optional Cyrano IV-Radar, später zur Milan S-01, dann zur Mirage III NG umgebaut

Mirage 50C, FC und **EV**, einsitzige Jagdbomber für Chile und Venezuela mit wunschgemäßer Ausstattung mit oder ohne Radar, sechs neu gebaute und 15 umgerüstete Exemplare

Mirage 50CN, von ENAER in Zusammenarbeit mit IAI modernisierte Mirage 50C, FC und DC auf den sogenannten Pantera-Standard mit neuer Avionik, Kfir-typischer Bugnase und zusätzlichen Canards, 15 Stück

Mirage 50DC und **DV**, zweisitzige Schulflugzeuge zum Teil mit Atar 9C-Triebwerk, vier neugebaute und zwei umgerüstete Exemplare

Cockpit einer Mirage III E. (Foto: Jean-Jaques Beugnet)

RM 4-Schleudersitz der Mirage III. (Foto: Heiko Thiesler)

Aufbau, Ausstattung und Bewaffnung

Markant an der Mirage III war das an der Vorderkante um 60,3 Grad gepfeilte, in Tiefdeckeranordnung ausgeführte Tragwerk mit einem Dickenverhältnis von 4,5 bis 3,5 % zu den Enden hin. Das traf auch auf die Mirage 5 und Mirage 50 zu. Etwa auf halber Länge gab es vorn einen Nasenkanteneinschnitt, der den Luftwiderstand verringerte und die Luftströmung ablenkte, während hinten Elevons die Höhen- und Quersteuerung übernahmen. Zusammen vier aufstellbare Luftbremsen gab es auf der Ober- und Unterseite des Tragwerks. Die gepfeilte Seitenflosse verfügte je nach Version über einen Vorkiel, Höhenleitwerke gab es nicht. Bei einigen der modernisierten Exemplare wie den belgischen Mirage 5 oder den schweizerischen Mirage III S kam es zur Nachrüstung von Canards am Vor-

Strahltriebwerk Atar 9C.
(Foto: Alf van Beem)

derrumpf. Die bei der Mirage 5BA etwa waren um 63 Grad gepfeilt und besaßen eine Fläche von 4,5 m^2. In Ganzmetall hergestellt, begann die Flugzeugzelle allerdings mit einem aus Kunststoff hergestellten, spitzen Rumpfbug, der verschiedene Radargeräte oder im Fall der meisten Trainer sowie Mirage 5-Versionen kein Radar aufnahm. Wunschgemäß konnte ein solches Gerät bei der Mirage 50 zum Einbau gelangen, bei sämtlichen Aufklärervarianten finden an dieser Stelle dagegen bis zu fünf Luftbildkameras für Aufnahmen aus niedrigen, mittleren und großen Höhen ihre Unterbringung. Einige Exportmaschinen und fast alle Mirage III E besaßen unter dem Bug ein Gehäuse mit Dopplergerät, auf der Oberseite befand sich das druckbelüftete Cockpit. Bei den Trainerversionen waren die Sitze für Flugschüler und Fluglehrer hintereinander positioniert, wobei mehrere Baureihen des britischen Martin-Baker-Schleudersitzes Mk.4 Verwendung fanden und von Hispano-Suiza als RM4 in Lizenz gebaut wurden. In der Mirage III E hieß er dann ERM-4 oder in den belgischen Mirage 5 BRM-4 und erlaubte den Ausstieg bereits in Null-Höhe, aber erst bei einer Mindestgeschwindigkeit von 167 km/h. Als Modernisierung erhielten die schweizerischen Mirage III später Martin-Baker Mk.10 mit Null-Null-Fähigkeit. Zusätzliche schmale Luftleitbleche zierten beidseitig den Vorderrumpf der Trainer. Hinter dem Cockpit der Mirage III platzierte Dassault weitere Avionikbaugruppen wie Funkempfänger und -sender, Navigations- sowie Luftwerterechner, Funkhöhenmesser und Bordrechner. Bei der Mirage 5 verlegte man ein Teil der Komponenten und schuf damit Raum für einen zusätzlichen, internen 500-l-Kraftstofftank. Zu beiden Seiten des Rumpfes befanden sich die Lufteinlässe mit manuell verschiebbaren Halbkegeln, erzeugten gemäß der Flächenregel eine sogenannte Wespentaille und versorgten das SNECMA-Strahltriebwerk. Verwendet wurden bei den Mirage III A, B und C das Atar 9B mit 58,84 kN Nachbrennerschub, bei den Mirage III E, D und Mirage 5 das Atar 9C mit 60,8 kN Nachbrennerschub und bei den Mirage III D2Z, R2Z und Mirage 50 das Atar 9K-50 mit 70,6 kN Nachbrennerschub. Hinzu kam das Raketentriebwerk SEPR 841 oder SEPR 844 mit maximal 14,7 kN Schubkraft, das bei den meisten Mirage III, nicht aber bei den nachfolgenden Baureihen montiert wurde. Stattdessen fand allerdings oft der Anbau eines ähnlich geformten Kraftstofftanks mit 560 l Fassungsvermögen seinen Platz. Das interne Kraftstoffvolumen machte bei der Mirage III C 2600 l aus, bei der Baureihe E waren es 2770 l, steigerte sich bei der Mirage 5 auf 3000 bis 3270 l und der Mirage 50 auf 3475 Liter. Für eine Erhöhung der Flugdauer boten sich mehrere Möglichkeiten an: je zwei zusätzliche, extern mitgeführte 600-, 1300- oder 1700-l-Tanks oder der Cyclope-Aufklärungsbehälter mit zusätzlichen 1100 l oder zwei JL-100-Behälter, welche neben ungelenkten Raketen noch jeweils 250 l zusätzlichen Kraftstoff aufnahmen oder zwei RPK-Behälter mit jeweils 500 l zusätzlichem Kraftstoff plus außen am Tank aufgehängten Bomben. Das Heck endete mit Leitwerksflosse und der verstellbaren Nachbrennerdüse, darüber war in einer Verkleidung ein Bremsschirm untergebracht und konnte nach dem Ausstoß die Landestrecke auf 700 m verkürzen. Das Fahrwerk war in Bugradanordnung ausgelegt, alle drei einziehbaren Baugruppen verfügten über je ein Rad. Neben zwei unabhängigen Hydrauliksystemen gab es auch zwei separate Belüftungssysteme an Bord, eins für die Kabine, das andere zum Kühlen der Avionik.
Zur Avionik zählten (auszugsweise):

- UHF-Funkausrüstung TRAP 22, TRAP 139
- Visier CSF 97, CSF 98
- Freund-Feind-Erkennung NRAI 2A

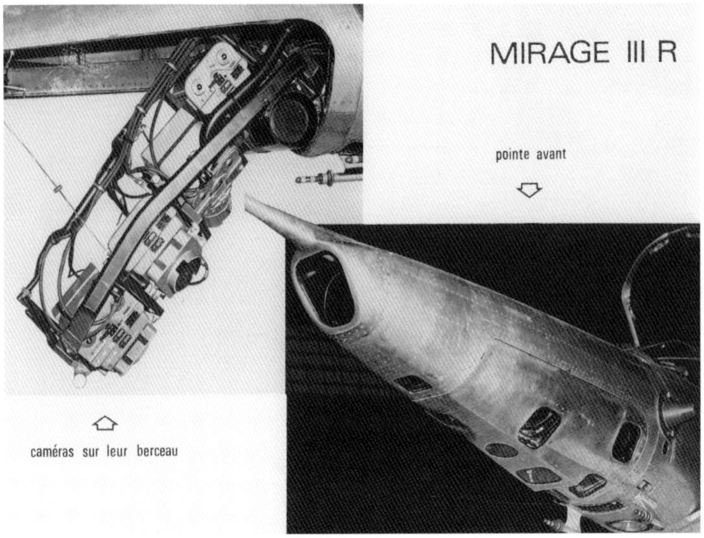

Rechts die modifizierte Bugnase der Mirage III R, links das ausklappbare Kameraequipment des Flugzeugs. (Foto: Dassault Aviation DA00055515S)

- TACAN AN/ARN-52
- Navigations- und Feuerleitradar Thomson-CSF Cyrano I (**Mirage III C, B**), Cyrano II (**Mirage III E, O, Mirage 5E**), Cyrano IV (**Mirage 5P3, 5PA2, Mirage 50**), Agave (**Mirage 5P4, Mirage 50**), Elta EL/M-2001B (**Mirage 50CN Pantera**), Hughes TARAN 18 (**Mirage III S**), Emerson Electric AN/APQ-159 (**Mirage III EE**)
- Dopplergerät von Marconi
- Trägheitsnavigation SAGEM ULISS 81 (**Mirage 5BA, 5E2**)
- Laserzielfinder TMV 630 (**Mirage 5BA, 5E2**), CSR (**Mirage 5P3**)
- HUD Thomson-CSF VE 110 (**Mirage 50EV**)
- Radarwarnempfänger Thomson-CSF BU, BZ (**Mirage III E**), Sherlock (**Mirage 50**), Thales Serval (**Mirage 50EV**), ENAER Caiquen III (**Mirage 50CN Pantera**)
- Zu den weiteren Geräten gehörten Kreiselkompass von Bezu, Variometer von Badin, Funkhöhenmesser, Machmeter etc.
- Einige aufgewertete Maschinen wie z.B. die spanischen Mirage III EE verfügten über Täuschkörperwerfer AN/ALE-40, andere wie die ägyptischen Mirage 5SDE nutzten Störbehälter ALQ-234 zur elektronischen Kampfführung.
- Zur Aufklärung führten Mirage III R / RD fünf Kameras OMERA 31, 40 und 60 im Rumpfbug mit, hinzu kamen die Optionen Cyclope-Behälter mit Infrarotsensor, Super Cyclope mit Seitensichtradar sowie andere Aufklärungsbehälter von Vinten oder FFV. Zusätzlich gab es am Seitenleitwerk OMERA-Kameras Type 60 sowie Type 110 zum Erfassen der Ergebnisse von durchgeführten Aktionen.
- Abgesehen von den zum Training bestimmten Flugzeugen verfügten normalerweise alle Mirage III, 5 und 50 über zwei 30-mm-Kanonen DEFA 552 mit jeweils 125 Granaten Munitionsvorrat als Bordbewaffnung. An drei (Mirage III B, C), fünf (Mirage III E) und sieben (Mirage 5 / 50) Stationen ließ sich weitere Waffen extern mitführen. Das konnten Kanonenbehälter CC 420 sein, die eine weitere 30-mm-MK DEFA mit bis zu 250 Granaten aufnahmen oder auch:
- Sprengbomben zu je 125, 250, 400, 454 und 500 kg
- SAMP 250 und SAMP 400-Bomben mit Fallschirm für einen verzögerten Fall

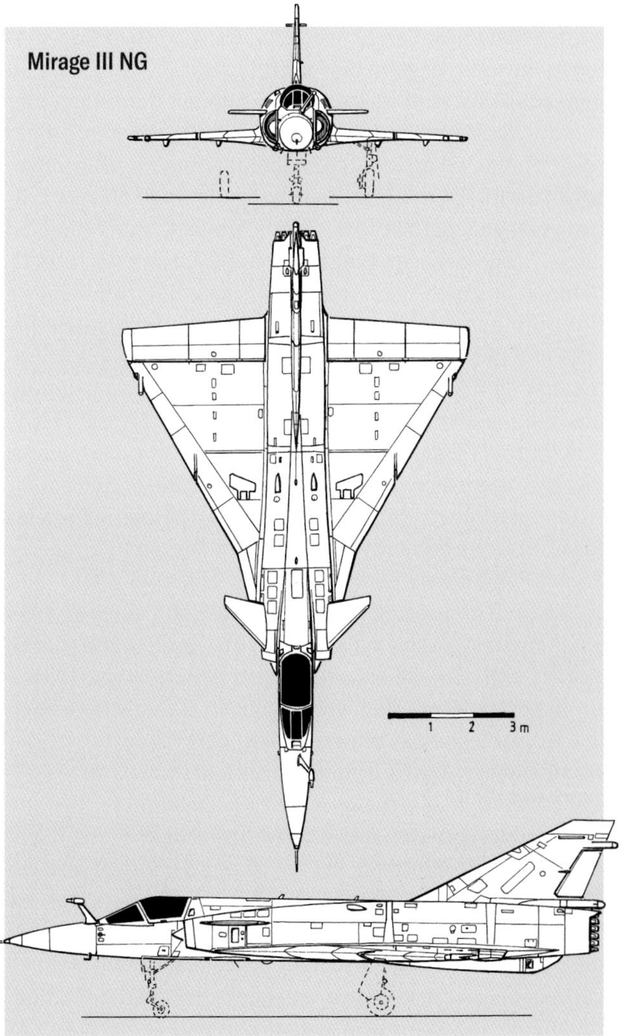

- Laserlenkbomben GBU-12
- Startbahnbomben BAP 100, BLU-107
- Panzerbrechende Bomben BAT 120
- Streubomben BL 755 Belouga, TL-1, TL-2
- Gleitbomben H-2, H-4 (nur pakistanische **Mirage III / 5**)
- Atombomben AN 52 (nur franz. **Mirage III E**)
- 300-l-Napalmbehälter
- Matra JL-100-Behälter mit Kraftstoff und 18 ungelenkten 68-mm-Raketen SNEB
- Matra F2 mit sechs ungelenkten 68-mm-Raketen SNEB
- LAU-32 und LAU-68 mit sieben ungelenkten 70-mm-Raketen FFAR
- Brandt TBA 100 mit vier ungelenkten 100-mm-Raketen SNEB
- Luft-Luft-Lenkraketen Ford-Philco AIM-9B Sidewinder, Matra R 530, R 550, Rafael Shafrir, Python III (**Mirage IIICJ**), Bofors (Lizenz Hughes) HM-55S / -58S Falcon (**Mirage III S**), MAA-1 Piranha (**brasilianische III EX**)
- Luft-Boden-Lenkraketen Nord AS 30
- Anti-Radar-Lenkwaffe Matra / Hawker Siddeley AS 37 Martel
- Anti-Schiffs-Lenkwaffe AM 39 Exocet (**Mirage III PA, 50EV**)
- Atomare Marschflugkörper AWC Ra'ad (nur pakistanische **Mirage III**)

Nutzer der Mirage III/5/50

Frankreich war der größte Abnehmer des Deltaflüglers und beschaffte für seine Luftwaffe 95 Mirage III C, 59 III B, B1, B2 und BE, 70 III R und RD, 183 III E sowie 50 Mirage 5F. Nachdem im CEAM die ersten Flugzeugführer auf der Mirage III ausgebildet wurden, etablierte sich die Staffel EC 1/2 zum ersten Einsatzverband und begann im Juli 1961 den regulären Dienst in Dijon. Bis zum Jahresende war die volle Staffelstärke erreicht und eine weitere Staffel des Geschwaders mit Mirage III C ausgerüstet. 1962 war EC 2 (neben EC 13) zudem Erstempfänger der Schulversion III B, sodass die Ausbildung nun auf gefechtsnahes Training mit ei-

Technische Daten	Mirage III B	Mirage III C	Mirage III E	Mirage 5F	Mirage 50
Verwendung	Schulflugzeug	Jagdflugzeug	Jagdbomben / Jagdflugzeug	Jagdbombenflugzeug	Jagdbomben / Jagdflugzeug
Besatzung	1+1	1	1	1	1
Triebwerk	ein SNECMA Atar 9B mit 58,84 kN mit Nachbrenner und ein SEPR 844 mit 14,7 kN	ein SNECMA Atar 9B mit 58,84 kN mit Nachbrenner und ein SEPR 841 mit 14,7 kN	ein SNECMA Atar 9C mit 60,8 kN mit Nachbrenner, optional ein SEPR 844 mit 14,7 kN	ein SNECMA Atar 9C mit 60,8 kN mit Nachbrenner	ein SNECMA Atar 9K-50 mit 70,6 kN mit Nachbrenner
Spannweite (m)	8,22	8,22	8,22	8,22	8,22
Länge (m)	15,27	14,76	15,03	15,56	15,56
Höhe (m)	4,48	4,48	4,48	4,48	4,48
Flügelfläche (m^2)	34,85	34,85	34,85	34,85	34,85
Tragflächenbelastung max. (kg/m^2)	340	344	393	390	391
Leermasse (kg)	6257	5922	7050	6735	7150
Startmasse max. (kg)	11.975	12.000	13.670	13.500	14.700
Höchstgeschwindigkeit (km/h)	2000	2200	2340	2350	2350
Steiggeschwindigkeit (m/s)	150	150	180	183	186
Landegeschwindigkeit (km/h)	290	290	290	290	290
Dienstgipfelhöhe (m)	17.500	20.700	17.800	18.000	18.100
Reichweite (km)	800	1000	2860 mit Zusatztanks	1600	1300
Aktionsradius (km)	250	650	900	1200	1000
Startstrecke (m)	1600	1600	1800	1450	1450
Landestrecke (m)	700	700	700–1850	700–1650	700
Bewaffnung	optional Bomben und ungelenkte Raketen an zwei Aufhängepunkten	zwei 30-mm-MK, bis 2295 kg Bomben, gelenkte und ungelenkte Raketen an drei Aufhängepunkten	zwei 30-mm-MK, bis 4000 kg Bomben, gelenkte und ungelenkte Raketen an fünf Aufhängepunkten	zwei 30-mm-MK, bis 4000 kg Bomben, gelenkte und ungelenkte Raketen an sieben Aufhängepunkten	zwei 30-mm-MK, bis 4000 kg Bomben, gelenkte und ungelenkte Raketen an sieben Aufhängepunkten

Diese Mirage III C von EC 2/10 hatte nach dem Start am 26. September 1976 einen geplatzten Reifen und musste bei der Landung eine Fanganlage in Creil nutzen, bei dem die restlichen Fahrwerksbaugruppen und der Bug beschädigt sowie die ILS-Antennen abgerissen wurden. (Foto: Paul Bannwarth)

nem nahezu identischen Muster ausgerichtet werden konnte. Weitere Jagd- aber auch Bomberstaffeln erhielten den Zweisitzer, bis die meisten in der Trainingsstaffel ECT 2/2 zusammengefasst wurden. Ab Mitte 1963 gehörte der Aufklärer Mirage III R zum Inventar der französischen Luftwaffe, zwei Jahre später auch die vornehmlich für Angriffsaufgaben gedachte Mirage III E. Diese Version entwickelte sich 1968 zum Atomwaffenträger der taktischen Fliegerkräfte (FATac), EC 1/4 und EC 2/4 übernahmen diese Einsatzrolle ab 1973 bis Mitte der 1980er Jahre. Zwischenzeitlich gingen 1972 außerdem die ursprünglich für Israel gedachten Mirage 5 in den Bestand der landeseigenen Luftstreitkräfte über, rüsteten zwei Staffeln von EC 13 in Colmar sowie eine von EC 3 in Nancy aus. Verschiedene Einsatzexemplare wurden später an andere Luftwaffen abgegeben, teilweise modernisiert und zu neuen Versionen umgerüstet. Letzter Einsatzverband der in zehn Staffeln verwendeten Mirage III C war das in Creil beheimatete und seit 1968 mit dem Flugzeug ausgerüstete Geschwader EC 10. Dabei wurde die Staffel EC 3/10 zuletzt ab 1979 mit zehn Maschinen in Djibouti stationiert, um das benachbarte Somalia von Expansionsbestrebungen abzuhalten. Der Einsatz endete schließlich im August 1988. Die Trainer Mirage III B flogen bis Juni 1994, zuletzt bei EC 1/13. Die letzten Aufklärer schieden einige Jahre früher, im Juni 1986 aus dem regulären Dienst und wurden zum Schluss noch von der Staffel ECT 2/2 in Dijon für das Fortgeschrittenentraining, allerdings ohne die Kameraausrüstung verwendet. Im Juni 1994 wurde auch die Mirage III E endgültig ausgemustert, nachdem EC 3/3 aus Nancy als übriggebliebene von einst neun Einsatzstaffeln ihre letzten Exemplare abgab. Was die Mirage 5F betrifft, erfolgte die Außerdienststellung im Juni 1994. EC 2/13 war die letzte Einsatzstaffel, die nachfolgend innerhalb der „Streitkräfteplanung 2000" wegen Umstrukturierungen aufgelöst wurde. Zu Testzwecken flogen noch einige Maschinen, eine Mirage 5 im Juni 1999 und eine Mirage III im November 2005 zum letzten Mal.

Diese Mirage III B2 befindet sich 1987 in Saint-Dizier und zeigt die einem Betankungsrohr gleichende Bugspitze, womit Nachtankmanöver in der Luft geübt werden konnten. (Foto: Eric Bannwarth Collection)

Abu Dhabi als Teil der Vereinigten Arabischen Emirate (VAE) tätigte im September 1972 eine Erstorder über zwölf einsitzige Mirage 5AD sowie zwei doppelsitzige Mirage 5DAD, die ab 1974 zur Auslieferung gelangten. Der Bestand vergrößerte sich durch weitere Exemplare, auch in den Versionen Mirage 5EAD (14) und RAD (3). Die Flugzeuge waren Teil zweier Einsatzstaffeln in Al Dhafra und Sharjah, bis sie Anfang des 21. Jahrhunderts außer Dienst gestellt wurden.

Ägypten beschaffte eine erhebliche Anzahl Mirage 5, wobei die ersten von Saudi-Arabien finanziert und dazu mit den passenden Landeskennungen versehen wurden. Hierbei handelte es sich um 32 Mirage 5SDE sowie sechs zweisitzige 5SDD. Zuerst genannte verfügten als eine der wenigen Mirage 5 über ein Feuerleitradar. Die meisten Exemplare stationierte die landeseigene Luftwaffe in Tanta, wo auch ein Umschulungsverband existierte, zwei weitere Staffeln fanden in Genaclis sowie Mersa Matruh ihre Heimatbasen. Zu-

Über ein äußerst ansprechendes Tarnschema verfügte diese Mirage 5 der argentinischen Luftwaffe zur Zeit der Außerdienststellung im Jahr 2015. Sie war eine von zehn vormals peruanischen Mirage 5P und in Argentinien auch unter dem Namen Mara bekannt. (Foto: Alexander Golz)

sätzliche Lieferungen von Mirage 5SSE, SDR und E2, letztere wieder ohne Radar, ließen die Gesamtzahl in den 1980er Jahren auf über 70 ansteigen, auch ein Kunstflugteam nutzte acht Maschinen. In Tanta dienten die letzten Mirage 5 der 69. und 73. Jagdstaffel bis 2019.

Argentinien hatte 1973 zehn einsitzige Mirage III EA und zwei Trainer DA aus einer drei Jahre zuvor getätigten Bestellung erhalten, plante gar die Lizenzproduktion. Die zerschlug sich aus wirtschaftlichen Gründen, sodass in den 1970er und 1980er Jahren sieben weitere EA-Maschinen sowie aus französischen und israelischen Überschussbeständen über 20 Mirage III BE, BJ und CJ gekauft wurden. Ferner lieferte Peru 1982 zehn gebrauchte Mirage 5P. Die Flugzeuge stationierte die argentinische Luftwaffe auf dem Stützpunkt Rio Galegos, später in Tandil, während die Mirage III vorwiegend an den Standorten Mariano Moreno, El Plumerillo und temporär auf der Basis Comodoro Rivadavia beheimatet waren. Mit dem zunehmenden Verschleiß und den Verlusten im Falklandkrieg konzentrierte man alle Mirage in Tandil. Die letzten davon flogen bis 2015.

Australien als Lizenznehmer fertigte nach zwei 1963 übergebenen Musterflugzeugen aus Frankreich insgesamt 48 Mirage III OF, 50 III OA und 16 III OD, zunächst aus vorgefertigten Komponenten und Bausätzen. Die Übergabe der ersten Mirage III O erfolgte offiziell im Januar 1964 und nachfolgend die Ausrüstung der Umschulungsstaffel 2 in Williamtown, gefolgt von vier Einsatzverbänden. Später realisierte man die Umrüstung der verbliebenen Mirage III OF auf den Standard OA, die 1971 abgeschlossen war. Modernisierungen gab es noch im selben Jahrzehnt vor allem im Avionik- und Waffensektor an den mit der Dienstbezeichnung CA-29 versehenen Flugzeugen. Regelmäßig waren Mirage III auf dem Stützpunkt Butterworth in Malaysia anzutreffen, welchen Australien mietet und auch modernisierte. Bis zum Einsatzende 1988 gingen knapp 40 Mirage III verloren.

Belgien als einer der größten Kunden übertrug unter Beteiligung weiterer Zulieferbetriebe dem landeseigenen Unternehmen SABCA die Lizenzfertigung. Mit US-amerikanischer Avionik und ausnahmsweise einem Fanghaken versehen, erfolgte nach der Übergabe eines einzelnen Musterflugzeugs durch Frankreich die Auslieferung von 62 Jagdbombern Mirage 5BA ab August 1970. Hinzu kamen 27 Aufklärer und 16 Trainer. Erstempfänger war die neu aufgestellte 8 Escadrille (Smaldeel) in Florennes, die im Folgejahr als Bestandteil des 3. Geschwaders nach Bierset umzog. Etwa 20 Maschinen wurden später innerhalb des MIRSIP-Programms u.a. mit neuer Avionik, neuen Schleudersitzen und am Vorderrumpf montierten Stützflügeln (Canards) modernisiert, aber an Chile verkauft. Während der Dienstzeit gingen 42 Maschinen durch Abstürze sowie Havarien am Boden verloren, die letzte belgische Mirage 5 wurde 1993 ausgemustert.

Brasilien stellte seine letzte Mirage III im Dezember 2005 außer Dienst, nachdem der Einsatz über 30 Jahre angedauert hatte. Die ersten Exemplare kamen 1973 ins Land und formten das 1. Luftverteidigungsgeschwader auf dem Stützpunkt Annapolis. Die zwölf einsitzigen Mirage III EBR und vier zweisitzigen Mirage III DBR erhielten die Dienstbezeichnungen F-103E und F-103D. Der Bestand wurde ab den 1980er Jahren durch etwa ein Dutzend gebrauchte Maschinen ergänzt, auch um die Verluste auszugleichen. Einige der Flugzeuge hatten Upgrades erhalten, die aus den Programmen III NG und III EX hervorgingen und bspw. Canards und neue Waffentypen beinhalteten.

Chile avancierte zum Erstkunden der Mirage 50 und die ersten acht (Umrüst)Flugzeuge gelangten 1980 zur 4. Luftwaffengruppe in Santiago. Diese Mirage 50FC erhielten Anfang der 1980er Jahre Verstärkung durch sechs neugebau-

Mirage III CJ in den Farben der israelischen Streitkräfte. (Foto: Dassault Aviation)

te Mirage 50C sowie zwei Trainer 50DC, während bis in die 1990er Jahre Modernisierungen auf den Pantera-Standard erfolgten. Die Luftwaffe beschaffte ab 1995 zudem etwa 24 belgische Mirage 5. Die meisten dieser Mirage 5 waren bereits modernisiert, in Chile als Elkan und als Teil der 8. Luftwaffengruppe in Dienst gestellt worden. Die Außerdienststellung der Elkan erfolgte 2006, ein Jahr später beendeten auch die Mirage 50 Pantera ihren Einsatz.

Ecuador übernahm von Venezuela insgesamt vier Mirage 50V und zwei DV, von denen die ersten im Oktober 2009 auf der Luftwaffenbasis Taura eintrafen. Sie flogen mehrere Jahre vor allem zu Übungszwecken.

Gabun stellte ab 1978 drei Mirage 5G und zwei Mirage 5DG auf dem Stützpunkt Franceville in Dienst. In den 1980er Jahren kamen vier Mirage 5G2 sowie nochmals zwei Trainer 5DG2 hinzu, welche über modernisierte Avionik verfügten. Seit Mitte der 1990er Jahre verblieben sie am Boden.

Israel gehört zu den frühen Kunden der Mirage III und erhielt ab April 1962 insgesamt 72 Exemplare in der Kampfversion CJ, ergänzt um vier Trainer BJ und zwei Aufklärer RJ. Die israelische Luftwaffe als inzwischen traditioneller Abnehmer französischer Kampfflugzeugtechnik brachte seine Verbände damit auf ein noch höheres Niveau und stattete drei Staffeln auf den Stützpunkten Hatzor, Ramat David und Tel Nof mit der Mirage aus. Die lokal als Shahak bezeichneten Flugzeuge spielten danach eine bedeutende Rolle während der Kampfhandlungen mit den arabischen Nachbarn und bilanzierten in diesen Konflikten die größten militärischen Erfolge der Mirage III. Erste Luftsiege konnten 1966 über syrische MiG-21, jordanische Hunter und ägyptische MiG-19 verzeichnet werden, was sich 1967 fortsetzte und im Sechs-Tage-Krieg im Juni desselben Jahres einen neuen Höhepunkt erreichte. In 200 geflogenen Abfangeinsätzen sollen israelische Mirage III über insgesamt 48 gegnerische Flugzeuge siegreich gewesen sein, bei nur drei eigenen Verlusten im Luftkampf zuzüglich weiteren durch die bodengestützte Luftabwehr. Während des Konflikts vermochten die Israelis ihre Mirage in Rekordzeit zu betanken und erneut aufzumunitionieren, damit jedes Flugzeug pro Tag durchschnittlich drei bis zwölf Einsätze realisieren konnte. In insgesamt mehr als 1000 Einsätzen griffen die Mirage III auch zahlreiche Bodenziele, insbesondere in der Anfangszeit arabische Flugplätze und darauf abgestellte Flugzeuge an und konnten etliche davon vernichten. Mirage III verwendete die israelische Luftwaffe auch im nachfolgenden Abnutzungs- und schließlich im Yom-Kippur-Krieg 1973. Für letzteren standen noch gut 30 Maschinen des Typs in den Staffeln 101 sowie 117 zur Verfügung. Piloten der beiden Verbände erzielten nochmals 40 Luftsiege, während sich die eigenen Verluste auf zwölf Exemplare beliefen, die hauptsächlich auf das Konto syrischer MiG-21 gingen. Aus der 101 Sqn ging später die 253 Sqn hervor und wurde nach Eitam verlegt, bis die auf dem Sinai gelegene Basis 1982 an Ägypten zurückgegeben wurde. Im selben Jahr endete auch der Dienst der Mirage III in Israel.

Kolumbien nahm den Dienst mit der Mirage 5 in den Baureihen COA, COD und COR mit 14, zwei und nochmals zwei Exemplaren im Frühjahr 1972 auf. Als Heimatstandort wählte die Luftwaffe das zentral gelegene Palanquero aus. Modernisierungen in den 1980er Jahren führten zu strukturellen Verstärkungen, Canards, Vorrichtungen zur Betankung in der Luft sowie modifizierter Avionik. Nochmalige Upgrades zu Beginn des 21. Jahrhunderts führten zu den Bezeichnungen Mirage 5COAM und CODM und erlaubten den Einsatz präzisionsgelenkter Waffen. Der Dienst endete im Jahr 2009.

Libanon kaufte zehn Kampfjets Mirage III EL sowie zwei Trainer III BL, die allesamt zwischen September 1967 und März 1969 geliefert, aber nur wenig geflogen wurden. Stationiert in Kleyate, lagerte die libanesische Luftwaffe einige Exemplare längerfristig ein, bis sie trotz Flugtüchtigkeit seit den 1980er Jahren endgültig am Boden blieben.

Libyen besaß eine ansehnliche Anzahl an Mirage 5, die sich aus 53 D, 32 DE, 15 DD sowie 10 DR-Flugzeugen zusammensetzte und ab August 1970 das Land erreichten. Heimatstützpunkt war hauptsächlich die Ukba ibn Nafi-Luftwaffenbasis (Al Watiya), wo die meisten Maschinen bis 2004, einige wohl bis 2011 im Dienst standen. Ein großer Teil der Mirage 5 war schon ab 1973 an Ägypten abgegeben worden. Im kleinen Grenzkrieg mit Ägypten wiederum attackierten libysche Mirage 5 im Juli 1977 ägyptische Siedlungen in Grenznähe und konnte auch abgestellte Flugzeuge zerstören. Ägypten auf der anderen Seite nutzte Mirage 5SDE, die an mehreren Stellen extra mit orangefarbenen Flächen versehen wurden, um sie von den libyschen Maschinen unterscheiden zu können. Libyen nutzte die Mirage 5 auch zu Kampfhandlungen im Tschad.

Pakistan etablierte sich nach Frankreich mit insgesamt knapp 300 angeschafften Flugzeugen zum zweitgrößten Betreiber der Mirage III / 5 und ist zudem der letzte verbliebene Nutzer des Kampfjets. Neben neu gebauten Maschinen als Mirage III EP, DP, RP, die ab 1967 geliefert wurden, kamen zusätzlich neue Mirage 5PA, PA2, PA3 und DPA2 ab Anfang der 1980er Jahre ins Inventar der pakistanischen Luftwaffe. Außerdem kaufte man gebrauchte Maschinen aus Frankreich, Ägypten, Australien, Libanon, Libyen und Spanien. Ausgestattet wurden mehrere Staffeln, von denen allein drei in Masroor ihre Heimatbasis fanden, andere operierten von Sarghoda, Rafiqui oder Shorkot Road aus. Die 9 sowie 22 OCU Sqn übernahmen die Umschulung auf den Deltaflügler. In Kamra erfolgte die Überholung zahlreicher Maschinen und damit die Ausdehnung der Einsatzzeit, die nach aktuellen Planungen 2025 zu Ende gehen soll. Pakistanische Mirage hatten erstmals im Krieg mit Indien 1971 Kampfeinsätze absolviert und nach israelischem Vorbild zunächst Flugplatzanlagen und Radarstationen am 3. Dezember angegriffen, allerdings nur mit mäßigem Erfolg und vorerst ohne eigene Verluste. Bei Abfangeinsätzen konnten mindestens zwei indische Flugzeuge, eine Canberra und eine Hunter, mit R 530-Lenkraketen abgeschossen werden. Zu Anfang des 21. Jahrhunderts kamen Mirage III und 5 vom Norden Pakistans aus zu Kampfeinsätzen gegen aus Afghanistan stammende Milizen zum Einsatz und wurden für erneute Luftschläge gegen indische Positionen in Kaschmir im Februar 2019 herangezogen.

Peru bezog ab Juli 1968 die ersten Mirage 5P und 5DP, die praktisch die ersten Mach 2-Kampfflugzeuge in Südamerika darstellten und Teil einer Staffel in Chiclayo wurden. Weitere dieser Maschinen trafen ab 1974 ein und rüsteten eine zweite Staffel aus. Gut 30 Mirage 5 hatte Peru gekauft, von denen mindestens ein Dutzend in den 1980er Jahren Modernisierungen erhielten und als Mirage 5P4 und DP4 mit Radar und Lenkwaffen ausgestattet waren. Eine Abteilung der 611. Jagdbomberstaffel verlegte von 1998 bis 2000 auf die La Joya-Luftwaffenbasis, noch im selben Jahr war die Außerdienststellung vollzogen.

Die Schweiz baute 36 Mirage III C als Mirage III S in Lizenz. (Foto: Eric Bannwarth)

Schweiz bewertete 1961 eine Mirage III C und entschied sich für den Lizenzbau von 100 Exemplaren als Mirage III S, später allerdings wegen steigender Kosten auf 36 Maschinen plus 18 Aufklärer III RS reduziert. Diese Flugzeuge wurden bis 1970 ausgeliefert, des Weiteren vier Mirage III BS zur Ausbildung gekauft. Der Dienst begann offiziell 1966, fünf Staffeln erhielten Mirage III und setzten sie von den Standorten Buochs, Payerne, Sion und Turtmann aus ein. Zuletzt genannte Basis verfügte wie Buochs zur Unterbringung der Flugzeuge, der dazugehörigen Kommandostruktur und Bewaffnung über in Berge getriebene Kavernen, die von den Mirage III der Fliegerstaffel 17 von 1969 bis 1975 genutzt wurden. Für Platzsparende Bewegungen konnten diese Flugzeuge in der Kaverne mit einem Kran bewegt werden und besaßen hierzu extra vier Aufhängevorrichtungen.

In der Schweiz erhielten die Mirage III ab 1988 verschiedene Upgrades wie Canard-Vorflügel und Täuschkörperwerfer, hier ein Trainer DS. (Foto: Eric Bannwarth)

Zur Startverkürzung auf nur 300 m konnten bis zu acht JATO-Treibsätze verwendet werden. Anfang der 1980er Jahre erfolgte der Kauf von zwei Mirage III DS zu Ausbildungszwecken. Zum Jahresende 1999 war die Außerdienststellung der Mirage III S ausgeführt, 2003 folgten die letzten III RS in den Ruhestand. Während der Einsatzzeit verzeichnete man zehn Verluste durch technische Pannen und Pilotenfehler.

Spanien kaufte 24 einsitzige Mirage III EE sowie sieben zweisitzige DE, deren Auslieferung ab 1970 stattfand. Die Flugzeuge erhielten die Dienstbezeichnung C.11 und CE.11 und kamen innerhalb des 10. Jagdgeschwaders in den Staffeln 101 sowie 102 vom südöstlichen Manises aus zum Einsatz. Der Verband wurde 1972 in 11. Jagdgeschwader und die Staffeln in die 111. sowie 112. Jagdstaffel umbenannt, der Einsatz währte bis ins Jahr 1992 und hatte bis dahin elf Verluste zu beklagen.

Südafrika interessierte sich frühzeitig für den leistungsstarken Deltaflügler und erhielt die ersten von 16 bestellten Mirage III CZ im Dezember 1962, gefolgt von drei Schulflugzeugen Mirage III BZ sowie vier RZ-Aufklärern. Ab 1965 kamen 17 Jagdbomber Mirage III EZ, ab 1969 drei DZ-Trainer sowie elf bzw. vier Maschinen in den Ausführungen D2Z und R2Z dazu. Die letztgenannten besaßen Atar 9K-50-Triebwerke als Antrieb. Die Heimatstandorte waren hauptsächlich Waterkloof und Hoedspruit. In Pietersburg hingegen befand sich die Luftkampfschule, wo Mirage III-Flugzeugführer trainierten. Der Einsatz in der südafrikanischen Luftwaffe dauerte bis in die 1980er Jahren an, ab der zweiten Hälfte dieser Dekade begann die Umrüstung zahlreicher Mirage III, auch unter Verwendung zusätzlicher, im Ausland beschaffter Flugzeugzellen, auf die Cheetah. Zugleich erreichte die Verwendung südafrikanischer Mirage III zu Kampfeinsätzen einen neuen Höhepunkt zwischen 1986 und 1988. Bereits 1978 fanden die ersten Kampfeinsätze, seinerzeit von Mirage III CZ der No 2 Sqn, statt und richteten sich gegen Rebellenstützpunkte. Um die Rebellen, aber auch reguläre Streitkräfte Angolas und Mosambiks anzugreifen, stationierte Südafrika die Flugzeuge teilweise vorgelagert auf den Basen Ondangwa und Rundu im heutigen Namibia. Im Juni 1979 wurde während der Aktionen eine Mirage III R2Z von gegnerischen Luftabwehrgeschützen abgeschossen.

Venezuela führte nahezu parallel die Mirage III EV sowie die Mirage 5V, EV sowie DV in Bewaffnung seiner Luftstreitkräfte ein, wobei der Zulauf dieser Flugzeuge ab 1972 in einer Größenordnung von rund 20 Exemplaren begann. Die Inbetriebnahme erfolgte durch die 33. Jagdfliegerstaffel in Palo Negro, die neben zwei anderen Staffeln Teil des 11. Kampfgeschwaders war. Flugzeuge, die Unfällen oder der völligen Abnutzung entgangen waren, schickte man zur Modernisierung nach Frankreich und erhielt sie Anfang der 1980er Jahre als Mirage 50EV zurück. Das betraf nicht weniger als fünf Mirage III EV sowie vier Mirage 5V / DV zuzüglich sieben neu gebauten und drei vormaligen französischen Exemplaren. Diese Flugzeuge standen bis November 2009 im Dienst.

Zaire (Demokratische Republik Kongo) stellte 1975 die ersten Mirage 5M und DM auf der Luftwaffenbasis Kamina in Dienst. Statt der ursprünglich 14 bestellten Ein- und fünf Zweisitzer erreichten letztlich nur acht bzw. drei die Luftwaffe des Landes und dienten bis Anfang der 1990er Jahre in der 211. Staffel des Geschwaders EC 21. Mindestens fünf Maschinen mussten während der Einsatzzeit abgeschrieben werden.

Über eine außergewöhnliche Tarnbemalung verfügten die Mirage der Luftwaffe von Zaire. Dieser Trainer Mirage III DM wurde 1978 fotografiert. (Foto: Eric Bannwarth Collection)

Einsatzverbände (Auswahl)
Frankreich
CIFAS 328, EB 91, 93, 94, EC 2, 3, 4, 5, 10, 13, ER 33
Abu Dhabi
1., 2. Al Shaheen Squadron
Ägypten
No 63, 64, 65, 69, 71, 73, 75 Sqn
Argentinien
III, VI, VIII Air Brigade
Australien
No 2 OCU, No 3, 75, 76, 77 Sqn
Belgien
1e, 2e, 8e, 42e Smaldeel
Brasilien
1st ALAD
Chile
Grupo 4, 8
Ecuador
Escuadron de Combate 2112
Gabun
1e EC
Israel
No 101, 117, 119, 253 Sqn
Kolumbien
1st Combat Group
Libanon
No 4 Sqn
Libyen
No 1010, 1020, 1030, 1040 Sqn
Pakistan
No 5, 7, 8, 9 OCU, 15, 20, 22 OCU, 25, 27, 33, 50 Sqn
Peru
Escuadron de Casa 611, 612
Schweiz
Fliegerstaffel 3,4, 10, 16, 17
Spanien
Escuadron de Casa 101, 102 (111, 112)
Südafrika
No 2, 3 Sqn, No 85 Air Combat School
Venezuela
Ecuadron de Casa 33, 34, 35
Zaire
21e EC

Die Seitenansicht ganz oben zeigt eine Mirage III C der in Djibouti stationierten Staffel EC 3/10 und dem dort verwendeten Tarnschema. Es wird meist als sand- und kastanienbraun bezeichnet, am Seitenleitwerk ein Musketier und die Kennziffer ‚67', unter dem Tragwerk eine Magic-Luftkampfrakete. Die zweite Ansicht entspricht einem Aufklärer Mirage III RD von ER 3/33 aus Strasbourg mit taktischer Kennung unter dem Cockpit und einem roten Origami-Vogel als Staffel-Insignia an der Seitenflosse. Mit einer Matra R 530 ist die Mirage III E in der Ansicht darunter bestückt, das Flugzeug gehört zur Staffel EC 1/4 in Luxeuil. Ausgestattet mit roten Farbtönen an Lufteinlass und auf dem Tragwerk, am Leitwerk ein weißer Kondor, darunter ein blauer Blitz und dahinter die französischen Nationalfarben samt den üblichen Herstellerdaten. Als letztes eine Mirage 5F von EC 2/13 und dem später verwendeten Tarnmuster. Am Vorderrumpf die taktische Kennung 13-PE, Roundel auf dem Lufteinlass und auf der Seitenflosse das Staffelwappen mit auf einem Pferd sitzenden Ritter auf rotem Untergrund. Unter dem Tragwerk Matra-Behälter für ungelenkte Raketen. (Grafik: Stephane Lhernault)

Dassault Mirage IV

Mit der Mirage IV konnte das CFAS die Langstreckenkomponente bedienen. Möglich war das mit externen Zusatztanks und Luftbetankung. Zu sehen sind zwei Mirage IV P, an der vorderen Maschine zudem ein ASMP-Marschflugkörper, des Weiteren 2500-l-Zusatztanks und BOZ 103-Behälter. (Foto: Alexandre Paringaux)

Historie

Wie schon an anderer Stelle erwähnt, investierte Frankreich nach dem Zweiten Weltkrieg viel in den Wiederaufbau seiner Luftfahrtindustrie und in die Reorganisation seiner Streitkräfte. Zugleich ging es um die Festschreibung seiner Unabhängigkeit in allen möglichen Bereichen und auch gegenüber seinen Bündnispartnern. Die amerikanischen Atombombentests und die ersten Abwürfe solcher Waffen erzielten auch in Europa eine mächtige Wirkung, sie beeinflussten ebenso nachhaltig die französische Politik. Eilig hatte man im Oktober 1945 die landeseigene Atomenergiekommission CEA gegründet, Personal angeworben, Immobilien gekauft und mit dem Bau des ersten Atomreaktors begonnen. Von zivilen Forschungen abgesehen, erschuf Frankreich damit zugleich die Grundlagen, bei Bedarf den militärischen Sektor mit abzudecken und die Fähigkeit zum Bau von Atomwaffen zu erlangen. Diese Option erhielt in Folge weitere Nahrung durch verschiedene politische Ereignisse wie dem 1950 ausgebrochenen Koreakrieg, aber auch Jahre später durch die militärischen Resultate der eigenen Streitkräfte in Südostasien oder am Suez-Kanal und den Verlust ehemaliger Kolonien. Hinzu kam die Wiederbewaffnung des benachbarten Deutschlands. Obwohl die Bundesrepublik seit 1955 gleichfalls Mitglied in der NATO war, saßen die Ereignisse des Zweiten Weltkriegs und vor allem die Okkupation Frankreichs durch die Deutschen tief. Frankreich wollte um jeden Preis seine Unabhängigkeit bewahren, an anderer Stelle mit Großbritannien, das 1952 eine erste Atombombe zündete, zumindest gleichziehen. Die französischen Nachkriegsregierungen förderten im Einklang mit der CEA ein eigenes Nuklearprogramm und den Bau einer entsprechenden Testeinrichtung in Algerien. Im Januar 1959 manifestierte Charles de Gaulle diese Ambitionen und sagte (Zitat): „Wir leben im Atomzeitalter und wir sind ein Land, dass jederzeit zerstört werden kann, es sei denn der Angreifer wird von seinem Vorhaben durch die Gewissheit abgehalten, dass auch er schreckliche Zerstörung erleidet". Unter dem Namen „Gerboise Bleue" fand schon ein Jahr später, am 13. Februar 1960, Frankreichs erster Atomwaffentest in der Wüste Algeriens statt. Um daraus operationelle Waffen zu machen, vervielfachten sich bald die dafür notwendigen Ausgaben, die wiederum durch mehrere Finanzplanungsgesetze abgesichert wurden. Sie ermöglichten in mehreren Etappen die Entwicklung von Atomwaffen, Bombenflugzeugen, später land- und U-Boot-gestützten ballistischen Raketen, die Aufstellung der entsprechenden Einsatzstreitkräfte sowie die Errichtung atomsicherer, verbunkerter Gefechtsstände.

Noch vor den Raketen sollte die Langstreckenkomponente der Trägermittel für Atombomben aus Flugzeugen bestehen. Schon im Mai 1956 gab die Regierung unter Guy Mollet Spezifikationen für den zu bauenden Langstreckenbomber heraus, der so schnell wie möglich entwickelt werden sollte. Gefordert waren eine Geschwindigkeit von Mach 1,7 und eine Reichweite von 2000 km, ohne in der Luft nachzutanken. Die Hälfte der Flugzeit sollte im Überschalltempo absolviert werden. Erst später definierte man eine einzelne Atombombe als Waffenlast. Mit dem Osten, speziell Zentren in der damaligen Sowjetunion war die Marschrichtung vorgegeben. Sud Aviation versuchte sich mit einer vergrößerten Ausführung der Vautour, Dassault schlug eine geometrisch vergrößerte Mirage III mit zwei Strahltriebwerken vor und erhielt im April 1957 den Zuschlag. Schon setzte eine rege Betriebsamkeit ein, das Arbeitspensum zur Entwicklung des Langstreckenbombers Mirage IV war bei den Konstrukteuren in St. Cloud enorm und erreichte nicht selten 80 Stunden in der Woche. Seit Ende 1956 wurde das Flugzeug klarer definiert, basierend auf einem gleichnamigen Dassault-Projekt eines großen Abfangjägers, und führte im April 1957 zu einer Vertragsunterzeichnung zum Bau eines

In Melun-Villaroche wird der Prototyp Mirage IV A-01 für einen weiteren Erprobungsflug freigegeben. (Foto: Dassault Aviation)

Die Grundauslegung der Mirage III, vorn, konnte in vergrößerter Form übernommen werden. Bei der Mirage IV handelt es sich um die Vorserienmaschine A-02. (Foto: Dassault Aviation)

Der erste Prototyp zeigt sich hier in seiner ursprünglichen Form mit dem wesentlich spitzeren Seitenleitwerk. Außerdem wies das Flugzeug eine Länge von nur 19,90 m und ein maximales Startgewicht von 25.000 kg auf. (Foto: DR via Safran)

Prototyps mit der Bezeichnung Mirage IV A-01. Die Aufnahme der Teilefertigung erfolgte ebenfalls in St. Cloud, zur Endmontage ging es nach Melun-Villaroche. Hier startete Roland Glavany auch zum offiziellen Erstflug, der am 17. Juni 1959 stattfand und gut 40 Minuten andauerte. Schon im Juli waren Mach 1,9 und im Dezember die zweifache Schallgeschwindigkeit erreicht. Er stellte bei hohen Geschwindigkeiten Vibrationen im Cockpitbereich fest und verschiedene Komponenten wie Ruder, Leitwerk oder Bordelektrik erforderten Modifikationen. Ferner fielen Start- und Landestrecke sowie die Landegeschwindigkeit hoch aus. Zu Beginn der Flugerprobung berichtete Glavany (Zitat): „Ich hatte bereits über 250 Testflüge auf Mirage absolviert und kannte die Tücken des Deltaflügels. Aufgrund der Eigenschaften, die bei der Landung mit Deltaflügel auftreten konnten, führte ich eine vorsichtige Landung durch und gab nur den absolut notwendigen Triebwerksschub." Andererseits erzeugte der mächtige Deltaflügel einen beachtlichen Bodeneffekt und damit sehr ausgeglichene Landungen. Im Februar 1960 wurde das Flugzeug dem CEV übergeben, wo bis April 32 Testflüge unternommen und die Ergebnisse positiv bewertet wurden. Die weitere Flugerprobung lag dann vorwiegend in den Händen von René Bigand, welcher verschiedene Eckpunkte abarbeitete und wiederholt Höchstleistungen erzielte. Er schaffte es als erster, über eine Zeit von 38min eine Geschwindigkeit von M 1,7 in einer Höhe von 15.300 m zu halten und erflog am 19. September 1960 mit durchschnittlich 1822 km/h einen Weltrekord auf einer geschlossenen 1000-km-Kreisbahn. Nur wenige Tage später folgte ein neuer Rekordflug, diesmal auf einer 500-km-Kreisbahn mit durchschnittlich 1972 km/h. Vor allem ging es während der Flugerprobung mit der Mirage IV A-01 um das Erkennen und Lösen von Problemen, die bei längeren Flügen im Überschallbereich auftraten. Gemeint waren Geschwindigkeiten oberhalb Mach 1,8 mit 30 Minuten und mehr Dauer, bei denen das Verhalten der verbauten Materialien, von Schmierstoffen und Hydraulikflüssigkeiten, strukturelle und betriebstechnische Unsicherheiten und die Stabilität untersucht werden sollten. Die Mirage IV A war zudem das erste französische Flugzeug, das bei mechanischer Absicherung Pilotenbefehle elektrisch an die Höhen-, Seiten- sowie Querruder übermitteln konnte. Die IV A-01 hatte insgesamt mehr als 400 Erprobungsflüge durchgeführt, als sie im Dezember 1963 abstürzte, die Crew sich aber glücklicherweise retten konnte.

Bereits im Juni 1959 hatte der Bau der Mirage IV B begonnen, die mit einem geplanten Abfluggewicht von 57.000 kg, einer Länge von 27,80 m, einer Spannweite von 16 m und einer Flügelfläche von 130 m² wesentlich größer als die Mirage IV A-01 ausfiel. Als Antrieb waren Pratt & Whitney-Aggregate J75 vorgesehen, für die der amerikanische Hersteller die Lizenz anbot. Als der Rumpfrahmen und weitere strukturelle Baugruppen bereits fertiggestellt waren, kam wegen zu hohen Kosten im September 1959 das Aus. Im selben Monat waren stattdessen drei Vorserienmaschinen als Mirage IV A-02, 03 und 04 bestellt worden, die

Rund 300 Unternehmen waren am Bau der Mirage IV beteiligt, die Endmontage erfolgte bei Dassault in Bordeaux-Merignac. (Foto: Dassault Aviation)

einige Änderungen aufwiesen. Sie waren gut drei Meter länger als der Prototyp Mirage IV A-01 und verfügten über eine größere Flügelfläche mit verlängerten Nasenkanten. Leer- und Startgewicht sowie Tankvolumen fielen höher aus, die Seitenflosse wurde an der Spitze gekappt, das Fahrwerk überarbeitet und ein Bremsschirm eingerüstet.

Mit René Bigand flog die Mirage IV A-02 am 12. Oktober 1961 zum ersten Mal und diente nachfolgend der Leistungsüberprüfung sowie Waffentests. Hierbei fanden über Colomb-Béchar in Algerien Abwürfe von Bombendummies bis in den Mach 2-Bereich statt. Überprüft wurde ferner das Handling mit dem Flugzeug.

Bei der Mirage IV A-03, die am 1. Juni 1962 die Flugerprobung aufnahm, war die Navigationsausrüstung komplett, es erfolgten zahlreiche Testreihen mit dem Radar und im Zusammenwirken mit Vautour II sowie KC-135 (später in C-135F umbenannt) Betankungsversuche in der Luft. Frankreich hatte zum Betrieb seiner Langstreckenbomber ein Dutzend der KC-135-Tankflugzeuge bei Boeing bestellt, die bis Ende 1964 ausgeliefert waren und später drei Staffeln eines Geschwaders der Luftwaffe in Istres ausrüsteten.

Die dritte Vorserienmaschine Mirage IV A-04 kam dem künftigen Serienstandard schon sehr nahe und flog erstmalig am 23. Januar 1963. Während die beiden vorherigen Exemplare mit zwei Atar 9C zum Antrieb ausgerüstet waren, erhielt A-04 zwei Atar 9K-Triebwerke mit größerem Schub sowie einem Selbststartsystem, das unabhängig von Bodendiensten machte. Die nun verwendete Baureihe des Triebwerks war materialtechnisch überarbeitet, nutzte in allen neun Kompressorstufen Verdichterschaufeln aus Stahl

Beeindruckender Start einer Mirage IV A. Bis zu zwölf Starthilfsraketen konnten dabei die Startstrecke verkürzen und kurzzeitig zu einer hohen Steiggeschwindigkeit von 120 m/s und mehr verhelfen. (Foto: Paul Bannwarth)

und nicht wie zuvor aus Aluminium, es verfügte über einen höheren Luftdurchsatz und gestaltete den Einsatz letztlich effizienter. Auch das Equipment des Flugzeugs einschließlich dem Nachtankstutzen am Bug war nun vollständig. Die Triebwerke der 9K-Baureihe fanden dann auch bei den Serienmaschinen Verwendung, von denen die erste im Dezember 1963 ihren Erstflug hatte. Im Juni 1960 waren zunächst 50 Serienexemplare bestellt worden, für deren Fertigung

Zur Verkürzung der Landestrecke verwendete die Mirage IV einen Bremsschirm mit annähernd 35 m² Fläche. (Foto: Espace Patrimoine Safran)

Eine Mirage IV P ist gerade in Luxeuil gelandet, wo die Bomberstaffel EB 3/94 bis zu ihrer Auflösung 1983 beheimatet war. Das Flugzeug gehört zum Zeitpunkt der Aufnahme im Juni 1996 noch zur Staffel EB 2/91, einen Monat später erfolgte deren Deaktivierung. (Foto: Eric Bannwarth)

insgesamt rund 300 Unternehmen zusammenarbeiteten. Hier kamen einige neue Verfahren ins Spiel wie chemisches Fräsen oder auch große mechanische Teile, die aus einem Stück gefräst wurden. Nur wenige Baugruppen wie bspw. das verwendete Dopplergerät oder die Schleudersitze mussten importiert oder nach Lizenzen hergestellt werden.

Auf Beschluss von Charles de Gaulle stellte Frankreich im Januar 1964 das Strategische Luftkommando CFAS (auch CoFAS abgekürzt) auf, dem künftig auch die Mirage IV-Bomber sowie die zwölf Tankflugzeuge unterstellt waren. Zuletzt genannte übergab man zunächst dem Tankgeschwader 90e ERV, dass allerdings 1965 aufgelöst wurde. Künftig erhielt jedes Langstreckenbombergeschwader, das mit Mirage IV A ausgerüstet war, auch eine Betankungsstaffel. Zum Erstempfänger des Bombers etablierte sich im Juni 1964 die Staffel EB 1/91 in Mont-de-Marsan, wo anfangs nicht nur die Einweisung auf die Mirage IV, sondern auch weitere Erprobungen mit dem Flugzeug ihre Durchführung fanden. EB 1/91 erklärte am 1. Oktober seine Einsatzbereitschaft mit dem Bomber und wurde zugleich als erste in Alarmbereitschaft mit diesen und den zur Verfügung stehenden Atombomben versetzt. Schon im Folgemonat tätigte die Luftwaffe eine Anschlussbestellung über zwölf weitere Mirage IV A, die ursprünglich schwerer und mit TF106-Triebwerken ausgerüstet sein sollten. Letztlich blieb es beim Standard der ersten Mirage IV A und alle 62 Serienmaschinen waren bis März 1968 ausgeliefert. Knapp zwei Jahre zuvor hatte eine Mirage IV während der Operation „Tamouré" am 19. Juli 1966 eine Atombombe im „scharfen Schuss" aus großer Höhe über dem Pazifik abgeworfen.

Die Mirage IV A rüstete neben der Umschulungsabteilung CIFAS 328 in Bordeaux insgesamt neun Bomberstaffeln mit je vier einsatzbereiten Flugzeugen aus, wobei jede Staffel auf einem anderen Stützpunkt stationiert war. Der eingeführte Alarmstatus war anspruchsvoll und zudem sehr kostenintensiv. Als zum Ende der 1960er Jahre die größte Stärke der Mirage IV-Flotte erreicht war, standen von den 62 in Dienst gestellten Flugzeugen 36 mit funktionsfähigen Atombomben in Alarmbereitschaft. Hiervon befanden sich zwölf in der Luft, zwölf in einer Vier-Minuten- und zwölf in einer 45-Minuten-Alarmbereitschaft am Boden. Innerhalb der 4-Minuten-Alarmbereitschaft saß die Besatzung bereits im Flugzeug und viele der Systeme liefen schon. Das war auch bei bestimmten Geräten wie Trägheitsanlage oder Visier notwendig, da diese lange Aufwärmphasen für einen präzisen Betrieb brauchten. Die übrigen 26 Bomber galten als einsatzbereite Reserve oder wurden gerade gewartet. Die Atombomben waren, von Stacheldraht umgeben und von Hundestaffeln bewacht, in isolierten Gebäuden untergebracht. Nur autorisierte Techniker übernahmen die Kontroll-, Transport- und Montagearbeiten der Waffe, wo-

Die beeindruckende Aufnahme einer Mirage IV P vermittelt ganz gut die Gesamtkonfiguration und die Größe des Flugzeugs. Auf dem Tragwerk sind die Bremsklappen aufgestellt. (Foto: Eric Bannwarth Collection)

Im früheren „natural metal"-look präsentiert sich diese Mirage IV A 1974 in Saint-Dizier. (Foto: Paul Bannwarth)

bei der Zusammenbau der einzelnen Komponenten bis zu sechs Stunden in Anspruch nehmen konnte. Um den potenziellen Gegner im Osten zu erreichen gab es hauptsächlich zwei vorgeplante Hauptrouten, eine Richtung Norden und eine über das Mittelmeer. Schnell abrufbereit, konnten zum schnellen und verkürzten Abheben bis zu zwölf Starthilfsraketen benutzt werden. Meist wurde paarweise geflogen, wobei eine Maschine als Tanker und die zweite als Bomber fungierte. War einer der häufig geübten Langstreckeneinsätze angelaufen, wurden zunächst die beiden untergehängten Zusatztanks im Unterschallregime verbraucht, danach abgeworfen und erneut Kraftstoff vom begleitenden Tanker aufgenommen. Dann erfolgte der Steigflug auf 15.000 m und die Beschleunigung auf Mach 2. Der Navigator erhielt von der Regierung einen Geheimcode zur Missionsbestätigung, leitete die Vorbereitungen zum Bombenabwurf mindestens 350 km vor dem Ziel ein, während die Waffe in beiden Cockpits durch mehrere Kontrollen überwacht und schließlich im beiderseitigen Einvernehmen der Crew abgeworfen wurde. Der Bomber drehte daraufhin mit zweifacher Schallgeschwindigkeit ab, um den Heimflug anzutreten. Die Geschwindigkeit fiel bald auf Mach 0,9, es erfolgte ein erneutes Auftanken in der Luft und die Rückkehr zu einem Flugplatz, der nicht unbedingt der Heimatstützpunkt war. Dieses Missionsprofil verursachte bei vielen Luftwaffenangehörigen eine gewisse Ablehnung, da man bei einer Reichweite von 2000 km mit ausschließlich intern vorhandenem Tankinhalt grundsätzlich auf Nachtanken in der Luft angewiesen war. Selbst dann reichte es kaum für den Rückflug zum Heimatstandort, sodass, abgesehen von der Bedrohung durch die gegnerische Luftabwehr, der Einsatz zu einer One-Way-Mission werden konnte. Ein Mirage IV-Pilot relativierte später wie folgt (Zitat): „Wir hatten das Gefühl, das unsere Überlebenschancen gering waren, obwohl auf dem Papier alles durchkalkuliert war. Da ich heute die tatsächlichen Fähigkeiten des damaligen Gegners kenne, glaube ich, dass viele Flugzeuge und ihre Besatzungen zurückgekehrt wären".

Die Einsätze mit der Mirage IV dauerten oft sechs bis zehn, mitunter 14 Stunden, die Überschallflüge kosteten viel (200 kg/min) Kraftstoff und führten zu einem hohen Verschleiß. Im ersten Einsatzjahrzehnt absolvierten die Bomber mehr als 200.000 Flugstunden und annähernd 40.000 Betankungen in der Luft. Die hohe Anzahl der Flüge und das harte Training setzten den Flugzeugen und den Besatzungen stark zu, sodass der Bestand an Mirage IV kontinuierlich abnahm. Doch die Crews mochten ihr Flugzeug, es ließ sich leicht fliegen und flog in allen Regimes, auch im transsonischen Bereich, sehr stabil. Probleme konnte es beim Ausfall eines Triebwerks, insbesondere in der Start- und Landephase geben, das Durchstarten wurde zur Herausforderung. Die Verfügbarkeitsrate fiel mit über 80 % oft sehr gut aus.

Mit der zunehmenden Gefahr durch immer leistungsstärkere radargesteuerte Flugabwehrraketen änderte sich das Missionsprofil und statt in großen Höhen erfolgten nun vor allem Eindringeinsätze im Tiefflug in 30 bis 200 m Höhe bei einer Geschwindigkeit von bis zu 1100 km/h. Die Atombombe als Hauptbewaffnung wurde für einen verzögerten Fall mit Fallschirm verwendet, der bereits Ende 1967 seine Einführung fand. So war aus der in 78 Exemplaren hergestellten und seit 1964 verwendeten AN 21 durch Umrüstung die AN 22 geworden. Ab Mitte der 1970er Jahre erhielten die Bomber auch einen dreifarbigen Tarnanstrich, zugleich verkleinerte die französische Luftwaffe die Mirage IV-Flotte. Jedes der drei Bombergeschwader löste im Juli 1976 je eine Staffel auf, außerdem erfolgte die Umnummerierung von EB 1/93 in EB 1/94 und von EB 2/93 in EB 3/91. Somit gab es noch zwei Bombergeschwader mit Mirage IV, während EB 93 als Betankungsgeschwader ERV 93 reaktiviert und in diesem die noch vorhandenen elf C-135F konzentriert wurden. Mit der bereits erwähnten Verwundbarkeit durch die immer leistungsfähigere Bodenluftabwehr erfolgte nicht nur eine Änderung der Einsatzdoktrin, sondern auch die Suche nach geeigneten Waffen, die ohne das Trägerflugzeug und seine Crew zu gefährden, eingesetzt werden konnten. Abstandswaffen in Form von Marschflugkörpern verkörperten die Zukunft und ein entsprechendes System bestellte Frankreichs Atomstreitkraft im Frühjahr 1978 beim Unternehmen Aérospatiale. Die 250 km weit reichende ASMP war ursprünglich für den taktischen Atombomber Mirage 2000N gedacht, sodass die Bestückung von Mirage IV praktisch eine Übergangslösung darstellte. Insgesamt 18 Bomber mussten zweckdienlich umgerüstet werden, wobei vorwiegend Änderungen beim Navigations- und Bombenwurfsystem sowie eine Neugestaltung des Cockpits erfolgten. Der analoge Bordrechner wurde durch einen digitalen Rechner ersetzt, die Funkausrüstung verbessert, ein neues Radar und neue ECM-Geräte eingebaut sowie die Waffenhalterungen modifiziert. Die Marschflugkörper tragende Version erhielt die Typenbezeichnung Mirage IV P (P für Pénétration) und flog mit Jean-Marie Saget im Oktober 1982 zum ersten Mal. Ab Mitte des darauffolgenden Jahres startete eine Umbaumaschine die ersten ASMP (ohne nuklearen Gefechtskopf!) zu Versuchszwecken über der Biskaya. In weitere Testreihen waren CEV und CEAM eingespannt und es wurden zusätzliche Marschflugkörper verschossen. Doch erst im Mai 1986 begann die offizielle Indienststellung der Mirage IV P, die nachfolgend mit EB 1/91 und 2/91 von zwei Einsatzstaffeln geflogen wurde. Vereinzelte Exemplare nutzte die CIFAS in Bordeaux.

An dieser Mirage IV P ist der CT 52-Aufklärungsbehälter gut zu sehen, unter der linken Tragfläche ist ein Störbehälter Barracuda befestigt. (Foto: Jean-Jaques Beugnet)

Aufklärungsbehälter CT 52 unter einer Mirage IV. (Foto: Dassault Aviation DA00055513S)

Zwischenzeitlich waren die Alarmbereitschaften zurückgestuft und die Flugstundenzahlen reduziert worden, doch nahm die Stückzahl an zur Verfügung stehenden Flugzeugen weiter ab. Die Verkleinerung hatte auch etwas mit der Verfügbarkeit ballistischer Raketen zu tun, welche zunehmend die Langstreckenkomponente der nuklearen Abschreckung Frankreichs ausfüllten. Zwei andere Mirage IV A-Staffeln, die nach wie vor für den Einsatz der freifallenden AN 22-Atombomben konfiguriert waren, wurden im Oktober 1983 in Creil sowie in Luxeuil und nochmals eine im Juli 1986 in Avord deaktiviert. Die Mirage IV P standen bis Juli 1996 im Einsatz, danach flogen die verbliebenen Maschinen ausschließlich Aufklärungsmissionen.

Bereits ab Ende 1970 konnte die Mirage IV den Aufklärungsbehälter CT 52 unter dem Rumpf mitführen und mit

Links die Ansicht auf das vordere und rechts auf das hintere Cockpit der Mirage IV. (Fotos: Jean-Jaques Beugnet)

den darin verbauten Kameras hervorragende Aufnahmen machen. Hierbei waren unterschiedliche Brennweiten von 75 bis 600 mm dienlich, später konnte statt einem Kamerasatz auch ein Infrarotscanner eingebaut werden. Bis September 1991 hatte die CIFAS die Langstreckenaufklärung mit den Mirage IV übernommen, danach bis Juni 1992 die Staffel ERI 1/328 vom selben Standort Mont-de-Marsan aus. Von hier aus operierte noch eine Handvoll Mirage IV P als Aufklärer in der Staffel ERS 1/91, die aus dem Bomberverband EB 1/91 hervorgegangen war und im Juni 2005 den Dienst mit dem großen Deltaflügler endgültig einstellte.

Tatsächlich untersuchte man auch das Exportpotenzial der Mirage IV und stieß bei Australien auf Interesse, bevor man sich dort für den Schwenkflügler General Dynamics F-111 entschied. Zusammen mit dem britischen Hersteller BAC schlug Dassault anderenorts eine Mirage IV S genannte Ausführung vor, die zum Antrieb britische Spey-Triebwerke erhalten sollte. Obwohl recht gut in der Bewertung, gab man auch hier der amerikanischen F-111 den Vorzug, die allerdings zum Schluss doch nicht die britische Royal Air Force erreichte. Es gab weitere Länder, wo es berechtigte Hoffnungen, aber letztlich keine Verkäufe gab. Wie auch immer, für Frankreich und seine Streitkräfte war es ein erfolgreiches Einsatzmuster. Mit der Mirage IV hatte Dassault ein beeindruckendes Flugzeug geschaffen, dass als politische Abschreckungswaffe in Dienst gestellt wurde und im Ernstfall als letzte Wahl zur atomaren Vergeltungswaffe geworden wäre. Beim gesamten Projekt funktionierte die Zusammenarbeit von staatlichen Stellen, der Industrie und Luftwaffe gut, die technischen Herausforderungen konnten gemeistert und die Leistungsvorgaben erfüllt werden.

Produktion und Versionen

Außer dem Prototyp sowie drei Vorserienmaschinen produzierte Dassault insgesamt 62 Serienexemplare, wobei die Endmontage wiederum in Bordeaux-Merignac erfolgte. Dassault fertigte außerdem in Talence sowie in Argenteuil den vorderen Rumpf sowie das Heck des Bombers, Breguet in Toulouse und Anglet das Leitwerk und Rumpfsegmente, Morane in Ossun weitere Teile des vorderen und hinteren Rumpfabschnitts und Sud Aviation in Rochefort, Saint Nazaire sowie Toulouse wiederum mittlere und hintere Rumpfsegmente sowie die Tragflächen.

Mirage IV A-01, einzelner Prototyp mit zwei Atar 9B-Triebwerken, insgesamt kleiner mit 19,9 m Länge und 11,75 m Spannweite sowie maximal 25.000 kg Abfluggewicht, anfangs spitzes Seitenleitwerk, später gekappt, Erstflug 17. Juni 1959, Absturz am 13. Dezember 1963 nach über 400 Flügen

Mirage IV A, nach drei Vorserienmaschinen, Hauptserienversion mit Atar 9K-Triebwerken, primär mit freifallenden Atombomben bewaffnet und in der Luft nachtankfähig, sekundär als Aufklärer verwendbar, Erstflug Serienmaschine am 7. Dezember 1963, Auslieferung von 62 Serienexemplaren bis März 1968, Dienst bis 1988

Mirage IV B, größer ausgelegte Ausführung als Atombomber mit zwei Pratt & Whitney J75-Triebwerken, für größere Reichweiten von mindestens 4400 km geplant, Teilefertigung begonnen, Programm aber abgebrochen

Mirage IV P, insgesamt 18 Umrüstflugzeuge als Marschflugkörperträger, neue Avionik, Radar und Cockpitinstrumentierung, modifizierte ECM-Geräte und Waffenhalterungen, Erstflug erste Umbaumaschine am 12. Oktober 1982, Indienststellung Mai 1986, Einsatz bis Juli 1996

Mirage IV R, gelegentliche Bezeichnung von mindestens zwölf Mirage IV A, die als Aufklärer mit CT 52-Behälter flogen und auch der letzten Mirage IV P, die von 1996 bis 2005 Aufklärungseinsätze übernahmen

Aufbau, Ausstattung und Bewaffnung

Die Zelle der Mirage IV, im Wesentlichen aus Aluminiumlegierungen, Stahl und an einigen Stellen aus Titan gefertigt, limitierte aufgrund der verwendeten Materialien die Höchstgeschwindigkeit auf Mach 2,2, obwohl noch höhere Leistungen möglich sein sollten. Die Konstruktion fiel wiederum durch einen an der Vorderkante um 60,3 Grad gepfeilten Deltaflügel auf, dessen Dickenverhältnis von 3,8 % an den Wurzeln auf 3,2 % an den Enden abnahm. An der Vorderkante verbesserten Wirbelerzeuger in Form von Nasenkerben die Strömung auf der Oberseite, an der Hinterkante gab es Elevons zur Höhen- und Quersteuerung. Im vorderen Bereich der Tragflächen gab es insgesamt vier aufstellbare Bremsklappen, zwei auf jeder Seite, oben und unten. Die Serienflugzeuge besaßen am Rumpfbug einen Betankungsstutzen zur Verlängerung ihrer Flugdauer, dahinter war ein Teil der Avionik inklusive Funkausrüstung und eine senkrecht installierte OMERA-Kamera zur Erfassung von Einsatzergebnissen untergebracht. Es folgte die druckbelüftete Kabine mit zwei separaten Cockpits, die sich beide nach oben öffnen ließen. Der Pilot verfügte über eine verstrebte Cockpithaube, der Navigator/Bombenschütze über kleine seitliche Fenster. Letzterer konnte zusätzlich ein Periskop nutzen, dass dank einer durchsichtigen Glaskuppel Sicht nach unten gewährte und damit das visuelle Zielen ermöglichte. Beide Besatzungsmitglieder saßen tandemartig auf von Hispano-Suiza in Lizenz gebauten Martin-Baker-Schleudersitzen BM4. Dahinter befand sich eine von SNECMA gelieferte Klimaanlage, die für die Luft in den Cockpits sowie die Kühlung der Elektronik verantwortlich war. Weitere Fächer nahmen Avionik sowie die Bordbatterie auf und an der Unterseite war in einer kreisförmigen Wanne das Navigations- und Angriffsradar platziert. Einen großen Bombenschacht gab es nicht, die Atombomben wurden halbversenkt im Rumpf mitgeführt und für den ASMP-Marschflugkörper oder auch den CT 52-Aufklärungsbehälter montierte man extra dafür vorgesehene Lastenträger. Mit verstellbaren Halbkegeln ausgestattet, erzeugten die seitlichen Lufteinlässe gemäß der Flächenregel eine „Wespentaille“ und versorgten die beiden Strahltriebwerke. Für eine optimale Luftzufuhr bei hohen Geschwindigkeiten wurden die Halbkegel nach vorn bewegt. Serienmäßig gelangten als Triebwerke zwei SNECMA Atar 9K-13 mit einer Schubkraft von jeweils 46,1 kN ohne sowie je 65,71 kN mit Nachbrenner zum Einbau. Die Umrüstmaschinen Mirage IV P nutzten zwei Triebwerke vom Typ Atar 9K-14 mit jeweils 48,05 kN ohne und je 67,66 kN mit Nachbrenner. Interne Tanks nahmen in den Tragflächen, zwischen und um die Triebwerkschächte und Triebwerke sowie im vorderen Abschnitt des Seitenleitwerks insgesamt 13.928 l (nach anderen Quellen 14.470 l) Kraftstoff auf, der durch extern mitgeführte Zusatztanks ergänzt werden konnte. Üblich war die Bestückung von zwei 2500-l-Abwurftanks unter dem Tragwerk, gelegentlich auch ein weiterer unter dem Rumpf mit 1600 l Fassungsvermögen. Den Abschluss des Flugzeugs bildeten die Schubdüsen und das darüber befindliche Seitenleitwerk mit einer Vorderkantenpfeilung von 61,5 Grad

Ein Blick von unten zeigt die kreisrunde Radarwanne, dahinter die Atombombe, halbversenkt im Rumpf. (Foto: Heiko Thiesler)

Ein Lufteinlass der Mirage IV mit verstellbarem Halbkegel. (Foto: Heiko Thiesler)

sowie einer beachtlichen Fläche von 9,62 m². Die Leitwerkswurzel bestand aus einem kastenförmigen Behälter, der einen 34,8 m² großen Bremsschirm aufnahm und mit dem die Landestrecke auf 700 m verkürzt werden konnte. Zur Verringerung der Startstrecke oder auch für den Einsatz von kürzeren, zuvor präparierten Pisten konnte die Mirage IV unter den Tragflügelwurzeln in zwei Sechserreihen zwölf Starthilfsraketen aufnehmen. Die lieferten für jeweils 15 Sekunden je 4,9 kN Schub und wurden nach dem Start abgeworfen. Das einziehbare Fahrwerk bestand aus einer doppelt bereiften Bugradstrebe, die für einen hohen Anstellwinkel recht lang ausgelegt wurde sowie zwei im Tragwerk untergebrachten Hauptbaugruppen mit jeweils vier Rädern.
Die Avionik, fast ausschließlich französische Systeme, bestand auszugsweise aus:

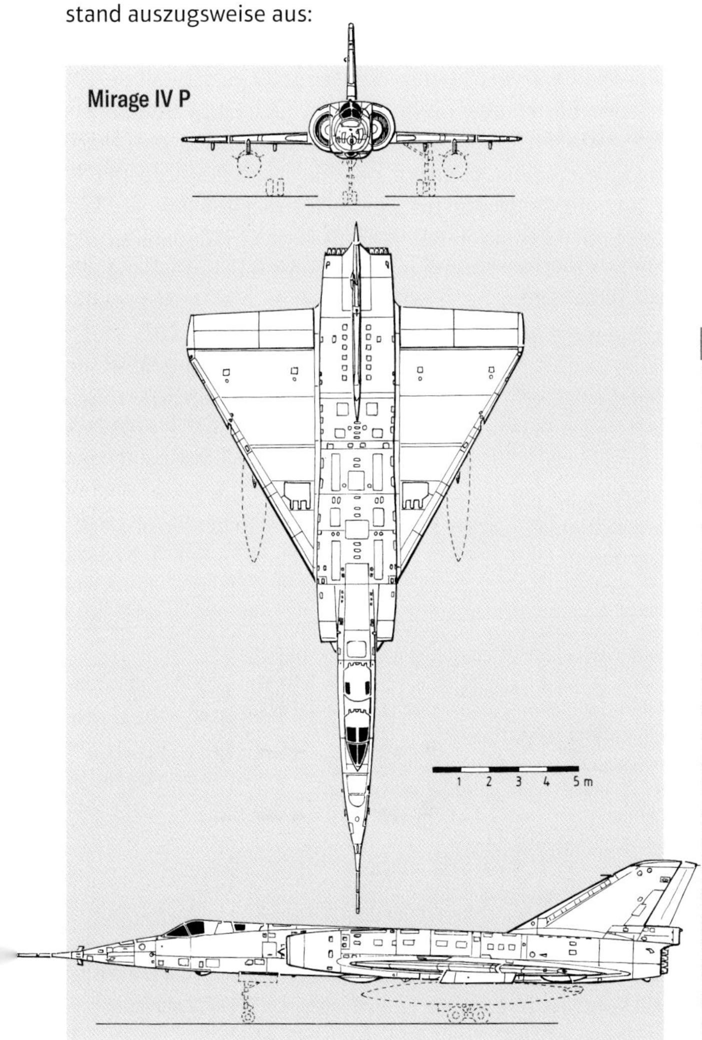

- UHF/VHF-Funkausrüstung TRAP 136
- UHF-Funkausrüstung TRAP 137
- Freund-Feind-Erkennung LMT NRAI 2A
- Navigations- und Feuerleitradar Thomson-CSF DRAA-8A (**Mirage IV A**), Impuls-Doppler-Radar Thomson-CSF ARCANA (**IV P**)
- Dopplergerät Marconi AD.2300D (NRAC-3A)
- Trägheitsnavigation SAGEM ULISS (**IV P**)
- Radarwarnempfänger Thomson-CSF BF, Serval
- Autopilot SFENA 525
- Störsender Thomson-CSF Agacette, Remora, Barem
- Funkkompass Cotelec NRAN-16A sowie weitere Geräte wie Kreiselkompass Bezu Type 32, Beschleunigungsmesser Type 500-250 und Machmeter Type 100A von Jaeger, Variometer Type 520. Zu Aufklärungszwecken konnte ein CT 52-Container mit sieben oder acht OMERA-Kameras, später auch IR-Sensor, zur elektronischen Kampfführung ein CT 51-Behälter unter dem Rumpf mitgeführt werden. Möglich waren zudem die Mitnahme von Warn/Störbehältern Barracuda und von Täuschkörperwerfern der Typen Matra Phimat, Philips BOZ 100, BOZ 103. Es gab keine fest installierte Bordbewaffnung oder externe Schusswaffenbehälter, erprobt wurde an einer Mirage IV die Mitnah-

Technische Daten	Mirage IV A
Verwendung	Langstreckenbombenflugzeug
Besatzung	2
Triebwerk	zwei SNECMA Atar 9K-13 mit je 65,71 kN mit Nachbrenner
Spannweite (m)	11,84
Länge (m)	23,33
Höhe (m)	5,41
Flügelfläche (m²)	78,00
Tragflächenbelastung max. (kg/m²)	429
Leermasse (kg)	14.589
Startmasse max. (kg)	33.475
Höchstgeschwindigkeit (km/h)	2340
Steiggeschwindigkeit (m/s)	45
Landegeschwindigkeit (km/h)	260
Dienstgipfelhöhe (m)	19.812
Reichweite (km)	4000 mit Zusatztanks
Aktionsradius (km)	1200
Startstrecke (m)	1850
Landestrecke (m)	700 - 1800
Bewaffnung	bis 7288 kg Bomben an vier Aufhängepunkten sowie halbversenkt unter dem Rumpf

Line-up von Mirage IV A in Orange im Juli 1988. (Foto: Michel Fournier)

me von bis zu vier Luft-Boden-Lenkraketen AS 37 Martel. Bei Bedarf konnten konventionelle Sprengbomben, meist zwei bis vier 400 kg schwere STRIM, an vier Aufhängepunkten befestigt und nachfolgend eingesetzt werden. Auch größere Kaliber an Mehrfachträgern für bis zu 16 Bomben waren möglich, die Zuladung konnte theoretisch bis zu 7288 kg betragen. Die Hauptbewaffnung bestand aus jeweils einer:

- Atombombe AN 11 mit bis zu 40 kt Sprengkraft oder einer
- Atombombe AN 21 bzw. AN 22 mit bis zu 70 kt Sprengkraft sowie später
- einem atomaren Marschflugkörper ASMP mit bis zu 300 kt Sprengkraft (**Mirage IV P**) unter dem Rumpf.

Nutzer der Mirage IV

Im Februar 1964 verließen die ersten, für den regulären Einsatz vorgesehenen Serienexemplare die Werkhallen in Merignac und erreichten im Juni die in Mont-de-Marsan beheimatete Staffel EB 1/91. Sie erlangten dort im Oktober desselben Jahres ihre Einsatzbereitschaft und wurden gleichermaßen in den Alarmstatus versetzt. Auch fanden hier die Umschulungen der Mirage IV-Crews statt. Die Flugzeuge wurden wie auch die nachfolgenden mit der AN 11-Atombombe als Abschreckungswaffe bestückt, später nach und nach durch die etwa halb so schwere AN 21 und 22 ersetzt. Schon im Dezember 1964 gab es mit EB 2/91 eine zweite Einsatzstaffel, diesmal in Casaux. Die Bomberstaffeln wurden grundsätzlich mit jeweils vier Einsatzflugzeugen ausgerüstet und jede auf einem anderen Stützpunkt stationiert. Mit dieser Streuung erzielte man eine höhere Einsatzflexibilität und zugleich eine verringerte Gefährdung der einzelnen Verbände im Konfliktfall. Neben den bereits genannten gab es folgende Einsatzbasen: Creil (EB 3/91), Istres (EB 1/93), Orange (EB 2/93), Cambrai (EB 3/93), Avord (EB 1/94), St. Dizier (EB 2/94), Luxeuil (EB 3/94). Im Laufe der Dienstjahre erhielten die Mirage IV verschiedene Upgrades, hatten aber aufgrund der vielen Flugstunden eine hohe Abschreibungsrate und einen erheblichen Verbrauch an Ersatzteilen. Die Anzahl der Flugstunden wurde im Einklang mit der Herabstufung der Alarmzeiten auf ein Flugzeug mit 15 Minuten-Bereitschaft in den 1970er Jahren verringert und der Einsatz der Flugzeuge auf Tiefflugangriffe ausgelegt. Bis 1986 erfolgte innerhalb von Umstrukturierungen die Auflösung der drei Bomberstaffeln EB 3/91, EB 1/94 und EB 3/94, im selben Jahr nahm die Umrüstversion Mirage IV P offiziell ihren Dienst als Marschflugkörperträger auf. Diese Flugzeuge flogen bei EB 1/91 und EB 2/91 und standen bis Juli 1996 im Dienst. Verbliebene Mirage IV P unternahmen nachfolgend bis 2005 Aufklärungsmissionen wie schon Jahre zuvor Mirage IV A in der Sekundärrolle beim Verband CIFAS 328 und ERI 1/328. Manche der Flugzeuge

Tankmanöver einer Mirage IV A mit einer C-135F, der Tankausleger des Bombers befindet sich kurz vor dem Schlauchtrichter des Tankflugzeuges. (Foto: Paul Bannwarth)

Eine Formation aus drei Mirage IV P. Das Flugzeug in der Mitte trägt ein spezielles Farbschema zur Auflösung von EB 2/91 als Bomberstaffel im Juli 1996. (Foto: Eric Bannwarth Collection)

Die Sonderbemalung der Mirage IV P zur Auflösung von EB 2/91 etwas genauer. Der Zusatzname der Staffel „Bretagne" wurde 2009 von der Betankungsgruppe GRV 2/91 fortgeführt. (Foto: Yves Fauconnier via Eric Bannwarth)

kamen im Laufe ihres Dienstes auf annähernd 7000 Flugstunden und mit Dienstende im Juni 2005 konnte die gesamte Mirage IV-Flotte insgesamt 337.000 geleistete Flugstunden verbuchen. Während dieser Zeit musste fast ein Drittel des Bestandes abgeschrieben werden, mindestens 15 Totalverluste durch Abstürze und Havarien inbegriffen, die sich vor allem in den 1970er Jahren ereigneten.

Mirage IV hatten in ihrer Dienstzeit keinerlei Waffen eingesetzt, wohl aber zahlreiche Aufklärungsmissionen zum Sammeln wertvoller Informationen absolviert. Erstmals als Aufklärer im September 1974 über dem Tschad verwendet, starteten die Flugzeuge von Istres aus zu achtstündigen Einsätzen und waren auf Nachtanken in der Luft angewiesen. Weitere Missionen in dieser Region und immer wieder im Zusammenhang mit Kampfhandlungen libyscher Streitkräfte fanden 1978, 1984 oder 1986 statt und erforderten zum Teil elfstündige Flüge. Innerhalb der Operation „Deliberate Force" folgten 1995 Aufklärungseinsätze über Bosnien, 1996 ging es nach Djibouti und 1999 wieder auf den Balkan. Diesmal erfolgten Aufklärungsflüge über Serbien, vor allem innerhalb der Operation „Allied Force". Drei beteiligte Mirage IV P von ERS 1/91 starteten dabei von Solenzara, Korsika aus und realisierten über Serbien teilweise halbstündige Überflüge mit einer Geschwindigkeit von Mach 1,8. Die hier genutzten OMERA 36-Kameras konnten Objekte von nur 0,5 m Größe erfassen. Weitere 80 Einsätze gab es zwischen Oktober 2001 und Februar 2002 über Afghanistan, wobei die Flugzeuge vom in Abu Dhabi gelegenen Stützpunkt Al Dhafra aus operierten. Von Istres nach Al Kharj in Saudi-Arabien verlegte die französische Luftwaffe im Februar 2003 zwei ihrer Mirage IV P, um bis März etwa 20 Aufklärungsflüge über dem Irak durchzuführen. Diese Flüge mit vier bis fünf Stunden Dauer erfolgten mit Unterschallgeschwindigkeit und galten immer wieder der Suche nach möglichen Massenvernichtungswaffen.

In der oberen Ansicht eine Mirage IV A mit zweifarbigem Tarnanstrich und unter dem Rumpf halbversenkt mit einer AN 22-Atombombe. Oben am Leitwerk ist das Wappen, das von allen Bombergeschwadern EB 91, 92, 93 und 94 getragen wurde, separate Staffelwappen wurden dagegen an keiner Mirage IV angebracht. Die zweite Ansicht stellt einen Marschflugköperträger Mirage IV P dar, die dazu passende ASMP ist deutlich sichtbar. Auch hier ein Tarnschema aus grünen und blau-grauen Farbtönen. (Grafik Srecko Bradic)

Einsatzverbände (Auswahl)
Frankreich
EB 91, 93, 94, CIFAS 328, ERI 1/328, ERS 1/91

Dassault Mirage F1

Mit einer 40jährigen Dienstzeit und gut 250 beschafften Exemplaren stellte die Mirage F1 ein wichtiges Einsatzmuster der französischen Luftwaffe dar. Vor allem als Jagdflugzeug genutzt, erweiterte Dassault die Fähigkeiten in den 1980er und 1990er Jahren und stellte das zuverlässige Flugzeug für weitere Aufgabenbereiche zur Verfügung. Die Mirage F1 CR oben übernahmen von Mai bis August 2013 das Air Policing Baltikum und waren dazu im litauischen Siauliai stationiert. (Foto: Alexander Golz)

Historie

In den 1960er Jahren erkundete Dassault Aviation mehrere Wege um mit der effizientesten Tragflächenform und in Verbindung mit einem geeigneten Antrieb gute Flug- sowie Start- und Landeeigenschaften zu erzielen. Neben den bereits in Serie hergestellten Deltaflüglern erprobte das Unternehmen Schwenkflügel und widmete sich auch dem konventionellem Pfeilflügeltragwerk. Hier entstanden wiederum verschiedene Entwürfe in unterschiedlichen Größen und Gewichtsklassen, die anfangs Mirage III F1, III F2 und III F3 genannt wurden. Später ließ man die „III" weg. Das meiste Interesse rief zunächst die größte Ausführung als geplanter Allwetterjäger- und Jagdbomber Mirage F2 hervor, welche denselben Rumpf wie der Schwenkflügler Mirage G und ein zweisitziges Cockpit erhielt. Die Spannweite des Flugzeugs betrug 10,5 m, die Länge 17,5 m und das Startgewicht sollte bis zu 18.300 kg ausmachen. Auch die bereits bekannten seitlichen Lufteinlässe mit verschiebbaren Halbkegeln sollten Verwendung finden und ein einzelnes TF306 mit Luft versorgen. Da es zu Beginn der Erprobung noch nicht zur Verfügung stand, baute Dassault ein Pratt & Whitney TF30 mit 84,33 kN Nachbrennerleistung ein. Das Versuchsflugzeug Mirage F2 absolvierte mit Jean Coreau am 12. Juni 1966 den Erstflug, zwei Tage später waren Mach 1,2 und zum Jahresende auch die zweifache Schallgeschwindigkeit erreicht. Als Ersatz sowie Übergangslösung zwischen Mirage III und dem Schwenkflügler Mirage G gedacht, wurde die Mirage F2 nicht weiterverfolgt und von der etwas kleineren Mirage F3 lediglich eine Attrappe gebaut. Beide Typen stufte man zudem als teuer ein und sie wären damit auch für Auslandsinteressenten unattraktiv gewesen.

Zum Schluss kam die kleinste Variante als Mirage F1 zum Zuge, die zunächst auf eigene Kosten bei Dassault entwickelt worden war. Das Design begann ab Mitte 1964 Formen anzunehmen und zeichnete sich durch ein hoch angesetztes Pfeilflügeltragwerk, separate Höhenflossen, eine einzelne Atar-Turbine als Antrieb und eine einsitzige Kabine aus. Das Versuchsmuster war zum Jahresende 1966 fertiggestellt und Testpilot René Bigand leitete am 23. Dezember von Melun-Villaroche aus die Flugerprobung ein. Schon beim vierten Flug am 7. Januar 1967 kletterte die Geschwindigkeit auf Mach 2, außerdem demonstrierte er gegenüber der Mirage III bessere Start- und Landeeigenschaften mit kürzeren Start- und Landestrecken sowie einer geringeren Landegeschwindigkeit. Man erkannte zudem einen verdoppelten Auftriebswert und auch das Fliegen mit geringer Geschwindigkeit verbesserte sich signifikant. Etwa zur selben Zeit erklärte der französische Verteidigungsminister einen erhöhten Bedarf an Abfangjägern und die Übermittlung eines entsprechenden Anforderungskatalogs erfolgte im März 1967. Medienwirksam verkündet wurde der Programmstart für die Mirage F1 schließlich zur Paris Air Show im Mai desselben Jahres, im September folgte dann die offizielle Bestellung von drei Prototypen, die auch als Vorserienmaschinen angesehen werden können. Keinen negativen Einfluss auf das Programm hatte der Verlust des ersten Versuchsmusters am 18. Mai 1967. Es war der 24. Flug, als es zu starken Vibrationen kam und ein Zellenbruch im Leitwerksbereich letztlich zum Absturz führte, den der Testpilot René Bigand nicht überlebte. Resultierend aus dem Unfall

Die vierte, im Juni 1970 erstmals geflogene Mirage F1 zeigt hier gut die Konzeption des Jägers auf, es handelte sich auch um das erste Exemplar mit voller Avionikausstattung. (Foto: Dassault Aviation)

gab es Modifikationen am Seitenleitwerk und zwei zusätzliche Stabilisierungsflossen platzierte der Hersteller unter dem Rumpfheck.

Das erste der drei neu bestellten Flugzeuge war als Mirage F1-02 im Dezember 1968 komplettiert und mit einem Atar 9K-31 mit 65,7 kN Nachbrennerschub versehen worden, danach wurde es für den Transport nach Istres wieder teilweise demontiert und stand dort Anfang 1969 zur Flugerprobung bereit. Die praktische Umsetzung der Testflüge verschob sich etwas, Jean-Marie Saget begann damit am 20. März 1969. Schon bald weitete sich die Erprobung auf Hochgeschwindigkeitsflüge, auch in geringen Flughöhen, auf die Analyse der Langsamflugeigenschaften oder auch der Eigenschaften bei Mitnahme von Außenlasten aus. Im August erfolgte die Umrüstung auf das Triebwerk Atar 9K-50 und am 18. September war die nächste Versuchsmaschine „03" in der Luft. Sie erhielt von Anfang an das Atar 9K-50 und für eine bessere Manövrierfähigkeit Vorflügel an den Tragflächen. Die Mirage F1-04 war dagegen mit der vorgesehenen Avionik komplett ausgestattet und absolvierte den Erstflug am 17. Juni 1970. Schon ab Dezember 1969 begann die „02" mit Waffentests beim CEV, ergänzend beim

In der gut bekannten Staffel EC 2/30 „Normadie-Niémen", gleichfalls der erste operationelle Einsatzverband mit der Mirage F1, diente diese Maschine der Baureihe C-200. Die führte ab 1977 eine feststehende Sonde für Betankungen in der Luft ein. (Foto: Eric Bannwarth Collection)

CEAM, wo Tausende Granaten mit den DEFA-Bordkanonen verschossen wurden. Mit der „04" testete man im August 1971 innerhalb des CEAM weitere Fähigkeiten beim Luft-Boden-Beschuss und mit Luftkampfraketen sowie das Üben von Abfangversuchen mit dem neuen Flugzeugtyp. Die Erprobung zeigte insgesamt verbesserte Eigenschaften gegenüber der Mirage III auf und auch die Leistungen fielen dank Konzeption und der Verwendung des neuen Atar-Triebwerks in vielen Bereichen höher aus. So sprach man schnell von der 2. Mirage-Generation.

Die Prototypen entsprachen im Wesentlichen der geplanten Serienausführung Mirage F1 C, für die noch 1969 eine Erstorder über 30 Exemplare getätigt worden war. Weitere Bestellungen sicherte der Staat 1971 und 1973 finanziell ab und brachte damit die Gesamtmenge der für die französische Luftwaffe vorgesehenen Mirage F1 C auf 105 Flugzeuge. Nachfolgebestellungen ergaben trotz Budgetkürzungen zum Schluss 164 Serienmaschinen der Baureihe F1 C, die erste davon flog am 15. Februar 1973.

Neben der Einsatzerprobung beim CEAM in Mont-de-Marsan fand am selben Standort auch die Umschulung auf den neuen Kampfjet statt. Piloten und Techniker des Geschwaders EC 30 machten den Anfang und wechselten zur Aufstellung des ersten regulären Einsatzverbandes im Dezember 1973 zu ihrer Heimatbasis nach Reims. Hier avancierte EC 2/30 zur ersten Allwetterjagdstaffel mit der Mirage F1, im Juli 1974 war die volle Geschwaderstärke mit vorerst zwei Staffeln sowie gut 30 Flugzeugen erreicht. Mit dem Dienstantritt erfolgte die Ablösung der Vautour II N und im Juli 1975 konnten 10.000 unfallfreie Flugstunden bilanziert werden. Erst Ende März 1977 verzeichnete man den ersten Verlust mit der Mirage F1 C. Zunächst hatte man erfahrene Piloten mit mehreren Hundert Flugstunden für den Dienst mit dem neuen Jäger umgeschult, später kamen vermehrt auch frisch ausgebildete Flugzeugführer hinzu. Das Luftverteidigungskommando CAFDA versetzte die Maschinen in eine hohe Alarmbereitschaft, wobei die Bereitstellung eines Flugzeugführers mit seiner Mirage in sieben Minuten und einer zweiten in 15min zu erfolgen hatte. EC 30 rüstete noch 1974 eine dritte Staffel mit dem Flugzeug aus, Jahre später kam zur Jahresmitte 1988 EC 4/30 als vierte

Das Fahrwerk in ausgefahrenem Zustand erinnert ein wenig an die Klauen eines Greifvogels. Es war robust und für den Einsatz von weniger gut präparierten Pisten ausgelegt. Hier eine Mirage F1 B im Landeanflug. (Foto: Chris Lofting)

An den Flügelenden trägt diese Mirage F1 CR-200 offenbar Dummies der Magic-Luftkampfrakete, während unter dem Rumpf eine Exocet-Lenkwaffe zur Schiffsbekämpfung zu sehen ist. (Foto: Eric Bannwarth)

Staffel des Geschwaders hinzu. Diese Einheit war permanent in Djibouti stationiert, erhielt mindestens acht Mirage F1 C und erlangte die operationelle Einsatzbereitschaft mit diesen im August 1988. Sie flogen in erster Linie Luftraumüberwachung als Abfangjäger, führten häufig auch Luft-Boden-Waffen mit. Zudem hatte man ursprünglich für diese Flugzeuge und ihre Missionen über Afrika aus dem 1200-l-Zusatztank den Aufklärungsbehälter RP 35P mit einer internen, vertikal ausgerichteten Kamera mit 600 mm Brennweite abgeleitet.

In Orange (BA 115) wurde EC 5 zum zweiten Einsatzgeschwader mit dem Flugzeugtyp und im Januar 1976 für einsatzbereit erklärt. Ende der 1970er Jahre begann man hier den Einsatz von Luftbetankungen über eine abnehmbare Sonde, ein erster Kontakt zwischen Tankflugzeug und Jäger kam dabei im Februar 1978 zustande. EC 5 wurde im Dezember 1985 auch die Ehre zuteil, die 100.000ste Flugstunde mit der Mirage F1 zu absolvieren. Sie galt inzwischen als zuverlässiges und leistungsfähiges Kampfflugzeug, dank der entsprechenden Verkabelungen und externen Lastenträger konnten die Waffenpalette ausgeweitet und in der Sekundärrolle Aufgaben als Jagdbomber erfüllt werden. Das eingebaute Cyrano IV-Radar verfügte über die notwendigen Luft-Luft- und Luft-Boden-Betriebsarten. Anfangs wurden den Geschwadern einzelne Handlungsräume zugewiesen, sodass EC 5 in niedrigen Höhen, EC 12 als weiteres Einsatzgeschwader für die mittleren sowie EC 30 für die großen Flughöhen zuständig war. Speziell EC 12 war zweitrangig für Jagdbombereinsätze gedacht. Zwischenzeitlich trat auch die zweisitzige Mirage F1 B den Dienst an und wurde als Kampftrainer und Übungsflugzeug bei EC 3/5 und EC 3/30 verwendet. Ihre Entwicklung kam ursprünglich auf den Wunsch des Exportkunden Kuwait in Gang, letztendlich war ein Zweisitzer sogar Bedingung für eine Vertragsunterzeichnung zum Kauf des Kampfjets. Für die Aufnahme eines zweiten Cockpits verlängerte Dassault den Vorderrumpf der Mirage F1 B um 0,3 m, entledigte sich allerdings der Bordkanonen und verringerte den internen Kraftstoffvorrat. Trotz dessen stellte die Verwendung als vollwertiges Kampfflugzeug kein Problem dar. Zudem gelangte in dieser Version der verbesserte Martin-Baker-Schleudersitz Mk.10 zum Einbau, der einen Ausstieg bereits in Null-Höhe und bei Null-Geschwindigkeit ermöglichte. Der Betankungsausleger auf dem Rumpfbug hingegen konnte nur für „Trockenübungen" genutzt werden und keinen Kraftstoff aufnehmen. Ein Trainer F1 B war 1976 erstmals geflogen und gelangte mit weiteren Exemplaren ab Oktober 1980 zur Auslieferung an die französische Luftwaffe. Die Stückzahl des Zweisitzers gestaltete sich mit 20 Exemplaren überschaubar, die allesamt bis März 1983 übergeben waren. Mit dem Trainer konnte die Ausbildung effizienter und spezifischer gestaltet werden. Durchschnittlich bildete die französische Luftwaffe jedes Jahr 15 bis 20 Flugzeugführer auf der Mirage F1 aus, deren Zahl sich erst zu Beginn des 21. Jahrhunderts verringerte. Nach fünf Wochen Theorie zum künftigen Einsatzflugzeug absolvierten diese Anwärter ein zweimonatiges Flugtraining auf der F1 B inklusi-

Im Bild die letzte auf den CT-Standard umgerüstete Mirage F1. Sie wurde 1996 übergeben, die Arbeiten führte AIA in Clermont-Ferrand aus. Eine extra artwork ziert den Rumpfbug. (Foto: Eric Bannwarth Collection)

Schönes Foto einer Mirage F1 CR-200 der Aufklärungsstaffel ER 3/33. Die Aufnahme wurde Anfang 1992 gemacht, zum 30. August des Folgejahres die Staffel aufgelöst. (Foto: Eric Bannwarth Collection)

ve Basisschulung, Instrumententraining, Nachtflügen und Luftkampfmanövern. Danach kamen die Piloten zum zugewiesenen Einsatzverband, um in den folgenden zwei Monaten ihre Fähigkeiten zu festigen und in zwei weiteren Monaten ein Fortgeschrittenentraining zu absolvieren. Bis die Qualifikation auf der Mirage F1 abgeschlossen war, wurden in den nachfolgenden sechs Monaten weitere Maßnahmen wie das Üben von Betankungen in der Luft, Aufklärung sowie Luft-Luft- und Luft-Boden-Einsätze durchgeführt.

Eine Mirage F1 C verwendete Dassault als Prototyp einer Aufklärervariante und begann mit dieser Umrüstmaschine im November 1981 die Flugerprobung. In Mirage F1 CR umbenannt, besaß diese Baureihe nur noch eine Bordkanone auf der Backbordseite, während auf der anderen ein Infrarotsensor Super Cyclope installiert wurde. Der ermöglichte Allwettereinsätze mit den im Rumpfbug untergebrachten OMERA-Kameras, die sich besonders für niedrige und mittlere Flughöhen eigneten. Extern mitgeführte Aufklärungsbehälter verschiedener Typen ergänzten das Missionsequipment. Ein transportables, im Cockpit verstautes SARA-Übertragungssystem lieferte in Echtzeit direkt oder zeitverzögert Bilder sowie mündliche Berichte des Piloten ab. Das modifizierte Cyrano IV MR-Radar konnte zur Erstellung von Radarkarten dienen, das unter dem Flugzeug befindliche Gelände auf das HUD im Cockpit übertragen sowie zu Luft-Boden-Angriffseinsätzen verwendet werden, ohne die Funktionen als Jäger einzubüßen. Insgesamt 64 Mirage F1 CR nahm die französische Luftwaffe ab Dezember 1982 in Empfang, der Dienstantritt erfolgte im Sommer 1983 bei der Staffel ER 2/33 in Strasbourg. Die ebenfalls gebräuchliche Bezeichnung F1 CR-200 deutet auf die Ausstattung mit Nachtankvorrichtung hin, so wie auch die ab Frühjahr 1977 gelieferten Jäger als Mirage F1 C-200 mit einer vor dem Cockpit platzierten Betankungssonde bereits ab Werk versehen wurden. Vier Maschinen des zuletzt genannten Typs unternahmen im Januar 1980 erstmals einen 5000 km-Nonstopflug von Solenzara, Korsika nach Djibouti und nutzten dabei ihre Nachtankvorrichtungen zur Aufnahme des nötigen und durch C-135F-Tanker abgegebenen Kraftstoffs.

In den 1990er Jahren kam es zur Modernisierung vorhandener Kampfjets auf den Standard F1 CT, der hauptsächlich den Avioniksektor und Cockpitbereich aufwertete. Die Flugzeuge profitierten von einem weiterentwickelten Cyrano-Radar mit zusätzlichen Betriebsarten und erhöhter Störresistenz, einem zeitgemäßen Zentralrechner, einem neuen HUD und sie waren mit Nachtsichtgläsern kompatibel. Die ersten von insgesamt 55 Umrüstmaschinen Mirage F1 CT erreichten ab Januar 1992 zunächst die Einrichtungen CEV und CEAM, bevor das taktische Luftwaffenkommando CATAC diese Flugzeuge der in Colmar beheimateten Staffel EC 1/13 zur Ablösung der Mirage III E übergab. Sie erlangte mit den Flugzeugen ab Juni die volle Einsatzbereitschaft. Für die Piloten von EC 3/13, die ab Anfang 1993 als zweite Staffel Mirage F1 CT flog, war der technische Sprung von der zuvor genutzten und ohne Radar ausgerüsteten Mirage 5F noch größer. Hinzu kam die praktische Umsetzung vom Nachtanken in der Luft sowie die Anpassung an lasergelenkte Waffen, was einen insgesamt effizienteren Einsatz möglich machte. Allerdings mussten beim Einsatz dieser Waffen andere Flugzeuge die Zielbeleuchtung für die Mirage übernehmen.

Natürlich zielte der Hersteller mit dem Bau der Mirage F1 auch auf den Exportmarkt. Speziell dafür konzipierte Dassault die Version F1 A als für Tageinsätze und vornehmlich für Luft-Boden-Angriffsaufgaben ausgelegtes Kampfflugzeug, fand aber letztlich mit Libyen und Südafrika nur zwei Abnehmer. In der verkleinerten Bugnase fand ein einfaches Aida-Radar Verwendung, das von einem Laserzielfinder unterstützt werden konnte. Es gab weitere Änderungen im Avioniksektor und die Nachtankvorrichtung auf dem Rumpfbug war nun einziehbar. Tatsächlich wurde Südafrika zum ersten Abnehmer und konnte sogar eine Lizenzvereinbarung für Flugzeug samt Triebwerk vereinbaren, doch entschied man sich letztlich für den Kauf von insgesamt 48 Mirage F1 verschiedener Baureihen sowie die Fertigung einzelner Komponenten als Ersatzteile oder zum Aufbau verschlissener Zellen. Leistungsfähiger und im Export letztlich erfolgreicher waren Baureihen, die auf der Mirage F1 C basierten oder von vornherein als Mirage F1 E für den Export produziert wurden. Oft war deren Ausrüstung spezifischer, die irakischen Versionen EQ-5 und EQ-6 bspw. erhielten das leistungsfähigere Agave-Radar und konnten dadurch die Exocet-Anti-Schiffs-Lenkwaffe einsetzen. Anderenorts gab es auch Modifikationen oder Anpassungen an lokale Systeme wie z.B. in Marokko, wo RP 35-Zusatztanks zu Granatwerfern mit großen 74-mm-Geschossen umgebaut wurden. Luftstreitkräfte aus insgesamt zehn Nationen bestellten in Frankreich die Mirage F1, in der jüngeren Vergangenheit kamen außerdem mehrere Nutzer gebrauchter Maschinen hinzu. Die Privatinitiative hatte sich für Dassault ausgezahlt, auch wenn der Hersteller bei anderen Ausschreibungen weniger Glück hatte. Im Jahr 1975 kam es besonders hart. Die NATO-Staaten Belgien, Dänemark, Niederlande und Norwegen definierten Anfang der 1970er Jahre ihren Bedarf zur Ablösung der F-104 Starfighter und stellten dafür die Beschaffung von mehreren hundert Exemplaren in Aussicht. Dassault baute für diesen Wettbewerb die Mirage F1 mit einem SNECMA M 53-Triebwerk mit 83,4 kN Nachbrennerschub und dazu passenden, leicht vergrößerten Lufteinlässen sowie einem voluminöseren Rumpfheck. Das M 53 (anfangs Super Atar genannt) verfügte nicht nur über einen höheren Schub, sondern generierte als Mantelstromtriebwerk auch eine höhere Wirtschaftlichkeit, ließ sich einfacher warten und elektronisch steuern. Darüber hinaus erfuhren wichtige Avionikbaugruppen wie Radar und Navigationssystem oder auch die Cockpitinstrumentierung samt HUD brauchbare Modifizierungen zur Leistungssteigerung. Frankreich finanzierte zwei Drittel der Entwicklungskosten durch staatliche Mittel und hatte mit dieser Entscheidung den Programmstart im März 1973 vollzogen. Selbst die einheimische Luftwaffe erwog Bestellungen, wenn mindestens zwei ausländische Kunden das Flugzeug ordern sollten. Am 22. Dezember 1974 erhob sich die Mirage F1 M53 zu ihrem Erstflug und erreichte dabei auf Anhieb Mach 1,35, zwei Tage später die doppelte Schallgeschwindigkeit. Die Leistungen insgesamt sprachen für sich, Flughöhe, Reichweite und geringfügig auch das Lastvielfache konnten erhöht werden, die Steigleistung betrug über 250 m/s. Schon im Januar des darauffolgenden Jahres

Der mächtige 2200-l-Tank unter dem Rumpf ist bemerkenswert und verhilft dem Flugzeug zu einem beinah bizarren Outfit. (Foto: Alexander Golz)

Zwei Mirage F1 CR-200 der französischen Luftwaffe 2013, ein Jahr vor Außerdienststellung. (Foto: Alexander Golz)

präsentierte man das Flugzeug den vier oben genannten NATO-Staaten und natürlich im Juni zur Luftfahrtmesse in Le Bourget. Doch ausgerechnet hier, auf einer der bedeutendsten und zugleich auf heimatlichen Boden ausgerichteten Luftfahrtveranstaltung, verkündeten die vier NATO-Staaten die amerikanische F-16 Fighting Falcon offiziell als Sieger im „Geschäft des Jahrhunderts" und beförderten die Mirage F1 M53 ins Abseits. Den Stolz bewahrend, erhielt sie kurzfristig einen neuen, in den Nationalfarben Frankreichs gehaltenen Anstrich. Die Typenbezeichnung hatte man zwischenzeitlich schlicht in Mirage F1 E geändert, da es praktisch eine weitere Exportversion (für **E**uropa) darstellte. Das Flugzeug wurde zunächst eingelagert und später für weitere Testreihen mit dem M 53 verwendet, dass schließlich auch die neue Mirage 2000 antreiben sollte.

Im Laufe der Einsatzjahre hatte es kleinere Upgrades an den französischen sowie einigen ausländischen Mirage F1 gegeben, es wurden neue Systeme wie bspw. Aufklärungs- und Störbehälter eingeführt und die Navigation bei den CR und CT-Maschinen von GPS unterstützt. Im Juni 1987 verschoss eine Mirage F1 C erstmals eine bis zu 150 km weit reichende Abstandswaffe vom Typ Apache, die künftig unter dem mittleren Rumpfpylon mitgeführt werden konnte. In der zweiten Hälfte der 1980er Jahre häuften sich allerdings die Abschreibungen, die mehrmals durch Abstürze mit Totalverlust zustande kamen und zum Schluss der Einsatzlaufbahn mehr als 40 Exemplare der französischen Luftwaffe betraf. Zugleich verringerte sich die Zahl der im Einsatz befindlichen Mirage F1, begleitet von mehreren Umstrukturierungen innerhalb der französischen Streitkräfte. Staffeln wurden zu autonomen Verbänden, Streitkräftereduzierungen und die Schließung ganzer Standortbasen verliefen zu Beginn des 21. Jahrhunderts schneller als ursprünglich geplant. Im Jahr 1998 standen noch 115 Mirage F1 CR und CT im Dienst, zehn Jahre später waren es noch 83. Sie waren zu jener Zeit auf jeweils zwei Verbände in Reims (BA 112) und Colmar (BA 132) aufgeteilt, in zuletzt genannter Location waren auch die übrig gebliebenen Trainer F1 B zu finden. Schließlich beendeten die letzten französischen Mirage F1 CT ihren Dienst 2013, die letzten F1 CR und B folgten im Juni 2014 in den Ruhestand.

Frankreich hatte mit der Mirage F1 ein hervorragendes Kampfflugzeug erhalten, das sich leicht warten und fliegen ließ und bei den Piloten beliebt war. Einer von ihnen, der bei ER 2/33 in Reims flog, beschrieb es so (Zitat): „Die Mirage F1 zu fliegen, ist immer eine tolle Sache. Sie erfüllt alle Voraussetzungen, den Wunsch zu wecken, Kampfpilot zu werden. Obwohl sie ein gewisses Vintage-Flair besitzt, kann der Pilot die modernste Ausrüstung nutzen." Ein anderer ergänzte (Zitat): „Ich hatte Gelegenheit, die Möglichkeiten der F1 C kennenzulernen, die einen technischen und taktischen Fortschritt gegenüber der Mirage III C darstellte – verdoppelte Radarreichweite, ein Autopilot, der die Arbeit erleichterte, das Umschalten des Triebwerks vom Leerlauf in volle Nachbrennerleistung, die Zuverlässigkeit der hydraulischen und elektrischen Kreisläufe, ein ausgeglichenes Verhalten bei Kontrollverlust".

Inzwischen haben zahlreiche Mirage F1 eine zweite Laufbahn eingeschlagen, als sie an private Unternehmen in den USA verkauft und seitdem im Auftrag der Air Force für das taktische Luftkampftraining einschließlich dem Simulieren eines Gegners genutzt werden. Die Airborne Tactical Advantage Company (ATAC) kaufte nicht weniger als 63 vormalige französische Maschinen, Draken International 22 ausgemusterte Exemplare von Spanien und Jordanien.

Produktion und Versionen

Von der Mirage F1 baute Dassault fünf Prototypen / Vorserienflugzeuge, hinzu kamen bis 1991 insgesamt 721 Serienflugzeuge. Diesmal vergrößerte sich die Auftragsvergabe an internationale Partner und so wurden Fairey sowie SABCA in Belgien mit der Produktion von Rumpfheck bzw. Leitwerken sowie CASA in Spanien mit einem Teil des vorderen Rumpfabschnitts betraut. Dassault im französischen Argenteuil, dann in Toulouse fertigte den hinteren Rumpf, Latecoere in Toulouse den mittleren Rumpf und Dassault in Martignas die Tragflächen. Den Rumpfbug bis zu den Lufteinlässen und das Cockpit übernahm Aérospatiale in Bourges, während die Endmontage in bewährter Manier in Bordeaux-Merignac erfolgte.

Mirage F1 A, vereinfachte Exportversion mit Aida-Radar in verkleinerter Bugnase, einziehbare Nachtankvorrichtung, limitierte Waffenpalette, vorwiegend als Jagdbomber und zweitrangig als Jagdflugzeug für Tageinsätze verwendbar, zusammen 48 Exemplare ab 1975 an Südafrika (F1 AZ) und Libyen (F1 AD) geliefert

Mirage F1 B, zweisitzige Trainerausführung mit Tandemcockpit und Martin-Baker Mk.10-Schleudersitzen, ohne Bordkanonen, aber volle Kampffähigkeit, Cyrano IV-Radar, Erstflug 26. Mai 1976, Lieferung von 20 Exemplaren an Frankreich sowie 32 in den Exportversionen BD, BE, BJ, BK, BQ

Mirage F1 C, Basisversion als einsitziges Allwetterjagdflugzeug, sekundär auch für Aufgaben als Jagdbomber, Aufklärer und Zielschlepper verwendbar, Cyrano IV-Radar, Erstflug Serienmaschine 15. Februar 1973, Lieferung von 83 F1 C sowie 81 nachtankfähigen F1 C-200 an französische Luftwaffe plus 175 neu gebaute und umgerüstete Exportmaschinen in den Versionen F1 CE, CG, CH, CJ, CK, CZ

Mirage F1 CR, Baureihe als Aufklärungsflugzeug mit Allwetterfähigkeit und Ausrüstung mit entsprechenden Kameras und Sensoren, Cyrano IV MR-Radar, eine Bordkanone fest installiert sowie weitere Bewaffnung möglich, aufgrund der Nachtankfähigkeit auch als Mirage F1 CR-200 bekannt, Erstflug 20. November 1981, Dienst von 1983 bis 2014 in der französischen Luftwaffe, 64 Exemplare

Mirage F1 CT, insgesamt 55 französische Umrüstmaschinen F1 C mit aufgewerteter Avionik und vergrößerter Waffenauswahl, Erstflug 3. Mai 1991, Indienststellung ab 1992

Mirage F1 D, zweisitzige Exportversion als Trainer F1 DDA, JE, mindestens vier neu gebaute Exemplare

Mirage F1 E, Exportvariante des einsitzigen Kampfflugzeugs mit Mehrzweckcharakter, etwa 213 Stück in den Baureihen ED, EDA, EE, EH, EH-200, EJ, EQ, JA und z.T. mit variierender Avionik- und Waffenpalette

Mirage F1 M, insgesamt 52 Upgrade-Maschinen der spanischen Luftwaffe (vormals F1 CE/EE/EDA), von CASA mit Cyrano IV M-Radar, neuem HUD und Farbdisplays, Trägheitsnavigationssystem mit GPS-Schnittstelle, Erstflug April 1988, Modernisierung im März 2001 abgeschlossen

Mirage F1 M 53, einzelner Prototyp mit 0,23 m längerem Rumpf, SNECMA M 53-Strahltriebwerk, modernisierte Avionik inklusive Cyrano IV-100-Radar, Erstflug 22. Dezember 1974, als künftiges NATO-Kampfflugzeug abgelehnt, in F1 E (ursprünglich E für Europa) umbenannt, im Juni 1975 eingelagert, Programm im Mai 1976 vom französischen Verteidigungsministerium beendet, zum Jahresende Reaktivierung als Testträger

Mirage F1 MF 2000, Upgrade von ASTRAC für 27 marokkanische F1 CH/EH mit überarbeitetem Cockpit, RDY-3-Puls-Doppler-Radar mit look-down, shoot-down-Fähigkeit, Damocles-Zielbehälter, neue Lenkwaffen

Aufbau, Ausstattung und Bewaffnung

Die Mirage F1 verfügt über ein Schulterdeckertragwerk, dass an der mit Sägezahn ausgestatteten Vorderkante um 47,3 Grad gepfeilt ist. Die Tragflächen verfügen an der Hinterkante über doppelt geschlitzte Klappen und Querruder, auf der Oberseite auf jeder Seite über je zwei Spoiler und ab dem 75. Flugzeug führte Dassault zudem automatische Vorflügel ein. Das Seitenleitwerk besitzt einen kleinen Vorkiel, die Höhenruder sind voll beweglich und unter dem Rumpfheck gibt es zwei zusätzliche Stabilisierungsflossen. Die Rumpfspitze nimmt unter einer Kunststoffverkleidung das Radar des Flugzeugs auf, danach folgt die Druckkabine mit dreiteiliger Frontverglasung. Für den Piloten fertigte Sociéte d'Exploitation des Matériels Martin-Baker (SEMMB) den Martin-Baker-Schleudersitz Mk.4 als F1RM4 in Lizenz, der einen Ausstieg in Null-Höhe, aber bei mindestens 167 km/h Geschwindigkeit ermöglichte. Später wurde dieser weitgehend durch den Mk.10 mit Null-Null-Fähigkeit ersetzt, die Trainer F1 B erhielten ihn von Anfang an und auch einige Exportausführungen des Flugzeugs. Auch der Mk.6 und wiederum mit Null-Null-Fähigkeit fand bei manchen Exportmaschinen Verwendung. Hinter der Kabine sind verschiedene Avionikbaugruppen, Klimaanlage, Kraftstoffpumpen sowie Rumpftank untergebracht, weiter hinten vereinigen sich die beiden seitlichen Lufteinläufe zum Triebwerksschacht. Angetrieben wird die Mirage F1 von einem SNECMA Atar 9K-50 mit 49 kN ohne und 70,6 kN Schub mit Nachbrenner. Seitliche Lufteinlässe mit verstellbaren Halbkegeln, die wiederum auf jeder Seite über zwei zusätzliche, verschließbare Ansaugöffnungen verfügen, versorgen das Triebwerk mit Luft. Intern stehen den einsitzigen Mirage F1 in Rumpf- und Flügeltanks 4280 l Kraftstoff zur Verfügung, bei den zweisitzigen Trainern sind es rund 3850 l. Zusätzlich können bis zu drei 1200-l-Tanks unter Rumpf und Tragwerk oder ein großer 2200-l-Zusatztank unter dem Rumpf mitgeführt werden. Die meisten, in der Luft betankbaren Versionen tragen über dem Cockpit eine abnehmbare Nachtanksonde, bei den Mirage F1 A ist diese einziehbar gestaltet. Die internen Tanks können unter Druck innerhalb von sechs Minuten befüllt werden. Zur Verringerung der Geschwindigkeit existieren unter dem Rumpf zwei ausklappbare, perforierte Luftbremsen, ein Bremsschirm zur Verkürzung der Landestrecke wird optional genutzt und in einer Verkleidung über der Schubdüse verstaut. Das einziehbare, robust ausgelegte Fahrwerk besitzt Bugradanordnung mit drei Baugruppen, die allesamt zweifach bereift und für den Einsatz von weniger gut vorbereiteten Pisten geeignet sind. Die Mirage F1 ist vorwiegend aus Aluminiumlegierungen, Stahl und Titan gebaut und mit zwei unabhängigen Hydrauliksystemen ausgestattet. Die Avionik des Flugzeugs besteht (auszugsweise) aus:

Technische Daten	Mirage F1 C	Mirage F1 B
Verwendung	Mehrzweckkampfflugzeug	Schul- und Übungskampfflugzeug
Besatzung	1	1+1
Triebwerk	ein SNECMA Atar 9K-50 mit 70,6 kN mit Nachbrenner	ein SNECMA Atar 9K-50 mit 70,6 kN mit Nachbrenner
Spannweite (m)	9,32 mit Raketen	8,44
Länge (m)	15,23	15,55
Höhe (m)	4,49	4,49
Flügelfläche (m^2)	25,00	25,00
Tragflächenbelastung max. (kg/m^2)	648	648
Leermasse (kg)	7385	8050
Startmasse max. (kg)	15.200	14.900
Höchstgeschwindigkeit (km/h)	2340	2340
Steiggeschwindigkeit (m/s)	213	213
Landegeschwindigkeit (km/h)	232	230
Dienstgipfelhöhe (m)	16.765	15.240
Reichweite (km)	1300	1000
Aktionsradius (km)	740	600
Startstrecke (m)	450 - 600	450 - 600
Landestrecke (m)	500 - 670	500 - 670
Bewaffnung	zwei 30-mm-MK, bis 4000 kg Bomben, gelenkte und ungelenkte Raketen, Waffenbehälter an sieben Aufhängepunkten	bis 4000 kg Bomben, gelenkte und ungelenkte Raketen, Waffenbehälter an sieben Aufhängepunkten

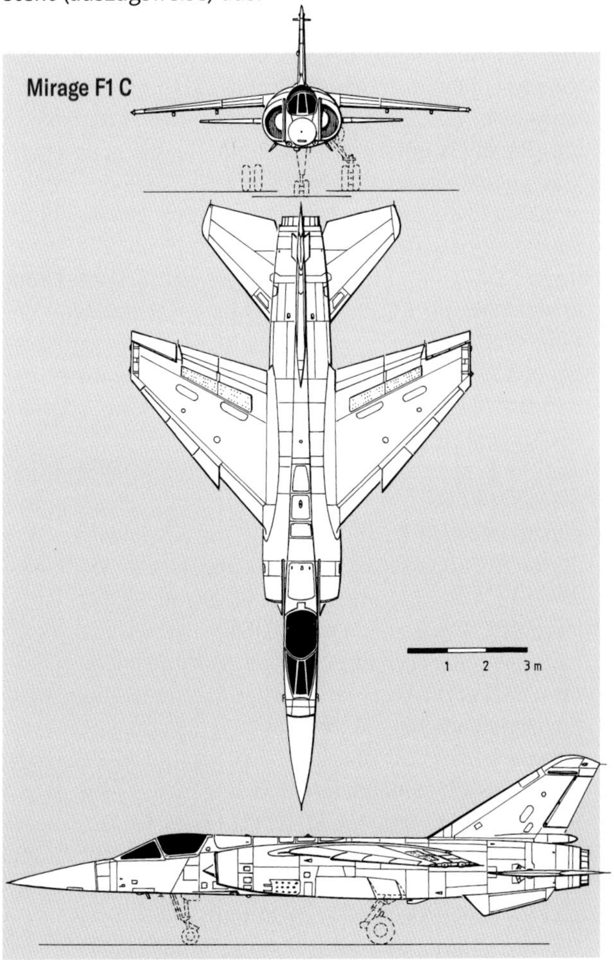

- UHF / VHF-Funkausrüstung TRAP 136, UHF TRAP 137B
- Visier Thomson-CSF VE 120, VE 129
- Freund-Feind-Erkennung LMT NRAI 4A
- TACAN LMT AN/ARN-52C
- Navigations- und Feuerleitradar EMD Aida 2 (**Mirage F1 A**), Thomson-CSF Cyrano IV (**F1 C, B**), Cyrano IV M (**F1 M**), Cyrano IV MR (**F1 CR**), Agave (**F1 EQ**), RDY 3 (**F1 MF 2000**)
- Trägheitsplattform Kearfott 40, Trägheitsnavigation SAGEM ULISS 47
- Laserzielfinder Thomson-CSF TAV-38, TMV 630, TMV 632
- Zielbehälter ATLIS, Damocles (**F1 MF 2000**)
- Radarwarnempfänger Thomson-CSF BF, Sherlock, Aigle
- Autopilot SFENA 505 und die üblichen Anzeigen wie Höhenmesser, Variometer, Kreiselgerät von Bezu, Navigationsanzeige Crouzet Type 63 usw.
- Zum Selbstschutz dienten Täuschkörperwerfer Corail, Phimat und Sycomor von Matra, AN/ALE-40, CFD-200 (bei den südafrikanischen Flugzeugen). Zu diesem Zweck konnten außerdem Störbehälter der Typen Barem, Barax, Barracuda, Caiman und Remora mitgeführt werden.
- Für Aufklärungszwecke war die Mitnahme von verschiedenen Behältern wie ASTAC, COR 2, HAROLD, NORA, PRESTO, Raphael SLAR 2000, RP 35P, SCM 2400 Super Cyclope sowie TMV 018 Syrel möglich.
- Als Bordbewaffnung besaßen die meisten einsitzigen Mirage F1 zwei fest installierte 30-mm-Kanonen DEFA 553 mit jeweils 135 Granaten Munitionsvorrat, der Aufklärer eine DEFA 553.
- Die Waffenpalette gestaltete sich im Laufe der Einsatzjahre immer umfangreicher und konnte an insgesamt sieben externen Stationen inklusive den Flügelenden folgende Systeme einbeziehen:
- Kanonenbehälter CC 420 mit einer 30-mm-Kanone DEFA 553 mit 180 Granaten
- Sprengbomben Mk.82, SAMP 250, Matra 400, Matra 1000, EU 2
- Lasergelenkte Bomben BGL 250, BGL 400, T 200, GBU-12-, 16-, 22- und 24, AASM
- Startbahnbomben BAP 100, BLU 107 Durandal
- Panzerbrechende Splitterbomben BAT 120
- Streubomben BLG 66 Belouga, BL 755, BME 330 (**F1 EE**)
- 300-l-Napalmbehälter
- Matra-Behälter M 155 mit 18 ungelenkten 68-mm-Raketen
- Behälter TBA 100-4 mit vier ungelenkten 100-mm-Raketen
- Gelenkte Luft-Luft-Raketen Matra R 530FE, Super 530, R 550 Magic und Magic 2, Ford-Philco AIM-9J / P Sidewinder, Armscor V3B Kukri / V3C Darter (**F1 AZ / CZ**)

Deutlich zu sehen die Sägezahnvorderkanten am Tragwerk und die voll beweglichen Höhenflossen. Beide F1 CR-200-Maschinen führen an den Tragflächenenden Magic-Luftkampfraketen mit. (Foto: Alexander Golz)

- Gelenkte Luft-Boden-Raketen Matra AS 30, AS 30L, Ch-29L (**F1 EQ**)
- Anti-Radar-Lenkwaffe Matra Armat
- Anti-Schiffs-Lenkwaffe AM 39 Exocet
- Marschflugkörper Apache
- Theoretisch konnten bis zu 6300 kg Außenlasten mitgeführt werden, in der Praxis auf 4000 kg begrenzt.

Nutzer der Mirage F1

Frankreich übernahm samt Prototypen insgesamt 251 Mirage F1 und unterstellte sie dem Luftverteidigungskommando der Luftwaffe. Erstes Einsatzgeschwader war EC 30 in Reims, welches ab April 1974 mit dem neuen Jäger die Vautour II N ersetzte. Die ersten drei Einsatzverbände EC 30, EC 5 und EC 12 bekamen, in unterschiedliche Höhen gestaffelt, ihre Einsatzräume und EC 12 zudem die Sekundärrolle als Jagdbomber zugewiesen. Bis 1976 lag die Verfügbarkeitsrate der Flugzeuge unter 50 %, erst zum Jahresende 1977 waren brauchbare 85 % erreicht. Insgesamt 13 Einsatzstaffeln in vier Geschwadern flogen die Mirage F1 C bzw. die in der Luft nachtankfähigen F1 C-200 sowie

Im Juni 2014 beendete diese Mirage F1 CR-200 den Dienst und wird im Juli in Chateaudun abgestellt. Sie gehörte zur Staffel ER 2/33 und trägt die Kennung von BA 118 in Mont-de-Marsan. (Foto: Alexander Golz)

Wie die Mirage F1 CR 118-CV links, findet sich auch die 118-CY im Juli 2014 nach einem letzten Flug in Chateaudun ein. (Foto: Alexander Golz)

die Upgrade-Variante F1 CT und hatten ihre Heimatbasen in Cambrai, Colmar, Creil, Orange und Reims. Hinzu kamen permanent besetzte Außenposten wie etwa in Djibouti. Anderenorts verlegte die französische Luftwaffe ab 1983 mehrmals Mirage F1 C aus Gabun und der Zentralafrikanischen Republik in den Tschad. Dabei kamen auch Aufklärer Mirage F1 CR zum Einsatz, die normalerweise in drei Staffeln des Geschwaders ER 33 in Strasbourg stationiert waren. In Mont-de-Marsan trainierte EC 24/118, ab Oktober 1987 in EC 5/330 umbenannt, innerhalb des CEAM Besatzungen in verschiedenen Mirage F1-Versionen, bewertete die Flugzeuge, testete Equipment und mögliche Einsatzverfahren. Zum Avioniktraining von Mirage F1 CR-Crews stellte das Taktische Übungszentrum CITac 339 in Luxeuil eine Dassault Falcon 20 mit den passenden Einsatzgeräten zur Verfügung. Gesamt gesehen machten mit 70 % Luft-Luft-Einsätze die meisten Trainingseinheiten aller Mirage F1 C-Flüge aus, der Rest entfiel auf Luft-Boden-Angriffsverfahren und schloss das Nachtflugtraining mit ein. Häufig ging es für Schießübungen nach Solenzara, Korsika oder für gemeinsame Übungen mit alliierten Streitkräften auch in andere Länder bis in Übersee. Neben Mirage F1 C von EC 12 kamen Mirage F1 CR von ER 33 im Golfkrieg 1991 zum Einsatz, später übernahmen die Aufklärer ab 1994 Überwachungsflüge über dem Balkan und fünf Jahre später gleichartige Aufgaben während der Operation „Allied Force" über Serbien. Hier nutzte die französische Luftwaffe auch zehn

Eine großartigen Look erhielt 1991 diese Mirage F1 C von EC 1/12, der französischen Tiger-Staffel. (Foto: Eric Bannwarth)

Mirage F1 CT vom italienischen Istrana aus, die lasergelenkte Bomben wie GBU-12 auf serbische Ziele abwarfen. Ab 2001 folgten Missionen über Afghanistan, später auch über Mali oder Libyen und nicht zuletzt innerhalb des NATO Air Policing über dem Baltikum im Jahr 2013.

Reduzierungen innerhalb der Streitkräfte führten auch zu Umstrukturierungen und Standortschließungen wie Colmar in 2009 und Reims in 2012, drei Mirage F1 B, sieben F1 CR und vier F1 CT lagerte die Luftwaffe in Chateaudun ein. Die restliche Flotte bestand aus zwei Mirage F1 B, 17 F1 CR sowie vier F1 CT, die allesamt nach Mont-de-Marsan (BA 118) umzogen. In der französischen Luftwaffe endete der Dienst mit der Mirage F1 offiziell im Juni 2014, letzter Einsatzverband war die Aufklärungsstaffel ER 2/33.

Ecuador suchte Ende der 1970er Jahre ein passendes Muster zur Luftverteidigung und erwarb letztlich 16 einsitzige Mirage F1 JA für die Mehrzweckrolle sowie zwei doppelsitzige Trainer F1 JE. Die zuerst genannten trafen ab Mai 1979 ein, die Trainer folgten im Juni 1980. Sie gehörten zum Bestand einer Staffel in Taura, die im Laufe der Einsatzjahre und bei mehr als 33.000 Flugstunden mindestens vier Maschinen wegen Unfällen abschreiben musste. Im Alto-Canepa-Grenzkonflikt mit Peru 1995 sollen Mirage F1 zwei gegnerische Su-22-Jagdbomber mit R 550-Raketen abgeschossen haben. Die Außerdienststellung der verbliebenen Exemplare erfolgte 2011.

Gabun erhielt ab dem Jahr 2006 maximal acht Überschussmaschinen Mirage F1 AZ aus Südafrika. Sie operierten nachfolgend in einer Staffel von Franceville (BA 02) aus.

Griechenland kaufte insgesamt 40 einsitzige Mirage F1 CG, die zwischen August 1975 und April 1978 geliefert wurden. Zwei Staffeln des 114. Geschwaders in Tanagra wurden mit dem Kampfjet ausgerüstet, eine davon 1989 / 1990 nach Iraklion auf Kreta verlegt. Als zweite überführte die Luftwaffe die 342. Allwetterjagdstaffel temporär nach Agrinion. Nach beachtlichen 160.000 absolvierten Flugstunden endete der Dienst in Griechenland im Juni 2003. Während dieser Zeit wurden 15 Mirage F1 als Verlust gemeldet.

Irak führte schon frühzeitig Verhandlungen zum Kauf einer großen Menge von Mirage F1, schließlich begannen im August 1980 die Lieferungen von insgesamt 113 Exemplaren. Davon machten 98 einsitzige F1 EQ mit teils unterschiedlichem Equipment und der Rest Kampftrainer F1 BQ aus. Gerade zu Zeiten des langjährigen Kriegs mit Iran waren diese Flugzeuge auf verschiedenen Stützpunkten wie Abu Ubaida, Saddam, Wahda und Wallid stationiert und stark gefordert. Von Anfang bis zum Ende des Konflikts flogen sie neben Aufklärungsmissionen auch Begleitschutz-, Abfangjagd- sowie Jagdbombereinsätze auf Land- und Seeziele und nutzten je nach Version ihre gesamte Sensor- und Waffenpalette. Irakische Piloten beanspruchen rund 35 Luftsiege, während mindestens 15 Mirage F1-Verluste durch gegnerische Kampfflugzeuge sowie weitere durch die bodengestützte Luftabwehr zustande kamen. Mehr als 50 sollen nach diesem Konflikt noch verfügbar gewesen sein, die im Golfkrieg 1991 allerdings nur sporadisch Verwendung fanden. Durch die Kampfhandlungen und die Flucht von etwa 24 Maschinen in den Iran verringerte sich die Zahl der Maschinen nochmals und die Einsatzfähigkeit der letzten endete spätestens im Jahr 2003.

Iran Mit dem Golfkrieg 1991 flohen zahlreiche irakische Piloten mit ihren Flugzeugen in den benachbarten Iran. So konnten angeblich 17 Mirage F1 EQ sowie sieben F1 BQ der Zerstörung entgehen, Iran selbst deklarierte die Flugzeuge

Mit den Kennungen der iranischen Luftwaffe versehen, gehörte dieser BQ-Trainer 1991 zu den gut zwei Dutzend geflüchteten irakischen Mirage F1. (Foto: Sharam Sharifi)

als Reparationsleistungen und gliederte sie 1993 in die eigene Luftwaffe ein. Von Beginn an gab es Avionikprobleme, Handbücher und Ersatzteile fehlten, sodass nur eine begrenzte Einsatzbereitschaft erreicht werden konnte und die Mirage F1 hauptsächlich Trainingsaufgaben übernahmen.

Jordanien empfing im Frühjahr 1981 die ersten Mirage F1 und stationierte sie nahe Azraq auf der Muwaffaq as-Salti-Luftwaffenbasis. Zwei Einsatzstaffeln wurden mit insgesamt 17 Mirage F1 CJ, 17 F1 EJ sowie vier F1 BJ / DJ ausgerüstet. Der Dienst endete hier im Jahr 2007.

Katar bezog ab Sommer 1984 zwölf einsitzige Mirage F1 EDA sowie zwei doppelsitzige F1 DDA, ergänzt um einen weiteren Trainer im Jahr 1988. Sie rüsteten eine Staffel in Doha aus, inzwischen aber ausgemustert.

Kongo (Brazzaville) soll 2010 zwei Überschussmaschinen aus Südafrika erhalten haben, deren Einsatzstatus aber unklar ist.

Kuwait als einer der frühen Kunden bestellte zunächst 18 Mirage F1 CK sowie zwei Trainer F1 BK, die ab Juli 1976 zur Auslieferung gelangten und in Ali al Salem ihren Heimatstützpunkt fanden. Nachfolgebestellungen setzten sich aus neun F1 CK-2 sowie vier F1 BK-2 zusammen und folgten ab 1984 in den Bestand der Luftwaffe. Bei der Invasion durch irakische Truppen wurden einige Maschinen zerstört und der Großteil von 15 konnte nach Saudi-Arabien fliehen. Von dort aus unternahmen diese Flugzeuge 128 Kampfeinsätze gegen die Belagerer und konnten mindestens einen irakischen Hubschrauber in der Luft abschießen. Nach der Befreiung Kuwaits setzten die übrig gebliebenen Flugzeuge ihren Dienst bis 1993 fort.

Libyen kaufte insgesamt 16 Mirage F1 A, 16 F1 ED sowie sechs zweisitzige F1 BD, von denen die ersten ab Januar 1978 ankamen. Mehrmals verlegten einige dieser Flugzeuge von der Okba ibn Nafa-Luftwaffenbasis auf den südlich gelegenen Stützpunkt Maaten as-Serra oder den libysch besetzten Norden im Tschad. Mit dem Bürgerkrieg 2011 waren die meisten Mirage F1 nicht mehr einsatzfähig, einige wenige Exemplare wurden überholt, doch aktuell dürfte kaum noch eine davon im Dienst einer der Bürgerkriegsparteien stehen.

Zwei Mirage F1 in den früheren Farben der libyschen Luftwaffe. (Foto: Dassault Aviation)

Marokko bestimmte Sidi Slimane zur Heimatbasis ihrer Mirage F1, die zwischen Februar 1978 und Juli 1982 geliefert wurden. Dabei handelte es sich um 30 F1 CH, 14 F1 EH sowie sechs F1 EH-200. Verlegungen erfolgten hauptsächlich nach El Aioune, um gegen Rebellen in der Westsahara vorzugehen. Bei diesen Aktionen fielen mehrere der Flugzeuge tragbaren Luftabwehrraketen zum Opfer. Ein komplexes Modernisierungsprogramm für 27 Flugzeuge griff ab 2009, heute sind noch immer drei Staffeln mit der Mirage F1 aktiv. Seit Dienstbeginn verlor die marokkanische Luftwaffe neun Exemplare.

Spanien gehört zu den größten Betreibern der Mirage F1 und begann ab Juni 1975 die landeseigene Luftwaffe mit dem Flugzeugtyp auszurüsten. Total 45 einsitzige F1 CE und 22 F1 EE sowie sechs zweisitzige F1 BE erhielten die Dienstbezeichnungen C.14 und CE.14 (Trainer), Erstempfänger war seinerzeit das 14. Geschwader in Los Llanos. Später waren es zusammen vier Staffeln in drei Geschwadern und ab 1994 übernahm die spanische Luftwaffe weitere zwölf Exemplare aus Katar. Die wurden in der 111. Staffel in Manises-Valencia zusammengefasst, des Weiteren erreichten ab 1999 modernisierte Flugzeuge als Mirage F1 M und BM die spanische Luftwaffe. Hier hielt der Dienst, in dem annähernd 30 Maschinen verloren gingen, bis zum Februar 2013 an.

Südafrika konnte bereits im September 1974 und damit drei Jahre vor dem internationalen Waffenembargo die ersten Mirage F1 in Empfang nehmen, zum Schluss waren es

Landung einer Mirage F1 CE in Albacete. Sie gehörte zu dem vierten, 1980/81 gelieferten Los an die spanische Luftwaffe und trägt auf der linken Seite Störbehälter sowie eine AIM-9P-Lenkrakete. (Foto: Alexander Golz)

32 Maschinen der Baureihe AZ, ergänzt um 16 F1 CZ. Zuletzt genannte stationierte die südafrikanische Luftwaffe innerhalb der No 3 Sqn in Waterkloof, ergänzt um Mirage F1 AZ der No 1 Sqn. Diese Staffel zog 1981 nach Hoedspruit um, der Dienst, in dem die Flugzeuge stark gefordert waren, dauerte bis November 1997 an. Während dieser Zeit setzte Südafrika Mirage F1 im sogenannten Buschkrieg gegen Nachbarstaaten ein, wobei etliche angolanische Fahrzeuge, Radar- und Artilleriestellungen am Boden sowie mindestens je eine MiG-21 in den Jahren 1981 und 1982 in der Luft zerstört werden konnten. In den 1990er Jahren erhielt je eine Mirage F1 AZ und CZ ein russisches SMR-95-Triebwerk als Ableitung des Klimow RD-33 sowie russische Luftkampfraketen als durchaus leistungsstarkes, Super Mirage F1 genanntes Upgrade, das 2001 in Moskau öffentlich präsentiert, danach allerdings nicht serienmäßig umgesetzt wurde. Weitere Maschinen wurden an andere Länder sowie die einheimische Paramount Group für das Luftkampftraining abgegeben.

Einsatzverbände (Auswahl)
Frankreich
EC 5, 10, 12, 13, 30 / GC 30 / RC 30, EC 24/118 / 5/330, ER 33, CITac 339
Ecuador
Escuadron de Combate 2112
Gabun
EC 1/2
Griechenland
334, 342 Mira
Irak
No 79, 81, 89, 91 Sqn
Iran
102nd TFS
Jordanien
No 1, 25 Sqn
Katar
No 7 Sqn
Kuwait
No 18, 61 Sqn
Libyen
No 1011, 1012 Sqn
Marokko
5 Air Base Escadre Mirage F1
Spanien
Escuadron de Casa 111, 141, 142, 462
Südafrika
No 1, 3 Sqn

Als erstes ist ganz oben ein Trainer Mirage F1 B der in Orange stationierten Staffel EC 3/5 zu sehen. Er verfügt über den blau-grauen Anstrich, einen schwarzen Drachen als Staffelwappen am Leitwerk, einen schwarzen Rumpfbug sowie unter dem Rumpf über eine R 530 und an der Flügelspitze über eine Übungsrakete. Als zweites eine Mirage F1 CT von EC 24/118, später EC 5/330 im CEAM. Tests mit dem Equipment führten zur Mitnahme verschiedener Raketen, Bomben und Behälter, unter dem Rumpf ist eine Laserlenkbombe der GBU-Serie zu erkennen. Die Kennung 330-AP am Vorderrumpf, an der Seitenflosse ein Tiger-artwork. Ganz unten das Profilbild eines Aufklärers Mirage F1 CR-200 mit großem Unterrumpftank und speziellem Farbschema, mit dem 100 Jahre Aufklärungseinsatz von Escadrille Br 11 „Cocotte" der französischen Luftwaffe im Jahr 2013 zelebriert wurde. Das Flugzeug flog in dieser Form bei Br 11 der Staffel ER 2/33, die am Vorderrumpf abgebildete Kennung 118-CF deutet auf den Stützpunkt Mont-de-Marsan (BA 118) hin. Ein Origami-Vogel kommt am Seitenleitwerk zur Geltung, hier sind auch Hinweise auf das 100jährige Jubiläum zu finden. (Grafik: Stephane Lhernault)

Dassault Mirage 2000

Historie

In den 1970er Jahren forderte die französische Luftwaffe den Bau eines Flugzeugs unter dem Projektnamen „Avion de Combat Futur", kurz ACF, dass zukunftsorientiert eine neue Generation hochleistungsfähiger Kampfjets verkörpern sollte. Gewünscht waren eine gewisse Mehrzweckfähigkeit, zwei Triebwerke für Geschwindigkeiten von bis zu Mach 2,5, eine aus Kanonen und Lenkwaffen bestehende Bewaffnung sowie eine aus ein oder zwei Mitgliedern bestehende Crew. Außerdem zeichnete sich bis Mitte der 1970er Jahre ab, dass der Schwenkflügler Mirage G8 eine längere Zeit bis zur Serienreife benötigen oder wahrscheinlich gar nicht in Serie produziert werden würde. Aus den Erfahrungen, die man während der Erprobung gesammelt hatte, schlug Dassault eine auf der G8 basierende Ableitung mit feststehenden, um 55 Grad gepfeilten Tragflächen als Super Mirage vor. Obwohl man gerade eine Attrappe von diesem Entwurf baute, war man sich schnell darüber im Kla-

Der erste Prototyp der Mirage 2000 flog 27 Monate nach Programmstart am 10. März 1978 zum ersten Mal und erreichte auf Anhieb Überschallgeschwindigkeit. Spätere Modifikationen führten zu einer stärker gepfeilten, kürzeren Seitenflosse mit mehr Fläche sowie verlängerten Flügelhinterkanten bis fast zur Schubdüse. Zusammen mit den anderen Prototypen wurden in den nächsten fünf Jahren über 2000 Flüge absolviert. (Foto: Dassault Aviation)

ren, dass dieses Flugzeug wie auch sein Verwandter mit Schwenkflügeln zu teuer werden und mehr als das doppelte einer Mirage F1 kosten würde. Dassault bot daraufhin als Alternativvorschlag einen kleineren und diesmal einstrahligen Entwurf an, dem die französische Regierung im Dezember 1975 zustimmte. Der Hersteller konnte sich dabei auf 1972 begonnene Studien stützen, die unter dem Namen „Delta 1000" aufgenommen wurden und ein der Projektbezeichnung entsprechendes Tragwerk vorsahen. Aus Delta 1000 wurde Delta 2000 und schließlich Mirage 2000.

Das zu bauende Flugzeug sollte die Konkurrenz, insbesondere die unliebsame F-16, überflügeln und nicht nur im eigenen Land, auch international erfolgreich sein. Dabei stellte die Wahl eines Deltatragwerks keinesfalls einen Rückschritt oder die Akzeptanz der unvorteilhaften Eigenschaften eines solchen dar. Die Entwicklung war nicht nur in aerodynamischer Hinsicht fortgeschritten, sondern vor allem auch im Bereich der technologischen Möglichkeiten. Dem neuen Konzept stand mittlerweile die sogenannte Fly-By-Wire-Steuerung, bei denen die Steuerbefehle des Piloten elektrisch übertragen werden, zur Verfügung. Die als revolutionär angesehene Steuerung machte praktisch Unmögliches möglich und erlaubte von vornherein eine instabile Auslegung des Flugzeugs, glich hintere Schwerpunktlagen aus und übernahm die Trimmung bei hohen Anstellwinkeln. Die Nachteile eines Deltaflügels konnten somit stark reduziert und von anderen technischen Raffinessen unterstützt werden. Das betrifft die Verwendung von Vorflügeln an der gesamten Tragwerksvorderkante, von Elevons an der Hinterkante sowie von Strakes als kleine Steuerflächen an der Außenhaut der Lufteinlässe, die für ausgezeichnete Langsamflugeigenschaften oder bei großen Anstellwinkeln sowie während der Start- und Landephase für zusätzlichen Auftrieb sorgen. Der Deltaflügel selbst konnte gegenüber der Mirage III leichter gebaut werden und bot im Überschallregime weniger Luftwiderstand.

Laut Joseph Ritzenthaler, unter dessen Leitung seinerzeit erfolgreich die ersten französischen Servosteuerungen für Flugzeuge bei Dassault entwickelt wurden, begannen im Unternehmen bereits 1969 die Studien zu einer Fly-By-Wire-Steuerung, aus Budgetgründen wurde die Mirage F1 als Testträger vorerst abgelehnt. Später hatte das CEV eine Mirage III B ausgewählt, um ab Februar 1975 neue, für die Mirage 2000 vorgesehene Technologien inklusive der Verwendung von Verbundwerkstoffen zu erproben und auch Tests mit Fly-By-Wire-Systemen einbezog. Zum anderen profitierte man noch von den Erfahrungen mit Versuchen der elektrischen Flugsteuerung beim Senkrechtstarter Balzac. Letztlich gelangte ein vierfach redundantes System zum Einbau, das über einen Notstromkreis abgesichert wurde. Eine weitere Neuerung stellte das SNECMA-Triebwerk M 53 dar, ein Turbofan mit zweistufiger Axialturbine und verstellbarer Schubdüse. Es lief erstmals 1970 auf dem Prüfstand, wurde ab 1973 im Flug und später auch von der Mirage F1 erprobt. Außerdem sollte die Mirage 2000 weltweit als erste einen Hochdruckhydraulikkreislauf mit 280 bar verwenden, der zu Gewichtseinsparungen führte, da weniger Hydraulikflüssigkeit mitgeführt und die Hydraulikleitungen kleiner gebaut werden konnten. Nicht zuletzt führte die Verwendung

Testpilot Jean Coreau, hier mit dem Mirage III R-Prototyp, war an mehreren Kampfjet-Programmen Dassaults beteiligt und übernahm den Erstflug der Mirage 2000. (Foto: Dassault Aviation)

von Verbundwerkstoffen zu einer Reduzierung des Leergewichts um etwa 20 %. Navigations- sowie Waffeneinsatzsystem legte Dassault digital aus und es verfügte von Beginn an über eine offene Architektur, um spätere Upgrades und den Austausch von Baugruppen zu ermöglichen. Das System bezog Trägheitsanlage sowie ein Mehrzweckradar ein, wobei das vorgesehene RDM-Radar an Bord einer Vautour II N getestet wurde.

Der erste Prototyp war 1978 fertiggestellt und am 10. März begann Jean Coreau mit der Flugerprobung. Während des

65minütigen Erstflugs wurde ohne Einsatz des Nachbrenners die Schallgrenze überschritten und bei Zuschaltung Mach 1,3 in 12.000 m Höhe erreicht, bis Mai konnte auch die zweifache Schallgeschwindigkeit nachgewiesen werden. Das Flugzeug galt noch im September desselben Jahres als Star der Farnborough Air Show, beeindruckte dabei auch mit guten Langsamflugeigenschaften sowie Anstellwinkeln von 26 Grad. Beinah zur selben Zeit war am 18. September auch der zweite Prototyp erstmals in der Luft, gefolgt vom Erstflug des dritten am 12. Mai 1980. Die vierte und zugleich letzte der offiziell bestellten Versuchsmaschinen startete im Mai 1980 zum ersten Mal, im Oktober flog zudem die erste zweisitzige Mirage 2000 B.

Die Prototypen dienten bis 1981 dem Ausloten von Geschwindigkeiten und Rollraten, demonstrierten hohe Anstellwinkel sowie eine Steuerbarkeit des Flugzeugs noch bei Geschwindigkeiten von weniger als 100 km/h. Flüge wurden mit verschiedenen Außenlasten und Waffenkombinationen sowie unter der Verwendung des Autopiloten, ferner der Abwurf von Außenlasten mehrfach durchgeführt. Die dritte Versuchsmaschine flog als erste mit dem RDM-Radar, erprobte ab November 1980 Luftbetankungen sowie unterschiedliche Waffen. Der vierte Prototyp entsprach

Die Mirage 2000 erzielte eine beeindruckende Wendigkeit, eine Fly-By-Wire-Steuerung und raffinierte technische Lösungen machten es im Zusammenspiel mit einem leistungsstarken Strahltriebwerk möglich. (Foto: Antonio Beghello)

dem künftigen Produktionsstandard des Serienjägers Mirage 2000 C, erhielt allerdings eine vergrößerte Seitenflosse so wie auch alle nachfolgenden Exemplare. Dieses Flugzeug praktizierte ebenfalls Betankungen in der Luft und überprüfte die eigenen Fähigkeiten zur elektronischen Abwehr. Schließlich übernahm auch die in der Trainerkonfiguration fertiggestellte und voll ausgestattete Mirage 2000 B Erprobungen mit dem RDM-Radar sowie der ASMP-Lenkwaffe. Bereits ab 1980 erfolgten Tests und Bewertungen beim CEV, im Juli 1983 flog der erste Prototyp erstmals mit der verbesserten und schubstärkeren Triebwerksbaureihe M 53-P2. Während des umfangreichen Versuchsprogramms war der zweite Prototyp im Mai 1984 beim Landeanflug abgestürzt, in nur 76 m Flughöhe konnte sich der Testpilot Jean-Marie Saget sicher herauskatapultieren. Für die Mirage 2000 hatte Dassault den Martin-Baker-Schleudersitz Mk.10 mit Null-Null-Fähigkeit ausgewählt, den Frankreich bei SEMMB in Lizenz fertigen ließ. SEMMB – Société Exploitation des Matériels Martin Baker wurde 1959 als 50/50-Joint Venture von SNECMA und Martin-Baker ins Leben gerufen, um ab 1961 Schleudersitze für französische Flugzeuge zu produzieren. Bis heute sind dies annähernd 6000 Stück, die gemäß Herstellerangaben in über 700 Ausschüssen Leben retteten.

Im April 1984 fanden sich die ersten Piloten und Techniker in Mont-de-Marsan ein, um auf die Mirage 2000 umzuschulen. Sie gehörten zum Geschwader EC 2, das in Dijon beheimatet war und zum ersten operationellen Einsatzverband des Kampfjets bestimmt wurde. Die offizielle Inbetriebnahme mit acht Mirage 2000 C und vier Mirage 2000 B erfolgte im Juli 1984 mit der Staffel EC 1/2 am Heimatstandort. Finanzielle Einschnitte führten allerdings dazu, dass nachfolgend neue Flugzeuge später oder nicht in dem zuvor geplanten Umfang ausgeliefert wurden und damit die Umstellung auf die Mirage 2000 langsamer voranschritt. Das Geschwader EC 2 war letztlich erst 1986 vollständig mit dem Flugzeug ausgerüstet, ersetzte damit die Mirage III E und wurde Teil des Luftverteidigungskommando CAFDA. Bis 1998 diente EC 2/2 mit zwölf doppelsitzigen Mirage 2000 B, ergänzt um vier Einsitzer der Umschulung, danach übernahm EC 2/5 in Orange diese Aufgabe. Das Geschwader EC 5 stellte die Mirage 2000 C ab 1989 in Dienst, 1992 erhielt auch EC 12 in Cambrai den Jäger. Jedes Geschwader verfügte zugleich über einige Trainer Mirage 2000 B. Analog zum Einsitzer konnte die Besatzung des Schulflugzeugs auf ein RDM-Radar zurückgreifen und verschiedene Bewaffnungsvarianten einsetzen, auf die Bordkanonen wurde hingegen verzichtet. Der Rumpf war

Für präzise, mit konventionellen Kampfmitteln ausgeführte Luft-Boden-Attacken schuf Dassault die Baureihe Mirage 2000 D. (Foto. Scott Rathbone)

geringfügig länger, am Bug fand wiederum eine abnehmbare Nachtankvorrichtung Platz. Mit dem von Intertechnique stammenden Unterrumpfbehälter 231-300 konnten sich Mirage 2000 zudem untereinander betanken. Mit dem Ausscheiden von Mirage III und vermehrt auch den Mirage F1 etablierte sich die Mirage 2000 zu Beginn des 21. Jahrhunderts zum wichtigsten Kampfflugzeug der französischen Luftwaffe. Ein Großteil davon machten die Abfangjäger Mirage 2000 C aus, die schon bald nach der Einführung in den regulären Dienst den Unterschied zu ihren Vorgängern verdeutlichten. Ein erfahrener Pilot von EC 30 drückte es so aus (Zitat): „Mein Umstieg von der Mirage F1 C auf die Mirage 2000 erinnerte mich an das, was ich empfand, als ich von der Mystere IV A auf die F1 C wechselte". Das Anlassen der Triebwerke benötigte 20 bis 30 s, das Navigationssystem war in 90 s betriebsbereit und erlaubte unmittelbar danach den Start des Kampfjets. Tatsächlich bot die Mirage 2000 noch mehr Agilität und vor allem eine hervorragende Ausstattung bei weitgehender Digitalisierung der Bordsysteme. Die wurden ständig mit kleineren und größeren Modifikationen verbessert, die als Standards 1 bis 5 gelten. Ab 1986 gelangte das schubstärkere M 53-P2 zum Einbau und stattete zum Schluss mit über 500 die meisten Mirage 2000 aus. Schließlich erhielten C- und B-Maschinen ab September 1988 statt dem RDM- ein leistungsfähigeres RDI-Radar, das dem S 4-Standard entsprach und zuerst bei den Flugzeugen von EC 1/5 zum Tragen kam. Weitere Aufwertungen gemäß Standard S 5 wurden im Avionik- und Waffensektor vollzogen und ab Oktober 1992 als erstes EC 2/12 in Cambrai damit versehen. Schon 1990 verlegte die französische Luftwaffe zwölf bis 14 Mirage 2000 C nach Saudi-Arabien, um während der Operation „Desert Storm" im Januar 1991 Einsätze zur Luftraumüberwachung bei Tag und Nacht zu absolvieren. In den 1990er Jahren folgten wiederholt Engagements bei den Auseinandersetzungen im ehemaligen Jugoslawien, wobei die Mirage 2000 C meist von Italien aus operierten sowie nochmals von Saudi-Arabien aus zur Überwachung der Flugverbotszone im südlichen Irak zum Einsatz gelangten.

Inzwischen war noch eine weitere Variante in den Dienst der französischen Luftwaffe gestellt worden. Hierbei handelt es sich um die Mirage 2000 N, deren Zelle auf dem Trainer basierte und ebenfalls zweisitzig ausgelegt wurde. Tandemartig fanden hier Pilot und Waffensystemoffizier Platz, um die Rolle als Allwetterbomber für konventionelle und vorwiegend nukleare Eindringeinsätze auszufüllen. Zur modifizierten Avionik zählte deshalb auch ein Terrainfolgeradar Antilope V, das recht störsicher für extreme, transsonische Tiefflugeinsätze in nur 60 m Flughöhe geeignet ist. Im automatischen Flugmodus reagiert es auf Systemanomalien, Hindernisse, Starkregen oder zu hohe g-Belastung indem es den Rumpfbug anhebt und der Pilot schnellstmöglich die Kontrolle wiedererlangen sowie das Flugzeug in sicherer Höhe stabilisieren muss. Für Tiefflüge hatte die Zelle der Mirage 2000 N Verstärkungen erhalten, zum anderen verfügte sie wie die Trainingsflugzeuge nicht über die beiden DEFA-Bordkanonen. Zur Selbstverteidigung war die Mitnahme von gelenkten Luftkampfraketen möglich, die Hauptbewaffnung stellte der Mach 3 schnelle Marschflugkörper ASMP mit atomarem Sprengkopf dar. Im Einsatz war der Waffensystemoffizier / Navigator für die Scharfschaltung der Waffe verantwortlich. Vorhanden war wiederum ein Betankungsausleger vor dem Cockpit, zudem konnten zwei große, unter dem Tragwerk angebrachte Zusatztanks mit jeweils 2000 l Kraftstoff die Reichweite vergrößern. Eine Mirage 2000 N war erstmals im Februar 1983 geflogen, die Lieferungen begannen 1987. Die Flugzeuge wurden dem Strategischen Luftkommando CoFAS unterstellt, die erste von vier Einsatzstaffeln war EC 1/4 in Luxeuil und im März 1988 diensttauglich. Ab Juli befand sich das Geschwader in nuklearer Alarmbereitschaft und fortan dienten gut

In Istres parken mehrere Mirage 2000 N des Geschwaders EC 2. Die vordere Maschine trägt die Kennung 125-BS, im Hintergrund sind Tankflugzeuge C-135 FR zu erkennen. (Foto: Stéphane Andris via Eric Bannwarth)

70 % dem Training nuklearer Angriffsmissionen. Abgesehen vom Geschwader EC 4 erhielt die Staffel EC 2/3 in Nancy Mirage 2000 N und spezialisierte sich in den 1990er-Jahren auf Nachteinsätze ohne Atomwaffen. Innerhalb der 75 übernommenen Maschinen wurden verschiedene Standards verwendet. Die ersten, zum N-K1-Standard zählenden Maschinen konnten gegen Bodenziele ausschließlich die ASMP einsetzen, bei den Mirage 2000 N-K2 kamen verschiedene Arten konventioneller Munition einschließlich Raketenabschuss- und Kanonenbehälter, Spreng-, Startbahn- und Clusterbomben hinzu und bei der Ausführung N-K3 handelte es sich um 30 Exemplare, welche ab Oktober 2009 die modernisierte und nunmehr bis zu 500 km weit reichende Version des Marschflugkörpers als ASMP-A verwenden konnte.

Ausschließlich konventionelle Waffen stellten das Einsatzspektrum einer anderen, zweisitzigen Ableitung als Mirage 2000 D dar. Wiederum ohne Bordkanonen, liegt der Schwerpunkt auf Nachteinsätzen und Präzisionsangriffen mit lasergelenkten Waffen. Hierzu arrangierte Dassault die Kabinenausstattung des Flugzeugs völlig neu und installierte allein im hinteren Cockpit zwei weitere Bildschirme. Ein modifiziertes Terrainfolgeradar vom Typ Antilope 50 ist im Rumpfbug untergebracht, ergänzt um GPS, eine höhere Leistung des Bordrechners sowie extern mitzuführende Zielbehälter. Zudem sind die Halbkegel der Lufteinlässe für das Triebwerk nicht mehr verstellbar und limitieren damit die Höchstgeschwindigkeit auf Mach 1,4. Da Luft-Boden-Attacken selten im Überschalltempo absolviert werden, fixierte man nachfolgend auch die Lufteinlässe der Mirage 2000 N in dieser Form. Im Unterschied zur Baureihe D verfügte diese nicht über die Täuschkörperwerfer auf dem Rumpfrücken und hatte das Pitotrohr noch an der Bugspitze statt im Seitenleitwerk. Die Mirage 2000 D kann mit einer breit gefächerten Waffenpalette eine Vielzahl von Bodenzielen bekämpfen, Personal wurde dafür ab 1993 geschult. Im März 1994 waren 17 dieser Flugzeuge für die Staffel EC 1/3 in Nancy (BA 118) vorhanden und entsprachen dem sogenannten R 1-Standard. Die Schwestereinheit EC 2/3 erhielt schließlich im Dezember 2001 mit einer Mirage 2000 D die letzte, neu gebaute Maschine dieser Baureihe. Seit 1999 erfolgte außerdem eine schrittweise Anpassung der D-Flugzeuge auf den Standard R 2 und schloss nunmehr den Einsatz des Marschflugkörpers Apache, später auch von Präzisionsbomben der Baureihe AASM ein. Dabei handelt es sich um Sprengbomben bis zur 1000-kg-Klasse, die mit aus GPS und Laser bestehenden Rüstsätzen zu allwettertauglichen Lenkwaffen aufgewertet wurden. Zusätzlich konnten diese

Die atomare Bewaffnung der Mirage 2000 N bestand von Anfang an aus dem Marschflugkörper ASMP, der hier deutlich unter dem Rumpfpylon zu sehen ist. Zur Selbstverteidigung dienen am Tragwerk angehängte Magic-Luftkampfraketen. (Foto: Dassault Aviation / F. Robineau)

Flugzeuge mit dem entsprechenden Behälter PDL-CTS Ziele für andere Flugzeuge beleuchten und deren Trefferquote erhöhen.

Gemeinsam mit den Triebwerks- sowie Avionikherstellern SNECMA und Thomson-CSF arbeitete Dassault auch an einer Aufwertung des Jägers, um vor allem Exportkunden die bestmögliche Technologie und Kampfkraft zu bieten. Die Neuerungen betrafen insbesondere das Cockpit mit nunmehr fünf Bildschirmen sowie die Einführung des HOTAS-Prinzips mit allen wichtigen Bedienfunktionen an Steuerknüppel und Schubhebel und natürlich die Verwendung von RDY-Radar sowie MICA-Luftkampfraketen als Schlüsselkomponenten des Programms. Für Exportkunden sollte damit ein Mehrzweckcharakter bestens umsetzbar sein, während in Frankreich die Luft-Luft-Betriebsarten Priorität genossen. Mit dem neuen Radar konnten bis zu 24 Ziele gleichzeitig erfasst und die acht gefährlichsten davon bekämpft werden. Der damit verbundene Beschluss, insgesamt 37 eigene Mirage 2000 C und B entsprechend aufzuwerten, hatte politische Hintergründe und sollte das Geschäft mit Auslandskunden ankurbeln. Ein als Prototyp geltendes und als Mirage 2000-3 bezeichnetes Exemplar wurde 1988 gebaut und nahm im Oktober 1990 als Doppelsitzer die Flugerprobung auf, gefolgt von einer einsitzigen Maschine ab April 1991. Nach den in Bordeaux-Mérignac durchgeführten Umbauten, die je Flugzeug zwölf Monate beanspruchten, erhielt die französische Luftwaffe im Dezember 1997 die ersten, inzwischen Mirage 2000-5 genannten Maschinen. Bis zum Jahr 2000 folgten die restlichen und waren fortan Bestandteil der Staffeln EC 1/2 und EC 2/2 in Dijon, bis 2011 der Umzug nach Luxeuil erfolgte. Da durch die Einrüstung des besseren RDY-Radars die zuvor genutzten Geräte des Typs RDI frei wurden, konnte man diese nachfolgend in ältere Mirage 2000 C und B einbauen. Optional war inzwischen die Einrüstung des stärkeren Triebwerks M 53-P20 mit 98,1 kN Nachbrennerschub verfügbar, des Weiteren arbeitete SNECMA zu Anfang des 21. Jahrhunderts an der Upgrade-Variante M 53-P3. Dank digitaler Kontrollen sollten hier Leistung und Wirtschaftlichkeit optimiert werden und der Betrieb dadurch kostengünstiger ausfallen. Zum Schluss erfuhren beide Baureihen keine serienmäßige Anwendung. Eine weitere Modifikation hatte

Unter dem Namen „Coteau Delta" fungierten diese beiden Mirage 2000D von EC 1/3 ab 2017 als Botschafter der französischen Luftwaffe. Beide Flugzeuge tragen Sonderfolierungen zum jeweils 100-jährigen Jubiläum der Escadrille SPA 95 „Martinet", vorn, und SPA 153 „Gypaéte" dahinter. (Foto: Alexander Golz)

sich mit den Erfahrungen im Golfkrieg 1991 ergeben. Hier zeigte sich, dass die unter dem Rumpf der Mirage 2000 C mitgeführten 1300-l-Zusatztanks die Reichweite limitierten. Mit der Baureihe 2000-5 machte der Hersteller für die großen 2000-l-Behälter zwei Plätze unter dem Tragwerk frei und verlegte die zuvor an dieser Stelle mitgeführten Luftkampfraketen unter den Rumpf. Übrigens besaßen bereits die Jagdbomber Mirage 2000 N und D die Möglichkeiten, die großen Zusatztanks unter dem Tragwerk mitzuführen. Die Mirage 2000-5 fand noch in den 1990er Jahren mit Katar und Taiwan zwei Exportkunden, während die einst zum Export gedachte Mirage 2000 S keine Käufer generierte. Dafür interessierten sich mehrere Luftwaffen für Ableitungen der C- und B-Baureihen und kauften entsprechende Flugzeuge, die zum Schluss beinah die Hälfte aller hergestellten Maschinen ausmachte. Eine weitere Steigerung gab es zudem mit der Variante 2000-5 Mk.2. Hier verbesserte Dassault die Avionikausstattung nochmals und ließ Komponenten wie das Radar RDY 2, GPS oder neue Cockpitdisplays integrieren und verbesserte die Möglichkeiten zum Einsatz von präzisionsgelenkten Waffen bei Nachtflügen. Dabei halfen auch der Damocles-Zielbehälter oder neue Datenprozessoren im Bordrechner, dessen Leistung damit um das 600fache gesteigert werden konnte. Auch die Navigationsanlage sowie Warn- und Störsysteme erfuhren Upgrades, die Flugzeugführer konnten nun auf Nachtsichtgläser und Helmvisiere zurückgreifen. Griechenland entschied sich für die Mirage 2000-5 Mk.2, Abu Dhabi wählte die ähnlich konfigurierte Mirage 2000-9 aus.

Bis heute befindet sich noch eine beachtliche Anzahl von Mirage 2000 im Einsatz, bereits in den ersten 20 Dienstjahren waren mit dem Kampfjet mehr als eine Million Flugstunden sowie eine hohe Verfügbarkeitsrate erreicht. Viele der Flugzeuge werden auch noch weitere Jahre ihren Dienst verrichten und wahrscheinlich von kleineren Modifikationen profitieren, Frankreich selbst plant den Einsatz bis in die 2030er Jahre.

Als „Ramex Delta" zeigten sich diese beiden Mirage 2000 N von EC 2/4 als taktisches Vorführteam von 2012 bis 2017 und wurden dann durch die Mirage 2000 D als „Coteau Delta" ersetzt. (Foto: Alexander Golz)

Produktion und Versionen

Die effektive Aufteilung zur Produktion von Komponenten der Mirage 2000 wurde 1979 konkretisiert und bezog diesmal in größerem Umfang das Unternehmen Aérospatiale ein, wo Strukturelemente des mittleren und hinteren Rumpfes, Leitwerksbaugruppen, Lufteinlässe sowie Luftbremsen gefertigt wurden. Dassault übernahm in Argenteuil die Komplettierung des Rumpfes und in Biarritz die des Seitenleitwerks, während in Martignas die Herstellung des Tragwerks und in Merignac die Endmontage erfolgte. Die Serienproduktion lief 1982 an und endete 25 Jahre später nach einer Stückzahl von insgesamt 601 Flugzeugen.

Mirage 2000 B, zweisitzige Ausführung mit Tandemcockpit als Trainingsflugzeug, aber mit voller Tauglichkeit für Kampfeinsätze, verschiedene Standards mit M 53-5 und M 53-P2-Triebwerk, RDM- und RDI-Radar, aber alle ohne Bordkanonen, Erstflug Serienexemplar 7. Oktober 1983, Lieferung von 30 Maschinen an französische Luftwaffe plus 23 weitere für den Export als Mirage 2000 BG, BM, DAD, DP, TH

Mirage 2000 BOB, einzelner Trainer, der ab Juni 1989 verschiedene Avionikkomponenten wie HUD, Nachtsichtgläser, Infrarotsensor u.ä., auch in Verbindung mit dem Rafale-Programm, beim CEV testete

Mirage 2000 C, erste Serienausführung als Jagdflugzeug, sekundär als Jagdbomber mit ungelenkten Waffen verwendbar, mehrere Standards mit M 53-5 und M 53-P2-Triebwerk, RDM- und RDI-Radar sowie HOTAS-Steuerknüppel und Täuschkörperwerfer bei späteren S 4- und S 5-Standards, Erstflug Serienmaschine 20. November 1982, 124 Exemplare für französische Luftwaffe

Mirage 2000 D, Jagdbomber für Allwetterpräzisionsangriffe mit Tandemcockpit für Pilot und Navigator / Waffensystemoffizier, Antilope 50-Terainfolgeradar, keine Bordkanonen, konventionelle Kampfmittel, Standards R 1 und R 2 mit Unterschieden bei Avionik, elektronischen Abwehr- sowie Waffensystemen, Erstflug 1991, Lieferung von 86 Flugzeugen an französische Luftwaffe mit Dienstbeginn 1994

Mirage 2000 DA, zusammenfassende Bezeichnung für französische Mirage 2000 B und C

Mirage 2000 E, Exportausführung mit modifizierter Ausstattung und Mehrzweckcharakter, RDM-Radar, Lieferung von 126 Exemplaren als Mirage 2000 EAD, EDA, EG, EM, H und P

Mirage 2000 N, insgesamt 75 Flugzeuge als atomwaffenfähiger Jagdbomber für die französische Luftwaffe, Tan-

Diese zur Staffel EC 3/30 gehörende Mirage 2000 D ist mit einer AS 30L-Luftbodenlenkwaffe bestückt, weiter vorn erkennt man zudem einen Damocles-Zielbehälter. (Foto: EC 30 Ardennes)

demcockpit, Antilope 5-Tiefflugradar für automatischen Geländefolgeflug, zunächst Mirage 2000 P (P für Pénétration) genannt, Erstflug Serienmaschine 3. März 1986, Einführung bei französischer Luftwaffe ab 1987 in den Standards K 1 bis K 3 mit unterschiedlichen Bewaffnungsvarianten, Einsatz bis 2018

Mirage 2000 R, einsitzige Version als Aufklärungsflugzeug für Allwettereinsätze, Export als Mirage 2000 RAD an Abu Dhabi, acht Exemplare

Mirage 2000 S, Exportausführung auf Basis der Mirage 2000 D, keine Verkäufe

Mirage 2000-3 und **2000-4**, einzelne Testflugzeuge für Avionik und Bewaffnung in Eigenfinanzierung ab 1988

Mirage 2000-5, modernisierte Version als Jagd- und Mehrzweckkampfflugzeug, ein- und zweisitzig mit Erstflügen am 27. April 1991 bzw. 24. Oktober 1990, RDY-Radar, MICA-Luftkampfrakete, 37 Umrüstmaschinen für französische Luftwaffe sowie 72 für den Export mit Lieferungen ab Ende 1997

Mirage 2000-5 Mk.2, nochmals verbessertes Mehrzweckkampfflugzeug mit geänderter Avionik wie RDY 2-Radar, GPS, Missionsplaner, Glascockpit mit neuen Bildschirmen, erweiterte Bewaffnung, 15 Stück neu gebaut sowie weitere als Umrüstmaschinen

Mirage 2000-8, nachträgliche Bezeichnung für die nach Abu Dhabi gelieferten Mirage 2000 früherer Baureihen

Mirage 2000-9, ähnlich der Mirage 2000-5 ausgestattete Flugzeuge, wiederum ein- und zweisitzig mit erweiterter Sensorpalette, 32 neugebaute sowie 30 umgerüstete Exemplare für Abu Dhabi

Aufbau, Ausstattung und Bewaffnung

Üblicherweise aus einem großen Anteil von Metalllegierungen, hauptsächlich Aluminium, hergestellt, kamen bei der Mirage 2000 vermehrt Baugruppen aus Verbundwerkstoffen zum Einsatz. Dazu zählten große Segmente des Seitenleitwerks inklusive Ruder, die Luftbremsen, Elevons oder auch Teile des Fahrwerks. Das tief angesetzte Tragwerk der Mirage 2000 ist an den Vorderkanten um 58 Grad gepfeilt und verfügt dort über ausfahrbare Vorflügel. An der Hinterkante befinden sich geteilte Elevons, welche der Höhen- und Quersteuerung dienen, auf der Oberseite gibt es zudem aufstellbare Bremsklappen. Kleine Strakes als Luftleitbleche sind an den Lufteinlässen montiert, das Seitenleitwerk besitzt eine Vorderkantenpfeilung von 53 Grad und trägt im oberen Bereich in einer Verkleidung Radarwarnempfänger, Funkantenne und Störsender. Der Rumpf nimmt in seiner Spitze das Radargerät auf, gefolgt von weiteren Antennenanbauten sowie dem abnehmbaren Tankausleger auf der Oberseite. In der druckbelüfteten Kabine finden je nach Baureihe ein oder zwei Besatzungsmitglieder auf Martin-Baker-Schleudersitzen Mk.10 Platz, die in Frankreich bei SEMMB als F10Q in Lizenz gebaut werden und über Null-Null-Fähigkeit verfügen. Verschiedene Avionikbaugruppen, Integralrumpftank, Kraftstoffleitungen, Bordkanonen in den Einsitzern sowie eine Hilfsturbine von Microturbo folgen der Kabine, während der hintere Rumpfabschnitt für das Strahltriebwerk reserviert ist. Der Prototyp der Mirage 2000 flog mit einem SNECMA M 53-2 mit 73,5 kN Nachbrennerschub, danach erhielten die weiteren und frühen Serienmaschinen ein M 53-5 mit 54,3 ohne und 88,2 kN Schub mit Nachbrennereinsatz. Mit über 500 wurden die meisten Exemplare von einem M 53-P2 angetrieben, dass ohne Nachbrenner 64,3 kN und mit 95,16 kN Schub

Mirage 2000 D

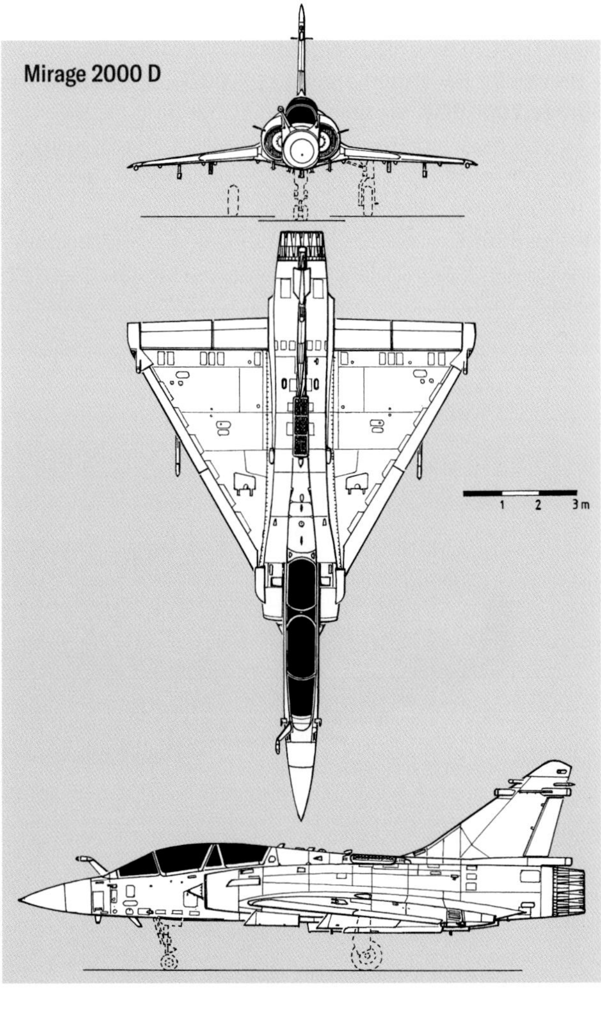

liefert. Dem Triebwerk standen seitliche Lufteinlässe zur Verfügung, die abgesehen von den Mirage 2000 N- und D-Baureihen über verstellbare Halbkegel die Luftzufuhr regeln.

Zusätzliche Einlaufhutzen auf der Rumpfoberseite dienen zur Kühlung der Avionik. Intern sind in Rumpf und Tragwerk 3980 l Kraftstoff bei den einsitzigen und 3910 l bei den zweisitzigen Flugzeugen untergebracht. Zur Verlängerung der Flugdauer können die Nachtankvorrichtung am Bug sowie extern mitzuführende Zusatztanks dienen. Hier werden häufig ein 1300-l-Behälter unter dem Rumpf sowie je nach Baureihe zwei 1700- oder zwei 2000-l-Zusatzbehälter unter dem Tragwerk angehängt. Das dreiteilige Fahrwerk trägt am Bug zwei und an den beiden Hauptbaugruppen je ein Rad, letztere werden anteilig in Rumpf und Tragwerk eingezogen. Bei Bedarf ist zur Verkürzung der Landestrecke ein Bremsschirm verfügbar, der unterhalb des Triebwerks im Rumpf untergebracht ist. Zur Avionik der Mirage 2000 zählen (auszugsweise):

- UHF/VHF-Funkausrüstung TRT ERA 7000, SATURN (**Mirage 2000 D R2**), Thomrad (**Mirage 2000-9**)
- Freund-Feind-Erkennung NRAI 7A, NRAI 11, SC 10 (**Mirage 2000-9**)

Mirage 2000-Triebwerk M 53-5. (Foto: Heiko Thiesler)

- TACAN Thomson-CSF NC 12 und NC 12B, LMT Deltac
- Navigations- und Feuerleitradar RDM (**Mirage 2000 B, C, E**), RDI (**Mirage 2000 B, C**), RDY (**Mirage 2000-5**), RDY 2 (**Mirage 2000-5 Mk.2, 2000-9**), Antilope V (**Mirage 2000 N**), Antilope 50 (**Mirage 2000 D**)
- Trägheitsnavigation SAGEM ULISS 52E (**Mirage 2000 B, C**), ULISS 52ES (**Mirage 2000-5**), ULISS 52D (**Mirage 2000 E**), ULISS 52P (**Mirage 2000 N, D**)
- Navigations-FLIR Nahar (**Mirage 2000-9**)

Typ	Mirage 2000 C	Mirage 2000 N	Mirage 2000-5
Verwendung	Jagd/Jagdbombenflugzeug	Bombenflugzeug	Mehrzweckkampfflugzeug
Besatzung	1	2	1-2
Triebwerk	ein SNECMA M 53-5 mit 88,2 kN mit Nachbrenner	ein SNECMA M 53-P2 mit 95,16 kN mit Nachbrenner	ein SNECMA M 53-P2 mit 95,16 kN mit Nachbrenner
Spannweite (m)	9,13	9,13	9,13
Länge (m)	14,36	14,55	14,65
Höhe (m)	5,20	5,20	5,20
Flügelfläche (m^2)	41,00	41,00	41,00
Tragflächenbelastung max. (kg/m^2)	414,6	414,6	427
Leermasse (kg)	7480	7900	7500
Startmasse max. (kg)	16.500	17.000	17.000
Höchstgeschwindigkeit (km/h)	2340	1550	2340
Steiggeschwindigkeit (m/s)	249	285	285
Landegeschwindigkeit (km/h)	230-260	250	250
Dienstgipfelhöhe (m)	16.460	15.240	18.000
Reichweite (km)	1480	3500 mit Zusatztanks	1850
Aktionsradius (km)	700	1600 mit Zusatztanks	925
Startstrecke (m)	450	350	350
Landestrecke (m)	700	700	700
Bewaffnung	zwei 30-mm-MK sowie bis 5000 kg Bomben, gelenkte und ungelenkte Raketen, Raketenbehälter an neun Aufhängepunkten	bis 6300 kg Bomben, gelenkte Raketen, Marschflugkörper an fünf Aufhängepunkten	zwei 30-mm-MK sowie bis 6000 kg Bomben, gelenkte und ungelenkte Raketen, Kanonen- und Waffenbehälter an neun Aufhängepunkten

Zur Erhöhung der Flugdauer werden zwei Mirage 2000 C von der 2e EC von einer C-135F der französischen Luftwaffe betankt. (Foto: Thierry Ducros)

- Laserkreisel Thales Totem 3000 (**Mirage 2000-5 Mk.2, 2000-9**)
- Funkhöhenmesser AHV-6 (**Mirage 2000 B, C**), AHV-9 (**Mirage 2000 E, 2000-9**), AHV-12 (**Mirage 2000 N**), AHV-17 (**Mirage 2000-5**)
- Autopilot SFENA 605 (**Mirage 2000 B, C**), 606 (**Mirage 2000 N**), 607 (**Mirage 2000 D**), 608 (**Mirage 2000-5**)
- HUD Thomson-CSF VE 130, VEH 3120
- Radarwarnempfänger Serval, Elettronica ELT/158
- Zielbehälter ATLIS, CLDP, PDL-CT, PDL-CTS, Thales Damocles (**Mirage 2000-5**) / Shehab (**Mirage 2000-9**), Litening II (**Mirage 2000 H, TH**)
- Störsensoren / -behälter Remora, Sabre, Caiman, Caméléon, Elettronica ELT/558
- Zum Selbstschutz dienen zudem Täuschkörperwerfer wie Eclair M und Spirale. Für Aufklärungsflüge konnten verschiedene Behälter wie ASTAC, Reco NG, COR 2, HAROLD sowie Raphael 2000 SLAR verwendet werden.
- Die Bordbewaffnung besteht bei Mirage 2000 B, C, -5 sowie sämtlichen Exportmodellen aus zwei von GIAT Industries hergestellten DEFA 554, Kaliber 30 mm mit je 125 Granaten Munitionsvorrat. Mirage 2000 N und D besaßen keine Bordkanonen. Die Waffenauswahl insgesamt ist breit gefächert und kann bis zu einem Maximalgewicht von 6300 kg an bis zu neun externen Aufhängepunkten mitgeführt werden. Zur Waffenauswahl zählen:
- Kanonenbehälter CC 630 mit zwei 30-mm-Kanonen DEFA 554 mit insgesamt 600 Granaten
- Sprengbomben Mk.82, SAMP 250, 400
- Lasergelenkte Bomben BGL-1000, GBU-10, -12, -16, -22, -24, -49, AASM, PGM 500, PGM 2000 Al Hakim (**Mirage 2000 DAD / EAD**)
- GPS-unterstützte Lenkbomben Spice (**Mirage 2000 H, TH**), Al Tarik (**Mirage 2000-9**)
- Startbahnbomben BAP 100, BLU 107 Durandal
- Panzerbrechende Splitterbomben BAT 120
- Streubomben BLG 66 Belouga
- Behälter Matra 155 (F4) mit 18 ungelenkten 68-mm-Raketen SNEB
- Behälter Thomson-Brandt TB 100-6 mit sechs ungelenkten 100-mm-Raketen
- Gelenkte Luft-Luft-Raketen Matra Super R 530D und F, Matra Magic / Magic 2, Matra MICA EM / IR, AIM-9 Sidewinder (nur **Mirage 2000 EAD, DAD, RAD**)
- Gelenkte Luft-Boden-Raketen Matra AS 30L
- Anti-Radar-Lenkwaffe Matra Armat
- Anti-Schiffs-Lenkwaffe AM 39 Exocet (**Mirage 2000 EG / DG**)
- Marschflugkörper Apache (**Mirage 2000 D R2**), Scalp EG (**Mirage 2000 D, N, 2000-5 Mk.2**), Black Shaheen (**Mirage 2000-9**)
- Atomare Marschflugkörper ASMP, ASMP-A (nur **Mirage 2000 N**)

Nutzer der Mirage 2000

Frankreich nahm den Dienst mit der Mirage 2000 offiziell im Juli 1984 auf, Erstempfänger war die Staffel EC 1/2 in Dijon. Für die Luftwaffe des Landes wurden insgesamt 30 Mirage 2000 B, 124 C, 75 N sowie 86 D gekauft. Die Version als Jagdflugzeug wurde Bestandteil dreier Geschwader und außer in Dijon noch in Orange (EC 5) und Cambrai (EC 12) stationiert. Die Flugzeuge in Dijon wertete man in der zweiten Hälfte der 1990er Jahre zu Mirage 2000-5F auf und verlegte diese 2011 / 2012 nach Luxeuil. Sie sind gegenwärtig die letzten verbliebenen Jagdstaffeln mit dem Flugzeug, da man im Zuge von Umstrukturierungen und Modernisierungen EC 1/5 im Jahr 2007 auflöste, gefolgt von EC 2/12 in 2009 und EC 1/12 in 2012. In Orange flog EC 2/5 bis 2021 die letzten Mirage 2000 C und B mit RDI-Radar, danach bereitete die Luftwaffe an diesem Standort den Einsatz mit der Rafale vor. In einem weiteren, dem in Djibouti stationierten Einsatzverband EC 4/33, lösten ab 2001 Mirage 2000 C und D die Mirage F1 ab, ersetzt im September 2011 durch die Staffel EC 3/11 mit Mirage 2000-5F. Die letzten Mirage 2000 mit RDI-Radar beendeten ihren Dienst im Juni 2022. Bereits 2018 schieden die Atombomber Mirage 2000 N aus dem regulären Dienst. Ihr Einsatzbeginn ist auf den März 1988 datiert, zwei Staffeln von EC 4 setzten den Typ von Luxeuil, eine weitere von Istres aus ein. Nicht zuletzt bedienten sie die semistrategische Einsatzrolle innerhalb des CoFAS und ersetzten Anfang des 21. Jahrhunderts die Mirage IV als nukleare Abschreckung. Die auf Luft-Boden-Einsätze mit konventionellen Mitteln ausgerichtete Mirage 2000 D begann ihren Dienst im März 1994, zuerst bei EC 1/3 in Nancy, danach erhielten auch die beiden anderen Staffeln am gleichen Standort den Kampfjet und setzen ihn bis heute ein. Weitere Mirage 2000 befinden sich zu Umschulungs- und Erprobungszwecken in Mont-de-Marsan. Maschinen des Typs sind in kleiner Anzahl auch in Djibouti anzutreffen und ergänzen die Jagdflugzeuge. Überhaupt gab es neben Djibouti weitere temporäre Engagements französischer Mirage 2000 in Afrika wie bspw. im Niger, Tschad oder Mali, anderenorts spielten sie eine wichtige Rolle in mehreren Konflikten. Genannt seien hier der Golfkrieg 1991, wo Mirage 2000 C die Luftraumüberwachung übernahmen oder die vielfachen Einsätze über dem Balkan der 1990er Jahre. Bei Angriffsflügen gegen bosnische Serben fiel dabei im August 1995 eine Mirage 2000 N-K2 einer Luftabwehrrakete zum Opfer. Für die Operation „Allied Force“ entsandte Frankreich 23 Mirage 2000 C und D nach Italien, um von Istrana aus insgesamt 865 Einsätze über dem Konfliktherd zu absolvieren. Bei Luftraumsicherungsaufgaben dehnten sich manche davon auf bis zu sieben Stunden Dauer aus, Nachtankmanöver inbegriffen. Von Februar bis Oktober 2002 operierten Mirage 2000 D von Kirgisien aus über Afghanistan, die sich dabei bis 1500 km von der Basis entfernten und nicht selten fünf Stunden am Stück in der Luft verbrachten. Weitere Kampfeinsätze folgten über Irak, Libyen, Mali und Syrien, auch beim NATO Air Policing über dem Baltikum erfolgten mehrere Engagements zwischen 2007 und 2017. Innerhalb der Raketen- und Drohnenangriffe jemenitischer Rebellen auf Ziele im Roten Meer gelang es zwei in Djibouti stationierten Mirage 2000-5F-Piloten von EC 3/11 am 9. März 2024 zwei Drohnen im Flug zu zerstören und somit die ersten Abschüsse von Fluggeräten durch Kampfflugzeuge der französischen Luftwaffe seit dem Zweiten Weltkrieg darstellen. Die Mirage 2000 gilt als zuverlässig und erreich-

Mit der Mirage 2000-9 erhielt Abu Dhabi ab 2003 die neueste Serienversion des Kampfjets. (Foto: Dassault Aviation / F. Robineau)

te oft eine beachtliche Verfügbarkeitsrate von mehr als 90 %. Immerhin verlor die französische Luftwaffe im Laufe der Einsatzjahre durch Havarien, Abstürze oder auch Unfälle am Boden auch annähernd 50 Exemplare. Der Einsatz mit dem Flugzeug soll bis mindestens 2031 fortgeführt werden.

Abu Dhabi, Teil der Vereinigten Arabischen Emirate, orderte im Mai 1983 den Kampfjet und erhielt in den nächsten Jahren 22 Mirage 2000 EAD, sechs Trainer DAD sowie acht Aufklärer RAD. Zuletzt genannte flogen mit Aufklärungsbehältern, die verschiedene OMERA-Kameras sowie Infrarotsensor aufnehmen konnten. Zwei Staffeln wurden in Al Dhafra gebildet und übernahmen die Flugzeuge. Ab 2003 erfolgte die Lieferung von Mirage 2000-9, ausgestattet mit modernster Avionik und Bewaffnung inklusive Black Shaheen-Marschflugkörpern. Von den insgesamt 62 ein- und zweisitzigen Mirage 2000-9 waren 32 neu gebaute Exemplare, die 30 anderen entstanden durch Umrüstung älterer Baureihen. Maschinen des Typs waren bei den Kampfhandlungen über Jemen beteiligt, operierten dabei häufig von Eritrea aus und setzten vornehmlich lasergelenkte Waffen gegen Huthi-Gruppierungen ein.

Brasilien übernahm französische Überschussexemplare und verlieh ihnen die Dienstbezeichnung F-2000. (Foto: Guilherme F. Bystronski)

Interessanter Blickwinkel auf eine Mirage 2000, unter dem Lufteinlass ist die DEFA-Bordkanone zu erkennen. (Foto: Alexander Golz)

Ägypten etablierte sich mit einer Bestellung von 16 einsitzigen Mirage 2000 EM sowie vier doppelsitzigen BM im Januar 1982 zum ersten Exportkunden. Die Flugzeuge lieferte Dassault zwischen Juni 1986 und Dezember 1988, sie wurden in die No 82 Sqn in Bir Ket integriert und meistens zum Aggressortraining verwendet.

Brasilien wurde ein später Abnehmer und schloss 2005 den Kauf über neun Mirage 2000 C sowie zwei Trainern Mirage 2000 B ab, die aus französischen Überschussbeständen stammten. Die Lieferung begann im September 2006. Die Flugzeuge erhielten die Dienstbezeichnung F-2000C und B, verursachten aber hohe Kosten und wurden deshalb bis Ende 2013 wieder bei der 1. Luftverteidigungsgruppe in Annapolis ausgemustert.

Griechenland wählte 1984 zwischen mehreren Kandidaten die Mirage 2000 aus und bestellte 36 einsitzige Maschinen der Baureihe EG, ergänzt um vier Trainer BG. Zwei Staffeln in Tanagra setzten ab der zweiten Hälfte der 1980er Jahre diese Flugzeuge ein, mit denen das Personal sehr zufrieden war. Es folgten mehrere Upgrades bei Bewaffnung, Warn- und Störsystemen sowie eine Order über 15 Exemplare der noch leistungsfähigeren Mirage 2000-5 Mk.2. Zusätzlich vereinbarte man die Aufwertung von zehn älteren Maschinen auf diesen Standard ab 2003 / 2004. Mindestens ein Dutzend musste wegen Abstürzen und anderen Unfällen abgeschrieben werden.

Indien zählt zu den größten Abnehmern des Deltaflüglers und bestellte in den 1980er Jahren in mehreren Losen 42 Einsitzer Mirage 2000 H sowie sieben Doppelsitzer TH, die ab 1985 geliefert und zwei Einsatzstaffeln in Gwalior unterstellt wurden. Da die ersten 30 Maschinen noch das M 53-5 zum Antrieb hatten, werden diese auch mit Mirage 2000 H5 und TH5 bezeichnet, später erfolgte aber die Umrüstung auf das M 53-P2. Bis zu zehn weitere Exemplare wurden ab 2003 mit modernisierter Ausstattung einschließlich RDM 7-Radar geliefert und für andere realisierte man seit 2015 ein Upgrade gemäß dem Standard 2000-5 Mk.2. Die im Land Vajra genannten Flugzeuge führten im Kargil-Konflikt 1999 annä-

Die griechische Luftwaffe schätzt die Mirage 2000 und stationierte sie auf der Basis Tanagra. Diese Maschinen tragen ein modernes low visibility-Farbschema. (Foto: Alexander Golz)

Griechenland beschaffte die neue Mirage 2000-5 und ließ zehn ältere Exemplare auf diesen Standard modernisieren. (Foto: Alexander Golz)

hernd 500 Einsätze gegen pakistanische Positionen oder von Pakistan unterstützte Rebellen, hauptsächlich mit Sprengbomben und auch schweren lasergelenkten Waffen durch. Zu jener Zeit galt die Mirage 2000 innerhalb der indischen Luftwaffe als das potenteste Kampfflugzeug, weitere Attacken gegen pakistanische Einrichtungen flogen diese Flugzeuge in den Jahren 2001, 2002 und 2019. Im Dienst gingen bislang über zehn Mirage 2000 durch Unfälle verloren, im Mai 1989 waren durch den Einsturz eines Hangardaches in Gwalior gleich acht Flugzeuge beschädigt, nach offiziellen Berichten aber wieder repariert worden. Gegenwärtig stehen noch 45 Maschinen in drei Staffeln des 40. Luftwaffengeschwaders im Dienst, die modernisierten Exemplare tragen inzwischen die Typenbezeichnung Mirage 2000 I und TI.

Katar bestellte 1994 neun Ein- sowie drei Doppelsitzer der Mirage 2000-5, die drei Jahre später zur Auslieferung gelangten und in einer Staffel auf der Al Udeid-Luftwaffenbasis stationiert wurden. In jüngerer Vergangenheit flogen Maschinen dieser Einheit Kampfeinsätze über Libyen und Jemen.

Eine indische Mirage 2000 im Steigflug, die Vorflügel sind ausgefahren. (Foto: Dassault Aviation / V. Almansa)

Peru kaufte zehn einsitzige Mirage 2000 P sowie zwei Trainer DP und halbierte damit seinen ursprünglich anvisierten Bestellumfang aus Budgetgründen. Auf der La Joya-Luftwaffenbasis fanden die Flugzeuge ihre neue Heimat und

Peru stellte 1986 die Mirage 2000 in Dienst, die letzten, noch verbliebenen Maschinen tragen inzwischen einen low visibility-Anstrich. (Foto: Chris Lofting)

wurden von einem Kampfgeschwader eingesetzt. 2009 handelte das peruanische Verteidigungsministerium mit Dassault ein Modernisierungspaket aus.

Taiwan beschaffte im Zuge von Modernisierungen die stattliche Menge von 60 Mirage 2000-5, von denen 48 ein- und zwölf zweisitzige Flugzeuge waren. Sie wurden zwischen Mai 1997 und November 1998 übergeben und zur weiträumigen Luftverteidigung beim 2nd Tactical Fighter Wing auf dem Stützpunkt Hsinchu stationiert. Der Verband ist auch als 499th TFW bekannt und besteht aus zwei operationellen Einsatzstaffeln sowie einer Staffel zur Umschulung. Die Flugzeuge werden vor allem wegen ihrer Agilität von den Piloten hochgeschätzt und das RDY-Radar als exzellent beurteilt. Trotz dessen gab es auch hier Unfälle, die zum Verlust von mindestens sechs Exemplaren führten.

Mit dem Kauf von 60 Mirage 2000-5 erhöhte die Luftwaffe Taiwans ab Ende der 1990er Jahre ihre Schlagkraft. (Foto: Jhang Yao Yun)

Eine Mirage 2000 B in der ersten Ansicht ist mit dem typischen Tarnschema aus blau-grau-weißen Farbtönen versehen. Die taktische Kennung 12-YB gehört zur Staffel EC 1/12, das Wappen am Seitenleitwerk zur Escadrille SPA 162. Befestigt sind große 1700-l-Tanks sowie Magic 2-Lenkraketen. Darunter eine Mirage 2000 D von EC 3/3 aus Nancy, Kennung 3-XO am Vorderrumpf, am Seitenleitwerk ein Keilerkopf als Staffelwappen. Die Jagdbomber / Bomber trugen den mehrfarbigen Tarnanstrich aus dunklen Farbkombinationen. Zum Schluss eine Mirage 2000-5 F der in Dijon beheimateten Staffel EC 1/2 „Cigognes“. Passend dazu ein Storch als Staffelwappen auf blauem Untergrund am Leitwerk, am Vorderrumpf die taktische Kennung und an den externen Stationen Luftkampfraketen vom Typ MICA. (Grafik: Stephane Lhrenault)

Einsatzverbände (Auswahl)
Frankreich
EC 2, 3, 4, 5, 11, 12, 33, 24/118, 5/330
Abu Dhabi
No 1, 2 Sqn
Ägypten
No 82 Sqn
Brasilien
1er Grupo de Defesa Aerea
Griechenland
331, 332 Mira
Indien
No 1, 7, 9 Sqn
Katar
No 7 Sqn
Peru
Escuadron de Casa 412
Taiwan
41st, 42nd, 48th Sqn

Dassault Rafale

Während der Erprobung ist hier der Prototyp Rafale A in seinem auffälligen Farbkleid zu sehen. Für einen Großteil der insgesamt 867 durchgeführten Testflüge gelangten amerikanische F404-Triebwerke von General Electric zur Anwendung, die mit Nachbrenner jeweils 78 kN leisteten. Mit dem Flugzeug konnten das Leistungsvermögen ausgelotet und mögliche Defizite erkannt werden, des Weiteren wurden Trägerlandungen simuliert. Die Erkenntnisse mündeten in einigen Änderungen, die künftige Serienversion fiel geringfügig kleiner aus. (Foto: Dassault Aviation / F. Robineau)

Historie

Dassault Aviation schuf mit der Rafale ein weiteres Spitzenerzeugnis, das im internationalen Maßstab derzeit zu den überhaupt besten Kampfflugzeugen zählt. Sie besticht durch eine konsequent entwickelte Multirole-Fähigkeit, durch hervorragende Flugeigenschaften mit einer beeindruckenden Wendigkeit und nicht zuletzt mit einer enormen Schlagkraft durch eine breit gefächerte Sensor- und Waffenpalette. Tatsächlich hatte es Frankreich und seine

In gewisser Weise leistete die zweistrahlige Mirage 4000 einige Vorarbeiten mit einem aus zwei Triebwerken bestehenden Antrieb, mit der Canard-Bauweise, der Fly-By-Wire-Steuerung oder auch bei der Verwendung von Verbundwerkstoffen. Das in Eigeninitiative von Dassault gebaute Flugzeug flog im März 1979 erstmalig, war aber um einiges größer und gelangte nicht wie ursprünglich von Dassault angedacht als Luftüberlegenheitsjäger in den Serienbau. (Foto: Dassault Aviation)

Luftfahrtindustrie mal wieder geschafft, ein ambitioniertes Projekt im Alleingang zu stemmen, obwohl man ursprünglich am multinationalen europäischen Jagdflugzeug, dem späteren Eurofighter, mitgewirkt hatte.

Schon mit der Vollentwicklung der Mirage 2000 untersuchten französische Luftfahrtingenieure Eigenschaften eines Kampfflugzeugs, das zum Ende des 20. Jahrhunderts als zeitgemäßes Muster den Dienst antreten sollte. Zur selben Zeit gab es auch in Großbritannien und der Bundesrepublik Deutschland vergleichbare Studien, sodass die Verteidigungsminister der drei Länder bereits 1977 forderten, die Parameter für einen künftigen Kampfjet gemeinsam zu definieren. Unterschiedliche Vorstellungen bereiteten dabei zunächst die größten Schwierigkeiten, mehrmals befeuert durch erneute Änderungswünsche. Frankreich selbst fasste 1978 die Vorstellungen der landeseigenen Luftwaffe und Marine sowie der Industrie für ein komplettes Waffensystem samt Flugzeug, Triebwerk, Bewaffnung und weiterer Komponenten zusammen, dass viele Einsatzbereiche abdecken, nahezu sämtliche, seinerzeit im Dienst befindliche Kampfflugzeuge ab 1992 ersetzen und zudem Exporterfolge erzielen sollte. Im Folgejahr begann das Forschungsunternehmen ONERA aerodynamische Untersuchungen zu einem fortschrittlichen Konzept, dass von der inzwischen zur Verfügung stehenden Fly-By-Wire-Steuerung profitieren konnte. Anderenorts loteten Vertreter der französischen, britischen und deutschen Luftfahrtindustrie Möglichkeiten für eine gemeinsame Entwicklung und Produktion eines modernen Kampfjets aus, konnte man doch auf diese Weise langfristig Geld einsparen. Zugleich wollte man mit einem gemeinsamen Programm eine hohe Wettbewerbsfähigkeit auf dem internationalen Markt erzielen. Eine Studiengruppe mit Dassault-Breguet, British Aerospace und MBB wurde gegründet, um nationale Interessen zum gemeinsamen European Combat Aircraft zusammenzuführen. Das wurde bis April 1980 näher definiert, offenbarte aber ebenso die unterschiedlichen Vorstellungen zu Größe, Antrieb, Einsatzzweck und dergleichen. In den Jahren 1980 und 1981 folgten Machbarkeitsstudien, die vor allem bei der Einigung zu gemeinsamen Avionik- und Antriebskomponenten sprich dem Triebwerkstyp Probleme aufzeigten. Frankreich, das in diesem Bereich das in der Entwicklung befindliche M 88 bevorzugte, wollte seine Errungenschaften und Fähigkeiten zum Bau moderner Kampfjets keinesfalls verlieren (was gleichermaßen auf die europäischen Nationen zutraf, die zusammen den Schwenkflügler Tornado konzipiert und in den Serienbau überführt hatten) und zielte auf den Bau eines Versuchsflugzeugs zum Testen künftiger Technologien. Obwohl die für Luft- und Raumfahrtindustrie zuständige EU-Kommission im April 1981 nochmals zur Zusammenarbeit bei der Schaffung eines europäischen Kampfflugzeugs auffordert, scheinen sich die Fronten zu verhärten. Im September 1982 präsentieren die Briten schließlich ein 1:1-mock up des Agile Combat Aircraft (ACA), das auch von deutschen und italienischen Herstellern mitfinanziert wird und dazu führte, dass Frankreich ein eigenes Konzept als Avion de Combat Tactique (ACT) vorzieht sowie einen eigenen Demonstrator als ACX in Auftrag gibt. Natürlich hofften die jeweiligen Hersteller, dass genau *ihr* Konzept zum Schluss das Rennen macht. Oben genannte Unstimmigkeiten aber auch Rangeleien um Zuständigkeiten und Kontrollfunktionen erschwerten einen gemeinsamen Konsens der mitwirkenden Staaten. Auch wenn im Februar 1985 noch eine weitere Machbarkeitsstudie durch die Beteiligten vorgestellt wurde, kam es im August desselben Jahres endgültig zum Bruch. Nach eigener Auffassung konnte Frankreich nicht auf den Bau des M 88-Triebwerks oder auch des geplanten Radars verzichten, während insbesondere die Briten eine andere Meinung dazu hatten. So sollte man die Entwicklung des M 88 einstellen und am besten mit einem Neuentwurf als Partner bei Rolls-Royce beginnen. Hinzu kam die Kostenfrage.

Auf französischer Seite war man sich sicher, dass die Entwicklungs- und Herstellungskosten für die künftige Rafale geringer ausfielen als eine Beteiligung am europäischen Flugzeugprogramm. Hierzu André Gintrand von Dassault (Zitat): „Wir haben eingeschätzt, dass der Bau der Rafale in Frankreich weniger kosten würde als die Teilnahme am europäischen Flugzeugprojekt, das außerdem zu schwer gewesen wäre, um auf unserem künftigen Flugzeugträger zu landen. Dann wäre es notwendig gewesen, zusätzlich amerikanische F/A-18 anzuschaffen." Das war ein wichtiger Aspekt, denn die technische Auslegung des ACA oder künftigen Eurofighters berücksichtigte nicht die Anforderungen der französischen Marine nach einem bordgestützten Kampfflugzeug. Die Marine hatte sich bereits Ende der 1970er Jahre mit neuen Trägerschiffen und den darauf zu stationierenden Flugzeugen beschäftigt, welche vor allem Luftverteidigungs- und Angriffsaufgaben übernehmen sollten. Hier gab es zu Trägerschiff und den Flugzeugen verschiedene Konzeptideen einschließlich Typen mit Kurzstart- und Senkrechtlandeeigenschaften. Schlussendlich entschied man sich für ein ähnlich geartetes Trägerschiff wie die im Dienst befindlichen *Clemenceau* und *Foch*, diesmal aber mit Atomantrieb und katapultstartfähigen Flugzeugen wahrscheinlich US-amerikanischen Ursprungs. Frankreichs Regierung sah das anders und untermauerte diese Meinung endgültig mit einem Beschluss von 1987, der die Indienststellung einer Marineversion der Rafale vorsah.

In der Zwischenzeit war eine offizielle Auftragserteilung zum Bau des ACX-Demonstrators im Juli 1983 erfolgt, dessen Kosten allerdings zu 50 % von den beteiligten Industrieunternehmen getragen werden mussten. Der Bau des Flugzeugs begann im März 1984 in Saint Cloud, das Programm wurde zum Jahresende vom Verteidigungsministerium abgesichert.

Diesmal brach Dassault mit seiner Methode der kleinen Schritte und versuchte von Beginn an möglichst viele der künftigen Komponenten zu integrieren. Dazu zählten eine Deltaflügel-Canard-Konfiguration, die Verwendung von gut 30 % Verbundwerkstoffen an der Zelle, eine Fly-By-Wire-Steuerung oder auch eine erweiterte Mensch-Maschine-Interaktion. Ferner standen mittlerweile geeignete Computer und dazugehörige Programme für verschiedene Simulationen zur Verfügung und halfen dabei, Erprobungszeit und

Zur ersten in Dienst gestellte Variante etablierte sich die Rafale M, hier beim Start von einem Flugzeugträger. (Foto: US DoD / Mark Logico)

Fahrwerk und Fanghaken dieser beiden Rafale M sind ausgefahren und deuten eine Landung an. Die gelungene Spezialdekoration an den Seitenflossen verweist auf das 65-jährige Bestehen der Marinestaffel 17F. (Foto: Sven Dobers)

aufwendige Versuchsabläufe zu verkürzen. Aus ACX wurde der Demonstrator Rafale A. Das Flugzeug wurde schließlich am 14. Dezember 1985 präsentiert, es war zugleich der letzte öffentliche Auftritt von Marcel Dassault. Am nächsten Tag ging es auf dem Landweg von Saint Cloud nach Istres, um dort die Flugerprobung aufzunehmen. Die begann mit Guy Mitaux-Maurouard an den Kontrollen am 4. Juli 1986, wobei er beim 60mintütigen Erstflug Mach 1,3 erreichte. Während des sechsten Fluges kam die Maschine in 12.800 m Höhe auf Mach 1,8, im März 1987 auf zweifache Schallgeschwindigkeit. Ende April unternahm Testpilot Yves Kerhervé die ersten Anflüge auf den Flugzeugträger *Clemenceau*, ohne darauf zu landen. Ebenfalls im April erfolgte die Vertragsunterzeichnung zur Gründung der Interessengruppe ACE International, um für die Arbeiten an der Rafale einen Zusammenschluss wichtiger Hersteller wie Dassault-Breguet mit 60 % Anteil, SNECMA mit 20, Thomson-CSF mit zehn sowie Electronique Serge Dassault (ESD) mit nochmals zehn Prozent Anteil zu ermöglichen und nachfolgend Entwicklungs- und Finanzierungspläne, Programmabläufe und -fortschritte sowie eine mögliche Kooperation mit internationalen Partnern abzuwägen und zu überwachen.

Die Rafale ist ein hochagiles Flugzeug, die ausgefeilte Aerodynamik lässt sich auch in der Frontalansicht nicht abstreiten. (Foto: Dassault Aviation / F. Robineau)

Auf der Luftfahrtschau in Le Bourget im Juni 1987, wo auch der britische Technologieträger EAP als Vorläufer des Eurofighters geflogen wurde, hinterließ die Rafale A einen guten Eindruck. Sie zeigte sich sehr beweglich und flog bei einem Anstellwinkel von bis zu 30 Grad mit nur 150 km/h völlig stabil. Auf derselben Veranstaltung gab es die offizielle Bestätigung zur Vollentwicklung eines Serienmusters für Luftwaffe und Marineflieger und für den Bau weiterer Versuchsflugzeuge in der jeweiligen Konfiguration. Bis März 1988 waren hierzu die technischen Eckdaten festgelegt worden, dann hatte die französische Luftwaffe, einige Monate später auch die Marine ihre Prototypen C 01 und M 01 bestellt. Dabei konzentrierte man sich am überarbeiteten, etwas kleineren Konzept Rafale D, denn auch Marcel Dassault höchstpersönlich hatte die Rafale A als zu groß und zu schwer empfunden.

Bis Juli 1989 hatte der Prototyp Rafale A insgesamt 460 Testflüge absolviert, wobei als Antrieb zwei amerikanische General Electric F404 dienten. Dann folgte eine Unterbrechung, um zumindest eines der Triebwerke gegen das neue M 88 von SNECMA zu tauschen. So wurden mit dem Flugzeug mindestens 400 weitere Testflüge durchgeführt, bei denen sich die meisten Anwendungen als richtig erwiesen und nur kleinere Modifikationen erforderlich machten. Mit der Vollentwicklung zum Serientyp startete auch ein neues Management unter Führung der DGA sowie eine Vereinigung der wichtigsten Kooperationspartner bei der Herstellung wie bspw. Thomson-CSF und Electronique Serge Dassault für das Radar.

Am 19. Mai 1991 flog die Rafale C 01 erstmalig, während der Marineprototyp M 01 am 12. Dezember desselben Jahres die Flugerprobung aufnahm. Für den marinetypischen Einsatz unterschied sich die Ausstattung von der landgestützten Variante C hauptsächlich durch eine robustere Zelle und ein verstärktes Fahrwerk, dass für den Start analog zu den US-Trägerflugzeugen mit der Bugradstrebe in den Katapultschlitten eingehängt wird. Zudem wird die Bugfahrwerksbaugruppe beim Start komprimiert, dehnt sich dann schlagartig aus und verhilft damit zu einem größeren Anstellwinkel. Selbstverständlich gibt es auch einen für Trägerlandungen geeigneten Fanghaken unter dem Heck und außerdem einen besseren Korrosionsschutz. Die konstruk-

tiven Änderungen testete man in simulierten Trägerstarts und -landungen zunächst in den Vereinigten Staaten, auf den Navy-Stützpunkten Lakehurst, New Jersey sowie Patuxent River, Maryland im Juli / August 1992 und nochmal im Januar / Februar 1993. Während dieser Kampagnen führte die Rafale M 01 insgesamt 81 Katapultstarts, 84 Landungen, die teils auf einer gewöhnlichen Landebahn, meistens jedoch einem Trägerdeck entsprechend mit Fangseilen stattfanden sowie nochmals 93 Fangseiltests durch. Der seinerzeit dafür zuständige technische Direktor von Dassault, Jaques Desmazures meinte dazu (Zitat): „Die Amerikaner waren sehr von der kompakten Seite unseres Flugzeugs überrascht. Sie sagten uns, dass sie zur Integration derselben Systeme ein größeres Flugzeug gebaut hätten. Die Tests liefen perfekt und mit viel Professionalität auf beiden Seiten ab." Das zog schließlich die erste Landung der Rafale M 01 auf dem Flugzeugträger *Foch* am 19. April 1993 und den ersten Start von diesem Schiff am folgenden Tag nach sich. Bis dahin kamen 10.000 Flugstunden sowie jeweils 3000 Katapultstarts und Deckslandungen hinzu, die in Toulouse mit einer Rafale M-Bruchzelle simuliert wurden. Weitere 30 Starts und Landungen auf der *Foch* folgten bis Mai sowie zum Jahresende nochmals Testreihen in den USA, diesmal mit extern mitgeführten Lasten in fünf unterschiedlichen Varianten. Ebenfalls zum Ende des Jahres flog am 8. Dezember mit der M 02 ein weiteres Entwicklungsflugzeug in der Marinekonfiguration zum ersten Mal. Etliche Monate früher, startete am 30. April zudem der erste Zweisitzer als B 01 mit Jean Frémond im Cockpit zu seinem Erstflug. Die Rafale B verfügt über die gleiche Zelle wie der Einsitzer, aber über eine Tandemkabine. Hier lässt sich das Flugzeug sowohl vom vorderen, als auch vom hinteren Cockpit aus steuern und bei komplexen Missionen sitzt auf der zweiten Position ein Navigator / Waffensystemoffizier. Trainingseinsätze mit den Zweisitzern erscheinen inzwischen beinah nebensächlich, wogegen Erfahrungen mit einer zweiköpfigen Crew eine höhere Effizienz und zugleich Arbeitserleichterung versprechen. Im November 1995 demonstrierte B 01 erstmals Langstrecke und flog mit Luftbetankungen in 6,5 h gut 5600 km von Istres nach Dubai.

Anfang 2024 bestellte Frankreich 42 Rafale im F4-Standard, hier mit Lenkraketen vom Typ MICA und Meteor sowie einem Scalp-Marschflugkörper unter dem Rumpf. (Foto: Dassault Aviation / A. Pecchi)

Alle vier, nach dem Demonstrator Rafale A geflogenen Entwicklungsflugzeuge absolvierten bis Ende 1995 über 2000 Erprobungsflüge und lieferten zusammen gute Ergebnisse ab. Die Testpiloten empfanden die Rafale von Anfang an als großartiges Flugzeug. Sie verfügt über eine ausgezeichnete Wendigkeit, eine hohe Steigleistung, gute

Über dem Flugzeugträger *Charles de Gaulle* sind eine Rafale und eine Drohne vom Typ Neuron zu sehen. Möglicherweise fungieren Rafale in Zukunft als Führungsmaschinen von UCAV, zumindest ist es ein Ausblick auf künftige Einsatzszenarien mit bemannten Flugzeug und Loyal Wingmen. (Foto: Dassault Aviation / A. Pecchi)

Langsamflugeigenschaften, beachtliche Rollraten auch bei niedrigen Geschwindigkeiten sowie die Fähigkeit zum Supercruise, also das Fliegen im Überschallbereich ohne Zuschaltung der Nachbrenner. Das M 88 selbst wies als Zweiwellen-Mantelstromtriebwerk wichtige Innovationen auf. So konnten mit der internen Kühlung der Schaufeln die bislang größten Temperaturen von bis zu 1557 Grad Celsius verkraftet werden, es wiegt gut 600 kg weniger als das ähnlich schubstarke Atar 9K-50, ist sehr wartungsfreundlich und seine Baugruppen leicht austauschbar. Noch 1993 konnte das erste Exemplar des vorgesehenen RBE 2-Radars ausgeliefert werden und im gleichen Jahr begann die Rafale Waffentests mit der MICA-Luftkampfrakete sowie mit der in den 1980er Jahren entwickelten und als Ersatz für die DEFA gedachten Bordkanone von GIAT (seit 2024 KNDS). Die Testreihen mit den Flugzeugen und den dazu gehörigen Komponenten führten im März 1993 zur ersten Serienbestellung. Derzeit sind für die französischen Streitkräfte insgesamt bis zu 286 Rafale vorgesehen, wovon der größte Teil der Luftwaffe zugeführt werden soll. Anfang 2024 waren insgesamt 165 Maschinen ausgeliefert. Die erste Serienmaschine war im Dezember 1998 zum ersten Mal geflogen, wobei es sich um eine zweisitzige Rafale B handelte. Natürlich dienten die frühen Serienexemplare weiteren Versuchsreihen etwa beim Centre d'Expérimentation Pratique de l'Aviation Navale (CEPA), die Einführung bei der Marine begann offiziell im Mai 2001 mit der Staffel 12F auf dem Heimatstandort Landivisiau. Der Einsatz des neuen Kampfjets genoss höchste Priorität, um endlich Ersatz für die bereits ausgemusterte F-8 Crusader und die noch im Einsatz befindliche, nicht mehr ganz zeitgemäße Super Etendard zu finden. Zur selben Zeit erfolgte die Indienststellung des neuen Flugzeugträgers *Charles de Gaulle*. Das bis zu 42.500 t verdrängende Schiff kann nominal 24 Rafale als Trägergeschwader aufnehmen. Die zuerst an die Marine gelieferten zehn Flugzeuge entsprachen dem F1-Standard und waren damit in ihren Fähigkeiten noch limitiert. Konkret konnten sie nur die Luftkampfrolle ausfüllen, erhielten allerdings später durch Umrüstung den F3-Standard mit Mehrzweckcharakter. Nach 12F, wo die volle Einsatzbereitschaft mit dem Flugzeug im Juni 2004 vermeldet wurde, hat die französische Marine bis heute zwei weitere Staffeln mit der Rafale M ausgerüstet, alle mit Heimatstandort Landivisiau. Aus Kostengründen wurde auf eine zweisitzige Ausführung verzichtet, während die Einsitzer inzwischen vielfältige Einsätze absolviert haben. Dazu zählen mehrere Übungen mit befreundeten Nationen, bei denen auch von US-amerikanischen Trägerschiffen aus operiert wurde, aber auch verschiedene Missionen über Krisen- und Kriegsgebieten etwa Afghanistan oder Libyen.

Die französische Luftwaffe übergab die ersten Rafale B und C im Dezember 2004 der Erprobungsstaffel EC 5/330, die dem CEAM angegliedert ist. Die Jagdstaffel EC 1/7 in Saint-Dizier wurde im Juni 2006 erster Einsatzverband und gelangte schon im nächsten Jahr zum Einsatz über Afghanistan. Hierzu stationierte man drei Rafale B in Tadschikistan, für den Einsatz von Lenkbomben übernahmen noch Mirage 2000 die Zielbeleuchtung. Gegenwärtig sind Rafale B und C Bestandteil von vier weiteren Einsatzstaffeln in zwei Geschwadern, die in Saint-Dizier und Mont-de-Marsan beheimatet sind. Hinzu kommen längerfristige Engagements von Luftwaffen-Maschinen in Abu Dhabi und im Tschad. Außerdem wurde im Oktober 2010 eine gemeinsame Ausbildungsstaffel für Luftwaffe und Marine als ETR 3/4 in Saint-Dizier aufgestellt. Hier durchlaufen jährlich etwa 20 Piloten die Aus- oder Weiterbildung an Simulatoren sowie Rafale-Flugzeugen, die von der Marine oder den beiden anderen ortsansässigen Geschwadern zur Verfügung gestellt werden. Sämtliche Rafale bei Luftwaffe und Marine erfuhren bis heute mehrmals Kampfwertsteigerungen. Dem F1-

Standard folgte F2, womit eine Mehrzweckrolle mit dem Einsatz von Lenkbomben gegen Bodenziele möglich war. Passend dazu erweiterte Dassault die Kapazitäten verschiedener Sensoren samt Link 16-Datenvernetzung und verbesserte damit die Koordination von Einsätzen mit den eigenen und verbündeten Streitkräften. Schon ab Mitte 2008 begann die Einführung von Standard F3 mit erweiterten Radarfunktionen und der optionalen Nutzung eines Helmvisiers, der Verwendung von Aufklärungs- und Zielbehältern sowie einer vergrößerten Waffenpalette inklusive der nuklearen Abstandswaffe ASMP. Bei den jeweiligen Standards gab es nochmals Unterteilungen, F3-04T etwa kennzeichnet ab 2012 die Verwendung des RBE 2-Radars mit AESA-Eigenschaften. Dabei können Hunderte von Modulen einzeln auf ein oder mehrere Ziele ausgerichtet werden, es ist zudem leistungsfähiger, resistenter gegen Störmaßnahmen und wartungsfreundlicher. Offenbar können aus Kostengründen nicht alle Flugzeuge mit diesem Radartyp ausgerüstet werden. Weitere Standards schließen bis heute eine verbesserte Software, ein erweitertes Waffenarsenal oder die Nutzung moderner Aufklärungs- und Zielbehälter ein. Die im Januar 2024 bestellten Rafale werden ab 2027 im Standard F4.2 übergeben, in der Mitte der nächsten Dekade könnten dann F5-Maschinen zur Auslieferung gelangen.

Die Rafale besticht mit ihrer modernen Ausstattung, die stets den zeitgemäßen Anforderungen angepasst wurde und wird. Neben dem Radar verfügt das Flugzeug vor dem Cockpit über ein mit Laser gekoppeltes Infrarot- und TV-System zur Zielsuche und -erkennung in der Nähe befindlicher Flugzeuge. Die im Leitwerk untergebrachte Spectra-Abwehranlage kann vor Radar- und Lasererfassung sowie anfliegenden Raketen warnen, zum anderen gegnerisches Radar stören und den Ausstoß von Täuschkörpern aktivieren. Geflogen wird die Rafale mit einer Fly-By-Wire-Steuerung, die über drei digitale sowie einen analogen Kanal verfügt und beachtliche Flugmanöver ermöglicht. Der Pilot benutzt zur Steuerung einen Sidestick auf der rechten sowie einen Schubhebel auf der linken Seite, die gemäß dem HOTAS-Prinzip mit allen wichtigen Bedienfunktionen versehen sind. Im Cockpit gibt es außerdem ein Weitwinkel-Head-Up-Display und drei Farbbildschirme, der Schleudersitz ist für eine komfortable Position und eine optimale Sichtachse bei den Serienmaschinen um 29 Grad geneigt. Die Gestaltung bestimmter Segmente und radarabsorbierende Materialien tragen zur Verminderung der Radarsignatur bei.

Mit der Rafale schafften Dassault und die anderen beteiligten Unternehmen den Technologiesprung ins 21. Jahrhundert, die französischen Streitkräfte erhielten ein leistungsfähiges Kampfflugzeug mit beachtlichen Eigenschaften. Das hat natürlich seinen Preis. Schon zu Anfang hatte man ein zweites Entwicklungsflugzeug in der Rafale C-Ausführung, später zudem die zweisitzige Marineversion BM gestrichen. Aus Budgetgründen gab es Verzögerungen beim Bau und der Auslieferung neuer Flugzeuge, parallel dazu bemüht man sich ständig um einen effizienten Einsatz, verbunden mit dem Absenken von Kosten per Flugstunde, dem Ausdehnen von Wartungsintervallen oder auch einer weiteren Standardisierung bei verschiedenen Abläufen. Um die gewaltigen Entwicklungs- und Produktionskosten zu kompensieren, besitzt die Vermarktung des Kampfjets einen hohen Stellenwert. Die kam nur zögerlich in Gang, bis die erste Auslandsorder im Februar 2015 mit Ägypten unterzeichnet werden konnte. Inzwischen liegt die Bestellmenge an Exportmaschinen in etwa auf dem gleichen Niveau wie für die französischen Streitkräfte und sichert die Produktion bis in die 2030er Jahre ab. Nicht zuletzt verstärken weitere Interessenten die Hoffnungen auf die Fortführung des Rafale-Programms unter Einbeziehung weiterentwickelter Komponenten, die aufgrund der modu-

Die französischen Streitkräfte streben eine hohe Einsatzbereitschaft mit der Rafale an, hier eine Aufnahme aus Mont-de-Marsan (BA 118). Von hier aus gestalteten 2006 erstmals Rafale den Quick Reaction Alert für den südwestlichen Teil Frankreichs. (Foto: Dassault Aviation / C. Cosmao)

laren Bauweise ohne größeren Aufwand integriert werden können und damit eine zeitgemäße Anpassung an sich verändernde Gefechtsbedingungen erlauben. Erst im Mai 2024 verschoss eine Rafale erstmals die weiterentwickelte Abstandswaffe ASMPA-R, die zum künftigen Arsenal des Kampfjets gehören könnte.

Produktion und Versionen

Die Serienherstellung der Rafale wurde noch 1992 autorisiert und mit der Teilefertigung begonnen, zeitweilig 1996 unterbrochen und nach einer Verständigung zwischen dem französischen Verteidigungsministerium und Dassault um eine zehnprozentige Kostenreduzierung 1997 fortgeführt. Nach dem Demonstrator Rafale A sowie den vier Entwicklungsflugzeugen konnten die ersten Serienmaschinen 1998/1999 komplettiert und nachfolgend ausgeliefert werden. Der gesamte Bestellumfang beziffert sich derzeit auf etwa 500. Für die Endmontage in Mérignac liefern andere Dassault-Werke die entsprechenden Baugruppen. So werden in Argenteuil verschiedene Unterbaugruppen der Zelle, in Biarritz die passenden Verbundteile dazu, in Martignas das Tragwerk, in Poitiers Canards, Flügellamellen und die Cockpithaube, in Seclin mechanische Komponenten sowie in Vélizy verschiedene Geräte und spezifische Materialien hergestellt.

Rafale A, Technologiedemonstrator, Länge und Spannweite mit 15,80 und 11,18 m etwas größer, General Electric F404-Triebwerke, später M 88-1, Erstflug 4. Juli 1986, insgesamt 867 Flüge bis Januar 1994

Rafale B, zweisitzige, landgestützte Ausführung mit Tandemkabine und zwei identischen Cockpits für Übungsflüge und effektivere Einsätze durch Navigator / Waffensystemoffizier als zweites Besatzungsmitglied, Übereinstimmung bei Ausrüstung und Waffenkombinationen mit dem Einsitzer, interne Kraftstoffkapazität etwas geringer, insgesamt aber etwa 350 kg schwerer als Einsitzer, M 88-2-Triebwerke, ab 2012 gleich starke M 88-2-4E, Erstflug Serienexemplar 4. Dezember 1998, bis zu 139 Exemplare für französische Luftwaffe geplant plus darauf basierende Exportvarianten DH, DM, DQ, ED

Rafale C, einsitzige, landgestützte Version als Mehrzweckkampfflugzeug, M 88-2-Triebwerke, ab 2012 M 88-2-4E, Auslieferung ab F2-Standard ab Juni 2006 an die französische Luftwaffe mit Anschaffung von bis zu 95 Exemplaren sowie weiteren, darauf basierenden Exportmaschinen als Rafale EG, EH, EM, EQ

Rafale D, mitunter gebräuchliche Bezeichnung der B- und C-Modelle der französischen Luftwaffe, ursprünglich von Dassault als Hinweis – *Discret* – für verringerte Radarsignatur

Rafale M, einsitzige, bordgestützte Marineversion mit rund 80 % Übereinstimmung an der Zelle und etwa 95 % bei Ausrüstung, verstärkte Strukturbaugruppen, verstärktes Fahrwerk, Fanghaken, insgesamt etwas schwerer und teurer, Erstflug Serienmaschine 7. Juli 1999, zehn Exemplare im F1-Standard ab 2001, danach stete Aufwertung analog den Luftwaffe-Maschinen in weiteren Standards, derzeit 58 Exemplare für französische Marine geplant

Das Triebwerk der Rafale gilt als wartungsfreundlich und ein Wechsel kann innerhalb einer Stunde erfolgen. Mit der Version M 88-2-4E konnten eine höhere Lebensdauer und ein verringerter Kraftstoffverbrauch erreicht werden. (Foto: SirpaAir / T. Labataille)

Aufbau, Ausstattung und Bewaffnung

Die Rafale nutzt als Tragwerk voll bewegliche Vorflügel (Canards) sowie Deltaflügel in Mitteldeckanordnung, deren Pfeilung an der verlängerten Wurzel bis zu 72 Grad beträgt und sich dann zu den Enden hin auf 48 Grad verringert. An den Vorderkanten sorgen Vorflügel für einen erhöhten Auftrieb, hinten befinden sich insgesamt vier Elevons für die Höhen- und Quersteuerung. Das gepfeilte Seitenleitwerk trägt in einer kantigen Verkleidung Sensoren des Spectra-Warn- und Störsystems. Der spitz zulaufende Rumpfbug beherbergt das Mehrzweckradar, das zunächst nach dem PESA-, später auch nach dem AESA-Prinzip mit aktiver statt passiver Strahlschwenkung arbeitet, über verschiedene Luft-Luft- und Luft-Boden-Betriebsarten inklusive Geländefolgeflugmodus verfügt. Zur Zielerfassung in der näheren Umgebung können zudem die OSF-Sensoren dienen, die vor dem Cockpit installiert sind. Steuerbord befindet sich eine starre Nachtankvorrichtung, dann folgt das druckbelüftete Cockpit mit ein oder zwei Schleudersitzen je nach Version. Dabei werden bei SEMMB in Lizenz produzierte Martin-Baker Mk16F mit Null-Null-Fähigkeit verwendet. Unterhalb der Kabine, seitlich am Rumpf befinden sich die nicht verstellbaren Lufteinlässe. Hier gibt es Antennenanbauten für Warnempfänger des Spectra-Systems und auf der rechten Seite in der Tragwerkswurzel die Bordkanone, die abgedeckt ist und erst mit einem Feuerstoß sichtbar wird. Im Rumpfrücken schließen sich weitere Avionikbaugruppen an, die Lufteinlässe führen zu den beiden Triebwerken. Die mit digitaler Steuerung ausgestatteten Triebwerke gelangten serienmäßig als M 88-2, ab 2012 als M 88-2-4E zum Einbau und leisten ohne Nachbrenner jeweils 48,7 und mit jeweils 73,9 kN. Intern stehen rund 4700 l Kraftstoff zur Verfügung, die in Rumpf und Flügeltanks untergebracht sind. Sie können bei Druckbetankung innerhalb von vier Minuten befüllt werden. Zusätzlich werden vor allem 1250- und 2000-l-Zusatztanks an bis zu fünf externen Stationen mitgeführt, möglich ist zudem das Anbringen von zwei sogenannten Conformal Fuel Tanks mit je 1150 l Kraftstoffvolumen am Rumpf. Die Rafale kann über den Ausleger am Bug auch in der Luft betankt werden, mit einem Betankungsbehälter unter dem Rumpf ist die Abgabe an andere Flugzeuge möglich. Das Dreipunktfahrwerk des Flugzeugs besitzt Bugradanordnung, ist am Bugrad doppelt und an den beiden Hauptbaugruppen jeweils einfach bereift. Das verstärkte Fahrwerk der Marineversion M hält Katapultkräften von knapp 90 t stand, es verkraftet Sinkraten von 6,5 m/s und damit gut doppelt so viel wie die Rafale B/C.

Beim Bau der Rafale finden gut 30 % Verbundwerkstoffe eine Verwendung, wobei damit mehr als 70 % der Oberflächenstruktur abgedeckt werden. Weitere Strukturen an der Zelle bestehen aus Stahl, Titan und Aluminiumlegierungen. Die Avionik des Flugzeugs ist sehr fortschrittlich und noch nicht in allen Details bekannt. Hier können (auszugsweise) genannt werden:

- UHF/VHF-Funkausrüstung TRA 2020, TRA 6032, TRT Saturn
- Freund-Feind-Erkennung SB 25A
- TACAN Thomson-CSF NC 12E
- Navigations- und Feuerleitradar RBE 2, RBE 2AA
- Trägheitsnavigation ULISS 52X
- Laserkreisel SAGEM RL 90
- Funkhöhenmesser AHV-17
- GPS NSS-100
- HUD CTH 3022

Mit den HOTAS-Steuerkonsolen, HUD und weiteren Displays ist das Cockpit der Rafale zeitgemäß ausgestattet. (Foto: Dassault Aviation / Alexandre Paringaux)

Zur Bekämpfung von Schiffen kann die Exocet verwendet werden, darüber ein Radarwarnreceiver des Spectra-Warn- und Störsystems. (Foto: David Monniaux)

Der von Thales stammende Zielbehälter Damocles an einer Rafale. (Foto: Heiko Thiesler)

An den Flügelspitzen kann die Rafale Luftkampfraketen wie diese Mach 4 schnelle und bis zu 80 km weit reichende MICA IR aufnehmen. (Foto: Heiko Thiesler)

- Infrarot- und Lasersensorsystem OSF
- Helmvisier SAGEM Gerfaut, Thales Scorpion
- Warn- und Störsystem Spectra mit Täuschkörperwerfern
- Zielbehälter PDL-NG, Damocles, TALIOS
- Aufklärungsbehälter RECO NG / AREOS
- Die Rafale verfügt über eine von KNDS (vormals Nexter, davor GIAT) hergestellte 30-mm-Kanone M 791B mit 150 Granaten Munitionsvorrat als Bordbewaffnung, die extern mitgeführten Waffen, Zusatztanks, Aufklärungs- und Zielbehälter werden an 14, bei der Marineversion M an 13 Stationen mitgeführt. Die Waffenlast kann bis zu 9500 kg betragen, überschreitet in der Praxis allerdings selten 6000 kg. Die stetig erweiterte Waffenpalette ist vielfältig, verschiedene Systeme wurden erprobt, im Einsatz dagegen nicht verwendet. Sie kann aus folgenden Systemen bestehen:
- Sprengbomben Mk.82, Mk.83, SAMP 400
- Lasergelenkte Bomben BGL 1000, GBU-16-, 22-, 24-, 49, SBU-38-, 54-, 64 AASM
- Startbahnbomben BAP 100
- Panzerbrechende Splitterbomben BAT 120
- Streubomben BLG 66 Belouga
- Behälter Matra 155 (F4) mit 18 ungelenkten 68-mm-Raketen SNEB
- Gelenkte Luft-Luft-Raketen Magic 2, MICA EM / IR / NG, Meteor
- Gelenkte Luft-Boden-Raketen AS 30L
- Anti-Schiffs-Lenkwaffe AM 39 Exocet
- Marschflugkörper Apache, SCALP EG
- Atomare Marschflugkörper ASMP, ASMP-A

Nutzer der Rafale

Frankreich begann die Einführung in den regulären Dienst zuerst bei der Marine, als im Mai 2001 die Staffel 12F in Landiviseau mit der Rafale M ausgerüstet wurde und ab Juni 2004 als voll einsatzbereit galt. Durch den anfänglichen F1-Standard noch in den Fähigkeiten auf die Luftkampfrolle beschränkt, realisierten diese Maschinen innerhalb der Operation „Enduring Freedom" bereits 2002 vom Trägerschiff *Charles de Gaulle* aus erste Patrouillenflüge über Afghanistan. Fortschreitende Aufwertungen erlaubten ab 2008 die Mehrzweckrolle und prägten schon bald den Begriff „omnirole" für das Flugzeug. Ab 2011 kam die Einheit 11F als zweite Staffel hinzu und 2016 konnte 17F den Übergang von der SEM auf die Rafale abschließen. Für Trägerqualifikationen und Übungen verlegte die Aéronavale mehrmals Rafale auf US-amerikanische Trägerschiffe, auch

weil die *Charles de Gaulle* wegen Wartungsarbeiten nicht zur Verfügung stand. Im Jahr 2005 übernahmen zwei Rafale M erstmals von Lann-Bihouhé aus den Quick Reaction Alert (QRA) über dem westlichen Teil Frankreichs, während Mitte 2006 Rafale der Luftwaffe diese Aufgabe für den Südwesten von Mont-de-Marsan aus erstmals absicherten. Bei Alarm muss hierbei die erste Maschine nach sieben Minuten, die zweite in weniger als 15 min in der Luft sein. Die französische Luftwaffe machte EC 1/7 in Saint-Dizier zur ersten operationellen Einsatzstaffel und stattete den Verband 2006 mit 20 Rafale B und C aus. Am selben Standort erhielten auch die Staffeln EC 1/4 und EC 2/4 ab 2009 bzw. 2017 Flugzeuge des Typs, wobei ab 2009 zunächst der erstgenannte Verband die nukleare Abschreckungsrolle mit ASMP-Marschflugkörpern als Bewaffnung übernahm. Schließlich erfüllen diese Aufgabe inzwischen Rafale der Luftwaffe und der Marine. Ab 2011 erfolgte die Indienststellung des Kampfjets zudem in Mont-de-Marsan bei EC 3/30, ein Jahr später bei EC 2/30 mit temporären Engagements in Abu Dhabi für zuletzt genannte Staffel. Hinzu kam im Oktober 2010 und wiederum in Saint-Dizier die Aufstellung der

Technische Daten	Rafale C
Verwendung	Mehrzweckkampfflugzeug
Besatzung	1
Triebwerk	zwei SNECMA M 88-2-4E mit je 73,9 kN mit Nachbrenner
Spannweite (m)	10,86
Länge (m)	15,27
Höhe (m)	5,34
Flügelfläche (m²)	45,70
Tragflächenbelastung max. (kg/m²)	536
Leermasse (kg)	9850
Startmasse max. (kg)	24.500
Höchstgeschwindigkeit (km/h)	1950
Steiggeschwindigkeit (m/s)	305
Landegeschwindigkeit (km/h)	204
Dienstgipfelhöhe (m)	16.765
Reichweite (km)	1800
Aktionsradius (km)	1095
Startstrecke (m)	400
Landestrecke (m)	450
Bewaffnung	eine 30-mm-MK sowie bis 9500 kg Bomben, gelenkte und ungelenkte Raketen, Marschflugkörper an 14 Aufhängepunkten

Für das breit gefächerte Waffenspektrum der Rafale C stehen 14 externe Stationen zur Verfügung, neben den Luftkampfraketen fallen die beiden lasergelenkten AASM-Bomben auf. (Foto: Dassault Aviation / A. Bonfort)

Die französische Luftwaffe nahm den regulären Einsatzbetrieb mit der Rafale im Jahr 2006 auf, dieses Spezialschema wurde 2017 präsentiert. (Foto: Alexander Golz)

gemeinsam von Luftwaffe und Marine betriebenen Ausbildungsstaffel ETR 3/4.

Schon im März 2007 kam es zu ersten reellen Kampfeinsätzen von französischen Rafale mit GBU-12-Lenkbomben über Afghanistan, die sich in der Folgezeit häuften und sowohl von Landstützpunkten als auch vom Flugzeugträger *Charles de Gaulle* ausgeführt wurden. Auch bei weiteren Operationen etwa über Libyen 2011 entsandten beide Teilstreitkräfte ihr neuestes Kampfflugzeug für Aufklärungs-, Patrouillen- und Angriffsmissionen und setzten dabei AASM-Bomben sowie Scalp-Marschflugkörper ein. Zur Bekämpfung des IS in Syrien und Irak flogen Rafale ab 2014 erste Kampfeinsätze und verschossen Tausende Lenkwaffen. Allein 2017 wurden mit den Flugzeugen über 200 Einsätze pro Monat über dem Irak absolviert, 2018 folgten

Zwei kräftige Nachbrennertriebwerke verleihen der Rafale eine bemerkenswerte Steigfähigkeit, das Flugzeug ist außerdem mit einem Hilfsaggregat zum Starten der Triebwerke sowie zur Energieversorgung am Boden ausgerüstet. (Foto: Dassault Aviation / M. Douhaire)

Das große deltaartige Tragwerk und die Zelle im Gesamten bietet immer wieder Möglichkeiten für Sonderbemalungen, diesmal zum 90-jährigen Jubiläum der französischen Luftwaffe 2024. (Foto: Heiko Thiesler)

vom Heimatland aus Kampfaufträge mit 6000 km Länge auf Ziele in Mali oder mit über 7000 km auf Positionen in Syrien. Das schloss mehrmaliges Auftanken in der Luft ein. Zu diesem Zeitpunkt waren mit französischen Rafale bereits weit über 200.000 Flugstunden erreicht, durch deren stetige Erhöhung konnte auch die Einsatzbereitschaft und die Verfügbarkeitsrate auf durchschnittlich mehr als 80 % gesteigert werden. Immerhin betrifft die Abschreibung in Frankreich wegen Unfällen und Abstürzen bis heute etwa zehn Maschinen.

Abu Dhabi schloss im Dezember 2021 die bisher größte Exportorder über insgesamt 80 Rafale ab, die ab 2026 im F4-Standard ausgeliefert werden sollen.

Ägypten avancierte 2015 zum ersten Exportkunden, die ersten Exemplare trafen im Folgejahr ein. Maschinen des Typs waren schon 2017 bei Kampfhandlungen über Libyen involviert. Bis heute stieg der Bestellumfang auf insgesamt 54 einsitzige EM und zweisitzige DM, deren Heimatbasis Gebel el Basur ist. Die Luftwaffenschule in Kairo West leiht sich Rafale vom Taktischen Kampfgeschwader 203.

Griechenland bestellte bisher 24 Rafale, die Hälfte davon als gebrauchte Flugzeuge, die als Einsitzer EG sowie Zweisitzer ED geführt werden und ab 2022 zur Auslieferung gelangten. Ihr Standort ist die Luftwaffenbasis in Tanagra, der Kauf weiterer Exemplare ist anvisiert.

Indien stellte ursprünglich die bemerkenswerte Anzahl von 126 zu beschaffenden Rafale in Aussicht, wobei der Großteil in Lizenz gefertigt werden sollte. Letztlich erfolgte 2016 die Vertragsunterzeichnung über 28 Einsitzer EH und acht Doppelsitzer DH, die ab Herbst 2019 der indischen Luftwaffe zugeführt und in die 17th Sqn in Ambala, später auch in die 101st Sqn in Jalpaguiri integriert wurden. Großes Interesse meldete zudem die indische Marine für die Rafale M

Mit Ägypten gab es den ersten Exportkunden des Kampfjets, hier in der zweisitzigen Variante Rafale DM. (Foto: Dassault Aviation)

Diese zweisitzige Rafale B der Erprobungsstaffel ECE 5/330 erhielt ein bemerkenswertes Sonderfarbschema für das NATO Tiger Meet 2009. (Foto: Rob Schleiffert)

Das Profilbild ganz oben stellt die in Saint-Dizier stationierte und zur Staffel EC 1/7 gehörende Rafale C mit der Kennung 113-IW dar, mit der man im Jahr 2011 insgesamt 30.000 mit der Rafale absolvierte Flugstunden feierte. Den Hinweis dazu liefert vor allem der über dem Tragflügel angebrachte, in Weiß gehaltene Schriftzug 30.000 Trente Mille Heures. Beachtenswert zudem das artwork am Leitwerk, dass den „Kleinen Prinzen" darstellt. Der darunter gezeigte Zweisitzer Rafale B von EC 1/91 verweist dagegen im Jahr 2014 auf 50 Jahre Strategische Luftstreitkräfte. Der entsprechende Schriftzug ist wie auch die dazu passende Ziffer auf in kräftigem Rot gehaltenen Flächen an Rumpf und Leitwerk zu erkennen, ergänzt um Flugzeugsilhouetten bisher eingesetzter Typen sowie am Vorderrumpf das Wappen des Strategischen Luftkommandos. Aus EC 1/91 wurde am 1. September 2016 EC 1/4, der Zusatzname „Gascogne" wurde übernommen. Als drittes eine Rafale M der Aéronavale im üblichen Farbschema während des regulären Einsatzbetriebes. Mit Heimatstandort Landiviseau gehört das abgebildete Flugzeug zur Staffel 11F, trägt die üblichen Kennungen sowie unterhalb der am Leitwerk angebrachten ‚32' ein Seepferdchen als Bestandteil des Staffelwappens. (Grafik Srecko Bradic)

Griechenland erhielt die ersten Rafale im Jahr 2022. (Foto: Heiko Thiesler)

an, die vorerst 26 Exemplare als trägergestützte Kampfjets in Dienst stellen möchte.

Indonesien hat bis Januar 2024 drei Bestellungen über zusammen 42 Rafale abgegeben, deren Lieferung ab 2025/2026 erfolgen soll.

Katar hat seit 2019 die Rafale im Bestand seiner Luftwaffe und stationierte sie in Tamin beim 6. Geschwader. Zu den bisher 36 bestellten Maschinen gehören Einsitzer EQ und Zweisitzer DQ, nochmals 36 Exemplare gelten als Option.

Kroatien nutzt gebrauchte Rafale, von denen Ende 2021 zwölf Stück geordert wurden. Die ersten sechs Flugzeuge überstellte man im April 2024, die kroatische Luftwaffe gliederte sie in die 191. Jagdstaffel in Zagreb ein.

Serbien unterzeichnete im August 2024 einen Vertrag über neun ein- sowie drei doppelsitzige Rafale, die allesamt bis zum Jahr 2030 ausgeliefert sein sollen.

Einsatzverbände (Auswahl)
Frankreich
11F 12F, 17F, EC 4, 7, 30, ETR 3/4
Ägypten
No 34 Sqn
Griechenland
332 Mira
Indien
No 17, 101 Sqn
Katar
No 1, 61 Sqn
Kroatien
191. ELA

In Kooperation Frankreich / Großbritannien

SEPECAT Jaguar

Der Jaguar war das erste britisch-französische Gemeinschaftsprojekt im militärischen Flugzeugbau und es funktionierte gut. Für die Luftwaffe Frankreichs wurden insgesamt 200 Exemplare gekauft, allein 160 davon entsprachen der Jagdbombervariante A wie im Bild zu sehen. Diese Maschine vom Verband EC 1/7 zeigt gut die Nachtankvorrichtung, die praktisch von der Rumpfunterseite in Richtung Cockpit ausgeklappt wird. (Foto: US DoD / Mike Buytas)

Historie

Schon im April 1964 forderte man französische Luftfahrtunternehmen auf, Studien zu einem taktischen Unterstützungs- und Trainingsflugzeug vorzulegen, in Großbritannien stellte man ähnliche Anforderungen an die einheimischen Flugzeugbauer. Hier suchte man in erster Linie einen überschallfähigen Trainer, eine sekundäre Ausrichtung auf Jagdbombereinsätze war letztlich ebenso willkommen. Ein erstes Memorandum of Understanding unterzeichneten beide Länder am 17. Mai 1965, dass damit den Weg zum ersten Gemeinschaftsprojekt beider Nationen im militärischen Flugzeugbau ebnete. Das überschallschnelle Übungsflugzeug mit Angriffsfähigkeiten entsprach in mehrfacher Hinsicht dem französischen Konzept ECAT (École de Combat et d'Appui Tactique), berücksichtigte zugleich einige der britischen Anforderungen und führte schon im Juni zur Vereinbarung der Produktion von zwei Versionen mit einer erhöhten Leistungsfähigkeit bis in den Geschwindigkeitsbereich von Mach 1,5. Nicht ungewöhnlich bei solch einem Projekt gab es natürlich unterschiedliche Auffassungen zu Auslegung und Antrieb. Frankreich dachte an ein relativ simples Design, dass nicht zwingend Überschallgeschwindigkeit fliegen musste, Großbritannien favorisierte anfangs Schwenkflügel und kam damit dem von BAC offerierten Entwurf P.45 entgegen. Neben BAC hatten auch Hawker Siddeley und Hunting Vorschläge abgeliefert, auf französischer Seite legten Breguet, Dassault, Nord, Potez sowie Sud Aviation eigene Konzepte für ein ECAT entsprechendes Muster vor. Hier ging der Entwurf Breguet Br 121 als Sieger hervor. In Folge dessen wurde von Breguet und BAC im Mai 1966 das Konsortium SEPECAT (Société Européenne de Production de l'Avion d'École de Combat et d'Appui Tactique) gegründet, in Frankreich registriert und von Vertretern beider Länder im Management geführt.

BAC hatte sich von den Schwenkflügeln verabschiedet, überarbeitete das Tragwerk und die Struktur einschließlich Heck samt Leitwerk und war in diesen sowie weiteren Bereichen wie den Ruder- und Klappensystemen für die künftige Produktion zuständig. Breguet sollte den Rumpf im mittleren und vorderen Sektor samt Bug herstellen, während Messier das Fahrwerk lieferte. Dassault kaufte im Jahr 1967 Breguet, wobei zuletzt genanntes Unternehmen aber im Wesentlichen seine Eigenständigkeit behielt. Mit der endgültig 1971 erfolgten Fusion hieß der Konzern offiziell Avions Marcel Dassault-Breguet Aviation, kurz AMD-BA, bis 1992 der Name Breguet entfernt wurde. BAC wurde übrigens 1971 Teil der British Aerospace (BAe), woraus Ende 1999 BAE Systems entstand.

Im Januar 1967 ging man von 110 Trainingsflugzeugen und 90 taktischen Unterstützungsflugzeugen für Großbritannien und 85 Trainingsflugzeugen, 75 Unterstützungsflugzeugen sowie 40 trägertauglichen Kampfjets für Frankreich aus. Das stimmte fürs Erste optimistisch, bis ständig steigende Programmkosten den Verlauf überschatteten. Die zu bauenden Flugzeuge sollten in den jeweiligen Ländern unterschiedlich ausgestattet werden, beim Triebwerk einigte man sich wiederum auf ein gemeinsames Aggre-

Während der Operation „Desert Storm" 1991 beteiligte sich Frankreich mit Jaguar A des Geschwaders EC 11, die Flugzeuge erhielten dazu einen hellen, sandfarbenen Anstrich. (Foto: Dassault Aviation)

Neben dem einsitzigen Jagdbomber stellte die französische Luftwaffe zudem 40 zweisitzige Jaguar E als Fortgeschrittenen- und Kampftrainer in Dienst. (Foto: Rob Schleiffert)

Der Prototyp M-05 befindet sich im Landeanflug auf das Trägerschiff *Clemenceau*. Diese Tests fanden ab Juli 1970 statt, doch wurde eine bordgestützte Variante des Jagdbombers letztlich von der Aéronavale abgelehnt. (Foto: Dassault Aviation)

gat, dass in Zusammenarbeit von Rolls-Royce und Turbo-méca konstruiert und hergestellt wurde. Es erhielt den Namen Adour und wurde später sowohl im englischen Derby als auch im französischen Tarnos produziert. In Frankreich war Turbométa für die Kompressoren, Getriebe, Nachbrenner, mittleren Gehäuse und Düsen verantwortlich, erste erfolgreiche Testläufe fanden ab Mai 1967 statt. Schon bald generierte das Adour aber auch Probleme etwa mit der Regelung oder den Nachbrennern. Das machte Modifikationen erforderlich und führte letztlich zu mehreren verbesserten, auch schubstärkeren Baureihen. Das mittlerweile Jaguar genannte Flugzeug erhielt zwei Adour-Triebwerke, Lufteinlässe platzierten die Konstrukteure unterhalb des Hochdeckertragwerks und somit hoch genug, um keine Fremdkörper während des Starts einzusaugen. Die Höhenflossen wurden als vollbewegliche Pendelruder ausgelegt, das robuste Fahrwerk sollte auch behelfsmäßige Pisten auf Feldflugplätzen standhalten. Gemäß den Gefechtsanforderungen sind Hydraulik und Bordelektrik zweifach vorhanden und verschiedene Baugruppen wie auch Kraftstoffanlage und Kabine durch Panzerung vor leichten Schusswaffen geschützt.

Nachdem für beide Herstellernationen jeweils 200 Jaguar eingeplant waren, verringerte sich bald die Stückzahl der zweisitzigen Modelle als Kampftrainer und damit zugunsten des einsitzigen Jagdbombers. Im Januar 1968 wurde in beiden Ländern auf Regierungsebene, auf französischer Seite war es der damalige Verteidigungsminister Pierre Messmer, die Herstellung von zusammen 400 Flugzeugen abgesichert. Insgesamt acht Prototypen wurden gebaut, als erster hatte der französische Zweisitzer E-01 im April 1968 sein roll-out in Toulouse. Für Versuche am Boden erfolgte die Überführung nach Velizy-Villacoublay und schließlich zum CEV nach Istres. Hier absolvierte Breguet-Testpilot Bernard Witt am 8. September 1968 den 25minütigen Erstflug. Beim dritten Flug stieß er in den Überschallbereich vor, weitere Einsätze dienten dem Testen der aerodynamischen Eigenschaften, verschiedener Systeme und des Handlings, bis die Maschine wegen Triebwerksbrand mit darauffolgendem Hydraulikverlust im März 1970 abstürzte. Bernard Witt konnte sich dabei mit dem Schleudersitz retten.

Das nächste Versuchsflugzeug war wiederum ein französischer Zweisitzer und startete als E-02 am 11. Februar 1969 zum Erstflug. Marcel Dassault persönlich hatte sich dafür eingesetzt, dass es zusammen mit dem ersten und dritten Prototyp zur Paris Air Show in Le Bourget im Juni präsentiert wurde. Später gestaltete E-02 von 1971 bis 1980 weiterführende Testreihen in Großbritannien, vor allem mit dem Antrieb. Navigations- und Angriffssysteme erprobte der erste einsitzige Jaguar in der Jagdbomberkonfiguration, der in Frankreich als A-03 am 29. März 1969 die Flugerprobung aufnahm. Nach einer harten Landung im Februar 1972 musste das Flugzeug abgeschrieben werden. Ein weiterer Einsitzer war in Frankreich als A-04 am 27. Mai 1969 zum ersten Mal geflogen, diesmal mit dem britischen Testpilot Jimmy Dell an den Kontrollen. A-04 erprobte nachfolgend u.a. das Mitführen von Außenlasten sowie den Einsatz verschiedener Waffen, aber auch Bereiche der Aerodynamik und Flugsteuerung. M-05 war der erste und zugleich einzige Prototyp in der Marinekonfiguration und wiederum als Einsitzer ausgelegt. Natürlich erhielt er marinespezifische Modifikationen für den trägergestützten Einsatz, wozu strukturelle Verstärkungen an der Zelle, ein Fanghaken, überarbeitete Bremsklappen sowie ein abgeändertes Fahrwerk zählten. Im Detail besaß das Fahrwerk nun ein doppelt, statt zuvor einfach bereiftes Bugrad sowie einfach, statt zuvor doppelt bereifte Hauptbaugruppen. Zusätzlich gelangten ein Bombenzielrechner sowie ein Laserentfernungsmesser zum Einbau. Den ersten Flug mit der M-05 unternahm Jaques Jesberger am 14. November 1969 in Melun-Villaroche. Danach ging es nach Istres, aber auch auf die Marinebasis Nimes, um Anflugverfahren und andere trägerübliche Prozeduren auszutesten. Außerdem erfolgte die Überführung ins britische Bedford zum Royal Aircraft Establishment, wo M-05 im April und noch einmal im Juni 1970 Trägerstarts und -landungen simulierte. Schließlich absolvierte Marinepilot Yves Goupil mit dem Flugzeug am 8. Juli desselben Jahres die erste echte Trägerlandung auf der *Clemenceau* und vom 10. bis 13. Juli folgten zwölf Katapultstarts und weitere Landungen auf dem Schiff. Mit 20 zusätzlichen, trägergestützten Starts und Landungen auf der *Clemenceau* im Oktober 1971 galt die Trägererprobung mit dem Jaguar M-05 insgesamt als erfolgreich, doch war die Aéronavale mit der optional rückführbaren Menge an Außenlasten unzufrieden und bemängelte vor allem den Antrieb. Der galt eigentlich als zu schwach, insbesondere bei Ausfall eines der beiden Triebwerke. Nicht zuletzt spielten der Kostenfaktor und auch Marcel Dassault eine Rolle. Der drängte nämlich schon bald auf ein rein französisches Muster (der kommenden Super Etendard) – eine Konfliktsituation, die sich einige Jahre später nochmals für die Hersteller insgesamt und auf den Export des Jaguar im Besonderen auswirken sollte. Schlussendlich beschloss die französische Marine im Januar 1973 die Einstellung des Jaguar M-Programms.

Währenddessen waren auch britische Prototypen in der Luft, wobei S-06 als Einsitzer am 12. Oktober 1969 den Anfang machte und beim Erstflug auf Anhieb Überschallgeschwindigkeit erreichte. Gegenüber den französischen Versuchsmaschinen verfügte S-06 über zahlreiche Änderungen bei der Innenausstattung und erhielt als erstes Flugzeug der Royal Air Force ein Head-Up-Display. Zum Testprogramm gehörten Waffenerprobungen, allerdings führte ein Feuer am Boden im August 1972 zur Zerstörung des Prototyps. Seit Juni 1970 am Testflugprogramm beteiligt, erprobte mit S-07 ein weiterer britischer Einsitzer Navigations- und Waffensysteme und erhielt einige Zeit später eine erstmals in Europa hergestellte, digitale Trägheitsnavigations- und Waffeneinsatzanlage. Schließlich gilt der am 30. August 1971 erstmals geflogene Zweisitzer B-08 als britischer und zugleich letzter Jaguar-Prototyp, der wie auch die anderen Versuchsmaschinen dazu beitrug, Verbesserungen und Änderungen etwa am Fahrwerk, den Lufteinlässen oder am Heck einzuführen. Die zweisitzigen Jaguar verfügten aufgrund der Tandemkabine und einer veränderten Stabilität über einen verlängerten Rumpf und sekundär über die Möglichkeit ebenfalls Bodenziele anzugreifen. Einen Betankungsstutzen erhielten die französischen Zweisitzer in der Bugspitze, während sämtliche Einsitzer über eine ausfahrbare Sonde rechts vor dem Cockpit verfügten. Bei der Bordbewaffnung entschied man sich auf französischer Seite für die DEFA-Kanone, die Briten wählten im gleichen Kaliber die ADEN. Überhaupt geriet die Ausstattung der französischen und britischen Maschinen recht unterschiedlich, vorwiegend im Bereich der Avionik und Zielsysteme waren die Jaguar der Royal Air Force umfangreicher ausgerüstet. Dazu zählten das digitale Navigations- und Angriffssystem oder auch das Radarwarngerät in der charakteristischen Verkleidung am Seitenleitwerk. Schließlich war diese

Der Jaguar entwickelte sich für alle Betreibernationen zu einem effektiven Kampfjet mit herausragenden Tiefflugeigenschaften, im Bild Flugzeuge der britischen RAF. (Foto: Espace Patrimoine Safran)

In Frankreich erfolgte die Endmontage in Toulouse-Colomiers, die Lieferungen an die einheimische Luftwaffe waren bis 1981 abgeschlossen. (Foto: Dassault Aviation)

Version S Ausgangsbasis für den zum Export bestimmten Jaguar International.

Schon 1971, als die Prototypen bereits über 1500 Flugstunden verbuchten, hatte der französische Rechnungshof eine Vervielfachung der Gesamtkosten bei Vorstudien und Entwicklung konstatiert und obwohl die Erprobung des Jaguar programmgemäß verlief, verzögerte sich letztlich die Indienststellung. Frankreich hatte sich für die Beschaffung von 160 einsitzigen Jaguar A sowie 40 zweisitzigen Jaguar E entschieden, die ersten Festbestellungen wurden im Herbst 1969 abgegeben. Die ersten Serienexemplare flogen ab Ende 1971 und gelangten zuerst nach Mont-de-Marsan zur Einsatzerprobung. Hier fanden auch Einweisung und Umschulung des fliegenden Personals beim CEAM statt. Je nach Ausbildungsstand der verfügbaren Piloten dauerte das Flugtraining auf dem Jaguar bis zu zwei Monate und schloss zehn Flüge für erfahrene und 40 Flüge für neue Piloten ein. Zum ersten operationellen Einsatzgeschwader bestimmte die Luftwaffe das 7e EC. Die ersten Maschinen trafen im Mai 1973 in Nancy ein und rüsteten zuerst die Staffel EC 1/7 aus, bis das komplette Geschwader schon bald zum Stützpunkt Saint-Dizier wechselte. Im nachfolgenden Jahr wurde dort die Gesamtstärke von 45 Flugzeugen erreicht und zum 1. September die volle Einsatzbereitschaft vermeldet. Zwei weitere Staffeln des Verbandes hatten nun ebenfalls den Jaguar im Bestand, 1980 kam EC 4/7 hinzu, verlegte als Staffel aber später nach Istres. Die Staffel EC 2/7 hingegen übernahm bis zu ihrer Auflösung im Jahr 2001 die Umschulung auf den Jaguar. Atomwaffen gehörten zum Arsenal des 7e EC und die erste sowie dritte Staffel deckten die nukleare Alarmbereitschaft ab Mitte der 1970er Jahre ab, 1981 übernahm auch die vierte Staffel diese Aufgabe. Im November 1973 war der Beschluss gefallen, einen realen Atombombenabwurf über dem Mururoa-Atoll durchzuführen. Zwei Jaguar A waren hierzu demontiert und über eine Luftbrücke in den Südpazifik gebracht worden, wo in Hao, Französisch-Polynesien Anfang Juni 1974 wieder der Zusammenbau der beiden Flugzeuge erfolgte. Innerhalb der „Maquis" genannten Operation warf schließlich Jaguar „A 17" am 25. Juli 1974 eine Bombe

Aufgereiht im Juni 1999 sind diese Jaguar von EC 3/7 in Saint-Dizier, das Exemplar ganz vorn ist am Bug mit einem „Lady Eleven"-artwork verziert. (Foto: Eric Bannwarth)

vom Typ AN 52 mit Atomsprengkopf ab, die dabei festgelegten Verfahren für atomare Einsatzmissionen mit dem Flugzeug wurden nachfolgend validiert und 17 weitere Jahre aufrechterhalten.

Frankreich stellte den Jaguar bei neun regulären Einsatzstaffeln der taktischen Fliegerkräfte in Dienst, von denen mindestens zwei als Teil der schnellen Eingreiftruppe (Rapid Reaction Force) mit nuklearen Tiefflugmissionen betraut wurden. Bei Auslösung eines Alarms mit einer unter dem Rumpf befestigten AN 52 bewaffnet, gab der Pilot im „Ernstfall" einen von der Regierung ausgegebenen Code in die Dekodierbox ein und konnte somit die Waffe auslösen. Die sollte vornehmlich im sogenannten Schleuderwurfverfahren zum Einsatz kommen. Zwei weitere Staffeln in Nancy und Toul dienten vorrangig der Unterdrückung der gegnerischen Luftabwehr und waren hierzu mit Anti-Radar-Lenkwaffen sowie Störbehältern ausgerüstet. Wichtig war zudem die Abstellung mehrerer Flugzeuge an die Force d'Action Exterieure für Missionen in Übersee. Verteidigungsabkommen mit afrikanischen Ländern ermöglichten ein schnelles Eingreifen im nördlichen und mittleren Afrika, innerhalb von 24 h konnten Jaguar-Kampfjets von Frankreich oder einem lokalen Flugplatz aus zum Einsatz gelangen. Das konnten durchaus zehnstündige Missionen mit Nachtankmanövern sein, erste Übungen führten 1975/76 Jaguar der Staffel EC 3/11 über Djibouti, Senegal und der Elfenbeinküste durch. Engagements in Afrika waren mehrfach Bestandteil der Einsatzgeschichte und Ende 1977 kam es zu den ersten Angriffsflügen französischer Jaguar gegen Rebellengruppieren in Mauretanien, im nächsten Jahr gegen von Libyen unterstützte Kräfte innerhalb des Tschadkonflikts. Die Einsätze verliefen recht verlustreich, EC 3/11 hatte bis Mai 1978 drei Abschüsse über Mauretanien und vier weitere Jaguar über dem Tschad zu beklagen. Ab August 1983 stationierte die französische Luftwaffe Jaguar in Gabun und der Zentralafrikanischen Republik, um wiederholt gegen prolibysche Rebellen im Tschad vorzugehen. Diesmal kamen die meisten Flugzeuge von EC 4/11, während die Crews auch von anderen Staffeln im Rotationsprinzip zur Verfügung gestellt wurden. 1984 etablierten sich zudem N'Djamena im Tschad sowie Solenzara auf Korsika als Stützpunkte für weitere Operationen, bei denen Mirage F1 C den Begleitschutz übernahmen. Es gab zwei weitere Abschüsse französischer Jaguar und nochmals einen im März 1986. Bis zu 35 Jaguar wurden für die Operation „Desert Storm" nach Saudi-Arabien verlegt, 28 davon waren stets einsatzklar und flogen während der Kampfhandlungen 1991 insgesamt 615 Einsätze gegen irakische Positionen. Mehrere Maschinen wurden durch Abwehrfeuer bei den Attacken beschädigt, bei denen neben konventionellen Sprengbomben auch Lenkraketen AS 30L Verwendung fanden. Lasergelenkte Waffen spielten auch bei späteren Kampfeinsätzen etwa dem Kosovo-Krieg 1999 eine wichtige Rolle.

Zur Staffel EC 3/11 gehören diese Jaguar A in Toul-Rosiéres. Hier nahm der Dienst mit dem Kampfjet ab 1975 seinen Lauf und endete 1997. (Foto: Eric Bannwarth)

Für die britische Royal Air Force war der Jaguar ebenfalls ein wichtiges Einsatzmuster und Teil von neun operationellen Einsatzstaffeln. Von Anbeginn umfangreicher

Ein- und Zweisitzer im Verbund. Man erkennt gut den ausklappbaren Tankausleger beim Jaguar A vorn sowie den feststehenden an der Bugspitze des Jaguar E dahinter. (Foto: Eric Bannwarth)

Unter dem Rumpf werden Startbahnbomben vom Typ BAP 100 mitgeführt, die abgeworfen, zunächst mittels Fallschirm abgebremst und dann durch einen Raketenmotor beschleunigt werden, sich in die Startbahn bohren und erst dann explodieren, um größtmögliche Beschädigungen anzurichten. Das Tarnschema des Flugzeugs ist auf Einsätze über Afrika ausgerichtet. (Foto: Eric Krikke)

ausgestattet, erfolgten Ende der 1990er Jahre Kampfwertsteigerungen unter den Werksbezeichnungen Jaguar 96 und Jaguar 97 und beinhalteten mit Weitwinkel-Head-Up-Display, GPS und TIALD-Zielbehältern vorwiegend Aufwertungen im Avionikbereich. So wurden aus frühen, unter der Dienstbezeichnung GR.1 und GR.1A geführten einsitzigen Jaguar die Upgrade-Versionen GR.3 und GR.3A, während ein Teil der zweisitzigen Trainer T.2 und T.2A ab 1996 zu T.4 und ab dem Jahr 2000 zu T.4A wurden. Britische Jaguar flogen vor allem im Golfkrieg 1991, aber auch über dem Balkan sowie im erneuten Waffengang gegen Irak 2003 Kampfeinsätze.

Großbritannien war es auch, dass sich um den Export des Jaguar bemühte. Frankreich und Hersteller Dassault waren dagegen in erster Linie an dem Verkauf rein französischer Kampfjets wie der etwa zeitgleich eingeführten und mit ähnlichen Parametern ausgestatteten Mirage F1 interessiert. Das machte die Anzahl der Exportnationen überschaubar, doch konnten trotz dieser Ausgangssituation zahlreiche Jaguar International verkauft und zudem ein Lizenzabkommen mit Indien unterzeichnet werden. Indien wurde zum größten Exportkunden und setzt den Kampfjet bis heute, zum Teil in weiterentwickelter und verbesserter Form ein. Hier kamen mehrere Upgrades unter dem Namen DARIN I bis III zum Tragen und beinhalteten hauptsächlich Aufwertungen im Avionik- und Waffensektor, aber auch den Einsatz radarabsorbierender Materialien. Viele der Exportmaschinen wurden wie auch die britischen Exemplare eher unüblich mit zwei auf der Oberseite des Tragwerks montierten Pylonen versehen, an denen gelenkte Luftkampfraketen mitgeführt werden konnten.

Das Jaguar-Programm insgesamt zeigte die Schwierigkeiten auf, die ein von zwei Ländern geschlossenes joint-venture mit sich bringen kann. Neben den Kostenüberschreitungen verzögerte sich die Indienststellung und auf französischer Seite genossen später zunehmend nationale Entwicklungen wie die Super Etendard und Mirage F1 eine Vorrangstellung. Statt eines groß angelegten Einsatzes des Überschalltrainers als Jaguar E, entschied man sich zusätzlich, in den 1970er Jahren zusammen mit Deutschland das kostengünstigere Schulflugzeug Alpha Jet zu entwickeln und in Serie zu bauen. Das verlief aber auch in Großbritannien ähnlich und Hawker Siddeley konzipierte beinah zeitgleich den Jettrainer Hawk. Letztlich gilt der Jaguar als effektives und relativ kostengünstiges Kampfflugzeug. Die mögliche Zuladung überzeugte, die Stabilität blieb beim Abfeuern der Bordwaffen sowie von Raketensalven erhalten, Nachtankvorrichtungen garantierten eine lange Flugdauer und die Wartung wurde durch große Klappen vereinfacht. Das betraf auch den Triebwerksbereich und erlaubte den Wechsel eines der beiden Turbofans in weniger als einer Stunde. Der Kraftstoffverbrauch war gering, die Flugsteuerung arbeitete präzise und die Klimaanlage gut. Geschätzt wurde von den französischen Piloten die permanent vorhandene Aufklärungskapazität durch die im Bug des Einsitzers installierte OMERA 40-Panoramakamera, bemängelt dagegen der Autopilot. Auch wünschte man sich stärkere Triebwerke sowie Modernisierungen im Cockpit- und Avionikbereich, was bei den britischen Maschinen im Laufe der Jahre konsequent erfolgte. Frankreich stellte seine letzten Jaguar am 1. Juli 2005 außer Dienst, Programmpartner Großbritannien beendete den operationellen Einsatz knapp zwei Jahre später im April 2007.

Produktion und Versionen

Der Jaguar wurde 1971 in die Serienproduktion überführt, die Komponenten anteilig von beiden Partnernationen hergestellt. In Frankreich stellte Dassault-Breguet in Vélizy, Biarritz und Toulouse-Colomiers vor allem den Bug, das Cockpit sowie die mittlere Rumpfsektion her, die britische BAC fertigte das Heck, die Tragflügel, Leitwerke und Lufteinlässe. In beiden Nationen erfolgte jeweils in Toulouse-Colomiers sowie in Warton die Endmontage der

Flugzeuge. Hinzu kommt der Lizenzbau bei Hindustan im indischen Bangalore, sodass insgesamt etwa 625 Serienexemplare die Werkhallen verließen. Für die französische Luftwaffe erfolgte bis Anfang 1976 die Ablieferung von 40 zweisitzigen sowie bis Ende 1981 von 160 einsitzigen Jaguar.

Jaguar A, einsitzige Jagdbomberversion für Frankreich, Erstflug Serienmaschine 20. April 1972, Adour 102- später Adour 104-Triebwerke, einziehbare Nachtankvorrichtung, Dopplerradar, ab 81. Exemplar Laserentfernungsmesser, ab 90. Exemplar Elias-Laserzielerfasser, ab 131. Maschine Mitnahme des ATLIS-Zielbehälters möglich, teilweise Nachrüstung mit diesen Systemen bei älteren Flugzeugen, 160 Stück

Jaguar ACT, eine umgebaute GR.1 der Royal Air Force zur Erprobung der Active Control Technology (ACT) bzw. Fly-By-Wire-Technologie und erheblich vergrößerten Flügelwurzeln, Erstflug mit dieser Steuerung am 20. Oktober 1981 und weitere Testflüge bis 1984

Jaguar B, britische Ausführung als zweisitziges Trainingsflugzeug mit Tandemcockpit und Fähigkeiten für Kampfeinsätze, 0,84 m länger, eine Bordkanone, Erstflug Serienexemplar 22. März 1973, Dienstbezeichnung Jaguar T.2 bzw. mit Adour 104-Triebwerk T.2A, 38 Serienmaschinen, 14 zu T.2A und zwei zu T.2B umgerüstet, weitere ab 1996 zu T.4 und ab 2000 zu T.4A

Jaguar E, französische Version des Zweisitzers für Umschulung und Kampftraining, 40 Serienexemplare mit Erstflug 2. November 1971, zwei Bordkanonen, ab 27. Exemplar mit fester Betankungssonde im Bug statt Pitotrohr

Jaguar International BN, EB, OB, Exportmaschinen des Trainers für Nigeria (5 Stück), Ecuador (2) und Oman (4) ab 1984

Jaguar International ES, OS, SN, Exportausführungen des einsitzigen Jagdbombers basierend auf Baureihe S für Ecuador (10 Stück), Oman (20) und Nigeria (13)

Jaguar International IB, zweisitziger Trainer für Indien ab 1981, fünf von Großbritannien und mindestens 27 bei Hindustan gebaut

Jaguar International IM, indische Version als einsitziger Marinejagdbomber und vorwiegend zur Schiffsbekämpfung, Adour 811-Triebwerke, Agave-Radar, modernisierte Avionik, Erstflug 1985, mindestens zwölf Stück von Hindustan hergestellt

Jaguar International IS, einsitziger Jagdbomber für Indien, Adour 804- und 811-Triebwerke, modifizierte Navigations- und Angriffsavionik, 35 Stück von Großbritannien geliefert, 79 weitere bei Hindustan gebaut, mehrere DARIN-Modernisierungsprogramme, Erstflug in Indien gefertigte Serienmaschine 31. März 1982, mit DARIN-Upgrade 17. Dezember 1982

Jaguar M, Einzelexemplar (Prototyp) als bordgestützter Marinejagdbomber für Frankreich, Strukturverstärkungen, Fanghaken, verlängertes Bugradfahrbein, Änderungen am Fahrwerk und bei Avionik, Erstflug 14. November 1969, Erprobung bis 1973

Jaguar S, britische Baureihe als Jagdbomber, einsitzig, digitales Navigations- und Angriffssystem, 165 Stück, Erstflug Serienmaschine 12. Oktober 1972, Dienstbezeichnung Jaguar GR.1, 75 Flugzeuge zu GR.1A mit besserem Navigationssystem und Adour 104-Triebwerken aufgewertet, zehn mit TIALD-Zielbehältern ausgestattet und inoffiziell mit GR.1B bezeichnet, Modernisierungen zu GR.3 und GR.3A mit GPS, neuer Software, Bildschirmen und erweiterter Waffenpalette ab 1996

Aufbau, Ausstattung und Bewaffnung

Das Tragwerk des Jaguar ist in Schulterdeckerbauweise hoch angesetzt und weist an der Vorderkante eine Pfeilung von 40 Grad auf. Hier gibt es zudem Vorflügel, deren inneren Abschlüsse jeweils einen Sägezahn und auf der Oberseite einen Grenzschichtzaun bilden. An der Hinterkante befinden sich zweiteilige Spoiler, hinter denen wiederum die Doppelspaltklappen angeordnet sind. Die Spitze des Rumpfes nimmt das Pitotrohr und Avionikkomponenten oder bei den französischen Doppelsitzern einen festen Nachtank-

Am Tragflügel dieses Jaguar A von EC 1/7 sind Belouga-Streubomben sowie Täuschkörperwerfer befestigt. (Foto: Eric Krikke)

Zwei Kanonen vom Typ DEFA 553 mit je 150 Granaten gehörten zur fest installierten Bordbewaffnung der französischen Jaguar-Einsitzer. (Foto: Dassault Aviation)

stutzen auf, darunter gibt es Verkleidungen für Laserentfernungsmesser oder Infrarotsensor mit Sichtfenster. Die indischen Jaguar IM besitzen dagegen ein Radom und darunter ein Navigations- und Feuerleitradar. Die einsitzigen Jagdbomber verfügen nachfolgend auf der Steuerbordseite über eine einziehbare Nachtankvorrichtung. Mit dieser kann der interne, in Rumpf- und Flügeltanks untergebrachte Kraftstoffvorrat von 4200 l aufgefüllt werden, des Weiteren ist die Mitnahme von bis zu drei 1200-l-Zusatztanks an externen Aufhängepunkten möglich. In der druckbelüfteten Kabine ist die ein- oder zweisitzige Crew auf Schleudersitzen untergebracht, wobei zunächst Martin-Baker-Produkte Mk.4, später Mk.9 und letztere mit Null-Null-Fähigkeiten zum Einbau gelangten. In Frankreich hießen diese Schleudersitze JRM 4 und FB 9, sämtliche britischen sowie Exportmodelle wurden von Beginn an mit Mk.9 ausgestattet, die indischen Maschinen erhielten IN9B Mk.2. Hinter dem Cockpit liegen Klimaanlage und Wärmetauscher, im Rückentunnel folgen Hydraulikleitungen, Verkabelungen und die Flugsteuerung. Auf Höhe des Cockpitabschlusses sind die Lufteinlässe platziert, die von nahezu quadratischer Form und auf jeder Seite mit je zwei zusätzlichen, beweglichen Einlassklappen versehen sind. Die beiden Triebwerke sind aus Sicherheitsgründen durch eine Brandschutzwand getrennt, große aufstellbare und abnehmbare Klappen erleichtern den Zugang für Wartungsarbeiten. Die von Rolls-Royce und Turboméca gebauten Triebwerke gelangten in verschiedenen Baureihen zum Einbau. Das anfängliche Adour 102 leistete jeweils 22,75 kN ohne und 32,49 kN mit Nachbrenner, das Adour 104 je 23,71 kN ohne und 35,84 kN mit Nachbrenner, das Adour 804 entsprach als Exportmodell dem Adour 104 und das Adour 811 kam auf jeweils 24,6 kN ohne und 37,38 kN mit Nachbrenner. Unter dem Hinterrumpf montierte, große aufstellbare Luftbremsen helfen bei der Verminderung der Geschwindigkeit, ebenso ein im Heck untergebrachter 5,50 m durchmessender Bremsschirm bei der Landung.

Die mit Servosteuerung versehenen und in negativer V-Stellung ausgeführten Höhenflossen sind voll beweglich und an der Vorderkante wie das Tragwerk um 40 Grad gepfeilt. Die Pfeilung des Seitenleitwerks beträgt vorn 43 Grad, unter dem Heck gibt es zwei zusätzliche Stabilisierungsflossen und häufig ein Fanghaken für Notfälle. Bei den britischen und einigen Exportflugzeugen findet im Seitenleitwerk zudem das Radarwarngerät in einer markanten, eckigen Verkleidung seine Unterbringung. Das Fahrwerk besteht aus drei vollständig einziehbaren Baugruppen in Bugradanordnung, wobei das Bugrad einfach und die Hauptstreben doppelt bereift sind. Beim Bau des Jaguar wurden vor allem Aluminiumlegierungen verwendet, zuzüglich Stahl und an einigen Stellen wie den Lufteinlässen Titan. Die Avionik unterscheidet sich bei den jeweiligen Baureihen in einigen Details und ist hauptsächlich auf die Jagdbomberrolle ausgerichtet. Hierzu zählen (auszugsweise):

- UHF/VHF-Funkausrüstung TRAP 136A, TRAP 137E (**A**), Plessey PTR 377 (**GR.1**)
- Freund-Feind-Erkennung LMT NRAI 4A (**A**), Collins 400, 400AM
- TACAN Crouzet Type 90, AN/ARN-52C (**A**), ARI.23205/4 (**GR.1**)
- Navigations- und Feuerleitradar Agave (**IM**), Elta EL/M-2022 (**IM**), EL/M-2032 (**IS DARIN**), EL/M-2052 (**IS DARIN III**)
- Dopplerradar Decca RDN 72 (**A**)
- Trägheitsnavigation SEIM 250-1, Marconi E 3R, SAGEM ULISS 82 (**IS**), Elliott MCS 92CM (**GR.1, T.2**), Ferranti FIN 1064 NAVWASS (**GR.1A, T.2A, International, IS**)
- Funkhöhenmesser TRT AHV-6 (**A**)
- Radarhöhenmesser ARJ 23232 (**GR.1**)
- Autopilot SFENA 205 (**A**)
- Laserzielfinder Thomson-CSF TAV-38 (**A**), Ferranti ARI.23231/3 (**GR.1**)
- Visier Thomson-CSF 121 (**A**)
- HUD Smiths/GEC-Marconi Type 1301 HUDWAS (**IS DARIN**)
- Helmvisier GEC-Marconi/Honeywell HMSS (**GR.3A**)
- Radarwarnempfänger Thomson-CSF TH (**A**), ARI.23205/4

(**GR.1**), ARI.18223 (**International**), Tarang (**IS DARIN II**)
- Störsender/behälter Barem, Barax, Barracuda, Basilisk, Caiman, Remora, CT 51J (**A**), Westinghouse AN/ALQ-101 (**GR.1A**), Elta EL/L-8222RF (**IS DARIN II**)
- Zielbehälter ATLIS (**A**), Litening (**IS**)
- Aufklärungsbehälter RP 36P (**A**), JRP (**GR.3A**), Vinten 601 (**IS DARIN**)
- Zum eigenen Schutz dienten Täuschkörperwerfer Phimat, AN/ALE-40, BOZ-103, Alkan 5020/5021, Lacroix, Malat. Als Bordbewaffnung erhielten die französischen Jaguar A und E zwei 30-mm-Kanonen DEFA 553, die bei den Einsitzern mit bis zu 150, bei den Trainern mit bis zu 130 Granaten bestückt waren. Die britischen sowie einsitzigen Exportausführungen besaßen stattdessen zwei ADEN vom gleichen Kaliber und wiederum mit einem Kampfsatz von bis zu 150 Granaten, während die Doppelsitzer T.2/2A und Exportmaschinen nur über eine 30-mm-MK vom Typ ADEN mit bis zu 150 Schuss Munitionsvorrat verfügten. Die maximale Waffenzuladung beträgt 4536 kg und kann auf fünf externe Aufhängepunkte, bei den britischen sowie einigen Exportflugzeugen noch auf zwei weiteren auf den Tragflächen verteilt werden, wobei zuletzt genannte für Luftkampfraketen reserviert sind. Die mitgeführte Bewaffnung kann folgende Systeme beinhalten:
- Sprengbomben SAMP 125, 250, 400, 750, Mk.82, Mk.83
- Lasergelenkte Bomben BGL 450, BGL 1000, GBU-10-, 12, Griffin (**IS**)
- Startbahnbomben BAP 100, BLU 107 Durandal, SAAW (**IS**)
- Panzerbrechende Splitterbomben BAT 120
- Streubomben BLG 66 Belouga, BL 755, CBU-87
- Atombomben AN 52, WE.177
- Behälter Matra F 1 mit je 36 ungelenkten 68-mm-Raketen SNEB
- Behälter Matra F 2 mit je sechs ungelenkten 68-mm-Raketen SNEB
- Behälter Matra F 3 mit je vier ungelenkten 100-mm-Raketen SNEB

Typ	Jaguar A
Verwendung	Jagdbombenflugzeug
Besatzung	1
Triebwerk	zwei Rolls-Royce / Turboméca Adour 102 mit je 32,49 kN mit Nachbrenner
Spannweite (m)	8,69
Länge (m)	16,83
Höhe (m)	4,89
Flügelfläche (m²)	24,03
Tragflächenbelastung max. (kg/m²)	649,3
Leermasse (kg)	7000
Startmasse max. (kg)	15.700
Höchstgeschwindigkeit (km/h)	1700
Steiggeschwindigkeit (m/s)	120
Landegeschwindigkeit (km/h)	213
Dienstgipfelhöhe (m)	13.720
Reichweite (km)	1405
Aktionsradius (km)	850
Startstrecke (m)	570 – 940
Landestrecke (m)	470 mit Bremsschirm
Bewaffnung	zwei 30-mm-MK sowie bis 4536 kg Bomben, Raketen, Waffenbehälter an fünf Aufhängepunkten

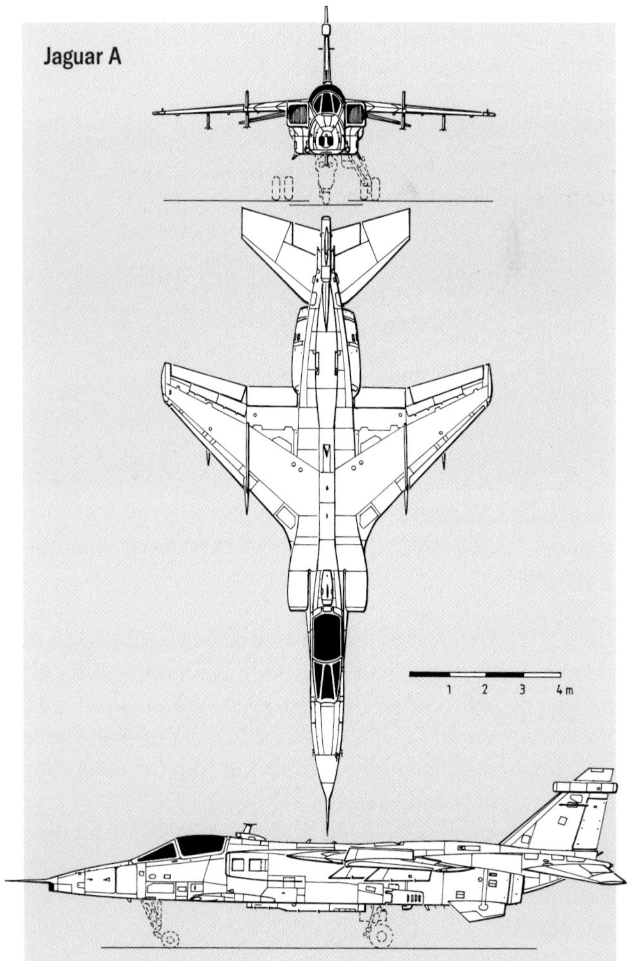

- Behälter Matra F 4 / M 155 mit je 18 ungelenkten 68-mm-Raketen SNEB
- Behälter LAU-3/A mit je 19 ungelenkten 70-mm-Raketen
- Behälter LAU-10/A mit je vier ungelenkten 127-mm-Raketen
- Behälter LAU-5003B/A mit je 19 ungelenkten 70-mm-Raketen CRV-7
- Gelenkte Luft-Luft-Raketen Matra 550 Magic, Magic 2, AIM-9B, D, G, L, M, P Sidewinder, AIM-132 ASRAAM
- Gelenkte Luft-Boden-Raketen AS 30, AS 30L
- Anti-Schiffs-Raketen Sea Eagle (**IM**)
- Anti-Radar-Raketen AS 37 Martel, AGM-88 HARM (**IS**)

Nutzer des Jaguar

Frankreich wählte EC 1/7 zum ersten operationellen Einsatzverband mit dem Jaguar, im Juni 1973 war die Staffel komplett. Im März 1974 folgte EC 3/7 und im Mai EC 2/7, sodass im September die volle Stärke und Einsatzbereitschaft des Geschwaders in Saint-Dizier vermeldet werden konn-

Gut zu sehen, trägt dieser Jaguar der französischen Luftwaffe eine taktische Atombombe des Typs AN 52 unter dem Rumpf. (Foto: Dassault Aviation)

te. EC 2/7 wurde fortan mit der Umschulung auf den Jagdbomber betraut, die anderen beiden übernahmen mit AN 52-Bomben die nukleare Alarmbereitschaft. Ab April 1980 verrichtete auch EC 4/7 diese Aufgabe, allerdings von Istres aus. Inzwischen waren auch die in Toul beheimateten Staffeln EC 3/11 seit Februar 1975 sowie EC 2/11 und 1/11 im Laufe des Jahres 1976 mit dem Jaguar ausgerüstet worden und dienten als Jagdbomber. EC 2/11 war speziell auf die Unterdrückung der gegnerischen Luftabwehr ausgerichtet, ebenfalls die Staffel EC 3/3 in Nancy. Diese hatte seit März 1977 den Jaguar im Bestand, 1979 kam EC 4/11 hinzu und operierte von Bordeaux, hauptsächlich aber von Überseedestinationen in Afrika aus. CITac 339 in Luxeuil betrieb etwa fünf weitere Jaguar von 1988 bis 2001, um vor allem Einsatztaktiken und Missionsprofile bei Tiefflugallwettereinsätzen zu erstellen. Hier nutzte außerdem EC 5/330 das Flugzeug für verschiedene Testreihen. EC 3/3 erfüllte bis 1987 die SEAD-Rolle mit dem Jaguar, dann rüstete man auf Mirage III E um und standardisierte somit den Flugzeugpark innerhalb des Geschwaders, das in den beiden anderen Staffeln bereits Mirage III E flog. Mitte 1989 gab EC 4/7 ihre Jaguar an die restlichen Staffeln des Geschwaders ab und wurde aufgelöst, zwischen Juni 1992 und Juli 1997 betraf das auch sämtliche Staffeln von EC 11 mit nachfolgender Schließung des Standortes Toul. Im Juni 2001 endete für EC 2/7 und 3/7 der Betrieb mit dem Jaguar, EC 1/7 verblieb als seinerzeit erste und nunmehr letzte Einsatzstaffel und stellte den Jaguar schließlich zum Juli 2005 außer Dienst.

Während der Dienstzeit führten Jaguar der französischen Luftwaffe zahlreiche bewaffnete Auslandseinsätze durch, hauptsächlich über Afrika, im Golfkrieg 1991 sowie über dem Balkan der 1990er Jahre. Einschließlich den dabei verzeichneten Verlusten mussten im Laufe der Dienstjahre insgesamt über 50 Jaguar der französischen Luftwaffe wegen Abstürzen und anderen Vorfällen abgeschrieben werden.

Großbritannien als Partner im Jaguar-Programm stattete die Royal Air Force ab September 1973 mit dem Jaguar aus. Sie dienten zunächst dem Training in Warton, wo ein Jahr später die 226 OCU als Umschulungseinheit geformt wurde. 1974 standen hier elf Trainer T.2 sowie 14 Jagdbomber GR.1 zur Schulung bereit. Die No 54 Sqn in Coltishall etablierte sich im März 1974 als erste operationelle Einsatzstaffel, gefolgt von No 6 Sqn im Oktober. Zuletzt genannte

Mehrere Jaguar A der Staffel EC 3/7 in Casaux. Die vorderste Maschine zeigt ihre großen Abschussbehälter Matra F1 mit je 36 ungelenkten 68-mm-Raketen. (Foto: Eric Bannwarth)

Staffel zog später von Lossiemouth ebenfalls nach Coltishall und für beide dort stationierten Verbände standen bei Bedarf WE.177-Atombomben bereit. Insgesamt rüstete die RAF neun Einsatzstaffeln mit dem Jaguar aus, von denen mit fünf der Großteil in der Bundesrepublik Deutschland stationiert und Bestandteil der 2. ATAF der NATO war. Den Anfang machte seinerzeit die No 14 Sqn in Brüggen und galt zum Jahresende 1975 als einsatzklar. Am selben Standort folgten die No 17, 20 sowie 31 Sqn, während Jaguar der No 2 Sqn in Laarbruch zu Hause waren. Sie dienten nicht nur der nuklearen Abschreckung bzw. Verstärkung der taktischen NATO-Verbände, sondern wurden vielfach auch als Aufklärer verwendet. 1984 und 1985 gaben insgesamt vier Staffeln ihre Jaguar ab, in der nachfolgenden Dekade waren Maschinen des Typs Teil der Kampfhandlungen gegen Irak sowie während des Balkankonflikts. OCU 226, das 1991 in die No 16 Sqn überging, hatte indes und bis zum Dienstende 2005 insgesamt über 1000 Pilotenanwärter, auch aus den Exportnationen, auf Jaguar trainiert. Die Ausmusterung bei der RAF erfolgte schließlich bis zum 30. April 2007, bis dahin gingen auch hier knapp 60 Jaguar aus verschiedenen Gründen verloren.

Ecuador bestellte zehn Jagdbomber Jaguar International ES sowie zwei Trainer EB, die ab 1977 bei einer Kampfstaffel in Taura ihren Dienst versahen. Diese erfuhren Anfang der 1990er Jahre einige Überholungen zuzüglich der Nutzung von zwei vorherigen RAF-Exemplaren als Ersatzteilspender. Mindestens vier Verluste waren während der Dienstzeit zu beklagen, die mit dem Reservestatus der verbliebenen Flugzeuge 2003 endete.

Indien hatte zunächst 16 Jaguar GR.1 sowie zwei T.2 von der RAF geleast und der ersten, in Ambala beheimateten Einsatzstaffel, der No 14 Sqn ab 1979 übergeben und im Folgejahr für einsatzbereit erklärt. 1981 folgte die No 5 Sqn in Agra sowie drei weitere Staffeln in den nächsten Jahren in den operationellen Einsatz, wo das Flugzeug auch Shamsher genannt wurde. No 6 Sqn in Pune fliegt den Marinejagdbomber IM mit Agave-Radar und Sea Eagle-Lenkwaffen, während anderenorts in Ambala sowie Gorakhpur insgesamt 32 Jaguar IS/IB mit taktischen Atombomben bestückt werden können. Mit No 224 Sqn stellte man im März 2008 einen zusätzlichen Verband in Jamnagar auf. Heute besteht der Großteil aus in Lizenz gefertigten Maschinen in verschiedenen Baureihen und mit mehreren Aufwertungen. Im Dienst gab es aber wiederholt Probleme durch den

Die Zuführung des Jaguar an die britische RAF begann ab September 1973, eingeschlossen knapp 40 zweisitzige Kampftrainer. Im Bild eine modernisierte Jaguar T.4. (Foto: John Allen)

Indien wurde drittgrößter Betreiber des Jaguar, hier ein Jagdbomber IS. (Foto: Alexander Golz)

Für maritime Angriffsaufgaben erhielt der Jaguar IM einen geänderten Rumpfbug als Radarverkleidung, dieses Exemplar entspricht bereits den DARIN-Upgrades. (Foto: IAF)

Oman nutzte den Jaguar für lange Zeit und schickte ihn erst im Oktober 2014 in den Ruhestand. (Foto: MOD UK)

Einbau von nichtstandardisierten Bauteilen etwa im Hydraulikbereich, die nachfolgend von Technikern der Luftwaffe behoben werden mussten. Auch sind bis heute 45 Abschreibungen durch Abstürze und andere Vorkommnisse zu verzeichnen. Zum anderen beschaffte Indien rund 35 Jaguar, hauptsächlich aus Frankreich, als Ersatzteilspender. Innerhalb der Operation „Pawan" flogen indische Jaguar zwischen 1987 und 1990 Aufklärungsmissionen über dem vom Bürgerkrieg zerrütteten Sri Lanka und einige Flugzeuge waren zum selben Zweck 1999 in den Kargil-Konflikt gegen Pakistan involviert. Die indische Luftwaffe hat noch immer über 100 Jaguar im Bestand.

Nigeria kaufte 13 Jagdbomber Jaguar International SN und fünf doppelsitzige Trainer BN, die ab 1984 geliefert wurden und eine Staffel in Makurdi ausrüsteten. Aus Budgetgründen erfolgte die Ausmusterung schon 1991.

Oman bestellte in zwei Losen 20 einsitzige sowie vier zweisitzige Jaguar International OS und OB und erhielt als Übergangslösung zudem drei britische Maschinen. Zwei Staffeln, beide stationiert in Thumrait, nutzten die Flugzeuge ab 1977 bzw. 1983 und brachten einen Teil davon auf den GR.3A-Standard. Die Außerdienststellung der letzten verbliebenen Exemplare fand im Oktober 2014 statt.

Einsatzverbände (Auswahl)
Frankreich
EC 3, 7, 11, EC 5/330, CITac 339
Großbritannien
No II (AC), 6, 14, 16, 17, 20, 31, 41, 54 Sqn, 226 OCU
Ecuador
Escuadron de Combate 2111
Indien
No 5, 6, 14, 16, 27, 224 Sqn
Nigeria
64 ADG
Oman
No 6, 20 Sqn

Das gefleckte Tarnmuster ganz oben kam bei den französischen Jaguar zum Einsatz, die beispielsweise im Tschad oder der Zentralafrikanischen Republik operierten. Der abgebildete Jaguar A gehört zur Staffel EC 3/3 „Ardennes" und trägt verschiedene Hinweisschilder am Vorderrumpf, die taktische Kennung am Lufteinlass, das Hoheitszeichen am hinteren Triebwerksschacht, das Staffelwappen mit Keilerkopf sowie die Seriennummer A 75 auf dem Leitwerk. Als zweites wird ein Doppelsitzer Jaguar E dargestellt, der im taktischen Ausbildungszentrum 339 in Luxeuil diente. Die passende Kennung dazu ist auf dem Lufteinlass zu finden, am Leitwerk ein entsprechendes Abzeichen mit Fledermaus. Ganz unten in Marineblau und mit heller Unterseite der Prototyp der bordgestützten Version Jaguar M-05. Am Bug der Schriftzug Jaguar und weiter hinten Hinweistafeln, am Lufteinlass ein ‚J' sowie das Roundel der französischen Streitkräfte am Triebwerksschacht. (Grafik: Srecko Bradic)

In Kooperation Frankreich / Deutschland

Dassault-Breguet / Dornier Alpha Jet

Historie

Im Laufe der 1960er Jahre erkannte man bei der französischen Luftwaffe die Notwendigkeit zur Entwicklung eines modernen Strahltrainers, der vorrangig zur Ablösung der Fouga Magister sowie der Lockheed T-33, aber auch der Mystere IV A als Übungsflugzeug gedacht war. Die zeitnah konzipierte Trainerversion des Jaguar war dagegen zu weit von den passenden Vorgaben entfernt. Bei der bundes-

Die französische Luftwaffe begann den Einsatzbetrieb mit dem Alpha Jet offiziell am 1. Juni 1979. Schon bald kristallisierten sich angenehme Eigenschaften und eine größere Effizienz als mit den Vorgängern heraus. Im Jahr 1995 konnten mit dem Alpha Jet 500.000 Flugstunden verbucht werden, was das spezielle Farbschema dieser beiden Maschinen der Jagdfliegerschule EAC 314 aus Tours erklärt. Die einmillionste Flugstunde auf dem Flugzeug war im Jahr 2008 erreicht. (Foto: Pascal Schwarz)

In St. Cloud fertigte Dassault-Breguet den ersten (vorn) und dritten Prototyp des Alpha Jet. (Foto: Dassault Aviation)

deutschen Luftwaffe verhielt es sich ähnlich, hier ging es ebenfalls um den Ersatz von Magister und T-33. So suchten Breguet aus Frankreich sowie Dornier aus Deutschland den Kontakt, im September 1968 trafen sich Benno Claude Vallieres und Claudius Dornier zu ersten Absprachen und einigten sich auf den gemeinsamen Bau eines Schulflugzeugs. Schon im Oktober lieferte die französische Luftwaffe die entsprechenden Spezifikationen. Gefordert waren ein kostengünstiger Einsatz mit sparsamen Triebwerken, eine einfache Wartung, eine leichte Steuerbarkeit auch für unerfahrene Flugzeugführer, eine robuste Zelle für hohe Lastvielfache oder auch ein Tandemcockpit. Die Eigenschaften sollten der Anfangs- und Fortgeschrittenenschulung bis hin zum Waffentraining dienlich sein. Eine Sekundärrolle zur Luftnahunterstützung wurde schon bald von der deutschen Seite favorisiert, um die leichten Jagdbomber G-91 zu ersetzen. Verschiedene Unternehmen beteiligten sich mit unterschiedlichen Entwürfen, letztlich konkurrierten zwei Teams, bestehend aus Breguet-Dassault / Dornier sowie Aérospatiale / MBB miteinander. Dassault, der zwischenzeitlich Breguet gekauft hatte, fand das von Dornier vorgelegte Konzept als am besten geeignet und teilte seine Wahl im November 1969 Claudius Dornier mit. In Frankreich wurde ein gemischtes Entwicklungsteam gebildet, dass die zur Verfügung stehenden Erfahrungen und Technologien von Breguet und Dassault optimal ausnutzen sollte. So wurde der Breguet-Entwurf Br 126 sowie Dorniers P 375 zum Konzept TA 501 (126 + 375 = 501) zusammengeführt und schließlich am 23. Juli 1970 von beiden Regierungen zum Sieger des Wettbewerbs bestimmt. Im selben Monat leitete man die Definitionsphase ein, die mit dem Beschluss der Verteidigungsministerien zum Bau von vier (ursprünglich sechs) Prototypen sowie zwei statischen Erprobungszellen einherging. Dassault-Breguet wurde zum Hauptauftragnehmer ernannt, Konstruktionsteams aus beiden Ländern arbeiteten fortan vor allem in St. Cloud an der Vollentwicklung des nunmehr auf den Namen Alpha Jet getauften Flugzeugs. Bereits im März 1969 hatten sich die Triebwerkshersteller Turboméca und SNECMA zur Firmengruppe GRTS zusammengetan und offerierten das neu entwickelte, nachbrennerlose Larzac 04-Triebwerk, das im Gegensatz des ebenfalls in Frage kommenden General Electric J85 über einen geringeren Verbrauch verfügte und letztlich auch als Antrieb für den Alpha Jet ausgewählt wurde. Als Unterauftragnehmer in der Triebwerksproduktion fungierten dann die deutschen Unternehmen MTU und Klöckner.

Anfang der 1970er Jahre fanden umfangreiche Windkanaltests statt, die zur Verwendung eines Sägezahns, links und rechts an der Flügelvorderkante führten und damit die Strömung optimal verteilten. Die Flügel wurden in Schulterdeckerbauweise angeordnet und verfügten wie die Leitwerksflossen über eine mäßige Pfeilung. Das druckbelüftete Cockpit bot dank zweier höhenversetzter Sitze eine ausgezeichnete Sicht für die hintereinander untergebrachte Crew, des Weiteren gelangte ein Dreipunkteinziehfahrwerk zur Anwendung. Elektrische und hydraulische Systeme waren aus Sicherheitsgründen zweifach vorhanden,

Deutlich zu sehen sind in dieser Aufnahme die Sägezahnvorderkanten an den Tragflächen des Alpha Jet. (Foto: Chris Lofting)

die Ausrüstung variierte je nach Version und Nutzer. Im April 1971 stand die Ausrichtung auf eine französische Trainerversion E (Ecole - Schulung) sowie eine deutsche Variante als leichter Jagdbomber A (Appui tactique - Luftnahunterstützung) fest, das Programm startete gemäß dem bereits abgeschlossenen Regierungsabkommen endgültig im März des darauffolgenden Jahres. Zugleich begann der Bau des ersten Prototyps in St. Cloud, während der zweite im deutschen Oberpfaffenhofen komplettiert wurde. Der dritte entsprach der deutschen Jagdbomberausführung A und entstand wiederum in Frankreich. Interessanterweise wurde dagegen Prototyp „04" als französische Schulvariante E in Deutschland gebaut. Wie die Vollentwicklung schritt auch der Zusammenbau der Erprobungsflugzeuge zügig voran und am 26. Oktober 1973 konnte Testpilot Jean-Marie Saget den 46minütigen Erstflug von Istres aus durchführen. Der zweite Prototyp wurde am 9. Januar 1974 in Oberpfaffenhofen von Dieter Thomas zum Erstflug gebracht. Beide Versuchsmaschinen waren dann im April / Mai Exponate auf der ILA in Hannover. Im selben Jahr folgten auch Alpha Jet-Prototyp „03" am 6. Mai in Frankreich sowie „04" am 11. Oktober in Deutschland in die Flugerprobung. Auch wenn der vierte Prototyp im Juni 1976 abstürzte, demonstrierten die Prototypen von Anfang an ausgezeichnete Flugeigenschaften und manche Vorgaben konnten problemlos übertroffen werden. Ab Frühjahr 1974 begannen Flüge mit Außenlasten, denen sich die Waffenerprobung anschloss und bis Ende 1975 konnten bereits 1000 Flugstunden verbucht werden. Mit der Flugerprobung kam es auch zu Änderungswünschen, meist nur Kleinigkeiten am Design, die letztlich einem einfachen Handling in der Luft und am Boden zugutekamen. Zur Verbesserung der Stabilität und des Überziehverhaltens sollten die künftigen Jagdbomber der Baureihe A serienmäßig Gierdämpfer erhalten. Außerdem forderte Frankreich für den Schulungsbetrieb die Möglichkeit zum Trudeln. Hierzu wurde die spitze in eine runde Bugnase umgebaut und zudem beiderseits des Vorderrumpfes 0,7 m lange Luftleitbleche montiert. Beide Änderungen wurden bei den deutschen Jagdbombern nicht verbaut und später ein Einleiten des Trudelns mit diesen Flugzeugen untersagt. Die künftigen Exportmodelle des Alpha Jet hingegen entsprachen wiederum der französischen Variante mit dem abgerundeten Bug und waren für Trudelmanöver geeignet.

Als Alpha Jet NGEA oder auch Alpha Jet 2 erhielt das Flugzeug ein Laserentfernungsmesser im Bug und erweiterte Waffenoptionen, zu sehen sind Magic-Luftkampfraketen sowie eine Exocet-Anti-Schiffs-Rakete plus Zusatztank unter dem Tragwerk. (Foto: DR via Safran)

Weiterführend erfolgten ab 1977 Testreihen unter sehr kalten Umweltbedingungen in Skandinavien und unter sehr heißen in Nordafrika. Noch im selben Jahr startete im November das erste französische Serienexemplar des Alpha Jet E zu seinem Erstflug und 1978 gingen sechs dieser Maschinen zur Einsatzerprobung ans CEAM. Ende Januar 1979 begann die Indienststellung bei der französischen Luftwaffe, die zum 1. Juni offiziell vollzogen wurde. Das Geschwader EC 312 in Tours wurde zum Erstempfänger und erhielt bis zum Jahresende 1981 insgesamt 65 Exemplare. Die Ablösung der betagten T-33 nahm damit Fahrt auf und schon bald stellte man eine Verringerung von Kraftstoff- und Wartungskosten fest. In Tours dauerte das Trainingsprogramm auf dem Alpha Jet rund sechs Monate, inbegriffen etwa 100 Flugstunden. Dann ging es im Allgemeinen zum Geschwader EC 8 nach Casaux, wo ab 1981 insgesamt 30 Alpha Jet der französischen Luftwaffe zur Verfügung gestellt wurden. Für das Waffentraining nutzten die Flugzeuge hauptsächlich Kanonenbehälter sowie ungelenkte Raketen und auch hier konnte gegenüber dem zuvor genutzten Übungsflugzeug Mystere IV A ein von höherer Wirtschaftlichkeit gekennzeichneter Betrieb bilanziert werden. Es folgten weitere Staffeln als Nutzer, auch das Kunstflugteam „Patrouille de France" erhielt 1981 zwölf Exemplare und bis 1985 wa-

Im Cockpit des Alpha Jet verfügten beide Besatzungsmitglieder über eine ausgezeichnete Sicht. (Foto: Alexander Golz)

ren alle für die französischen Luftwaffe vorgesehenen 175 Alpha Jet ausgeliefert.

Beim Kooperationspartner Deutschland war eine erste Serienmaschine des Alpha Jet A im April 1978 geflogen, während ab Februar 1979 die Lieferungen an die Luftwaffe begannen und zunächst der Truppenerprobung in Leipheim dienten. Bereits im Vorjahr war die Waffenschule der Luftwaffe 50 (WaSLw 50) in Fürstenfeldbruck aufgelöst und als Jagdbombergeschwader 49 (JaboG 49) reaktiviert worden, zugleich sollte es der erste Einsatzverband mit dem neuen Flugzeug werden. Die ersten Alpha Jet trafen im Januar 1980 ein, die offizielle Indienststellung wurde dann am 20. März zelebriert. Die Flugzeuge rüsteten zwei Jagdbomberstaffeln am Standort Fürstenfeldbruck aus und ließen bis 1983 drei weitere Geschwader in Oldenburg, Husum und Leipheim folgen. Allerdings galt der Leipheim zugeordnete Verband JaboG 44 als sogenannte Geräteeinheit der Bundeswehr, tatsächlich befanden sich dessen Flugzeuge in Fürstenfeldbruck sowie als Teil des Taktischen Ausbildungskommandos im portugiesischen Beja. Der Einsatz von Leipheim war dagegen nur im „Ernstfall“ vorgesehen, der mehrfach bei den sogenannten taktischen Aktivierungsübungen geprobt wurde.

Insgesamt waren Erprobung und Einführung des Alpha Jet recht reibungslos verlaufen, Leistungs- und Sicherheitsanforderungen konnten erfüllt werden und demonstrierten damit die erfolgreiche Zusammenarbeit der beiden Partnernationen. Der technische Direktor bei Dassault Aviation, Yves Thiriet, fasste zusammen (Zitat): „Das Alpha Jet-Programm ist ein gutes Beispiel für ein sehr erfolgreiches industrielles Kooperationsprojekt, dass für alle Beteiligten zufriedenstellend ist.“ Der Kommandeur der Luftwaffenschulen, General Jean-Jaques Brun beurteilte den Alpha Jet 1995 aufgrund seiner Flugeigenschaften, Leistungen und Zuverlässigkeit als „unverzichtbares Trainingsgerät für Kampfpiloten“. Auf der anderen Seite war das gutmütige Verhalten des Flugzeugs für leichtes Unbehagen bei den Kommandeuren der Einsatzgeschwader verantwortlich, da sich dadurch für die Piloten eine anspruchsvollere Lernphase auf den künftigen Kampfjets ergab und sich das Meistern unvorhergesehener Situationen aufwendiger gestaltete.

Einen durchaus wichtigen Stellenwert genoss der Export. Um die deutschen Gesetze für Waffenexporte nicht zu strapazieren, war von Anfang an klar, dass vor allem Dassault-Breguet den Verkauf und die Herstellung von Exportmaschinen übernehmen würde. Belgien als erster Auslandskunde hatte sich schon frühzeitig für den Alpha Jet entschieden und unterzeichnete im Oktober 1973 eine Absichtserklärung über den Kauf von 33 Exemplaren, untermauert von einem endgültigen Vertrag im September 1975. Um Kosten zu sparen, forderte man eine Fertigungsbeteiligung. Das führte dazu, dass Landeklappen und Rumpfnase bei SABCA in Belgien hergestellt und am Standort Gosselies 32 Alpha Jet B bis 1980 komplettiert wurden. Diese Flugzeuge entsprachen größtenteils den französischen, verfügten andererseits über modifizierte Avionikkomponenten, Martin-Baker-Schleudersitze der Baureihe Mk.10 sowie über vier statt üblicherweise zwei Unterflügelstationen. Sie wurden in zwei Staffeln geflogen, in denen bis 1991 auch Pilotenanwärter aus der Niederlande ihre Ausbildung absolvierten und sie profitierten von den in den 1990er Jahren beschlossenen Upgrades. Diese beinhalteten hauptsächlich Aufwertungen im Cockpitbereich mit einem großen Head-Up-Display, einer mit GPS gekoppelten Trägheitsanlage oder auch dem HOTAS-Prinzip an Schubhebel und Steuerknüppel. Im Zuge von Rationalisierungsmaßnahmen überlegte man in Belgien eine weitere Kooperation mit dem Nachbarland Frankreich und legte schließlich im Herbst 2005 die Ausbildung am Standort Casaux zusammen. Somit entstand die Advanced Jet Training School, in der die 11. Staffel der belgischen Luftwaffe dem französischen Verband ETO 2/8 zugeordnet war. Hier übernahmen sowohl belgische als auch französische Fluglehrer das taktische Training der Piloten, nachdem diese die Grundausbildung bei EC 314 in Tours durchlaufen hatten. Das Zusammenwirken funktionierte gut, im Jahr 2008 feierte man in Casaux die einmillionste Flugstunde auf dem Alpha Jet. Der Trainingsbetrieb wurde in dieser Form bis zum Jahr 2018 aufrechterhalten, als Belgien den Schulbetrieb mit dem Alpha Jet einstellte. Einige belgische Maschinen fanden zwei weitere Jahre Verwendung und wiederum andere, in Frankreich registrierte Maschinen profitierten zwischenzeitlich ebenfalls von Modernisierungen. Hier hatte die verbesserte Avionik in den belgischen Flugzeugen Wirkung gezeigt und fand in Form eines sogenannten Glascockpits bei 20 Maschinen als Aufwertung Verwendung. Die erste davon gelangte im Sommer 2009 zur Auslieferung.

Etwas umfassender gestalteten sich die Änderungen beim Alpha Jet NGEA (Nouvelle Génération Ecole / Appui), der als leichter Jagdbomber Trägheitsanlage, Waffenrechner, Laserentfernungsmesser und ein neues HUD erhielt. Zugleich waren wie bei der Baureihe A wiederum vier Aufhängepunkte unter dem Tragwerk zur Mitnahme von Waffen geeignet, zudem fanden die leistungsstärkeren Larzac 04-Triebwerke der Baureihe C20 Verwendung. Auch als Alpha Jet 2 bekannt, erfolgte im April 1982 der Erstflug des Prototyps (einer Umbaumaschine) in Toulouse. Schließlich konnten mit Ägypten und Kamerun zwei Exportkunden gewonnen werden. Ägypten baute die meisten der im Export als Alpha Jet MS 2 genannten Maschinen lokal aus vorgefertigten Komponenten zusammen, so wie es schon mit der Variante MS 1 als Schulflugzeug praktiziert wurde.

Neben Ägypten waren weitere afrikanische Länder die hauptsächlichen Exportabnehmer des Alpha Jet, andere Betreiber ergaben sich durch den Verkauf von ausgemusterten Überschussmaschinen etwa aus der Bundesrepublik Deutschland. Obwohl in vielen Belangen besser als der Vorgänger, erreichte der Alpha Jet als Jagdbomber bei der deutschen Luftwaffe nicht den ursprünglich angedachten Einsatzwert, sodass die Außerdienststellung nur knapp 15 Jahre nach Einsatzbeginn und im Einklang mit dem Streitkräfteabbau in Europa erfolgte und zwischen 1993 und 1997 vollzogen wurde. Während der Einsatzzeit erprobte man bei Dornier sowie der Erprobungsstelle 61 in Manching bereits 1981/82 einen transsonischen Tragflügel in annähernd 100 Testflügen. Mit dem an der Wurzel verlängerten, zugleich verdickten Tragwerk ließen sich höhere kritische Machzahlen und Steigleistungen, aber auch ein geringerer Kraftstoffverbrauch bei hohen Geschwindigkeiten und dank größerer Tanks auch eine größere Flugweite feststellen. Praktische Auswirkungen hatte das Ganze letztlich nicht und fand ebenso wenig eine serienmäßige Anwendung wie andere Versuche mit direkter Seitenkraftsteuerung, die über Spreizklappen an den Tragflächenpylonen bewerkstelligt wurde oder auch die versuchsweise Verwendung kunststoffverstärkter Materialien an Trag- und Leitwerk. Mit der Außerdienststellung standen mit über 160 eine große Anzahl für andere Zwecke oder eben andere Kunden zur Verfügung, einige gingen an Testeinrichtungen wie die britische DERA (später QinetiQ) oder private Anbieter für das taktische Luftkampftraining wie Top Aces und Air Affair sowie an zivile Nutzer. Portugal übernahm ab 1993 insgesamt 50 vormals deutsche Einsatzmaschinen und ab dem Jahr 2000 gesellte sich Thailand als Betreiber von 25 ehemaligen deutschen Alpha Jet dazu. Diese wurden seinerzeit für einen sehr geringen Stückpreis von jeweils 50.000 DM (ca. 25.500 Euro) verkauft, fünf davon waren von vornherein als Ersatzteilspender vorgesehen.

In Frankreich hatte Dassault in den 1980er Jahren weitere modernisierte Versionen untersucht, um ein zeitgemäßes Training für den Übergang auf neue, noch in der Er-

Ein Triebwerkswechsel der rauchfreien Larzac 04-Aggregate ließ sich in relativ kurzer Zeit bewerkstelligen. (Foto: Espace Patrimoine Safran)

probung befindliche Kampfflugzeugmuster wie Rafale oder Eurofighter zu gewährleisten. Im Cockpitbereich sollten Anpassungen mit Bildschirmen erfolgen oder auch der Einsatz von Lenkwaffen sowie dazugehörigen Zielsystemen ermöglicht werden. Als Alpha Jet 3 und Alpha Jet Lancier bezeichnet, kam man aber nicht über Konzeptstudien und den Attrappenbau hinaus und auch eine für die französische Marine angedachte Variante zur Ablösung der Zephyr blieb ein Projekt. Tatsächlich hatten sich die Alpha Jet-Partner schon einmal Ende der 1970er Jahre mit einer bordgestützten Marineversion innerhalb des VTX-TS-Wettbewerbs eingebracht. Hierbei ging es um ein Ablösemuster für die T-2 Buckeye der US Navy. Die im September 1977 herausgegebene Ausschreibung führten Dassault-Breguet / Dornier im nachfolgenden Jahr zur Zusammenarbeit mit Lockheed nach Kalifornien und natürlich zu einigen spezifischen Änderungen. Nachdem Lockheed-Piloten im Dezember 1978 den Alpha Jet E-Prototyp „02" in Istres bei mehreren Einsätzen und simulierten Trägeranflügen bewertet hatten, wurde ein deutscher Alpha Jet A mit einer abgerundeten Bugnase sowie amerikanischen Kommunikationssystemen versehen und 1980 in die USA gebracht. Dann folgten im September die Vorführung des Flugzeugs an mehreren Standorten vor Kongressabgeordneten und Regierungsbeamten, vor Angehörigen von Air Force und Navy und auch das Fliegen durch insgesamt 67 US-Piloten, die allesamt ein positives Fazit zogen. Zum Schluss entschied sich die US Navy jedoch in modifizierter Form für die britische Hawk.

Der reguläre Ausbildungsbetrieb mit dem Alpha Jet endete in Frankreich im Jahr 2023, im März wurde ein letzter Lehrgang auf dem Flugzeug abgeschlossen. Außerdem wurde die Schulung von da an nach Cognac verlegt und nunmehr auf Turboproptrainern Pilatus PC-21 geflogen. Zu diesem Zeitpunkt verfügte man noch über mehr als 50 Alpha Jet, die vorerst eingelagert und bei Bedarf dem „Aggressortraining", dem Simulieren des Gegners innerhalb des Verbandes EE 3/8 dienen sollen. Einen anderen Betreiber gibt es noch immer mit der „Patrouille de France" in Salon-de-Provence.

Produktion und Versionen

Der Serienbau des Alpha Jet lief im Jahr 1975 an und ergab bis zur Einstellung 1984 laut Dassault Aviation insgesamt 512 Exemplare samt Prototypen. Dassault selbst war für die Herstellung der vorderen sowie der mittleren Rumpfsektion und deren Zusammenbau zuständig und verteilte diese Aufgaben auf die Werke in Argenteuil, Biarritz und Colomiers. Dornier fertigte das vordere Rumpfsegment, die Tragflächen, das Leitwerk sowie die Lufteinlässe, neben Oberpfaffenhofen erfolgte auch in München-Neuaubing die Teilefertigung. Ferner produzierte Lizenznehmer SABCA im belgischen Gosselies die Rumpfnase und die Landeklappen. Die Endmontage fand in Toulouse-Colomiers, in Oberpfaffenhofen sowie in Gosselies statt, im ägyptischen Helwan wurden bei AOI 37 weitere Flugzeuge aus vorgefertigten Teilen zusammengebaut.

Alpha Jet A, LNU-Version als leichter Jagdbomber und Übungsflugzeug für deutsche Luftwaffe, spitzer Rumpfbug mit Staurohr, mit Dopplergerät, Funkhöhenmesser, Stencel-Schleudersitzen, fünf externe Waffenstationen, Erstflug Serienmaschine 12. April 1978, insgesamt 175 Exemplare

Alpha Jet B, belgische Baureihe basierend auf Schulversion E, aber mit modifizierter Avionik, fünf externen Waffenstationen, Martin-Baker B 10N-Schleudersitzen, ein Musterflugzeug 1978 aus französischer Produktion übergeben, bis 1980 Lieferung von 32 Lizenzmaschinen, ab Anfang 2000 Avionik-Upgrades als Alpha Jet B+

Alpha Jet E, Schulversion für Frankreich sowie als Exportmaschinen, kurzer, abgerundeter Rumpfbug, Martin-Baker-Schleudersitze RM 4, drei externe Waffenstationen, Erstflug Serienexemplar 4. November 1977, insgesamt 176 Exemplare für französische Luftwaffe plus 71 Exportmaschinen

Alpha Jet MS 1, ägyptische Exportversion basierend auf Baureihe E, 30 Exemplare

Alpha Jet MS 2, verbesserte Baureihe zur Schulung und Luftnahunterstützung auf Basis des Alpha Jet NGEA, geänderte Avionik, Laserentfernungsmesser in modifizierter Bugnase, erweiterte Waffenpalette, stärkere Larzac 04C20-Triebwerke, 22 Exemplare

Alpha Jet NGEA aka **Alpha Jet 2,** Version mit verbesserter Avionik und Bewaffnungsmöglichkeiten, Erstflug 9. April 1982, nachfolgend als MS 2 in Serie

Aufbau, Ausstattung und Bewaffnung

Beim Serienbau des Alpha Jet kamen moderne Fertigungstechnologien wie chemische Fräsverfahren zum Einsatz, die Zelle wurde vorwiegend aus Aluminiumlegierungen, vereinzelt aus Stahl und wie die Spitze der Seitenflosse aus Kunststoff hergestellt. Das Schulterdeckertragwerk als ein wesentliches Merkmal des Alpha Jet verfügt über ein Dickenverhältnis von 10,2 %, über Sägezahnvorderkanten und ist dort um 28 Grad gepfeilt. Hinten befinden sich Landeklappen und Querruder. Der in Ganzmetall-Halbschalenbauweise gefertigte und nach der Flächenregel eingeschnürte

Rumpf besitzt in der Version A einen spitzen Bug mit Staurohr, in der Baureihe E einen abgerundeten und nimmt in der Ausführung MS 2 ein Laserentfernungsmesser auf. Im Innern folgen der Fahrwerksschacht für das einfach bereifte Bugrad sowie zur Versorgung der Crew ein 10-l-Konverter mit flüssigem Sauerstoff, weiter hinten Avionikbaugruppen, Hydraulikbehälter, auf der Oberseite die Unterbringung der Kabelstränge. Die an den Rumpfseiten platzierten Triebwerksschächte beginnen mit den Lufteinlässen, welche mit Grenzschichtschneiden ausgestattet sind. Höhenversetzt verfügt die Druckkabine über zwei Schleudersitze, auf denen Flugschüler und Fluglehrer hintereinander ihre Unterbringung finden. Bei den Alpha Jet A wurden amerikanische Stencel S-III-S3AJ mit Null-Null-Kapazität eingebaut, die französischen erhielten Martin-Baker-Fabrikate AJRM-4, die ein Auslösen in Null-Höhe und ab 167 km/h erlauben. Exportmaschinen nutzen Martin-Baker-Sitze der Baureihe Mk.10 (B10N, E10N, Q10N usw.) mit Null-Null-Kapazität. An der hinteren Rumpfoberseite gibt es aufstellbare Luftbremsen, am Heck die an der Vorderkante um 45 Grad gepfeilte Seitenflosse mit kleinen, als Blattantennen des Navigations/Funksystems ausgebildeten Stabilisierungsflächen am oberen Abschnitt sowie die voll beweglichen, mit negativer V-Stellung versehenen Höhenleitwerke mit 30 Grad Vorderkantenpfeilung. Den Abschluss bildet ein Heckkonus, der ursprünglich als Bremsschirmbehälter gedacht war, beim Alpha Jet A wurde unter dem Heck ein Notfallfanghaken angebracht. In Rumpf und Tragflächen nehmen Integraltanks bis zu 2050 l Kraftstoff auf. Gewöhnlich kommen als Zusatztanks zwei 310-l-Behälter an den äußeren Pylonen zum Einsatz, später und insbesondere bei der Version MS 2 auch welche mit 450 oder 625 l Fassungsvermögen an den inneren Aufhängepunkten. Die damit gespeisten Triebwerke sind relativ sparsame und wartungsfreundliche Larzac 04-C5 oder -C6 mit jeweils 13,25 kN Schubkraft, später gelangten bei den deutschen und einigen Exportmaschinen Larzac

Typ	Alpha Jet A	Alpha Jet E
Verwendung	Schul- und Jagdbombenflugzeug	Schulflugzeug
Besatzung	1+1	1+1
Triebwerk	zwei GRTS Larzac 04-C5/C6 mit je 13,25 kN oder Larzac 04-C20 mit je 14,12 kN	zwei GRTS Larzac 04-C5/6 mit je 13,25 kN
Spannweite (m)	9,11	9,11
Länge (m)	12,47	11,85
Höhe (m)	4,19	4,19
Flügelfläche (m^2)	17,50	17,50
Tragflächenbelastung max. (kg/m^2)	457	457
Leermasse (kg)	3515	3345
Startmasse max. (kg)	7500	7250
Höchstgeschwindigkeit (km/h)	995	1018
Steiggeschwindigkeit (m/s)	57	57
Landegeschwindigkeit (km/h)	170	170
Dienstgipfelhöhe (m)	14.630	14.630
Reichweite (km)	2940 mit Zusatztanks	1230
Aktionsradius (km)	1075 mit Zusatztanks	780
Startstrecke (m)	410	410
Landestrecke (m)	610	610
Bewaffnung	bis 2500 kg Bomben, Raketen, Waffenbehälter an fünf Aufhängepunkten	bis 2500 kg Bomben, Raketen, Waffenbehälter an drei Aufhängepunkten

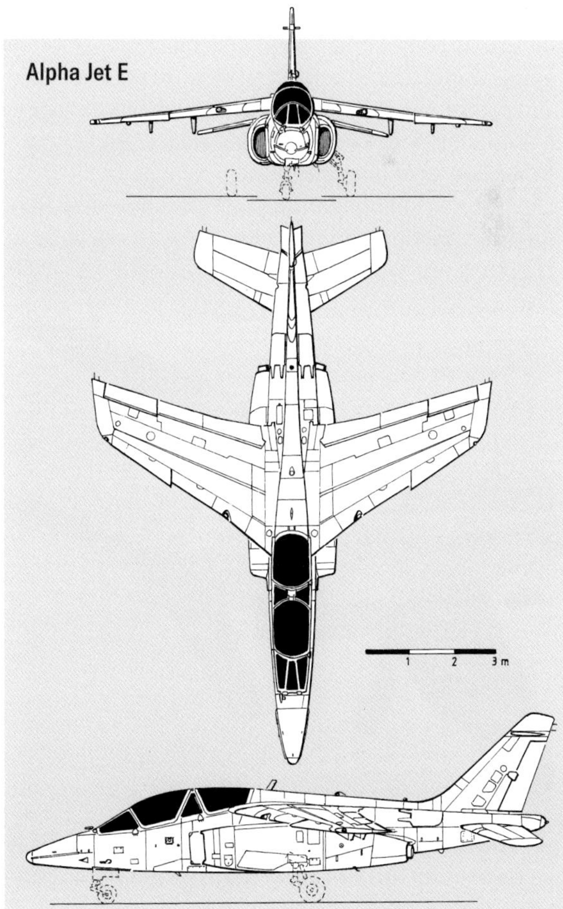

04-C20 mit je 14,12 kN zum Einbau. Die beiden Hauptbaugruppen des Fahrwerks sind jeweils einfach bereift und ziehen in den Rumpf ein.
Bestandteile der Bordavionik sind (auszugsweise):

- UHF Funkausrüstung XT 3011/04
- VHF Funkausrüstung XU IIIA2
- Freund-Feind-Erkennung STR-700 Mk.10 (**A**), ESD 3300 (**E**)
- TACAN MITAC-D
- Dopplergerät Litef LDN
- Trägheitsnavigation ULISS 81 (**MS 2**), Totem 3000 mit GPS (**modernisierte E**)
- Funkhöhenmesser TRT AHV 6 (**A**), AHV 9 (**MS 2**)
- Laserentfernungsmesser Thomson-CSF TMV 630 (**MS 2**)
- HUD Kaiser KM 808 (**A**), Thomson-CSF 902 (**E**), VE 110E (**MS 2**)
- Störsender/behälter Selenia ALQ-234, Elettronica ELT-460, ELT-550 (**A**)
- Möglich ist die Mitnahme eines Aufklärungsbehälters mit bis zu vier OMERA-Kameras unter dem Rumpf.
- Als Bewaffnung wurden über 50 Kombinationen erprobt, einige Waffen nur bewertet und nicht im regulären Dienst verwendet. Möglich war die Bestückung mit Kanonenbehältern mit einer 27-mm-Kanone Mauser BK 27 und 150 Schuss (**A**) oder mit einer 30-mm-Kanone DEFA 553 und 150 Schuss Munitionsvorrat (**E, MS 2**) unter dem Rumpf. An dieser Station sowie zwei bis vier weiteren unter dem Tragwerk war die Mitnahme von Waffen bis zu 2500 kg Masse möglich. Dazu zählten:

Bis heute ist die Kunstflugstaffel „Patrouille de France" Nutzer des Alpha Jet und besticht mit einem in den Nationalfarben Frankreichs gehaltenen Farbmuster. (Foto: Anthony Noble)

- Kanonenbehälter CC 420 mit einer 30-mm-Kanone DEFA mit 180 Schuss
- 125-, 200-, 250-, 400-kg-Sprengbomben, 227-kg-Sprengbomben Mk.82, EU 2
- Startbahnbomben BAP 100
- 125-kg-Splitterbomben BL 18
- Panzerbrechende Splitterbomben BAT 120
- Streubomben BL 755
- 300-l-Napalmbehälter
- Behälter Matra F 1 mit je 36 ungelenkten 68-mm-Raketen SNEB
- Behälter Matra F 4 / M 155 mit je 18 ungelenkten 68-mm-Raketen SNEB
- Behälter LAU-51 mit je 19 ungelenkten 70-mm-Raketen
- Gelenkte Luft-Luft-Raketen AIM-9L Sidewinder, Matra R 550 Magic (**MS 2**)
- Gelenkte Luft-Boden-Raketen AGM-65 Maverick, AM 39 Exocet (**MS 2**)

Nutzer des Alpha Jet

Frankreich übergab 1978 die ersten Alpha Jet dem CEAM, dann folgte am 1. Juni 1979 die offizielle Indienststellung des Trainers bei der Jagdfliegerschule GE 314 in Tours. Nach Simulator und der Ausbildung auf propellergetriebenen Flugzeugen, erfolgte hier das Jettraining mit etwa 100 Flugstunden in 82 Flügen. Mehrere Staffeln erhielten am Standort 55 bis 65 Alpha Jet, bis 1981 waren die volle Stärke und bereits 20.000 Flugstunden erreicht. Etwa 30 Alpha Jet standen ab 1982 der weiterführenden Ausbildung mit Waffentraining beim EC 8 in Casaux zur Verfügung, wo rund 60 weitere Flüge für die künftigen Kampfpiloten eingeplant waren. GE 314 wurde 1994 zu EAC 314, wo sowohl Kampfpiloten als auch Navigatoren / Waffensystemoffiziere geschult wurden und später ebenfalls zur Waffenschule nach Casaux gelangten. Das Fortgeschrittenentraining wurde ab 2005 in Kooperation mit der belgischen Luftwaffe fortgesetzt und fortan Teil der Advanced Jet Training School. Hierzu brachte Belgien seine noch vorhandenen Alpha Jet sowie Ausbildungspersonal mit ein und war so bis 2018 Teil der Trainingseinrichtung. Verschiedentlich flogen französische Alpha Jet im Ausbildungszentrum CIFAS, für Unterstützungs- und Trainingsaufgaben auch in regulären Verbänden wie EC 2/7, EB 2/91 oder ERS 1/91 und dienten als Übungs- und Zielschleppflugzeuge bei EC 5/2 in Dijon. Hinzu kam der Einsatz zur Feinddarstellung etwa bei EE 2/2 in Dijon. Zu diesem Zweck stehen bis heute noch vorhandene Flugzeuge bereit und die Kunstflugstaffel „Patrouille de France"

Die Bundesrepublik Deutschland verwendete die Version Alpha Jet A als leichten Jagdbomber ab 1980, musterte ihn in dieser Funktion ab 1993 wieder aus. (Foto: Rob Schleiffert)

begeistert seit 1981 mit ihren Alpha Jet ein millionenfaches Publikum. Der reguläre Trainingsbetrieb mit dem Flugzeug endete 2023, bis dahin mussten knapp 30 Exemplare wegen Unfällen abgeschrieben werden.

Deutschland als Partnernation im Alpha Jet-Programm startete im März 1980 die offizielle Indienststellung beim Jagdbombergeschwader 49 in Fürstenfeldbruck. Zwei Staffeln erhielten den leichten Jagdbomber für Luftnahunterstützungseinsätze und konnten sechs Jahre später die 50.000ste Flugstunde verbuchen. Für Tiefflugtraining in bis zu 60 m Höhe und für Übungen mit „scharfem Schuss" ging es regelmäßig nach Beja, Portugal. Das traf auch auf die anderen Alpha Jet-Einsatzgeschwader 41 und 43 in Husum und Oldenburg zu, die bis 1983 das Flugzeug in Dienst gestellt hatten. Hinzu kam der Reserveverband JaboG 44 in Leipheim, dessen Alpha Jet sich aber meistens in Beja und Fürstenfeldbruck befanden. Während des Golfkriegs 1991 verlegte die Bundeswehr 18 Alpha Jet von JaboG 43 nach Erhac in die Türkei, die von der anti-irakischen Koalition aufgrund der geringen Reichweite aber eher als moralische Unterstützung angesehen wurden. Eine weitere Ernüchterung stellte sich bei voller externer Zuladung ein, schaffte der Alpha Jet in dieser Konfiguration höchstens noch 670 km/h Maximalgeschwindigkeit. Auch im Rahmen des Streitkräfteabbaus in Europa begann die Bundeswehr die Außerdienststellung des Jagdbombers ab 1993 und im März des Folgejahres war der letzte Einsatzverband aufgelöst. Einige Maschinen flogen noch bei der Fluglehrgruppe in Fürstenfeldbruck sowie bei der Erprobungsstelle WTD 61 in Manching, ein letzter Einsatz wurde im November 1997 nach insgesamt über 392.000 Flugstunden absolviert. Während der Dienstzeit gingen sieben Alpha Jet verloren.

Ägypten stattete seine Luftwaffe mit 30 Alpha Jet MS 1 sowie 15 MS 2 aus, die ab 1982 geliefert und in erster Linie zu Schulungsaufgaben verwendet wurden. Jeweils vier davon kamen aus Frankreich, der Rest entstand in Lizenzproduktion. Die stärker bewaffneten MS 2 übernahmen auch das taktische Jagdbombertraining und sind mit einer vergrößerten Waffenpalette ausgestattet. Früher Teil der Luftwaffenakademie in El Minya, erfolgte später der Umzug nach As Salihiyah und später mit dem 308th Taktischen Luftnahunterstützungsgeschwader noch einmal ins nördlich gelegene Al Mansurah.

Als Alpha Jet MS 2 nutzte die ägyptische Luftwaffe die Variante NGEA mit verstärkter Bewaffnung. (Foto: Dassault Aviation)

Belgien erhielt den ersten Alpha Jet, der noch aus französischer Produktion stammte, im Dezember 1978. Dann folgten bis Juli 1980 insgesamt 32 Lizenzmaschinen, welche zwei Staffeln des 9. Geschwaders in Brustem ausrüsteten. Auf diesen trainierten die angehenden Flugzeugführer bis zu 155 Flugstunden. Im November 1996 erfolgten die Schließung der Luftwaffenbasis in Brustem und die Auflösung des 9. Geschwaders, sodass die beiden Staffeln nach Beauvechain verlegt und in das 1. Trainingsgeschwader integriert wurden. Die Alpha Jets erhielten ab dem Jahr 2000 nützliche Upgrades, etablierten sich ab 2005 als Teil der Advanced Jet Training School im Verband ETO 2/8 im französischen Casaux und standen dort bis 2018 im Dienst. Einige davon wurden noch von der französischen Luftwaffe weitergeflogen.

Belgien flog vor allem im eigenen Land produzierte Lizenzmaschinen, zum Schluss in der mit Frankreich betriebenen Advanced Jet Training School. (Foto: Chris Lofting)

Elfenbeinküste orderte 1977 zwölf Alpha Jet E. Die Lieferung erfolgte ab 1980 und die Stationierung in Bouaké. Bis zur Jahrtausendwende nahm die Anzahl einsatzfähiger Maschinen stetig ab, ab 2004 blieben sie komplett am Boden.

Kamerun bezog ab 1984 insgesamt sieben Alpha Jet MS 2 aus ägyptischer Lizenzfertigung und stationierte diese im nordwestlichen Garoua. Als Bestandteil zweier Escadrilles in einer Staffel wurden sie allerdings bis heute recht wenig geflogen.

Katar wurde ab 1981 Nutzer von sechs Alpha Jet E mit der Al Udaid-Luftwaffenbasis als Heimatstandort. Mit den Flugzeugen erfolgte ein intensives Training, das allein in den ersten 20 Einsatzjahren zu 15.000 Flugstunden führte.

Marokko setzt bis heute den Alpha Jet beim Ausbildungszentrum für Kampfpiloten in Meknés ein, die Lieferung von 24 Exemplaren hatte 1982 eingesetzt. Bis heute sind mindestens drei Verluste zu beklagen.

Alpha Jets in Katar erreichten eine hohe Flugstundenzahl. (Foto: Dassault Aviation)

Nigeria hatte die ersten von zwölf bestellten Alpha Jet im September 1981 erhalten, die ausnahmsweise aus der Produktionslinie in Oberpfaffenhofen stammten und äußerlich der Variante A entsprechen. Ein zweites Los über nochmals zwölf Exemplare erreichte ab 1985 den Stützpunkt Kano. Zwei Jahre später erfolgte der Umzug zur Luftwaffenschule in Kainji. Verschiedene Verbände teilen sich bis heute in Makurdi, Port Harcourt und Yola den Restbestand, der durch Tausende Luftnahunterstützungseinsätze in Sierra Leone, Liberia, aber auch im eigenen Land zur Rebellenbekämpfung um mindestens ein Dutzend dezimiert wurde. Erst 2020 konnte die nigerianische Luftwaffe mehrere Exemplare reaktivieren und den Bestand einsatzfähiger Flugzeuge auf elf bringen, zum anderen engagierte sich das französische Unternehmen SOFEMA bei der Überholung mehrerer als Ersatzmaschinen gelieferter Alpha Jet E.

Portugal übernahm im Laufe des Jahres 1993 insgesamt 50 ehemalige deutsche Alpha Jet, nachdem diese überholt und sämtlich mit Larzac 04C-20-Triebwerken ausgerüstet waren. Zwei Staffeln im südlichen Beja dienten Trainings- und Jagdbombereinsätzen, bis Ende der 1990er Jahre nur noch Esquadra 103 als Trainingsverband übrigblieb. Ferner aktivierte die portugiesische Luftwaffe 2005 die „Asas de Portugal" als Kunstflugduo, da aus Personalmangel eine Vierformation wie in früheren Jahren mit anderen Mustern nicht zustande kam.

Thailand war ein weiterer Empfänger gebrauchter Alpha Jet A, die 1999 aus deutschen Beständen gekauft wurden. Der Einsatz begann im September 2000 bei einer Staffel des 23. Geschwaders in Udan Thani als leichter Jagdbomber. Spä-

Von Meknés aus setzt die marokkanische Luftwaffe den Alpha Jet ein. Zwei dieser Maschinen werden von einem französischen Exemplar von EAC 314 geführt. (Foto: Pascal Schwarz)

Portugal erhielt ausgemusterte deutsche Alpha Jet A, diese beiden bildeten ab 2005 das Kunstflugteam „Asas de Portugal". (Foto: Rob Schleiffert)

ter realisierte man Nachrüstungen mit Täuschkörperwerfern und Martin-Baker-Schleudersitzen sowie eine Anpassung an die Sidewinder-Luftkampfrakete.

Togo bestellte 1977 fünf Alpha Jet E, die ab 1980 zur Auslieferung gelangten. Ihre Stationierung erfolgte im nordöstlichen Niamtougou. Nach mindestens zwei Verlusten wurde der Rest im Jahr 2000 vorerst eingelagert, der aktuelle Status ist unklar.

In Thailand stehen gebrauchte, vormals deutsche Alpha Jet A bis heute im Dienst. (Foto: Alexander Golz)

Togo wurde bereits 1980 Kunde des Alpha Jet E, dieses Exemplar wurde im Mai 1991 in Merignac fotografiert. (Foto: Marcel Fluet via Eric Bannwarth)

Der bei EC 2/2 in Dijon im Dienst befindliche Alpha Jet E ganz oben diente dem Aggressortraining sowie Zielschleppeinsätzen, für letzteres ist unter dem Rumpf eine Zielschleppvorrichtung angebracht. Zahlreiche Hinweistafeln am Vorderrumpf, Wappen der Escadrille SPA 57 am Leitwerk. Als zweites ein Alpha Jet A des JaboG 49 in Fürstenfeldbruck im mehrfarbigen Tarnanstrich und heller Unterseite, mehrere Hinweisschilder unterhalb des Cockpits und Staffelwappen am Leitwerk. Dann eine Maschine des JaboG 41 in Norm 83-Bemalung. Kanonenbehälter unter dem Rumpf, Mk.82-Sprengbomben unter dem Tragwerk, taktische Kennung am Vorderrumpf und Staffelwappen sowie Hoheitszeichen am Leitwerk.
(Grafik: Srecko Bradic) (Grafik: Manfred Meyer)

Einsatzverbände (Auswahl)

Frankreich
EB 2/91, EC 2, 7, 8, EE 2/2, 2/328, ERS 1/91, GE / EAC 314, GE 316

Deutschland
JaboG 41, 43, 44, 49

Ägypten
No 57, 58 Sqn

Belgien
7., 11. Smaldeel, ETO 2/8

Kamerun
31ème Escadron Aérien

Katar
No 11 Sqn

Marokko
CIPC

Nigeria
103 STG, 105 CG, 115 SOG, 407 ATG

Portugal
Escquadra 103, 301

Thailand
No 231 Sqn

Ausblick mit Future Combat Air System und New Generation Fighter

So könnte ein künftiges Einsatzszenario aussehen: mit dem New Generation Fighter als Kernelement des FCAS und zugleich als Führungsflugzeug unbemannter Begleitflugzeuge als sogenannte Loyal Wingmen. Zuletzt genannte könnten koordiniert vom NGF Kampf- und Aufklärungsaufgaben übernehmen oder, wenn es die Technik erlaubt, im Bedarfsfall eigenständig handeln, sich unter Umständen als Drohne opfern oder nach Erfüllung des Auftrages wieder vom NGF „eingesammelt“ werden. (Foto: Airbus)

Die Entwicklung im französischen Kampfflugzeugbau nach 1945 bis heute ist zweifellos beeindruckend. Man hatte es innerhalb weniger Jahre wieder geschafft zu den führenden Luftfahrtnationen aufzuschließen und die Weltspitze mitanzuführen. Hierzu waren große Summen an Geld, aber auch viel Arbeit und viele kluge Köpfe mit großem Engagement notwendig. Das Erreichte, das Konzipieren und Beherrschen modernster Technologien gehört zu den Errungenschaften der französischen Luftfahrtindustrie und diese Fähigkeiten möchte man natürlich nicht verlieren oder anderen Herstellern in anderen Ländern überlassen. Auch wenn die Belastung für den französischen Staat enorm war und bis heute ist, hat man es bisher immer wieder geschafft, moderne Kampfjets in Eigenregie zu entwerfen und eine aufwendige Serienproduktion zu realisieren. Dabei startete so manches Programm als Gemeinschaftsprojekt, scheiterte aber letztlich an unterschiedlichen Vorstellungen der Beteiligten, an Auslegungen und damit Leistungen sowie Einsatzfähigkeiten und nicht zuletzt aufgrund von Zuständigkeiten, Kostenaufteilungen, personal bedingten Eitelkeiten und dergleichen. Ein neues Joint Venture könnte sich mit einem künftigen Kampfjet ergeben, der bislang als FCAS – Future Combat Air System bzw. Systéme de Combat Aérien du Futur (SCAF) bekannt ist. Zu den Hauptakteuren zählen Dassault Aviation und Airbus sowie Indra Sistemas. Diese europäischen Unternehmen möchten einen mehrzweckfähigen Kampfjet der 6. Generation, zudem anteilig dazu passende Kommunikations- und Waffensysteme sowie unbemannte Begleitflugzeuge als Loyal Wingmen bereitstellen. Nicht nur diese, sondern ganze Drohnenschwärme sollen von einem FCAS und seiner Crew geführt, koordiniert und zum Einsatz gebracht werden und damit effiziente und flexible Missionen ermöglichen. Neben einer modularen Bauweise mit bedarfsmäßig auswechselbaren Komponenten, einem starken und zugleich wirtschaftlichen Antrieb, stehen gleichfalls Stealth-Eigenschaften, eine Echtzeitdatenvernetzung und natürlich modernste Waffensysteme im Vordergrund. Außerdem möchte man eine stärkere Unabhängigkeit von US-amerikanischen Systemen erlangen, was zumindest den Franzosen bisher ganz gut und im Laufe der Zeit immer besser gelang.

Die Anfänge zum FCAS waren bereits zu Anfang des 21. Jahrhunderts gemacht, als im Rahmen des European Technology Acquisition Programme Konzeptideen zu miteinander agierenden bemannten und unbemannten Fluggeräten vorgestellt wurden und neben Frankreich auch Deutschland, Großbritannien, Italien, Schweden und Spanien einbezogen. Eine Machbarkeitsstudie, in der Frankreich und Großbritannien miteinander kooperierten, folgte 2014 als Future Combat Air System. Danach war nicht viel Zeit vergangen, bis alte Vorgehensweisen und Unstimmigkeiten sich wiederholten und die britische Seite ein eigenes Konzept unter dem Namen „Tempest“ vorstellte. Das führte auch dazu, dass sich Frankreich und Deutschland demonstrativ darin bestärkten einen gemeinsamen Kampfjet zu entwickeln und diese Absicht seit 2017 mehrfach wiederholten. Frankreich sollte die führende Rolle in der Entwicklung übernehmen und andere europäische Länder konnten sich beteiligen. Doch auch hier stellten sich Unstimmigkeiten ein. In Frankreich fürchtete insbesondere Dassault um seine Rolle als führendes europäisches Luftfahrtunternehmen im Kampfflugzeugbau, um die Aufgabe seiner technologischen Spitzenposition und Fertigungskapazitäten. Auch wenn sich die Wogen erst später glätteten, erfolgte im Februar 2019 durch die Verteidigungsministerien von Frankreich und Deutschland der Auftrag für eine zweijährige Konzeptstudie und noch im gleichen Monat avancierte Spanien zum Programmpartner. Auf der Paris Air Show im Juni desselben Jahres folgte ein gemeinsames Rahmenabkommen der drei beteiligten Nationen. In der Folgezeit sprachen militärische Stellen wiederholt von Schwachstellen und die Industrie von Ungereimtheiten bei der angestrebten Verteilung von Ressourcen und Zuständigkeiten. Vor allem die französische Positionierung wurde als zu stark angesehen. Schließlich kam es im Dezember 2022 zu einer Einigung, bei der sich Dassault Aviation weiterhin als Architekt des FCAS bzw. des daraus zu entwickelnden New Generation Fighter (NGF) sieht. Tatsächlich sieht der Vertrag weiterhin die Führungsrolle Frankreichs, bei der Éric Trappier, Chef von Dassault Aviation, ganz klar Abgrenzungen vollzieht und es wie folgt ausdrückt (Zitat): „Das Eigentum an den gemeinsamen Arbeiten wird geteilt, aber die Technologien und das Know-how, die uns gehören, werden nicht geteilt.“ Immerhin konnte mit der Einigung die Vertragsphase

Zur ILA 2024 stellte Airbus sein Loyal Wingman-Konzept vor, das im Verbund mit dem zu entwickelnden FCAS operieren und dabei Aufgaben zur Aufklärung, elektronischen Kampfführung sowie zur Bekämpfung von Luft- und Bodenzielen dienen könnte. In Zusammenarbeit mit dem HIS-Konsortium wird dabei die Nutzung von Künstlicher Intelligenz bereitgestellt. Die Drohne wiegt etwa 10.000 kg, ist 15,54 m lang und besitzt eine Spannweite von 12 m. (Foto: Airbus)

Eine Rafale in Begleitung einer Drohne vom Typ Neuron. Mit der Neuron entwickelte Dassault in Zusammenarbeit mit weiteren europäischen Unternehmen eine Stealth-Drohne, die am 1. Dezember 2012 ihren Erstflug hatte und als Demonstrator für künftige Technologieanwendungen eingesetzt wurde.
(Foto: Dassault Aviation / A. Pecchi)

1B eingeläutet werden. Die sieht die Hauptauftragnehmer Dassault, Airbus und Indra Sistemas als nationale Koordinatoren vor, die gemeinsam vernetzt, eine nahtlose Zusammenarbeit mit der Industrie, die Definition des künftigen Waffensystems mit dem New Generation Fighter als Mittelpunkt sowie die Weiterentwicklung des gesamten Systems auf virtueller Ebene sowie die Einrichtung von Forschungszentren für deren Entwicklung ermöglichen soll. Details sind bisher kaum bekannt, aber wer lässt sich bei einem solch komplexen Projekt in die Karten schauen?

Offenbar werden einige Systeme direkt oder in weiterentwickelter Form von der Rafale stammen, zumindest in der Erprobungsphase. Elektronische Komponenten, Flugsteuerung oder auch die Triebwerke könnten dazu gehören. Selbstverständlich wird Frankreich auch eine Variante für den bordgestützten Einsatz erwägen, wobei eine Anpassung der Flugzeugträgerlogistik und alles was damit zusammenhängt erforderlich wird. Grundsätzlich teilt sich das zu entwickelnde Waffensystem in den New Generation Fighter mit dazugehören neuen Triebwerken, die unbemannten Systeme, die sogenannte Combat Cloud, die Sensoren und die anvisierte Stealth-Fähigkeit.

Die Triebwerke werden von Eumet, bestehend aus Safran und MTU, sowie der spanischen ITP Aero nach neuesten Maßstäben entwickelt, möglicherweise mit einem variablen Nebenstromverhältnis und mit Schubvektordüsen.

Die unbemannten Systeme sind ebenfalls nicht klar definiert. Hier könnten unbemannte Flugzeuge verschiedener Größen unterschiedliche Aufgaben im Luft-Luft- und Luft-Boden-Bereich übernehmen und vom NGF geführt werden. Ein großes „Mutterflugzeug" könnte das Absetzen der UAV oder Drohnen bewerkstelligen.

Die Combat Cloud soll modernste Kommunikationsstrukturen beinhalten und mit Echtzeitvernetzung alle am Einsatz beteiligten, alliierten Streitkräfte und deren Einsatzsysteme gleichzeitig auf denselben Kenntnisstand bringen sowie weitere Aktionen koordinieren und anpassen.

Bekannte Unternehmen wie Thales, Diehl Defence u.a. sollen ihre Erfahrungen bündeln und sich mit den benötigten Sensorsystemen beschäftigen, andere wiederum die besten Möglichkeiten für eine Stealth-Fähigkeit von NGF und den unbemannten Loyal Wingmen entwickeln.

Die Entwicklung wird von mehreren Tausend Mitarbeitern getragen, in Frankreich mit St. Cloud und Getafe als Hauptstandorte. Bisher ist von Größe und Aussehen des NGF nicht genaues bekannt, auch wenn ein mock-up bereits zur Paris Air Show 2019 gezeigt wurde. Mittlerweile geht man von einem Erstflug eines Demonstrators nicht vor dem Jahr 2028 und von einer Indienststellung nicht vor den 2040er Jahren aus. Seit Juni 2023 hat zudem Belgien innerhalb des FCAS-Programms einen Beobachterstatus, vielleicht kommen weitere Partner hinzu. Für Frankreich geht es vor allem um die Ablösung der Rafale und gleichzeitig natürlich um die Aufrechterhaltung seiner Position in Technologie, in der Luftfahrt und Luftfahrtindustrie, mit allem, was dazu gehört.

Abkürzungen

AASM Armement Air-Sol Modulaire / Modulare Luft-Boden-Waffe
ACT Avion de Combat Tactique
AESA Active Electronically Scanned Array
AFB Air Force Base / Luftwaffenbasis
AFVG Anglo French Variable Geometry
AIA Atelier Industriel de l'Aéronautique / Industriewerkstätten der Luftfahrt
AMD Avions Marcel Dassault
AOI Arab Organisation of Industry
ASMP Air Sol Moyenne Portee / Luft-Boden-Abstandswaffe
ATAC Airborne Tactical Advantage Company
ATAF Allied Tactical Air Force / Alliierte Taktische Luftwaffe (der NATO)
BA Base Aerienne / Luftwaffenbasis
BAC British Aircraft Corporation
BAe British Aerospace
CAFDA Commandement Air des Forces de Défense Aérienne / Luftverteidigungskommando
CASA Constructiones Aeronauticas S. A.
CATAC Commandement Aérien Tactique / Taktisches Luftkommando
CEA Commissariat a l'Energie Atomique / Atomenergiekommission
CEAM Centre d'Experiences Aériennes Militaires, seit 2015 Centre d'Expertise Aérienne Militaire / Militärisches Luftfahrtkompetenzzentrum / Zentrum für Luftkriegsführung
CEPA Centre d'Experimentation Pratique de l'Aviation Navale / Zentrum für Einsatzerprobung der Marineflieger
CEV Centre d'Essais en Vol / Flugerprobungszentrum
CFAS (CoFAS) – Commandement des Forces Aériennes Stratégiques / strategisches Kommando der Luftwaffe
CIB Centre d'Instruction de Bombardement / Bombenfliegerausbildungszentrum
CIFAS Centre d'Instruction des Forces Aériennes Stratégiques / Ausbildungszentrum der strategischen Luftstreitkräfte
CITac Centre d'Instruction Tactique / Taktisches Ausbildungszentrum
COIN COunter INsurgency / Auftstandsbekämpfung
CTB Centre de Tir et de Bombardement / Zentrum für Schieß- und Bombenschulung
DASA Deutsche Aerospace Aktiengesellschaft / Daimler Chrysler Aerospace Aktiengesellschaft
DAT Defense Aerienne du Territoire / Luftverteidigungskommando
DEFA Direction des Etudes et Fabrication d'Armements / Direktion für Waffenentwicklung und -herstellung
DGA Direction Générale pour l'Armement / Generaldirektion / Beschaffungsamt für Rüstung
DI Division d'Instruction / Ausbildungsabteilung
DITR Division d'Instruction et de Transition Réacteur / Umschulungsabteilung zum Übergang auf den Strahlantrieb
DMP Division des Moniteurs de Pilotage / Abteilung Fluglehrer
DR Droit Réservés / Rechte vorbehalten
DV Division des Vols / Flugabteilung
EAC École d'Aviation de Chasse / Kampffliegerschule
EADS European Aeronautic Defence and Space
EAP Experimental Aircraft Programme
EB Escadre / Escadron de Bombardement / Bombergeschwader / -staffel
EC Escadre / Escadron de Chasse / Kampfgeschwader / -staffel
ECTT Escadron de Chasse Tout Temps / Allwetterjagdstaffel
EIV Escadron d'Instruction en Vol / Flugausbildungsgeschwader
ELA Escadron de Liasons Aériennes / Verbindungsstaffel
EMD Electronique Marcel Dassault
ENAER Empresa Nacional de Aeronáutica de Chile
EPNER École du Personnel Navigant d'Essais et de Réception / Testpilotenschule
ER Escadron de Reconnaissance / Aufklärungsstaffel
ERI Escadron de Reconnaissance et d'Instruction / Aufklärungs- und Ausbildungsstaffel
ERS Escadron de Reconnaissance Stratégique / strategische Aufklärungsstaffel
ERT Escadron de Reconnaissance Tactiqu / taktische Aufklärungsstaffel
ESD Electronique Serge Dassault
ET Escadron de Transport / Transportstaffel
ETR Escadron de Transformation Rafale / Rafale-Umschulungsstaffel
GE Groupement École / Schulungsgruppe
GI Groupement Instruction / Ausbildungsgruppe
GIAT Groupement des Industries de l'Armee de Terre, staatlicher Waffenproduzent in Roann
GRTS Groupement Turboméca SNECMA

HMS	His/Her Majestic Ship
HOTAS	Hands On Throttle And Stick
HUD	Head Up Display
IAI	Israel Aircraft Industries
ILA	Internationale Luft- und Raumfahrtausstellung
KZ	Konzentrationslager
LNU	Luftnahunterstützung (Bezeichnung für deutsche Alpha Jet-Version)
MAS	Manufacture d'armes de Saint-Etienne / staatlicher Waffenproduzent in Saint-Etienne, heute Teil von GIAT bzw. KNDS Industries
MBB	Messerschmitt-Bölkow-Blohm
MDAP	Mutual Defence Assistance Programme
MTU	Motoren- und Turbinen-Union
NBMR	NATO Basic Military Requirement
NATO	North Atlantic Treaty Organisation
OCU	Operational Conversion Unit / Umschulungsverband
ONERA	Office National d'Etudes et de Recherches Aérospatiales / Nationales Büro für Luft- und Raumfahrtforschung
PESA	Passiv Electronically Scanned Array
RAF	Royal Air Force / britische Luftwaffe
SABCA	Sociétés Anonyme Belge de Constructions Aéronautiques
SAGEM	Société d'Applications Générales d'Électricité et de Mécanique
SEAD	Suppression of Enemy Air Defenses / Unterdrückung der gegnerischen Luftabwehr
SEMMB	Société Exploitation des Materiels Martin Baker
SEM	Super Etendard Modernisé
SEPECAT	Société Européenne de Production de l'Avion d'Ecole de Combat et d'Appui Tactique
SEPR	Société d'Etudes pour la Propulsion par Réaction
SFECMAS	Sociéte Francaise d'Etudes et de Constructions de Materiels Aéronautiques Spéciaux
SNCAC	Société Nationale de Constructions Aéronautiques du Centre
SNCAM	Société Nationale de Constructions Aéronautiques du Midi
SNCAN	Société Nationale de Constructions Aéronautiques du Nord
SNCASE	Société Nationale de Constructions Aéronautiques du Sud-Est
SNCASO	Société Nationale de Constructions Aéronautiques de Sud-Ouest
SNEB	Société Nouvelle des Etablissements Edgar Brandt
SNECMA	Sociéte Nationale d'Etudes et de Construction de Moteurs d'Aviation
SNIAS	Société Nationale d'Industrie Aérospatiale
TACAN	Tactical Air Navigation / taktische Navigationshilfe
TFW	Tactical Fighter Wing / Taktisches Kampfgeschwader
TIALD	Thermal Imaging Airborne Laser Designator
USS	United States Ship
VTOL	Vertical Take Off and Landing
WTD	Wehrtechnische Dienststelle

Literaturverzeichnis

Neben Herstellerangaben und Flughandbüchern wurden folgende Publikationen berücksichtigt:

Air Enthusiast, verschiedene Ausgaben

Air Fan, verschiedene Ausgaben

Air Forces Monthly, verschiedene Ausgaben

Avions Nucléaires Francais – L'histoire de 1964 a nos jours, Hervé Beaumont

Carrier Aviation Air Power Directory – The World's Carriers And Their Aircraft 1950-Present

Combat Aircraft, verschiedene Ausgaben

Dassault – 50 ans d'avanture aeronautique 1945 – 1995, Claude Carlier, Luc Berger

Die schnellsten Propellerflugzeuge der Welt, Ferdinand C.W. Käsmann

Finnish Jet Colours, Kyösti Partonen

French Military Aviation, Paul A. Jackson

Interavia, verschiedene Ausgaben

Jane's All The World's Aircraft, verschiedene Ausgaben

Jetbomber, Bill Gunston

Jets de combat – du Vampire au Rafale, Alain Crosnair, Philippe Roman

Les chasseurs Dassault Ouragans, Mysteres et Super-Mysteres, Jean Cuny

Les Escadres De Chasse De L'Armée De L'Air, Gérard Paloque

Pictorial History of the French Air Force Volume 2, André Van Haute

Prototypes de l'Aviation Francaise 1945 – 1960, Jean-Claude Fayer

SEPECAT Jaguar, Martin W. Bowman

Super Etendard, Christopher Chant

World Air Power Journal, verschiedene Ausgaben

World Defence Almanach, verschiedene Ausgaben

X-Planes Of Europe, Tony Butler, Jean-Louis Delezenne

X-Planes Of Europe II, Tony Butler